卓越工程师教育培养机械类创新系列教材

工程制图基础

（近机械类及非机械类）

主　编　左晓明
副主编　顾　锋　董育伟

科学出版社
北　京

内 容 简 介

本书内容包括制图的基本知识和基本技能、AutoCAD 基础知识、投影法基础、立体表面的交线、组合体视图、轴测图、机件的常用表达方法、标准件与常用件、零件图和装配图。

本书以培养学生机械工程图样的初步识读能力为主，兼顾尺规绘图和运用 AutoCAD 绘图的初步能力的培养，将精选的传统制图内容和当今广泛应用的 AutoCAD 辅助绘图软件运用融合编写，力求简明、精练、实用。

本书与左晓明和董育伟主编的《工程制图基础习题集》(近机械类及非机械类)配套使用。

本书可作为普通高等院校的近机械类和非机械类专业学生的教材，也可作为高职高专院校、开放大学、成人教育、民办高校以及三本高校近机械类及非机械类专业学生“工程制图”课程(50～80 学时)的教材，同时也可供有关工程技术人员参考使用。

图书在版编目(CIP)数据

工程制图基础：近机械类及非机械类 / 左晓明主编. —北京：科学出版社，2017.1

卓越工程师教育培养机械类创新系列教材

ISBN 978-7-03-051186-7

Ⅰ.①工… Ⅱ.①左… Ⅲ.①工程制图-高等学校-教材 Ⅳ.①TB23

中国版本图书馆 CIP 数据核字（2016）第 321184 号

责任编辑：邓 静/ 责任校对：桂伟利
责任印制：赵 博 / 封面设计：迷底书装

科 学 出 版 社 出版
北京东黄城根北街 16 号
邮政编码：100717
http://www.sciencep.com
三河市骏杰印刷有限公司印刷
科学出版社发行 各地新华书店经销
*
2017 年 1 月第 一 版 开本：787×1092 1/16
2025 年 4 月第十一次印刷 印张：15 3/4
字数：403 000

定价：49. 80 元

（如有印装质量问题，我社负责调换）

前　言

本书是根据教育部组织制定的《工程制图课程教学基本要求》，结合最近几年多所院校教学改革实践经验编写而成的。本书主要有以下特点。

(1) 以应用为目的，以必需够用为度。在编写过程中，加强了基本理论的应用能力与绘图方法、技能训练，注意与工程实际的联系。

(2) 注意将传统绘图知识和计算机绘图软件运用融合编写，在培养学生尺规绘图和读图基本能力的同时，培养学生运用 AutoCAD 绘图软件绘制工程图样的初步能力。

(3) 本书有关部分采用最新颁布的国家标准编写。

(4) 其配套习题集题量丰富、题型多样，书中图形简明易懂，题目难易适中，具有层次性，由浅入深，便于巩固和提高应用能力。

本书可作为普通高等院校的近机械类和非机械类专业学生的教材，也可作为高职高专院校、开放大学、成人教育、民办高校以及三本高校近机械类及非机械类专业学生“工程制图”课程(50～80 学时)的教材，同时也可供有关工程技术人员参考使用。

本书中运用 AutoCAD 绘图的内容，各校可根据实际情况安排分散教学或集中教学，具体操作时也可作适当增加或删减。

本书由左晓明任主编，顾锋、董育伟任副主编，其中顾锋编写第 2 章和其他章节的 CAD 绘图部分，董育伟编写第 1、3、4、8、9 章及附录，其余部分由左晓明编写，并最终统稿、定稿。

本书由汪通悦担任主审。在本书编写过程中得到了多所学校有关领导和同志的关心及帮助，在此一并表示衷心感谢。

由于水平所限，恳请有关专家和使用本书的师生们，对其中的不妥和不足之处批评指正。

编　者

2016 年 10 月

目　录

第 1 章　制图的基本知识和基本技能 ……1

第 1 节　绘图工具、仪器及其使用方法……1

第 2 节　几何作图……3

1．等分圆周和作正多边形……3

2．圆弧连接……4

第 3 节　国家标准《技术制图》及《机械制图》的有关规定……5

1．图纸幅面和格式……5

2．比例……7

3．字体……8

4．图线……9

5．尺寸注法……11

第 4 节　平面图形的分析、画法及尺寸标注……15

1．平面图形的尺寸分析……15

2．平面图形的线段分析……15

3．平面图形的画法……16

4．平面图形的尺寸标注……16

第 2 章　AutoCAD 基础知识……18

第 1 节　AutoCAD 2015 中文版的基本操作……18

1．启动 AutoCAD 2015 中文版……18

2．AutoCAD 2015 中文版的工作界面……19

3．退出 AutoCAD……21

4．AutoCAD 2015 中文版的命令操作……21

5．图形文件操作……22

6．功能键……24

7．数据输入……24

第 2 节　AutoCAD 绘图操作流程及实例……25

1．设置绘图环境……25

2．绘图命令……27

3．修改命令……33

4．绘图辅助功能……44

5．图形显示命令……45

6．图形标注……46

7．绘图实例……55

第 3 章　投影法基础……60

第 1 节　投影的基础知识……60

1．投影的基本概念……60

2．投影法分类……61

3．三面投影图……61

第 2 节　基本几何元素的投影……63

1．点的投影……63

2．直线的投影……65

3．平面的投影……70

第 3 节　基本立体的投影……74

1．体的投影……74

2．平面体的投影……75

3．回转体的投影……78

第 4 章　立体表面的交线……82

第 1 节　平面和回转体相交……83

1．截交线的形成、性质和求法……83

2．回转体的截交线……83

第 2 节　两回转体表面相交……87

1．两圆柱正交时的相贯线……88

2．回转体相贯线的特殊情况……89

第 3 节　基本体、截交体和相贯体的尺寸标注……89

1．基本体的尺寸标注……89

2．截交体和相贯体的尺寸标注……90

第 4 节　运用 AutoCAD 绘制立体的三视图……91

第 5 章　组合体视图……94

第 1 节　组合体的形成……94
1. 组合体的分类……95
2. 组合体的连接形式及画法……96
3. 形体分析法……97

第 2 节　画组合体视图……97
1. 画组合体视图的步骤……97
2. 画组合体视图综合举例……99

第 3 节　组合体的尺寸标注……101
1. 完整地标注组合体的三类尺寸……101
2. 组合体尺寸标注的基本原则……102

第 4 节　读组合体视图……103
1. 读图应注意的两个问题……103
2. 读图的基本方法……105
3. 补画漏线与第三视图……107

第 5 节　运用 AutoCAD 绘制组合体视图……110

第 6 章　轴测图……113

第 1 节　轴测图的基本知识……114

第 2 节　正等轴测图的画法……115
1. 正等轴测图的概念……115
2. 平面立体正等轴测图的画法……115
3. 回转体正等轴测图的画法……116
4. 组合体正等轴测图的画法……119

第 3 节　斜二等轴测图的画法……119
1. 斜二等轴测图的概念……119
2. 斜二等轴测图的画法……120

第 4 节　运用 AutoCAD 绘制正等轴测图……120
1. 正等轴测投影模式的设置……121
2. 运用 AutoCAD 命令作组合体的正等轴测图……122

第 7 章　机件的常用表达方法……125

第 1 节　视图……125
1. 基本视图……125
2. 向视图……126
3. 局部视图……127
4. 斜视图……127

第 2 节　剖视图……128
1. 剖视图的基本概念……128
2. 剖切面的种类……131
3. 剖视图的种类……132

第 3 节　断面图……135

第 4 节　其他表达方法……136
1. 局部放大图……136
2. 简化画法……137

第 5 节　表达方法的综合应用……139

第 6 节　运用 AutoCAD 绘制机件剖视图……140
1. 图案填充和渐变色命令……140
2. 运用 AutoCAD 命令绘制剖视图……141

第 8 章　标准件与常用件……143

第 1 节　螺纹及螺纹紧固件……143
1. 螺纹……143
2. 螺纹紧固件……148

第 2 节　齿轮……149
1. 直齿圆柱齿轮各部分名称及代号……150
2. 圆柱齿轮的模数与各部分尺寸计算……150
3. 圆柱齿轮的画法……151

第 3 节　键、销连接……152
1. 键连接……152
2. 销连接……153

第 4 节　弹簧……154
1. 圆柱螺旋压缩弹簧的各部分名称和尺寸关系……154
2. 圆柱螺旋压缩弹簧的规定画法……154

第 5 节　滚动轴承……156

第 6 节　运用 AutoCAD 绘制连接件图……157
1. 图块的制作和调用……157
2. 运用 AutoCAD 绘制螺栓连接件图……159

第 9 章　零件图……161
第 1 节　概述……161
第 2 节　零件的视图选择……162
1．视图选择的一般原则……162
2．典型零件的表达分析……163
第 3 节　零件图的尺寸标注……165
1．主要尺寸和非主要尺寸……166
2．尺寸基准的选择……166
3．尺寸标注形式……166
4．标注尺寸的注意事项……167
5．常见结构的尺寸标注……168
第 4 节　零件的技术要求……171
1．图样中表面结构的表示法简介……171
2．极限与配合……174
3．形状和位置公差简介……178
第 5 节　常见的零件工艺结构……181
1．机械加工工艺结构……181
2．铸件工艺结构……182
3．过渡线……182
第 6 节　看零件图……183
1．看零件图的方法和步骤……183
2．看零件图实例……183
第 7 节　运用 AutoCAD 绘制零件图……185
1．零件图中技术要求的标注……185
2．AutoCAD 绘制零件图的方法……189
第 10 章　装配图……193
第 1 节　装配图的内容及其表达方法……193
1．装配图的作用和内容……193
2．装配图的表达方法……195
第 2 节　装配图的尺寸和技术要求……197
第 3 节　装配图中零部件的序号和明细栏……198
第 4 节　装配结构的合理性简介……199
第 5 节　装配图的画法……201
第 6 节　看装配图……203
第 7 节　运用 AutoCAD 绘制装配图……206
附录……210
参考文献……242

第1章　制图的基本知识和基本技能

学习目标

熟悉与机械制图有关的国家标准，如图纸的幅面、格式、比例、字体、图线和尺寸标注等，以及绘图仪器的使用方法和平面图形的绘制步骤。要求掌握正确的作图方法，能正确地使用绘图工具，在绘制的图样中遵守国家标准《机械制图》和《技术制图》中的各项规定。

重点难点

重点： 图线画法和应用，平面图形的画法和尺寸标注。

难点： 平面图形的尺寸标注。

学习指导

学习本章时，要注意理解国家标准中的各项规定，书写制图字体时要打格书写，绘制粗实线时要将铅笔修理成矩形，绘制平面作业时要先打底稿然后再加深，加深时要先加深圆弧后加深直线。

第1节　绘图工具、仪器及其使用方法

正确使用绘图工具及仪器可保证绘图的质量，提高绘图的准确性和效率。本节简要介绍常用绘图工具及仪器的使用方法。

1) 图板、丁字尺

图板供绘图时贴放图纸用，其板面应平坦、整洁，左侧为导边，必须平直。

丁字尺由尺头和尺身组成。尺身上边为工作边，用来画水平线。使用时，应使尺头内侧紧贴图板的左导边上下移动。图板、丁字尺及图纸的固定如图 1-1(a)所示，画水平线及竖直线如图 1-1(b)和图 1-1(c)所示。

2) 三角板

一副三角板有两块，一块是有 30° 及 60° 的三角板，另一块最好选用配有量角器的 45° 三角板。三角板与丁字尺配合，可画 15° 整数倍的各种斜线，如图 1-2 所示。

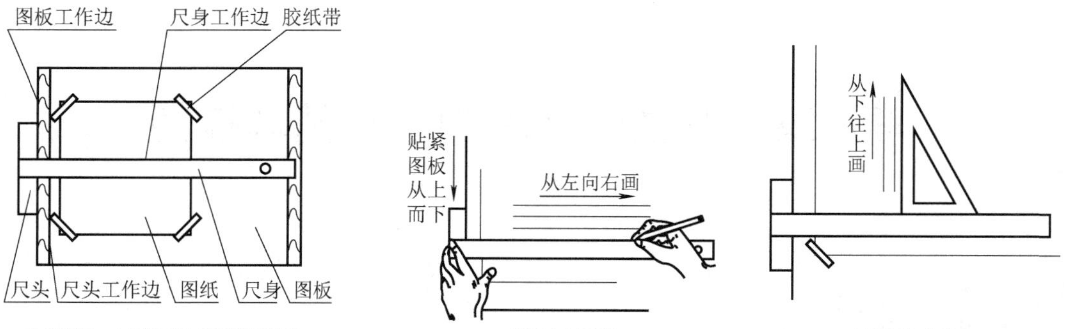

(a)图板、丁字尺及图纸的固定　(b)画水平线　(c)画竖直线

图 1-1　图板、丁字尺及其配合应用

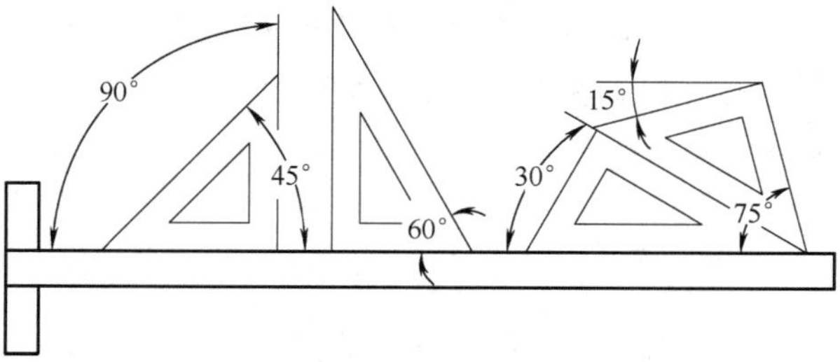

图 1-2　用三角板画垂直线及 15° 倍数的斜线

3)绘图铅笔

绘图铅笔的铅芯软硬程度用字母 H、B 表示。H(或 B)前边的数字越大表示铅芯越硬(或越软)，画出的线就越淡(或越黑)。HB 的铅芯软硬适中。

绘图时，铅笔的削磨方法直接影响所画图线的粗细和光滑程度。按铅笔的不同用途，一般把铅芯削磨成圆锥形和扁平形两种，如图 1-3 所示。

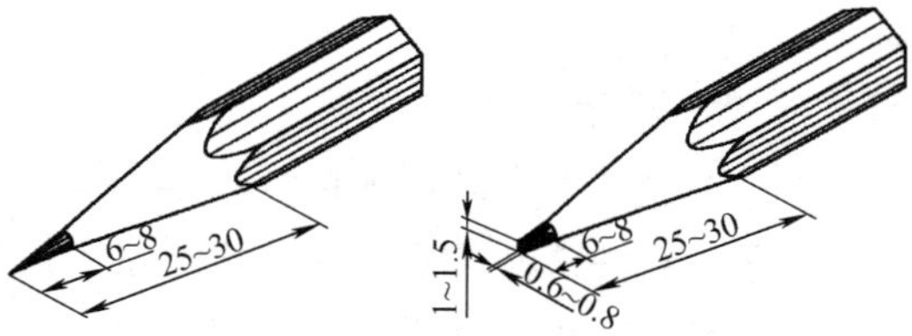

(a)圆锥形　(b)扁平形

图 1-3　绘图铅笔铅芯形状

4)绘图仪器

(1)圆规。

圆规是画圆及圆弧的工具。圆规两腿中，一腿上装有活动钢针，另一腿上装有肘形关节及可更换插腿。使用前，应调整针脚，使针尖略长于铅芯，如图 1-4(a)所示。画圆时，一般按顺时针方向转动圆规，并使圆规向前进方向稍微倾斜，如图 1-4(b)所示。画不同直径的圆周时，要注意及时调整钢针和铅芯插腿，使其始终垂直于纸面，如图 1-4(c)所示。

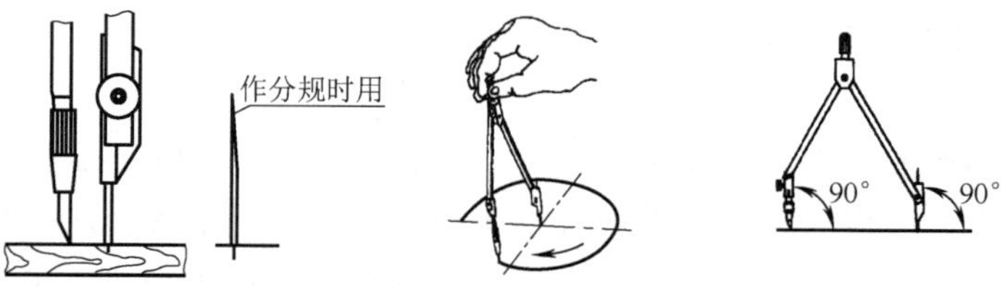

(a)　(b)　(c)

图 1-4　圆规的使用方法

(2)分规。

分规是用来量取尺寸和截取线段的工具。分规的两腿均为钢针，两腿合拢时针尖应合于一点。图 1-5 为分规的使用方法。

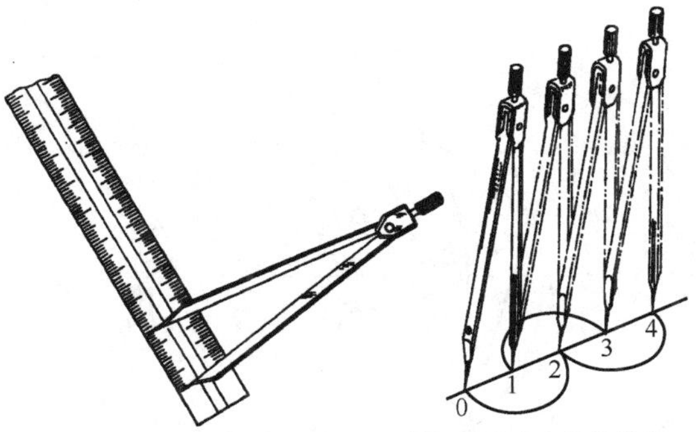

(a)针尖等长量取尺寸　　(b)连续截取等长线段

图 1-5　分规的用法

5)其他用品

除上述绘图工具和仪器外，绘图还需备有图纸、透明胶带纸、擦图片、小刀、砂纸、橡皮和小刷等物品。图纸有正、反面之分，绘图时应当用较光滑的正面。

第 2 节　几何作图

生产实际中的物体轮廓形状虽然复杂多样，但其投影轮廓都是由直线、圆弧和一些常见曲线所组成的。为了正确、快速地画出图样，应熟练地掌握常见几何图形的作图方法。

1. 等分圆周和作正多边形

1)三、六等分圆周并作正三、六边形

如图 1-6(a)所示，以 C 点为圆心、R 为半径画圆弧交圆周于 1、2 两点，则 D、1、2 点将该圆周三等分；依次连接三个等分点，便得到圆内接正三边形，如图 1-6(b)所示；再以 D 点为圆心，R 为半径画圆弧交圆周于 3、4 两点，则 C、D、1、2、3、4 点将该圆周六等分，如图 1-6(c)所示；依次连接六个等分点，便得到圆内接正六边形，如图 1-6(d)所示。

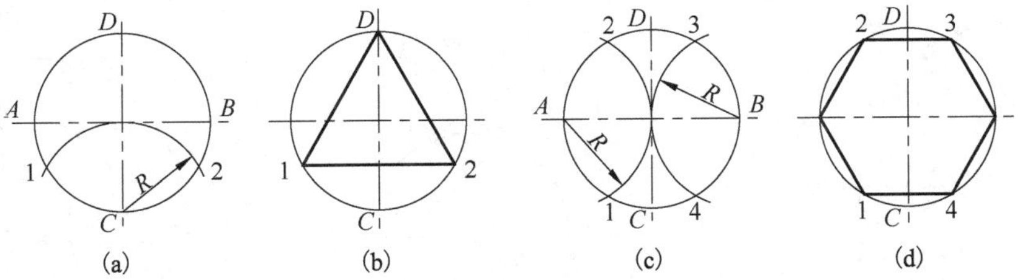

(a)　(b)　(c)　(d)

图 1-6　三、六等分圆周并作正三、六边形

2)五等分圆周并作正五边形

已知圆心 O，半径为 R，五等分圆周的作图方法如图 1-7 所示，具体步骤如下。

①以 B 点为圆心、R 为半径画圆弧与圆周交于 M、N 两点，连接 M、N 与 OB 交于 P，则 P 点把 OB 等分；②以 P 点为圆心、PD 为半径画圆弧与 OA 交于 K 点；③以 D 点为圆心、DK 为半径画圆弧与圆周交于 1、2 两点，再以 1、2 点分别为圆心，DK 为半径画圆弧与圆周交于 3、4 点，则 D、1、2、3、4 点将该圆周五等分；④依次连接五个等分点，便得到圆内接正五边形。

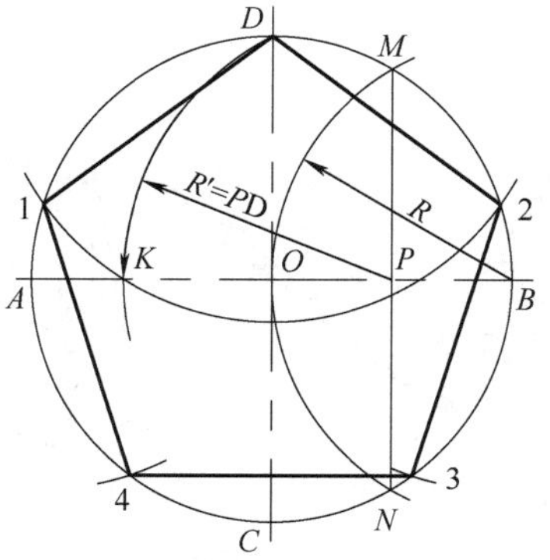

图 1-7　五等分圆周并作正五边形

2. 圆弧连接

绘图时常会遇到用一圆弧光滑连接相邻两线段的情况，这种光滑连接，在几何中称为相切，在制图中则通称圆弧连接。切点也称连接点，用于连接两线段的圆弧称为连接弧。

1)作图原理

圆弧连接作图时主要是依据圆弧相切的几何原理，求出连接弧(半径已知)的圆心 O 和切点 K。

(1)半径为 R 的连接弧与直线相切时，其圆心轨迹是距离已知直线 L 为 R 的两条平行线 L_1 和 L_2。过 O 点作已知直线 L 的垂线，垂足 K 即为切点，如图 1-8 所示。

(2)半径 R 的连接弧与已知圆弧(圆心为 O_1，半径为 R_1)外切时，其圆心轨迹是以 O_1 为圆心，以 $R_2=R+R_1$ 为半径画的圆。圆心连线 O、O_1 与已知圆弧的交点即为切点 K，如图 1-9 所示。

(3)半径为 R 的连接弧与已知圆弧(圆心为 O_1，半径为 R_1)内切时，其圆心轨迹是以 O_1 为圆心，以 $R_2=R_1-R$ 为半径画的圆。连接 O、O_1 并延长与已知圆弧的交点即为切点 K，如图 1-10 所示。

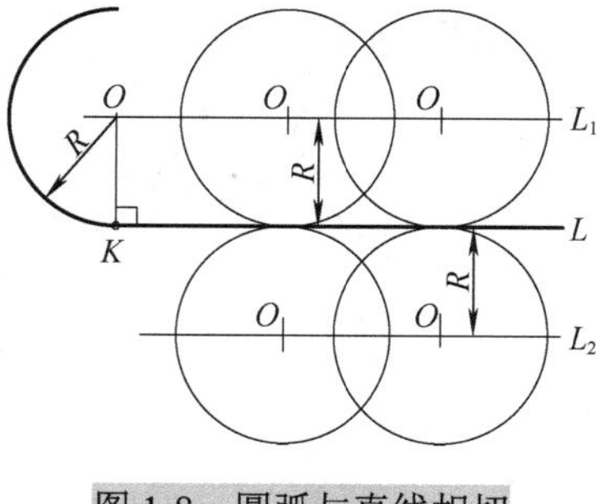

图 1-8　圆弧与直线相切

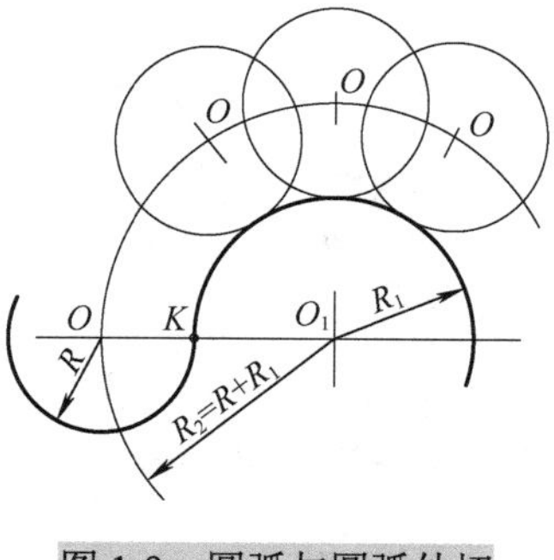

图 1-9　圆弧与圆弧外切

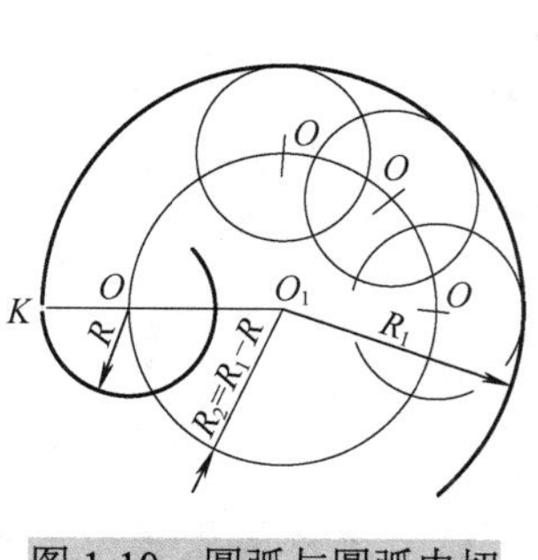

图 1-10　圆弧与圆弧内切

2)作图方法

为保证连接弧和已知两线段光滑连接，必须准确找出连接弧的圆心 O 和切点 K_1、K_2。作图的第一步是求作连接弧的圆心 O，第二步是求作切点 K_1、K_2，第三步是以 O 为圆心，R 为半径画圆弧起讫于连接点 K_1、K_2。

表 1-1 中列出了几种常见的圆弧连接的作图方法和步骤。

表 1-1　圆弧连接作图举例

连接要求	作图方法和步骤		
	(1) 求圆心 O	(2) 求切点 K_1、K_2	(3) 画连接圆弧
连接相交两直线	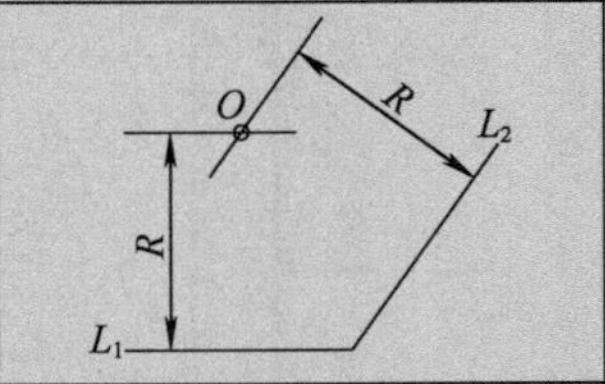	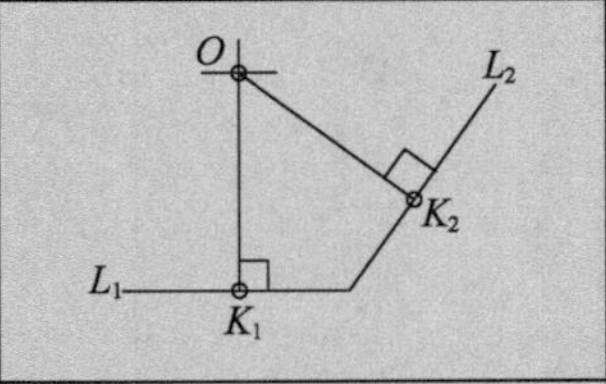	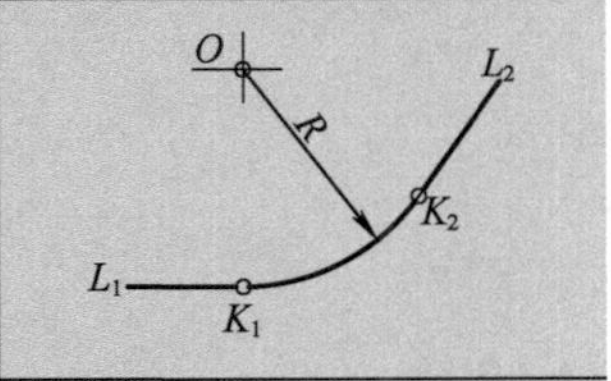
连接一直线和一圆弧	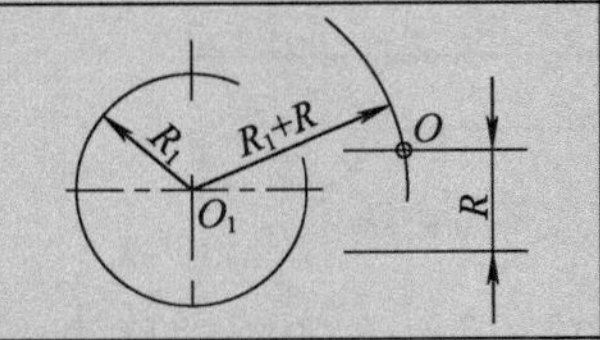	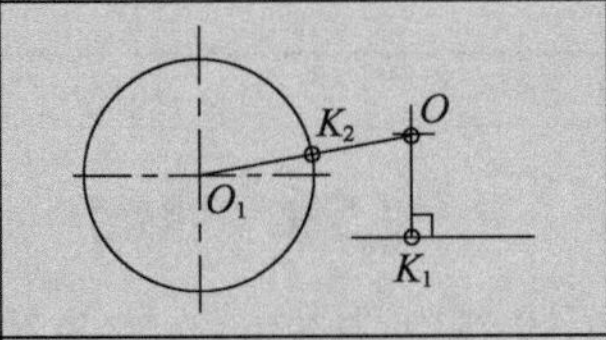	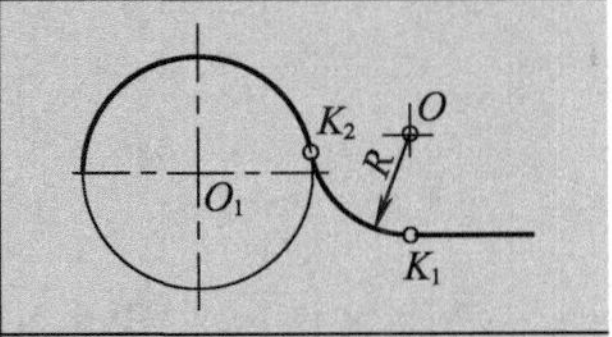
连接外切两圆弧	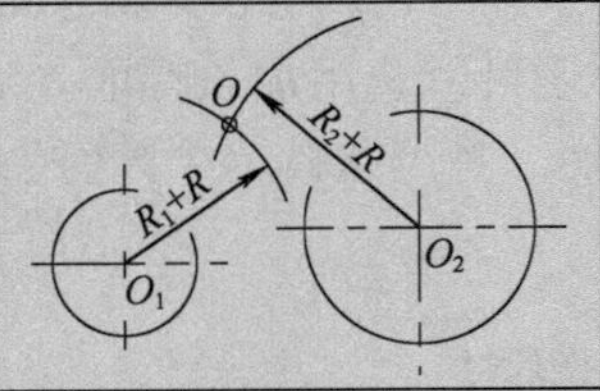	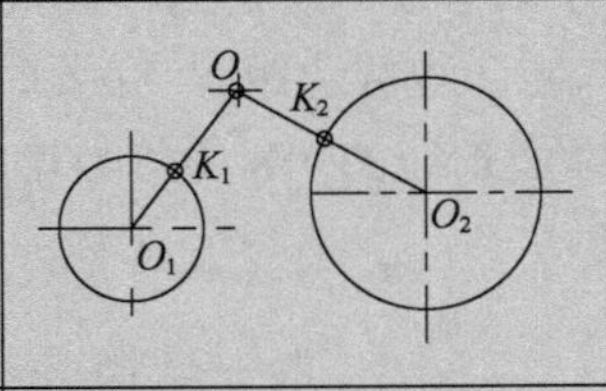	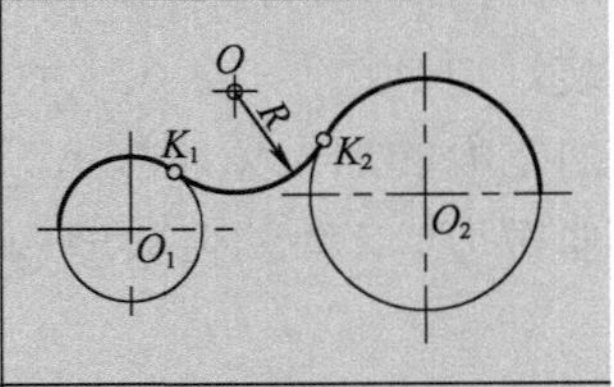
连接内切两圆弧	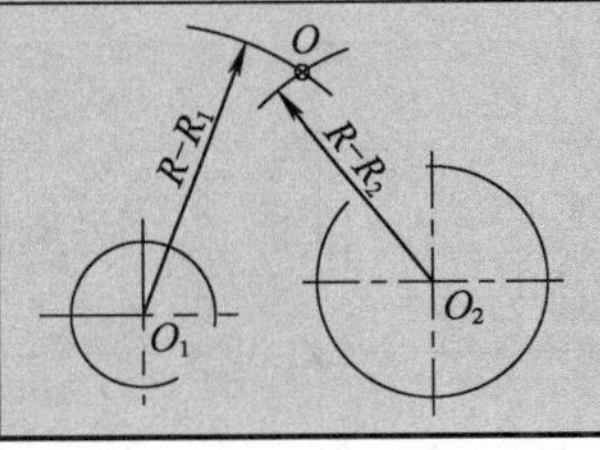	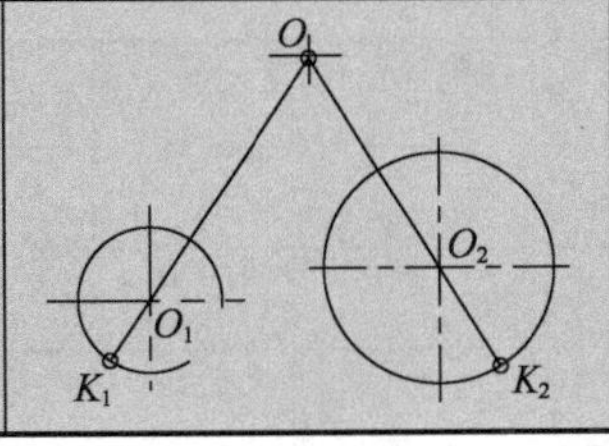	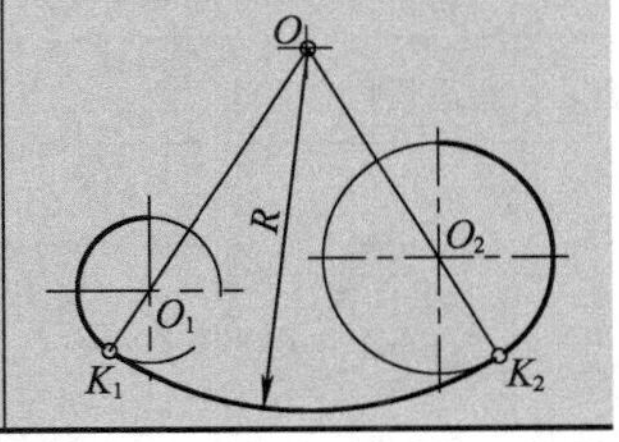

第 3 节　国家标准《技术制图》及《机械制图》的有关规定

图样是工程界用以表达设计意图和交流技术思想的重要工具。因此，图样的格式、内容、画法等必须有统一的规定，即国家颁布的《技术制图》及《机械制图》标准。我国目前使用的是 2008 年颁布的国家标准《技术制图》，该标准等效采用了国际标准。

国家标准(简称“国标”)代号为“GB”，它是由“国标”两个字的汉语拼音字母的第一个字母“G”和“B”组成的，如“GB/T 14690—2008”，国标后面的字母“T”表示推荐标准，两组数字分别表示标准的序号和标准颁布的年份。

本节仅介绍国标中有关“图纸幅面和格式”、“比例”、“字体”、“图线”和“尺寸注法”等几项规定的内容。

1．图纸幅面和格式(GB/T 14689—2008)

1)图纸幅面尺寸

标准图幅共有五种，其尺寸如表 1-2 所示。各种图幅尺寸之间的关系为：沿上一号幅面的长边对裁即得下一号幅面的图纸，如图 1-11 所示。

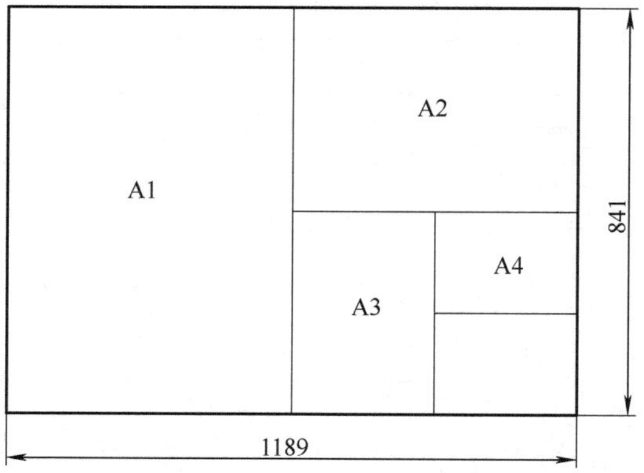

图 1-11 各幅面尺寸之间的关系

绘制图样时应优先采用表 1-2 中规定的幅面尺寸(其中 B 为图纸短边，L 为图纸长边 a 为装订边页边距，c、e 为非装订边页边距)，必要时还可以选用加长幅面。对于 A0、A2、A4 的幅面的加长量应按 A0 幅面长边的 1/8 的倍数增加；对于 A1、A3 幅面的加长量应按 A0 幅面短边的 1/4 的倍数增加。

表 1-2 图纸幅面尺寸

(mm)

幅面代号	A0	A1	A2	A3	A4
$B\times L$	841×1189	594×841	420×594	297×420	210×297
a	25				
c	10			5	
e	20		10		

2)图框的格式

每张图纸在绘图前都必须用粗实线画上图框线。图框线有两种格式：一种是用于需要装订的图纸，一般采用 A4 幅面竖放或 A3 幅面横放，如图 1-12 所示；另一种是用于不需要装订的图纸，也有竖放和横放两种，如图 1-13 所示。

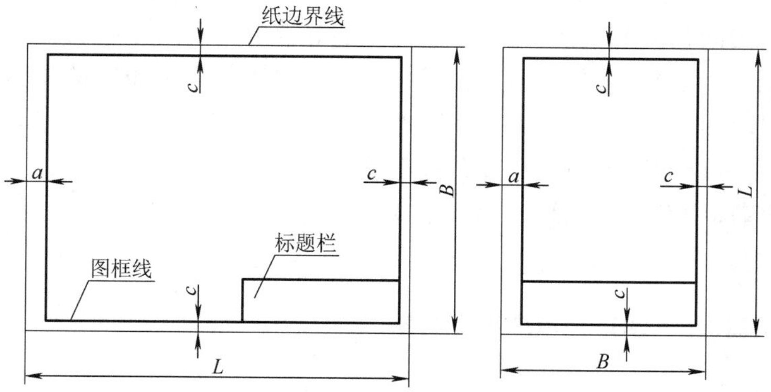

图 1-12 需要装订的图纸图框格式

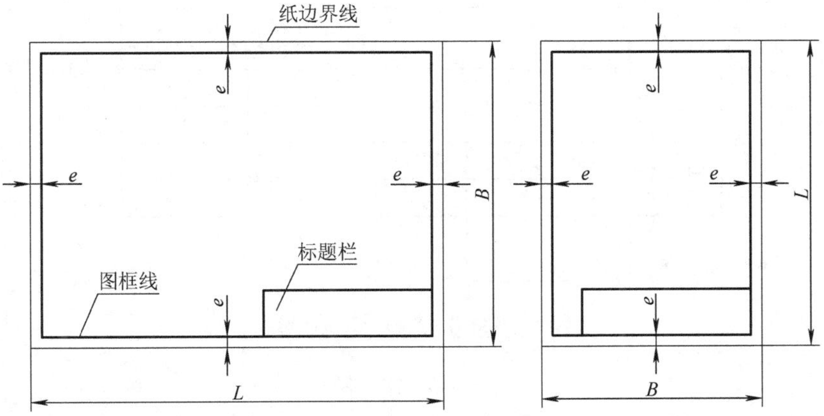

图 1-13　不需要装订的图纸图框格式

3) 标题栏的方位及格式

每张图纸都必须具有一个标题栏，它应画在图纸右下角并紧贴图框线的位置上，如图 1-12 和图 1-13 所示。

GB/T 10609.1—2008 中详细规定了标题栏的格式和内容，如图 1-14 所示。而一般学校的制图作业使用的标题栏可采用图 1-15 所示的简化标题栏格式。必须注意此时标题栏中的文字方向应为看图方向。

2．比例(GB/T 14690—1993)

图中图形与其实物相应要素的线性尺寸之比，称为比例。

绘制图样时应选用国标中规定的比例，表 1-3 中为优先选择的规定比例，必要时，也可选用表 1-4 中规定的比例。

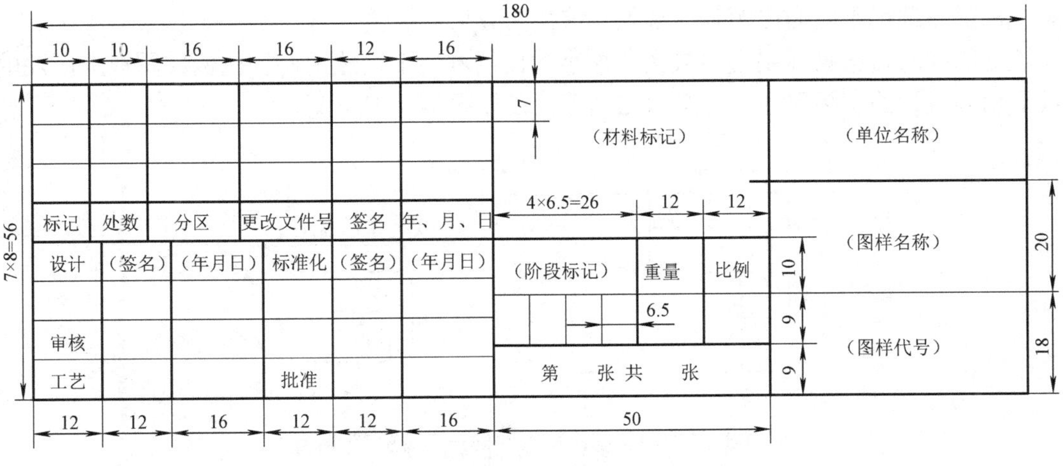

图 1-14　标题栏的格式(mm)

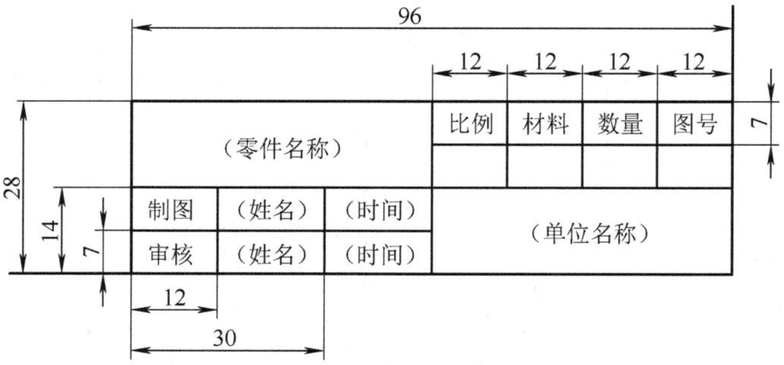

图 1-15　简化标题栏的格式(mm)

表 1-3　比　例

种类	比例		
原值比例	1∶1		
放大比例	5∶1 5×10^n∶1	2∶1 2×10^n∶1	 1×10^n∶1
缩小比例	1∶2 1∶2×10^n	1∶5 1∶5×10^n	1∶10 1∶1×10^n

注：*n* 为正整数。

表 1-4　比　例

种类	比例				
放大比例	4∶1 4×10^n∶1	2.5∶1 2.5×10^n∶1			
缩小比例	1∶1.5 1∶1.5×10^n	1∶2.5 1∶2.5×10^n	1∶3 1∶3×10^n	1∶4 1∶4×10^n	1∶6 1∶6×10^n

注：*n* 为正整数。

绘制同一个机件的各个视图应选用相同的比例，并在标题栏的比例一栏中填写，如 1∶1。当某个视图需选用不同的比例时，必须在该视图旁另行标注。

绘制图样时可根据需要选用放大或缩小的比例，但不论选用何种比例，图样上所注的尺寸数值均为机件的实际尺寸，与绘图比例无关，如图 1-16 所示。

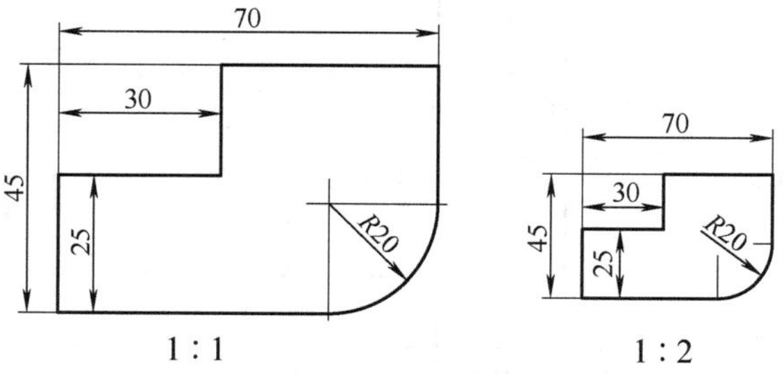

图 1-16　选用不同比例绘制同一图形的尺寸标注

3. 字体(GB/T 14691—1993)

1)一般规定

(1)图样和技术文件中书写的字体必须做到：字体工整、笔画清楚、间隔均匀、排列整齐。

⑵字体的号数，即字体的高度用 h 表示，单位为 mm，分为 20、14、10、7、5、3.5、2.5、1.8 八种，汉字字体的宽度一般为 $h/\sqrt{2}$ 。

2)汉字

图样中的汉字应写成长仿宋体，并采用国家正式公布推行的简化字，如图 1-17 所示。

字体工整 笔划清楚 间隔均匀 排列整齐

横平竖直注意起落结构均匀填满方格

机械制图比例数量图号设计审核描图单位名称

组合体截交相贯表达方法零件装配轴键齿轮弹簧螺纹

图 1-17　长仿宋体汉字示例

3)数字和字母

数字和字母有直体和斜体两种。图样中常用的是斜体字，其字头向右倾斜，与水平线约成 75°，数字和字母应按 ISOCP 字体书写，如图 1-18 所示。

直体　　斜体

1234567890 ØR　　*1234567890ØR*

(a)阿拉伯数字

直体

Ⅰ Ⅱ Ⅲ Ⅳ Ⅴ Ⅵ Ⅶ Ⅷ Ⅸ Ⅹ

斜体

Ⅰ Ⅱ Ⅲ Ⅳ Ⅴ Ⅵ Ⅶ Ⅷ Ⅸ Ⅹ

(b)罗马数字

大写直体

ABCDEFGHIJKLMNOPXYZ

小写直体

abcdefghijklmnopxyz

大写斜体

ABCDEFGHIJKLMNOPXYZ

小写斜体

abcdefghijklmnopxyz

(c)字母

图 1-18　数字和字母的书写示例

4．图线(GB/T 17450—1998)

1)图线及其应用

国家标准规定了机械制图中常用图线的名称、形式、代号及一般应用，见表 1-5。

表 1-5　图线名称、形式、代号及一般应用

图线名称	图线形式及代号	线宽	一般应用
粗实线	d　A	*d*	*A*1　可见轮廓线
细实线	B	约 *d*/2	*B*1　尺寸线及尺寸界线 *B*2　剖面线 *B*3　重合剖面轮廓线
波浪线	C	约 *d*/2	*C*1　断裂处的边界线 *C*2　视图与剖视的分界线
双折线	D	约 *d*/2	*D*1　断裂处的分界线
粗虚线	E	*d*	*E*1　允许表面处理的表示线
细虚线	4~6　≈1　F	约 *d*/2	*F*1　不可见轮廓线 *F*2　不可见过渡线
细点画线	15~20　≈3　G	约 *d*/2	*G*1　轴线 *G*2　对称中心线 *G*3　轨迹线
粗点画线	15~20　≈3　J	*d*	*J*1　有特殊要求的线或表面的表示线
双点画线	15~20　≈5　K	约 *d*/2	*K*1　相邻辅助零件的轮廓线 *K*2　极限位置的轮廓线

注：一般应用中的代号对应图 1-19 所示。

从表 1-5 中可以看出，图线分为粗、细两种，粗线的宽度 *d* 根据图形的大小及复杂程度而定，机械图样中一般取 0.7mm，细线的宽度约为 *d*/3。图线的应用示例如图 1-19 所示。

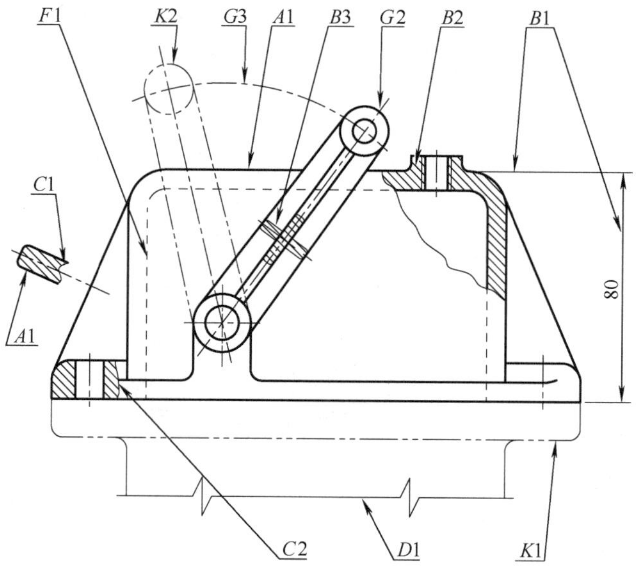

图 1-19　图线的应用示例

2)图线绘制

绘制图线应注意如下几点。

(1)同一图样中的同类图线的宽度应基本一致，虚线、细点画线及双点画线的线段长度和间隔应各自大致相等。

(2)两条平行线(包括剖面线)之间的最小距离应不小于 0.7mm。

(3)绘制圆的对称中心线时，圆心应是两细点画线的线段的交点。

(4)细点画线和双点画线的首末两端应是线段而不是短画。

(5)在较小的图形上绘制细点画线或双点画线有困难时，可用细实线代替。

5. 尺寸注法(GB/T 16675.2—2012)

机械图样中不仅要用图形清楚地表达机件的结构形状，而且必须标注出用以表达机件真实大小的尺寸。国标中规定了标注尺寸的规则和方法。

1)标注尺寸的基本规则

①机件的真实大小应以图样上所注的尺寸数值为依据，与图形的大小及绘图的准确度无关。②图样中(包括技术要求和其他说明)的尺寸，以 mm 为单位时，不需要标注计量单位的代号或名称；如果用其他单位，则必须注明相应的计量单位的代号或名称。③图样中所标注的尺寸，为该图样所示机件的最后完工尺寸，否则应另加说明。④机件的每一个尺寸，一般只标注一次，并应标注在反映该结构最清晰的图形上。

2)尺寸的组成

一个完整的尺寸应由尺寸界线、带有终端的尺寸线和尺寸数字三部分组成，如图 1-20 所示。

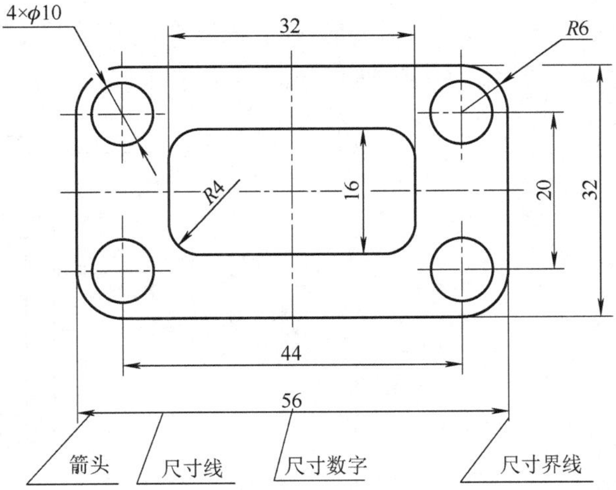

图 1-20　尺寸的组成及标注示例

(1)尺寸界线。

尺寸界线表示尺寸的度量范围，用细实线绘制，一般应由图形的轮廓线、轴线或对称平面中心线处引出，也可利用轮廓线、轴线或对称平面中心线作为尺寸界线，尺寸界线应超出尺寸线 3mm 左右，如图 1-20 所示。

尺寸界线一般应与尺寸线垂直，必要时才允许倾斜，如图 1-21 所示。

⑵带有终端的尺寸线。

尺寸线表示所注尺寸的度量方向和长度，它必须用带有终端的细实线单独绘出，不能用其他任何线代替，也不得与其他图线重合或画在其他图线的延长线上。标注尺寸时，尺寸线应与所注尺寸部位的轮廓线(或尺寸方向)平行，尺寸线与尺寸线或尺寸线与轮廓线之间距离为 5～8mm，如图 1-22 所示。

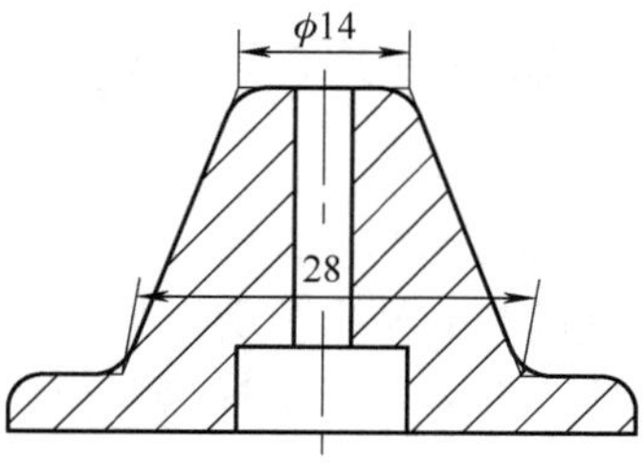

图 1-21　尺寸界线与尺寸线倾斜

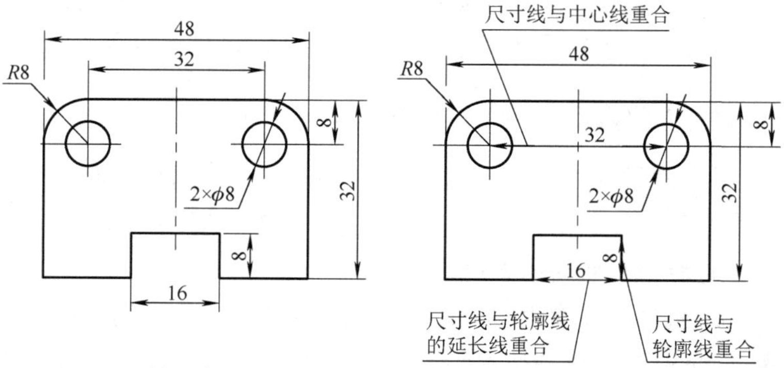

(a)正确　　(b)错误

图 1-22　尺寸线的绘制

尺寸线终端有箭头和斜线两种形式，如图 1-23 所示。图中 b 为粗实线宽度，h 为字体高度。同一张图样中箭头和斜线不得混用，机械图样中一般采用箭头。

⑶尺寸数字。

尺寸数字用于表示机件实际尺寸的大小。尺寸数字一般注写在尺寸线的上方或中断处，当位置不够时，也可注写在外面或引出标注。尺寸数字不可被任何图线所通过，当无法避免时，必须将图线断开。标注直径或半径时，应在尺寸数字前加注符号 ϕ 或 R，标注球面的直径或半径时还应再加符号 S，即写成 $S\phi$ 或 SR，如图 1-24 所示。

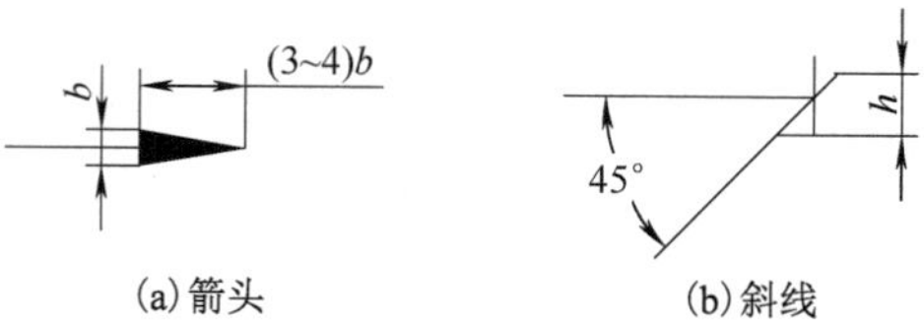

(a)箭头　　(b)斜线

图 1-23　尺寸线终端的两种形式

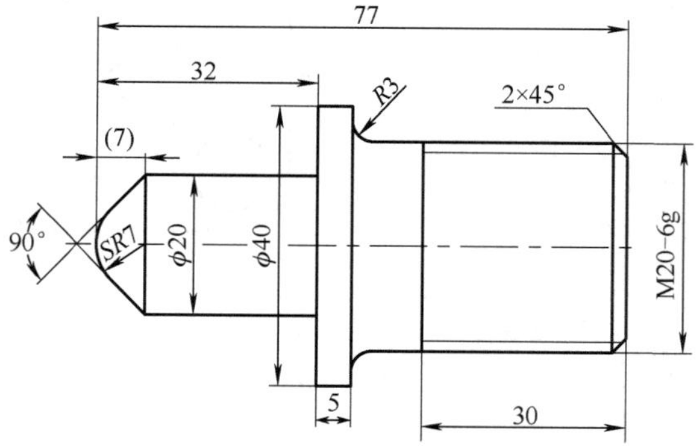

图 1-24　尺寸数字的注写

3)尺寸标注示例

⑴尺寸数字应按图 1-25 所示的方向填写，并尽量避免在 30° 范围内标注尺寸。当无法避免时，可按图 1-26 所示的方向标注。

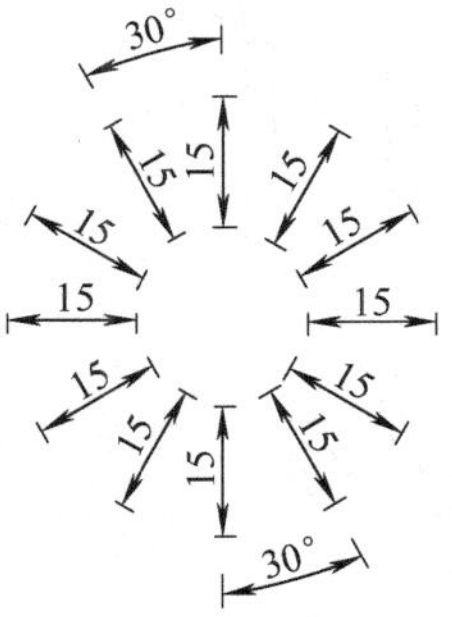

图 1-25　尺寸数字的注写方向

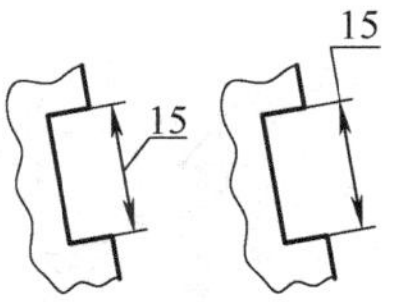

图 1-26　30° 范围内尺寸数字的注写方法

(2) 角度标注时尺寸界线应沿径向引出，尺寸线应画成圆弧，其圆心是该角的顶点。尺寸数字一般应水平书写在尺寸线的中断处，必要时可以写在上方或外面，也可引出标注，如图 1-27 所示。

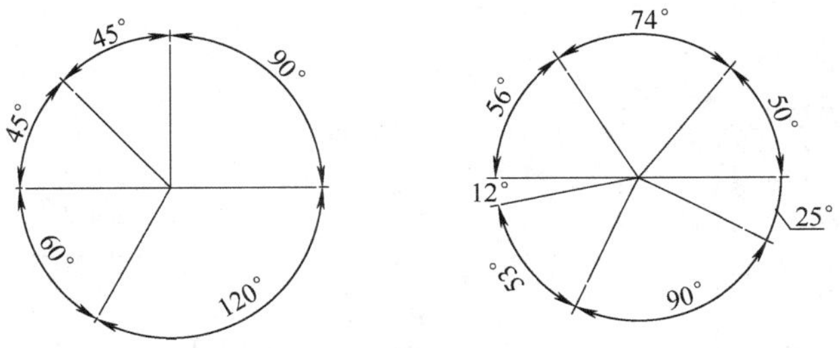

图 1-27　角度的标注

(3) 圆或大于半圆的圆弧应标注直径，小于或等于半圆的圆弧标注半径。标注圆或圆弧直径时，尺寸线应通过圆心，如图 1-28(a) 所示。标注圆弧半径时，尺寸线一端自圆心引出，另一端则画成箭头，如图 1-28(b) 所示。当圆弧半径过大或在圆弧范围内无法标出其圆心位置时，可按图 1-28(c) 所示形式标注；若不需要标注其圆心位置，则可按图 1-29(d) 所示形式标注。

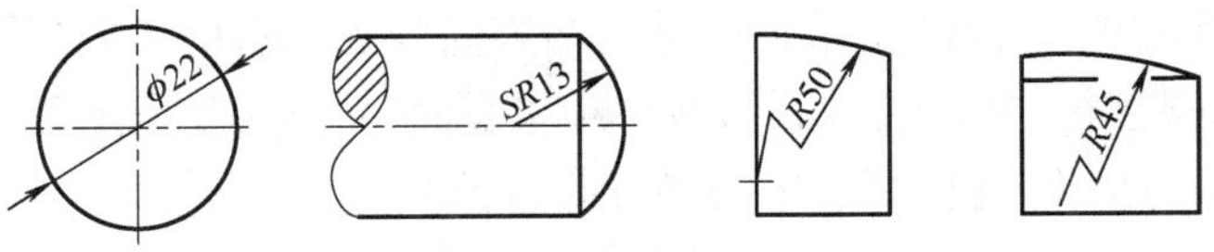

(a)　　(b)　　(c)　　(d)

图 1-28　圆及圆弧的尺寸标注

(4) 当标注较小结构的尺寸，没有足够位置画箭头和注写尺寸数字时，可按图 1-29 所示方法标注。

(5) 当对称机件的图形只画出 1/2 或略大于 1/2 时，尺寸线应略超出对称中心线或断裂处边界线，此时仅在尺寸界线一端画出箭头，如图 1-30 所示。

(6) 在光滑过渡处标注尺寸时，必须用细实线将轮廓线延长，并从它们的交点引出尺寸界线，如图 1-31 所示。

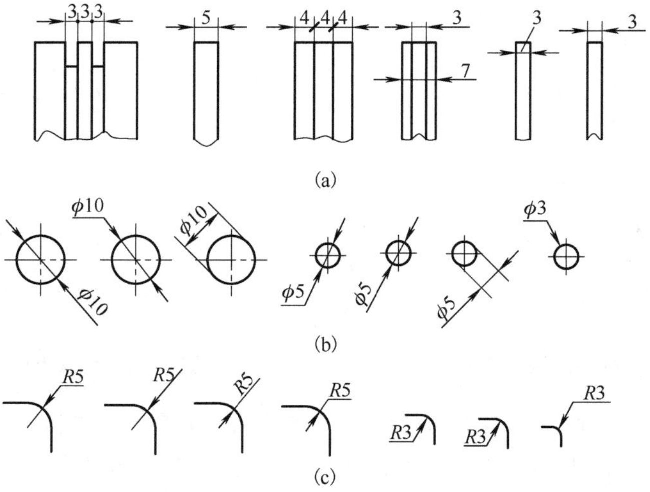

图 1-29　小尺寸的标注方法

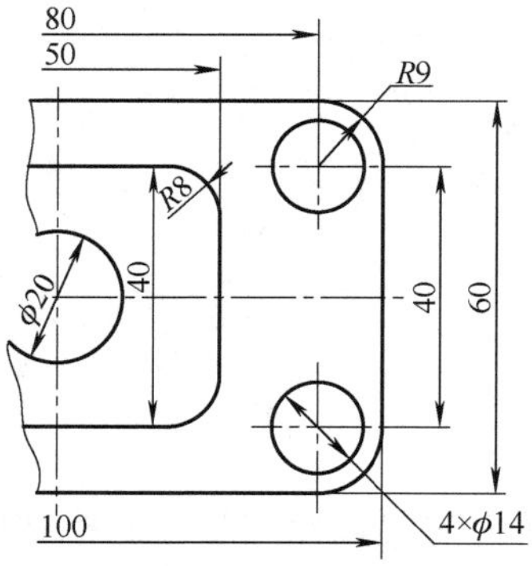

图 1-30　对称机件图形的尺寸标注

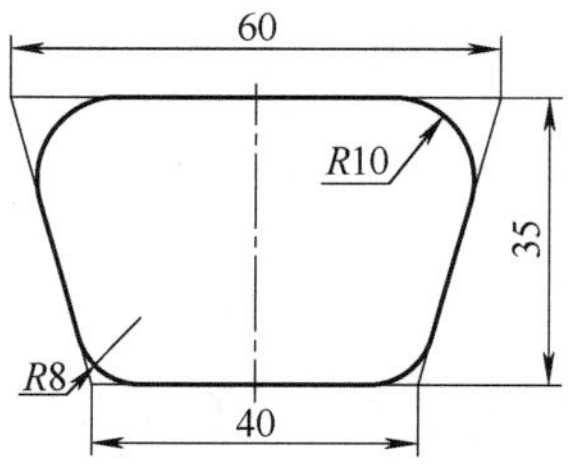

图 1-31　光滑过渡处的尺寸标注

(7) 一直线(或平面)对另一直线(或平面)的倾斜程度称为**斜度**。斜度用字母 S 表示，其大小用两直线(或两平面)之间夹角的正切值来表示，并将比值写成 1∶n 的形式，即

$$S=\mathrm{tg}\alpha=H/L=1:n$$

斜度的符号及标注如图 1-32 所示，符号尖端方向与图形斜度方向一致。

(8) 正圆锥的底圆直径与锥高之比称为**锥度**。正圆锥台的锥度是指两底圆直径差与台高之比。锥度用字母 C 表示，锥度也写成 1∶n 的形式，即

$$C=D/L\text{或}(D-d)/L=1:n$$

锥度的符号及标注如图 1-33 所示，符号尖端方向应与锥度图形尖端方向一致。

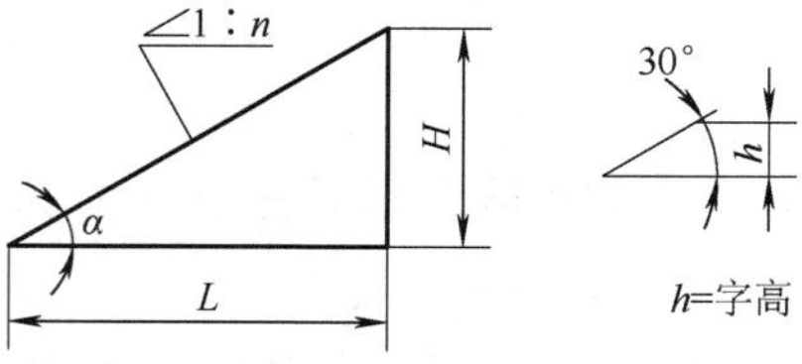

图 1-32　斜度的符号及标注

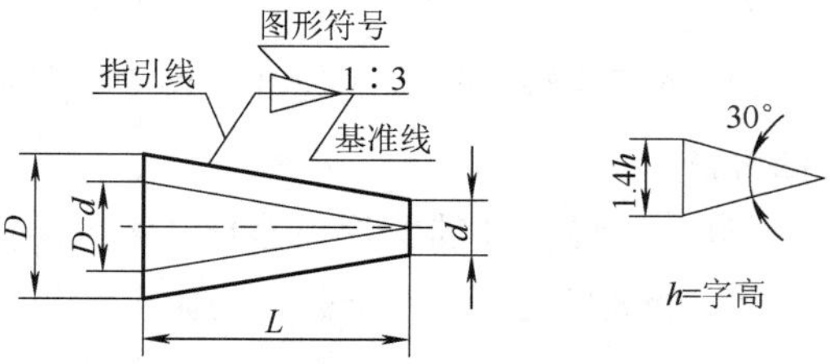

图 1-33　锥度的符号及标注

第 4 节　平面图形的分析、画法及尺寸标注

任何机件的视图都是平面图形，而平面图形又是由很多的直线段和曲线段连接而成的。因此掌握平面图形的分析方法，对于正确、迅速地绘制图样起着重要的作用。

1. 平面图形的尺寸分析

根据平面图形中尺寸所起的作用，可分为定形尺寸和定位尺寸两类。

1) 定形尺寸

确定平面图形中各组成部分的形状和大小的尺寸，称为定形尺寸。如圆的直径、圆弧的半径、线段的长度、角度大小等，如图 1-34 中的所有直径或半径尺寸均为定形尺寸。

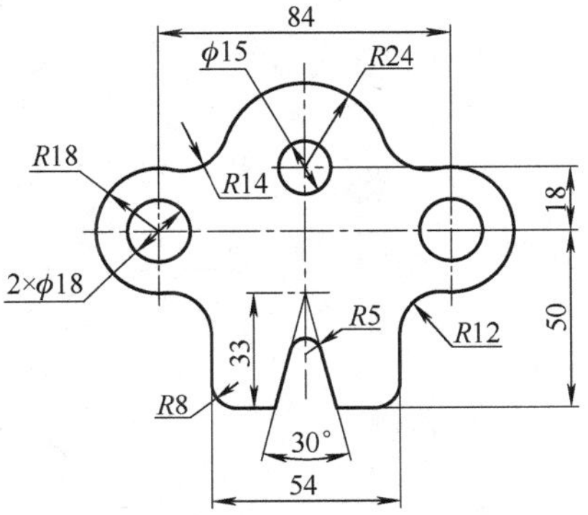

图 1-34　平面图形

2) 定位尺寸

确定平面图形中各组成部分之间的相对位置的尺寸，称为定位尺寸。如图 1-34 中的尺寸 84、18、50 和 33。

2. 平面图形的线段分析

平面图形的线段(直线段和圆弧)按其特征可分为三类：已知线段、中间线段和连接线段。

1) 已知线段

定形尺寸和定位尺寸齐全的线段，称为已知线段。在画图时，根据图中所给的尺寸可直接画出已知线段，如图 1-34 中的 ϕ18、ϕ15 圆周和 *R*18、*R*24 圆弧。

2) 中间线段

已知定形尺寸而定位尺寸不全的线段，称为中间线段。中间线段在画图时，需根据图中给出的定形和定位尺寸及与相邻线段的连接要求才能画出，如图 1-34 中的距离为 54 的两直线、夹角为 30° 的两斜线和此图形最下方直线。

3) 连接线段

已知定形尺寸而没有定位尺寸的线段，称为连接线段。在画连接线段时，需根据图中给出的定形尺寸及与两端相邻线段的连接要求才能画出，如图 1-34 中的 *R*14、*R*12、*R*8 和 *R*5 圆弧。

3．平面图形的画法

根据以上分析可知：画平面图形时，应首先画出各已知线段，再依次画出各中间线段，最后画出各连接线段。图 1-34 所示的平面图形的作图步骤如图 1-35 所示。

(1)根据尺寸用点画线画出基准线、对称线，如图 1-35(a)所示。

(2)根据尺寸用细实线画出各已知线段和已知圆弧的有效部分，如图 1-35(b)所示。

(3)根据尺寸用细实线画出各中间线段和中间圆弧后，再用圆弧连接的作图方法画出各连接弧，如图 1-35(c)所示。

(4)检查、校核图形，擦去不需要的图线后用粗实线描深图线。注意：描深图线的顺序是先圆弧后直线，描深直线时应将水平线、竖直线和倾斜线分类集中处理，如图 1-35(d)所示。

(5)标注尺寸，完成全图，如图 1-34 所示。

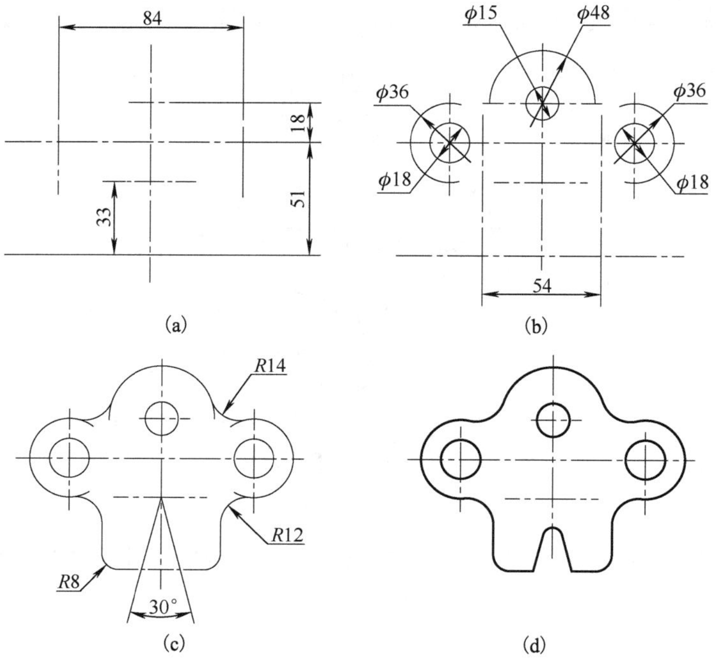

图 1-35　平面图形的作图步骤

4．平面图形的尺寸标注

1)标注要求

(1)正确。平面图形的尺寸要按国家标准的规定标注，符号、尺寸数字方向等不能有错，尺寸数值也不应出现矛盾。

(2)完整。平面图形的尺寸要齐全，定形和定位尺寸都不能少，要做到不遗漏，也不重复。

(3)清晰。尺寸的位置要安排合理、布局整齐，尺寸数字书写端正、清晰易辨。

2)标注方法

标注平面图形尺寸时，首先应对组成图形的各线段进行分析，弄清哪些是已知线段、中间线段和连接线段，然后选择尺寸标注的基准，最后应根据各图形的不同要求，注出平面图形的全部定形尺寸和必要的定位尺寸。表 1-6 为常见平面图形的尺寸标注示例，通过仔细阅读可使读者尽快学会平面图形的尺寸标注方法。

表 1-6　常见平面图形的尺寸标注示例

(1)

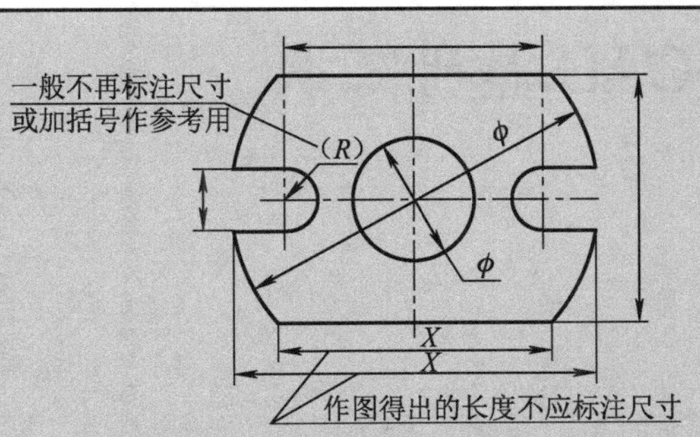

(2)

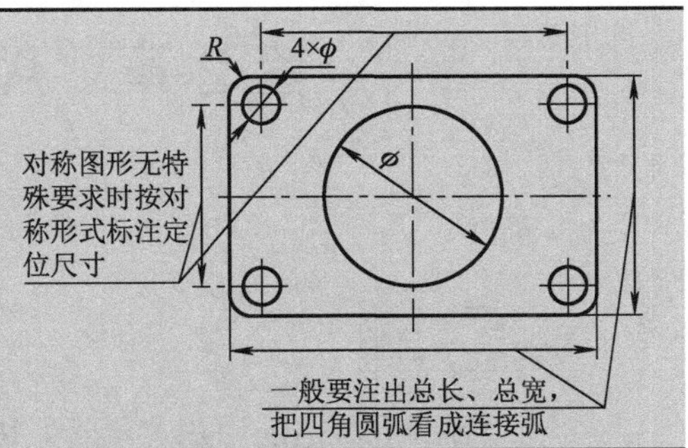

(3)

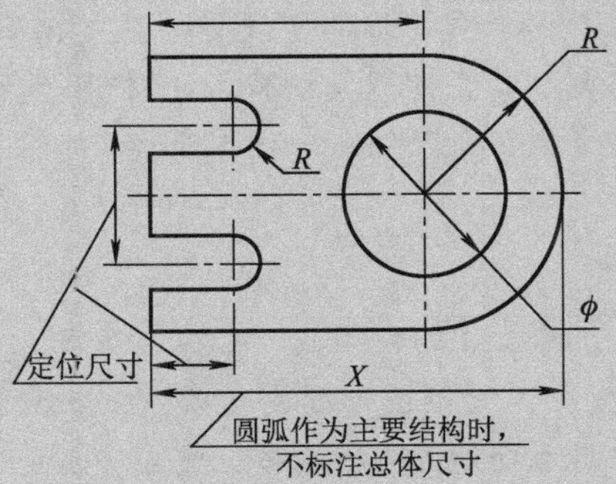

(4)

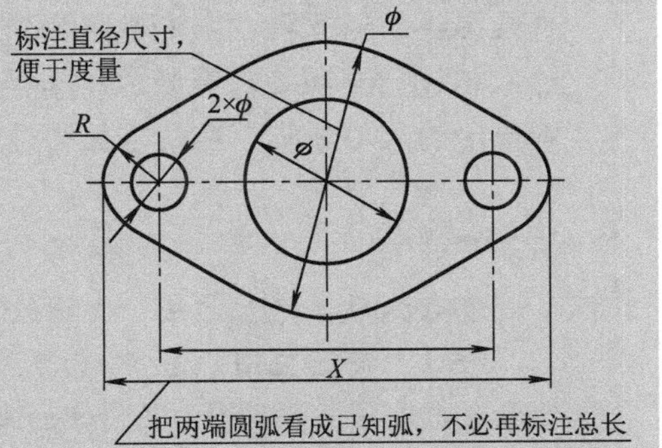

(5)

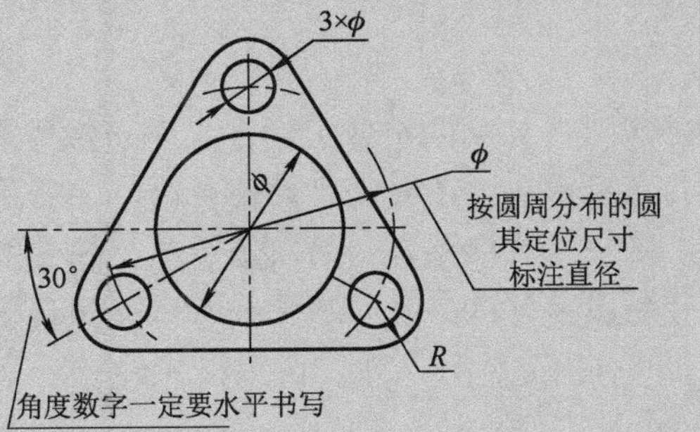

(6)

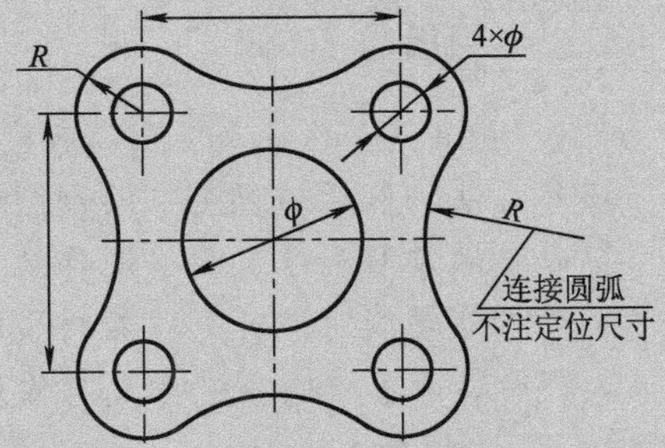

(7)

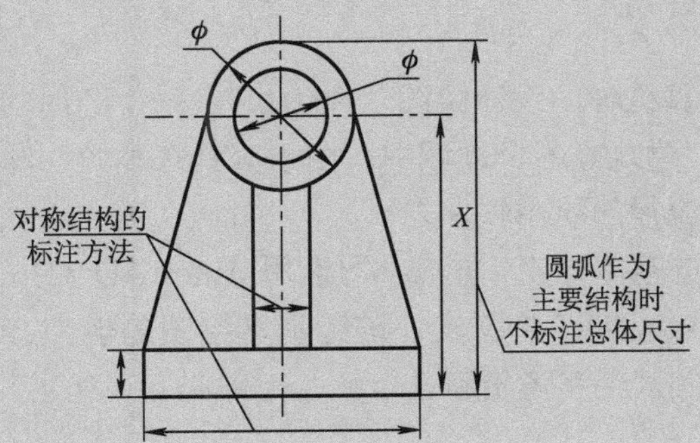

(8)

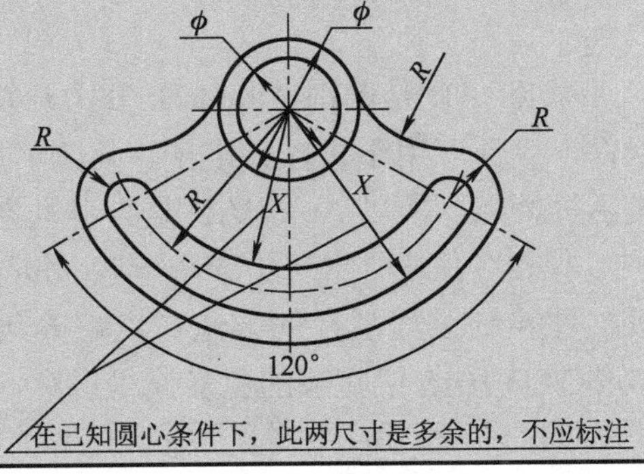

第 2 章　AutoCAD 基础知识

学习目标

掌握 AutoCAD 的基本概念，培养正确的绘图习惯，掌握正确的绘图方法。熟悉绘图界面，掌握命令和数据的输入方法，了解绘图初始环境设置的基本内容、对象捕捉、自动追踪等概念，掌握其使用方法，学会常用绘图命令和常用显示控制命令的使用方法，熟悉掌握构造对象选择和常用编辑命令的使用方法。

重点难点

重点：数据输入方法、常用绘图命令和编辑命令的使用。

难点：灵活应用 AutoCAD 的命令绘制图形。绘制图形除需要掌握 AutoCAD 的命令之外，还需要图形几何学的知识。尺寸标注功能的参数很多，需要多加练习。

学习指导

AutoCAD 的命令较多，功能强大，在学习时可从几个常见命令入手，熟悉掌握其用法，然后通过上机绘制图形掌握其应用方法，不要没目的地乱画，要将绘图命令的学习和绘制机械图样结合起来，这样才能培养正确的绘图习惯。在学习尺寸标注功能时，可先按教材设定一个符合国家标准要求的尺寸样式，然后在深入理解各参数和选项的意义与作用。

AutoCAD 是美国 Autodesk 公司开发的计算机辅助设计绘图软件包。它是一个通用的绘图软件，广泛应用于机械、电子、化工、服装、建筑等各个领域中。由于其具有高效、通用、灵活等特点，所以 AutoCAD 是当今世界上最流行的绘图软件之一。

本书将在各个章节中介绍一些 AutoCAD 的基本知识，重点学习运用 AutoCAD 2015 中文版软件绘制工程图样的方法，以培养运用 AutoCAD 绘图软件进行基本绘图的能力。有关 AutoCAD 2015 中文版的更多详尽讲解，需查阅其他参考资料。

第 1 节　AutoCAD 2015 中文版的基本操作

1. 启动 AutoCAD 2015 中文版

在 Windows 操作系统下正确安装 AutoCAD 2015 中文版后，系统会在桌面上自动建立其快捷图标，并在“开始”菜单程序项中添加 Autodest 的程序文件夹。启用进入 AutoCAD 2015 中文版的方法如下。

(1) 双击桌面上 AutoCAD2015 中文版的快捷图标，如图 2-1 所示。

图 2-1 AutoCAD 快捷图标

(2) 依次单击“开始”→“程序”→Autodest→AutoCAD 2015Simplified Chinese→AutoCAD 2015 启动之。

启动 AutoCAD 2015，出现“新选项卡”界面，如图 2-2 所示，可以选择“了解”和“创建”选项卡，“了解”选项卡主要介绍 AutoCAD 2015 版本的新特性及快速入门等内容；“创建”选项卡主要选择开始绘图、最近使用的文件、打开文件以及和 AutoCAD 的连接等内容。中文版 AutoCAD2015 为用户提供了“草图与注释”“三维基础”和“三维建模”三种工作空间模式，以前版本的“AutoCAD 经典”工作空间模式不再默认提供。在进行平面图形绘制时，一般默认“草图与注释”工作空间，进入工作界面，如图 2-3 所示。

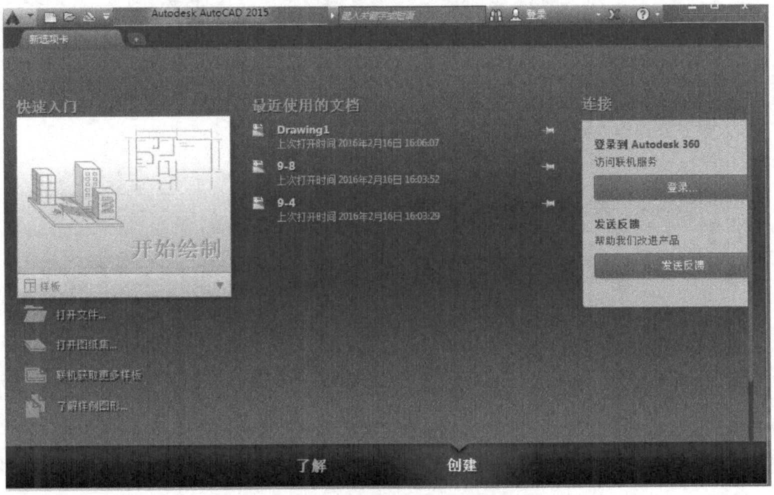

图 2-2 AutoCAD2015“新选项卡”

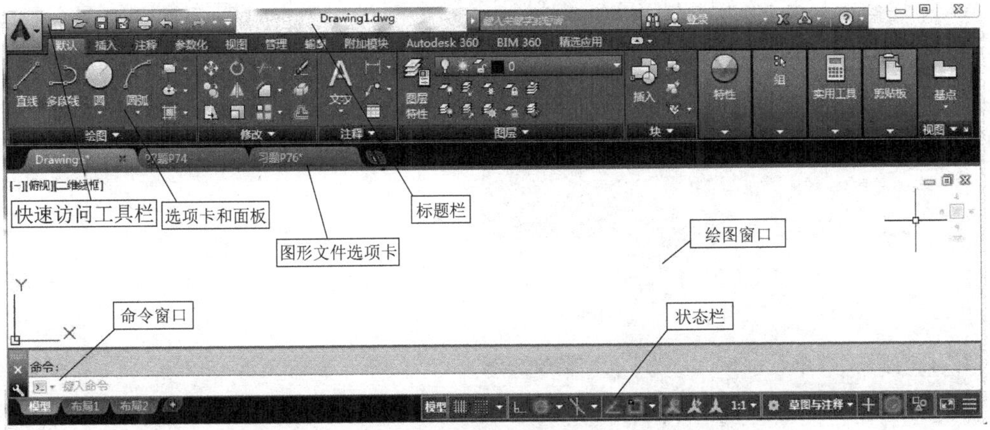

图 2-3 AutoCAD2015 中文版的工作界面

2. AutoCAD 2015 中文版的工作界面

在 AutoCAD 2015 中文版的绘图界面中，主要包括标题栏、快速访问工具栏、绘图窗口、功能区（包含选项卡和面板）、图形文件选项卡、命令窗口、状态栏等。下面分别介绍各个部分的内容。

1) 标题栏

标题栏显示当前图形的名称，若文件未命名，则显示自动默认文件名 Drawing1.dwg。

2) 功能区(包含选项卡和面板)

功能区中有“默认”“插入”“注释”等多个选项卡和相应的面板，现以“默认”选项卡为例说明，如图 2-4 所示。“默认”选项卡面板上分为“绘图”“修改”等若干功能区域，面板中的图标都代表着相应的 AutoCAD 命令，用鼠标左键点击图标，可以激活 AutoCAD 命令。有时某些图标是灰暗色，表明在当前特定的条件下，这些功能不能使用。图标右边有黑色小三角符号的，表示有多种方法绘制图形对象。点击在“绘图”区域最下“绘图”右边黑色小三角符号可以显示所有的绘图命令图标。

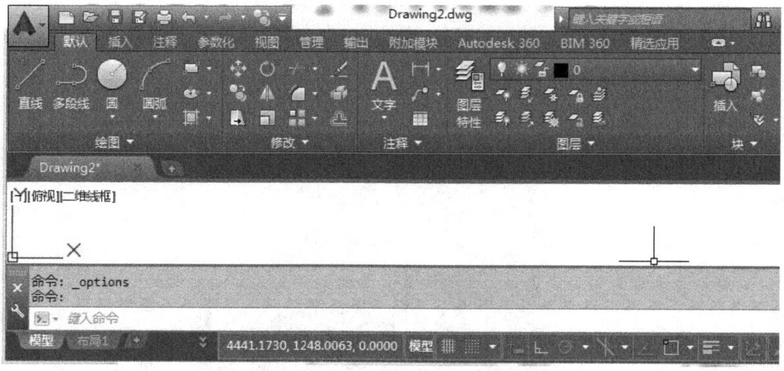

图 2-4　“默认”选项卡及其面板

功能区中“选项卡”及“选项卡中面板功能区”显示，可将鼠标放置在功能区，单击右键，弹出菜单来选择，如图 2-5 所示，勾选为选中的“选项卡”及“选项卡中面板功能区”。

AutoCAD 2015 中文版提供有快捷菜单功能，为用户的快速操作提供了极大的方便。可以用单击鼠标右键的方法弹出快捷菜单。快捷菜单上显示的选择项是上下文相关的，其取决于当前的操作和右击鼠标时光标的位置。若操作内容不同，右击鼠标时光标的位置不同，则弹出的快捷菜单的内容也就不同，如图 2-6 所示。

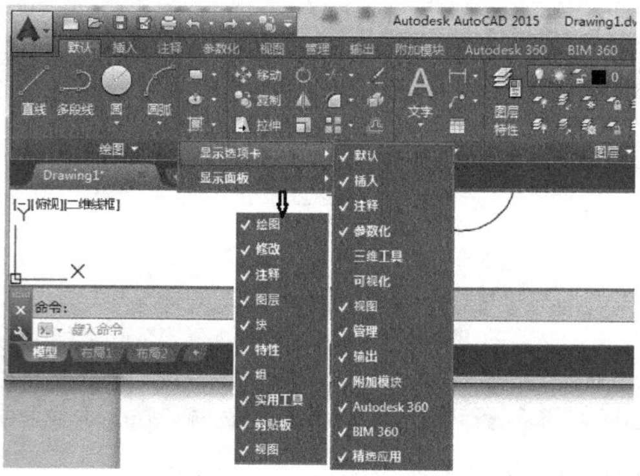

图 2-5　功能区中“选项卡”及“选项卡中面板功能区”显示

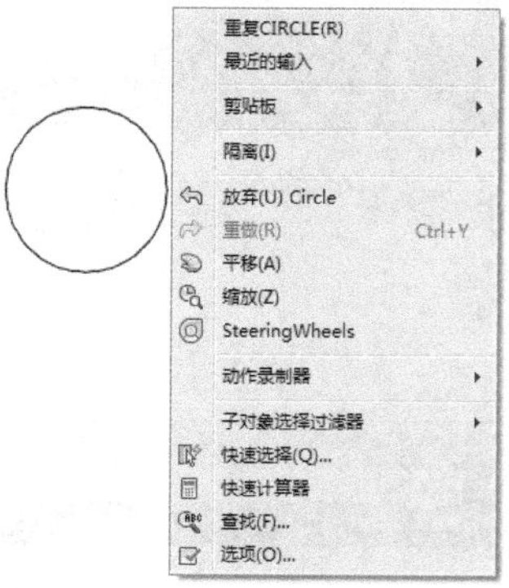

图 2-6　快捷菜单

3) 绘图窗口

图形窗口是显示、绘制和编辑图形的工作区域。AutoCAD 2015 支持多文档工作环境，当用户同时打开多个图形文件时，图形窗口的顶部显示“图形文件”选项卡，通过选择选项卡对不同文件进行操作。

窗口中显示有表示当前工作点的光标。当移动鼠标时，光标将“跟随”鼠标移动。光标在不同的状态下，将分别显示为十字、拾取框、虚线框和箭头等样式。当 AutoCAD 提示选择一个点时，光标便成为十字光标；当需要在屏幕上拾取一个目标时，光标变为一个小的拾取框。

在图形窗口的底部含有一个“模型”选项卡和多个“布局”选项卡，可以方便地在模型空间和图纸空间之间切换图形。通常，用户应该在模型空间中进行设计，而在图纸空间中创建布局，以输出图形。

4) 命令窗口

命令窗口是用户输入命令和 AutoCAD 显示提示符及信息的地方，在操作中，必须随时注意命令窗口的提示。

命令窗口分为两个部分：AutoCAD 提示用户输入信息的单行命令区以及显示命令记录的区域。可以用拖动分栏线的方式调整命令行的显示行数。单击右端的滚动条可翻看以前执行过的命令。命令窗口可以是一个浮动窗口，也可以将其移动到屏幕上的任何地方，并可改变其大小。点击 F2 功能键可以查看已执行命令的文本记录。

5) 状态栏

状态栏在屏幕的底部，将鼠标左键放置在功能按钮上，可以显示功能按钮的内容，左端显示绘图区中光标定位点的坐标 X、Y、Z，在其右侧依次显示“模型和图纸空间切换”“栅格”“捕捉”“动态输入”“正交”等功能控制按钮，最右端是状态栏的控制选项，可以自定义显示功能按钮，如图 2-7 所示。

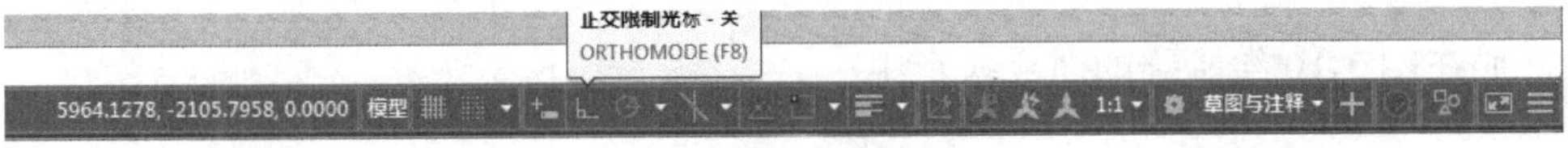

图 2-7　状态栏

3. 退出 AutoCAD

使用 AutoCAD 绘图结束后应正常地退出，退出的方法如下。

(1) 命令输入：Quit。

(2) 选择屏幕左上角快速访问工具栏 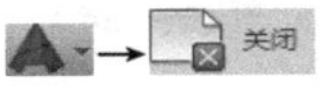 图标。

(3) 单击标题栏右端“×”图标。

若对图形所做的修改尚未保存，则会出现图 2-8 所示的系统警告对话框。鼠标单击按钮“是”，系统将保存文件在特定的位置后退出；单击按钮“否”，系统将不保存文件而退出；单击“取消”按钮，则不退出 AutoCAD 而返回绘图及等待命令状态。

4. AutoCAD 2015 中文版的命令操作

1) 命令调用

当命令行出现“命令”提示时，表示系统处于待命状态，此时可以输入新的命令。通常在发布命令后，按回车键或者空格键(在 AutoCAD 中，鼠标的右键常常也相当于回车键)，提示系统开始执行命令。

有多种方法可以调用 AutoCAD 命令，以画直线为例进行说明。

(1) 键盘输入。在命令行输入 Line 或者命令的缩写 L。

(2) 功能区选择。单击“默认”选项卡，选择“直线图标 ，如图 2-9 所示。

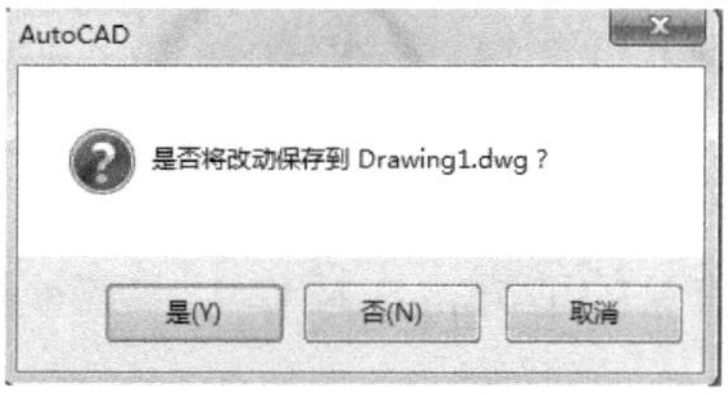

图 2-8　系统警告对话框

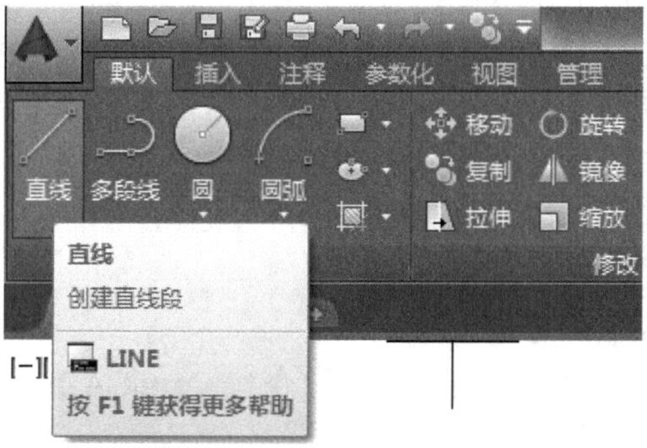

图 2-9　在选项卡及其面板上调用 AutoCAD 命令

2) 命令的放弃和终止

放弃前一个或者多个已操作命令，最简单的方法是在命令行输入 Undo 的缩写 U。直接点取"快速访问工具栏"的按钮也非常的方便。点取按钮，可以在放弃命令以后，进行一次放弃的反操作。

在命令执行的任何时刻，都可以用键盘上的 Esc 键取消和终止当前命令的执行。

3) 命令的重复使用

单击键盘上回车键或空格键可重复调用上一个命令，不管上一个命令是否完成操作。

4) 命令选项

当输入命令后，AutoCAD 会出现对话框或命令行提示，在命令行提示中常会出现多项命令选项，如在图 2-10 绘制圆的命令执行中：

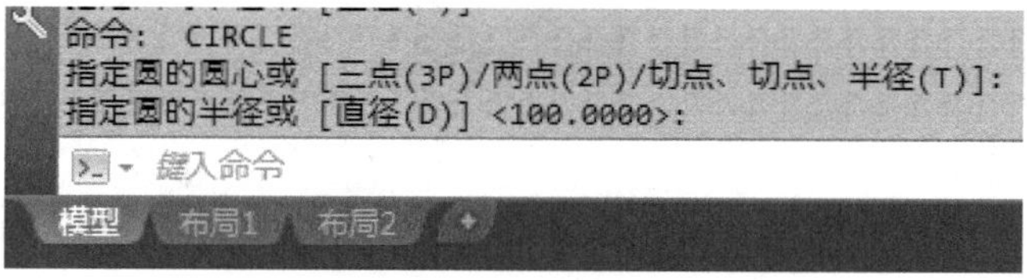

图 2-10　命令选项

……

指定圆的半径或 [直径(D)] <100.0000>:

前面不带中括号的提示为默认选项，因此可直接输入半径值，若要选择输入直径，则应先输入表示直径的选项圆括号内字符 D，然后按系统提示输入数据。提示行中尖括号内的数值 100.0000 为当前默认的半径值。当用户的输入为系统默认值时，直接点回车键即可。

5. 图形文件操作

1) 建立新的图形文件

在 AutoCAD 2015 中文版中，可以采用输入命令 New，或在"快速访问工具栏"选择图标或选择→新建图标来建立新的图形文件。此时弹出"选择样板"对话框，如图 2-11 所示。一般选择 acadiso.dwt 文件，单击"打开"按钮，建立起一个新的图形文件 Drawing1.dwg，完成操作。

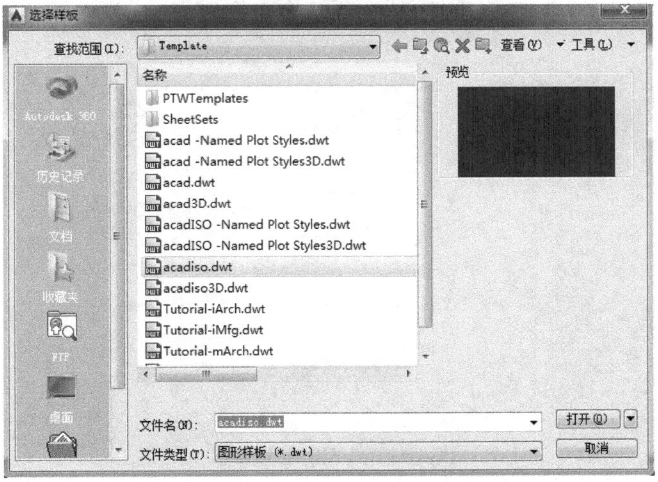

图 2-11　“选择样板”对话框

2) 打开原有的图形文件

如果想在原有图形文件的基础上继续进行有关的操作，可以在命令行输入命令 Open，也可以在“快速访问工具栏”选择图标或选择→打开图标来打开图形文件。此时 AutoCAD 会弹出图 2-12 所示的“选择文件”对话框。可以通过在输入框中直接输入要打开的图形文件的名称，或者通过在文件列表中双击要打开的文件名来打开已有的图形，也可用查找、预览等方式找到要打开的文件。

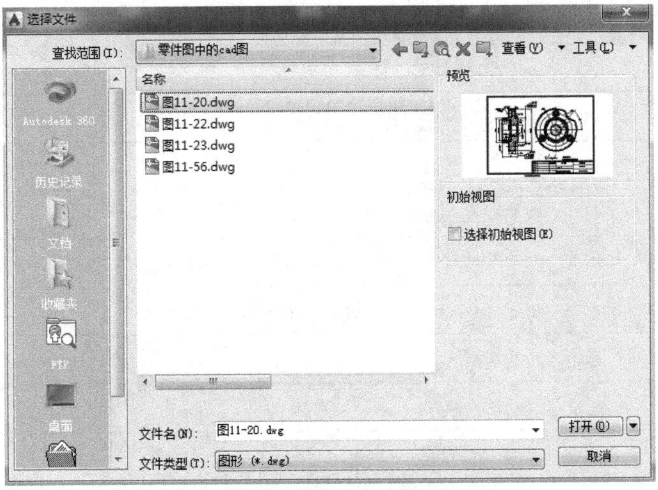

图 2-12　“选择文件”对话框

3) 保存图形文件

若当前图形文件没有保存，则系统自动命名为 Drawing1.dwg，可在“快速访问工具栏”选择图标或，也可选择→保存图标或另存为来保存图形文件。此时屏幕弹出“图形另存为”对话框，如图 2-13 所示。在对话框中可以指定图形文件的路径和名称，予以存盘。若当前图形文件已经重新命名，可在“快速访问工具栏”选择图标，也可选择→保存图标及时以原名保存图形，此时不出现图 2-13 所示的对话框。

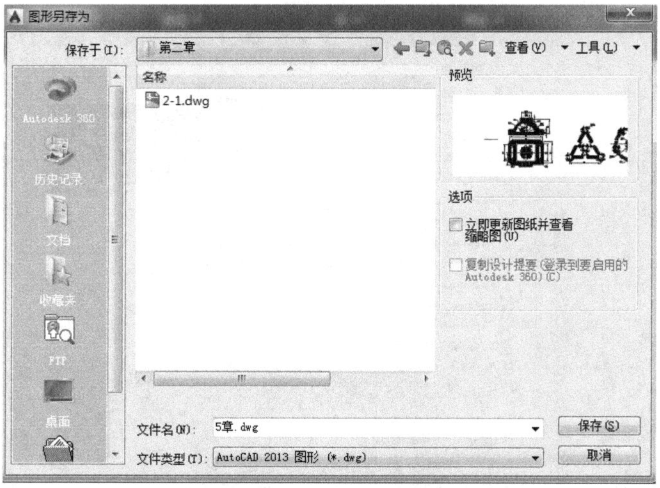

图 2-13 “图形另存为”对话框

6. 功能键

AutoCAD 的某些命令，除了可以通过在命令窗口输入命令、单击功能区命令图标或单击状态栏对应位置来完成，还可以使用键盘上的功能键来调用，各功能键的使用方法见表 2-1。

表 2-1 功能键及其用途

功能键	用途
F1	调用 AutoCAD 帮助对话框
F2	图形窗口与文字窗口的互相切换
F3	对象捕捉状态的切换
F4	三维对象捕捉状态的切换
F5	不同方向正等轴测作图平面之间的切换(只有在捕捉类型为等轴侧捕捉时显示)
F6	动态 UCS (User Coordinate Svstem) 显示模式的切换
F7	栅格显示的切换
F8	正交模式的切换
F9	捕捉状态的切换
F10	极轴模式的切换
F11	对象捕捉追踪模式的切换
F12	动态输入的切换

7. 数据输入

在执行 AutoCAD 命令时，有时需要进行一些必要的数据输入，如点的坐标、线段的长度、角度、距离、直径、半径等，具体的输入方法见表 2-2。

表 2-2　数据输入方式

数据含义	输入方式	输入格式		说明
点的坐标	键盘	绝对坐标	*X*, *Y*, *Z*	由 *X*、*Y*、*Z* 三数值确定的点，数值间用“,”分开。画二维图形时不输入 *Z*
		相对坐标	@ *X*, *Y*, *Z*	“@”表示某点的相对坐标，*X*、*Y*、*Z* 是相对前一点的坐标增量。画二维图形时不输入 *Z*
		极坐标	@ *l*<*a*	*l* 指输入点距前点的距离，*α*是输入点与前一点间连线和 *X* 轴正向的夹角
	定标器	拾取光标点或目标捕捉		鼠标拾取:将光标移至所希望位置，点击左键，就输入了该点。精确绘制用捕捉特征点和目标追踪捕捉
距离	键盘	数值方式		直接输入距离数值
	定标器	位移方式		位移方式输入距离时，AutoCAD 会在屏幕上显示一条由基点出发的橡皮筋，使输入距离直观可见；当无明显的基点时，将要求输入第二点，系统自动计算出两点间的距离为所需数据
角度	键盘	数值方式		输入角度数值，角度以度为单位，且以 *X* 轴正向为基准零度，按逆时针方向计算角度
	定标器	位移方式		采用指定点方式输入角度时，角度值由输入两点的连线与 *X* 轴正向之间的夹角确定

AutoCAD 2015 中的动态输入模式，开启动态输入后，系统默认相对坐标，当命令提示输入第二个点的坐标时，直接输入坐标值 *X*, *Y*，可点取键盘上的 Tab 键，对 *X*、*Y* 值的输入框切换。动态输入相对极坐标时，首先输入指定点与上一个输入点的长度距离，然后输入“<”自动切换到角度输入框，输入角度数值以后回车，输入时注意角度数值的正负方向。图 2-14 显示了动态输入模式下，采用极坐标输入，绘制长度为 100、角度为−45° 斜线的操作方法。

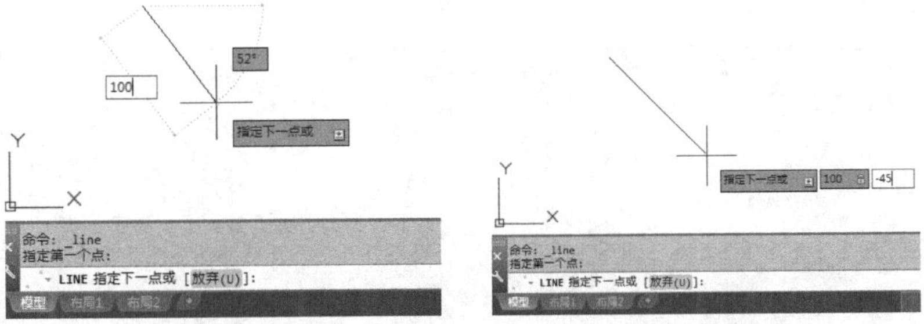

(a) 输入线段长度　　(b) 输入线段角度

图 2-14　极坐标的动态输入

第 2 节　AutoCAD 绘图操作流程及实例

1. 设置绘图环境

首先，创建一张新图文件或打开一张原有的图形文件；在该文件的界面中设置绘图环境(编辑一张原有的图形时无此步骤)。

1) 设置图幅

系统默认图幅为 A3，若要修改图幅，在命令行输入 Limits 命令后，AutoCAD 提示用户输入限定范围的左下角和右上角坐标，用户可根据所绘图形的具体尺寸输入合适的数值。设置完成后。输入命令 Zoom，并选择 All 选项，以使所设图幅在窗口范围内全屏显示。

2) 单位制

系统缺省的数值，角度单位是十进制，可不重新设置。若要改变，则在命令行输入 Units 命令，激活命令后将出现如图 2-15 所示的“图形单位”对话框，利用它可进行单位制设置。

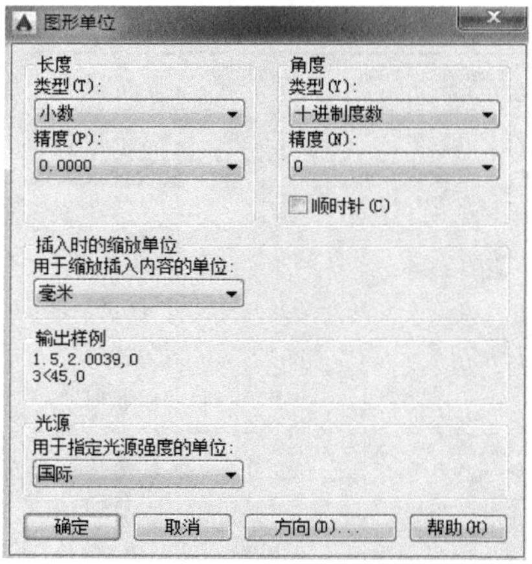

图 2-15　“图形单位”对话框

3) 图层

AutoCAD 提供的图层(Layer)功能是其一大特色。这些图层相当于一张张“透明薄片”，且具有相同的坐标系、绘图界限和显示时的缩放倍数，并精确对齐。用户可以将图形中不同类型的图形元素，画在这些“透明薄片”上，可以指定各图层不同的线型、颜色和状态，由这些图层的叠加组成一张完整的图形。图层命令用以设置不同的图层、颜色和线型，并根据操作需要可对某些图层进行打开或关闭、冻结或解冻、锁定或解锁等控制，被关闭和冻结的图层在屏幕上不显示，被锁定的图层在屏幕显示，但是不能进行任何编辑操作，灵活地利用这些工具，可以方便地对图形元素进行编辑。

在 AutoCAD 的初始环境中，系统自动设置当前图层为 0 层，其余图层由用户自定义。设置图层可选择“默认”选项卡→“图层”面板→“图层特性”图标。命令激活后，将会出现如图 2-16 所示的对话框，点击对话框中的按钮，可以建立用户图层，为图层命名，设置颜色，选择线型和线宽。系统提供有多种颜色、线型和线宽，设置时直接点击图标或名称选择。图形中的线型除默认的连续线(Continuous)外，其余各种线型放置在系统的 acadiso.lin 文件中，用户可以根据需要选择加载，如图 2-17 所示。

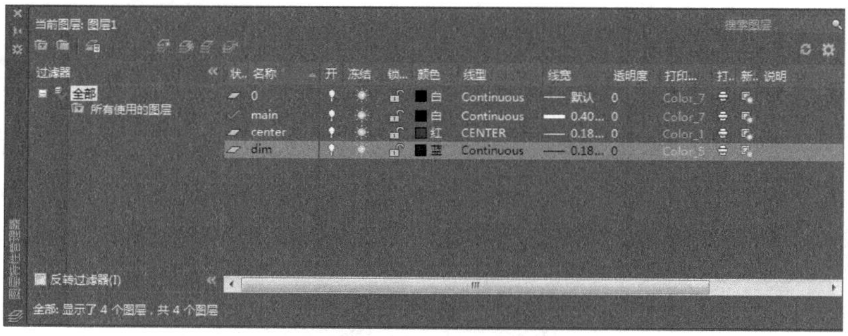

图 2-16　“图层特性管理器”对话框

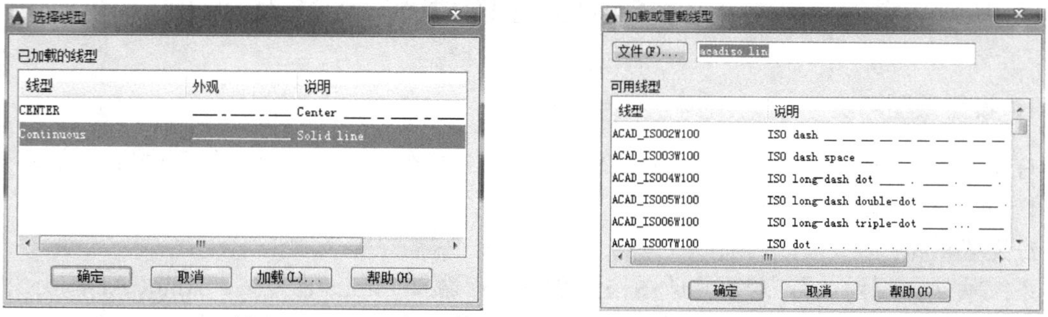

(a)　　(b)

图 2-17　加载线型

例如，画一张机械图时，可将轮廓线放在一个层名为 main 的图层上，设定其颜色为白色，线型为实线(Continuous)，线宽为 0.4。将中心线、对称线放在层名为 center 的图层上，设定其颜色为红色，线型为点画线(CENTER)，线宽为 0.18。将尺寸标注放在层名为 dim 的图层上，设定其颜色为蓝色，线型为实线(Continuous)，线宽为 0.18 等。将不同类型的图形元素放在不同图层上更便于管理。

系统设置的 0 图层不能删除或更名，通常也不在 0 层上作图。绘图时，首先选定某一图层为当前层，所绘制的图线被置于当前层上，并显示当前图层的颜色、线型和线宽，只有打开并解冻的图层才可置为当前层。设置当前图层可以在图 2-16 所示的“图层特性管理器”对话框中先点取所选图层后，再点击按钮，或者选择“默认”选项卡→“图层”面板→“图层特性”图标右侧的下拉列表，点击需要的图层，该图层则被设置为当前层，如图 2-18 所示。

一般情况下，同一图层上的图形元素应具有相同的颜色和线型，用户可以通过改变图层的设置来改变该层上所有图形元素的颜色和线型的状态，以便于图层管理。

2. 绘图命令

大部分绘图命令可以通过选择“默认”选项卡→“绘图”面板，直接点击其中的图标激活，如图 2-19 所示。下面介绍主要的绘图命令的应用，一些较复杂的命令如图案填充等在后续章节中讲解。

图 2-18　图层列表

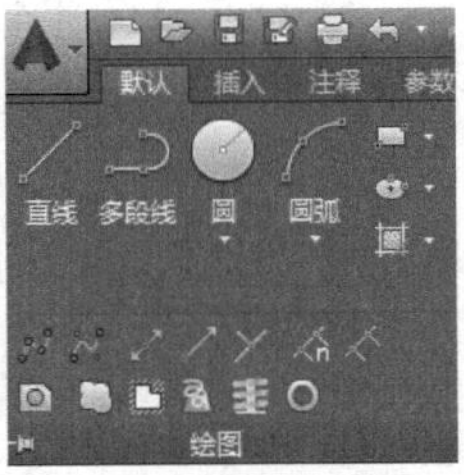

图 2-19　“绘图”面板

1) 直线绘制

选择“默认”选项卡→“绘图”面板，点击“直线”图标；或命令行输入 line，激活命令，命令行提示如下。

```
命令：_line
指定第一个点：20,20(指定直线起点)
指定下一点或 [放弃(U)]：@30,30(指定线段的终点)
指定下一点或 [放弃(U)]：@30,0(指定第二条线段的终点)
指定下一点或 [闭合(C)/放弃(U)]：@0,30(指定第三条线段的终点)
指定下一点或 [闭合(C)/放弃(U)]：回车(结束命令，示例如图 2-20 所示)
```

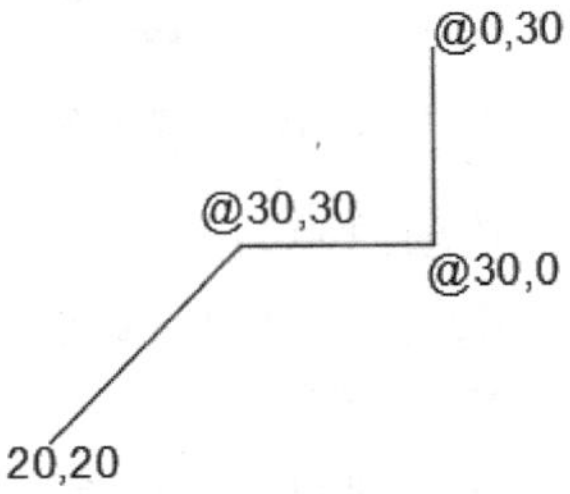

图 2-20　绘制直线示例

选项说明如下。

C：使线段的终点自动和线段组的起点相连。

U：绘制直线时为了及时纠正绘图中的错误，可在 line 命令中取消上一步的错误操作。

命令：以空响应回应“指定第一点”提示，AutoCAD 自动将最后一次画的直线或圆弧的终点作为新直线的起点，并提供和直线或圆弧相切的连接。

2) 多段线绘制

选择“默认”选项卡→“绘图”面板，点击“多段线”图标；或命令行输入 pline，激活命令，命令行提示如下。

命令: _pline

指定起点: 20,20(确定多段线的起点，输入点 20,20)

当前线宽为 0.0000，指定下一个点或 [圆弧(A)/半宽(H)/长度(L)/放弃(U)/宽度(W)]: @20,30(给出第二个点，输入点@20,30，如图 2-21 所示,绘制线段 12)

指定下一点或 [圆弧(A)/闭合(C)/半宽(H)/长度(L)/放弃(U)/宽度(W)]: (系统连续提示输入点，画多线段的单一实体，和“直线”命令用法类似)

选项说明如下。

W 和 H：输入 W 或 H 确定起点和终点的线宽或半线宽，绘制宽线，如图 2-21 所示，绘制线段 23。

L：沿上一线段延长线方向画指定长度的线段，如图 2-21 所示，绘制线段 34。

A：此选项可以画圆弧，如图 2-21 所示，绘制圆弧 45。

C 和 U：这两个选项和“直线”命令相应选项类似。

3) 圆绘制

选择“默认”选项卡→“绘图”面板，点击“圆”图标；或命令行输入 circle，激活命令，命令行提示如下。

命令: _circle

指定圆的圆心或 [三点(3P)/两点(2P)/切点、切点、半径(T)]:(给定一点为圆心)

指定圆的半径或 [直径(D)]:(此项是默认方式，圆心和半径绘圆，如图 2-22 所示)

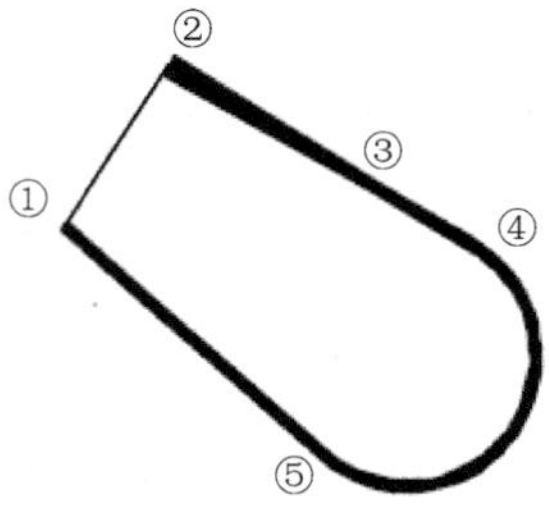

图 2-21　绘制多段线示例

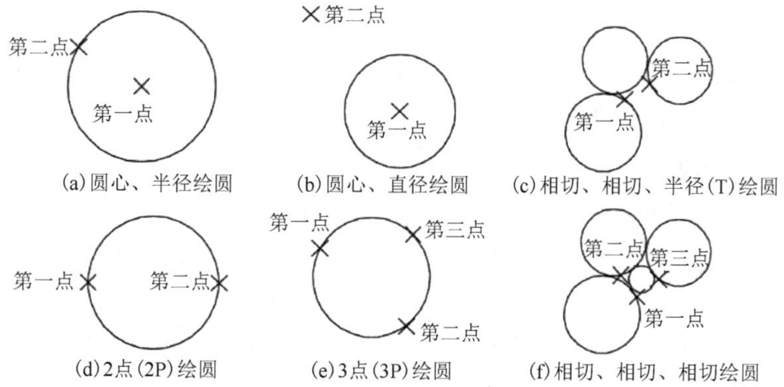

图 2-22　绘制圆示例

选项说明如下。

D：圆心和直径绘圆。

2P：两点绘圆，此两点是圆直径的两端点。

3P：圆周上三点绘圆。

T：和两个指定对象(直线.圆弧.圆)相切，且给定半径的圆。

TTT：点击“圆”图标下方黑三角，弹出圆绘制方式选择，如图 2-23 所示，选择“相切、相切、相切”绘制和三个指定对象(直线.圆弧.圆)相切的圆。

4) 圆弧绘制

选择“默认”选项卡→“绘图”面板，点击“圆弧”图标；或命令行输入 arc，或点击“圆弧”图标下方黑三角，弹出圆弧绘制方式选择，如图 2-24 所示，激活命令。绘制圆弧图例如图 2-25 所示，命令行提示如下。

```
命令: _arc
指定圆弧的起点或 [圆心(C)]:
指定圆弧的第二个点或 [圆心(C)/端点(E)]:
```

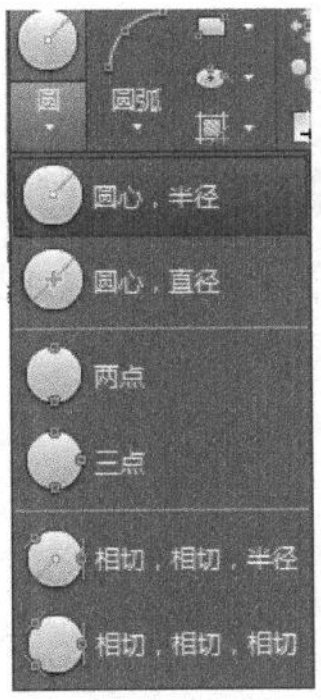

图 2-23　绘制圆各种方式

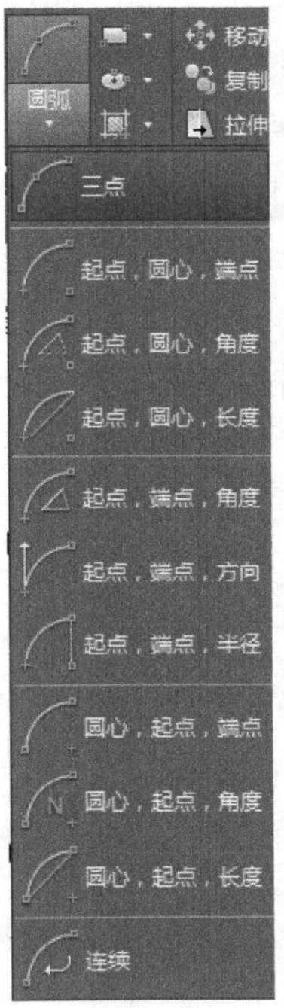

图 2-24　绘制圆弧各种方式

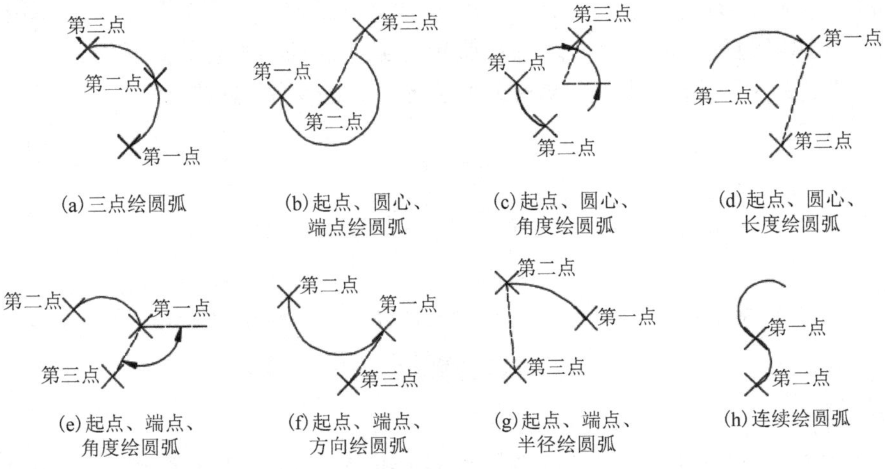

图 2-25　绘制圆弧示例

选项说明如下。

三点：三点绘制圆弧，此项是默认选项，可顺时针或逆时针绘制圆弧，取决于第三点位置。

起点、圆心、端点：三点绘制圆弧，按逆时针方向绘制，若指定终点不在圆弧上，则圆弧画到端点和圆心的连线上。

起点、圆心、角度：用起点和圆心的连线与第三点和圆心的夹角确定角度，或直接输入角度，角度为正值，逆时针绘制圆弧；角度为负值，顺时针绘制圆弧。

起点、圆心、长度：按指定弦长绘制圆弧，绘制圆弧时逆时针绘制，弦长为正值时绘制小圆弧(小于 180°)，弦长为负值时绘制大圆弧(大于 180°)。

起点、端点、角度：根据圆弧的起点、端点及起点、端点和圆心连线的夹角绘制圆弧。当夹角为正值时，逆时针绘制；当夹角为负值时，顺时针绘制。

起点、端点、方向：绘制圆弧时，圆弧的起始方向和给定的方向相切。可逆时针或顺时针绘制，取决于方向点的位置。

起点、端点、半径：按逆时针绘制圆弧，半径为正值时绘制小圆弧；半径为负值绘制时大圆弧。

连续：绘制和已有直线或圆弧终点相连且相切的圆弧。在提示输入起点时空回车，则上一直线或圆弧的终点为要画圆弧的起点。

其余各选项和前面讲述的类似，只是顺序不同。

5)正多边形绘制

选择“默认”选项卡→“绘图”面板，点击“正多边形”图标右侧黑三角，选择多边形；或命令行输入 polygon，激活命令。绘图示例如图 2-26 所示，命令行提示如下。

```
命令: _polygon
输入侧面数 <4>: 6(选择多边形边数，默认边数为 4)
指定正多边形的中心点或 [边(E)]: (指定点默认为正多边形的中心点)
输入选项 [内接于圆(I)/外切于圆(C)] <I>: c
指定圆的半径:
```

选项说明如下。

I：绘制内接多边形，内接多边形在一个假想的外接圆内，多边形的各顶点都在圆周上。

C：绘制外切多边形，多边形各边都在假想的圆外，且和假想的圆相切。

E：该选项绘制正多边形时，只要指定多边形一边的两个端点即可。

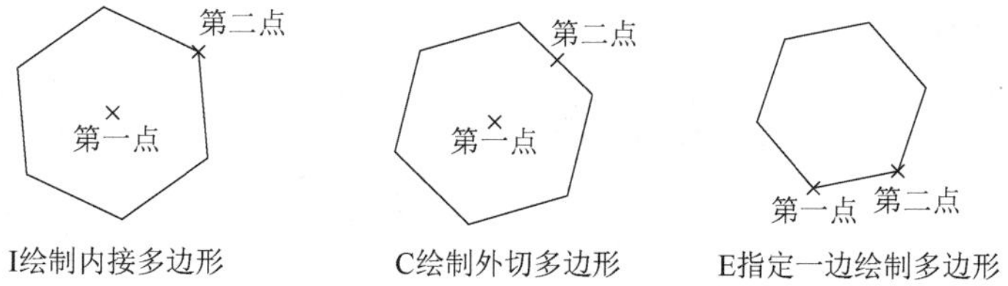

图 2-26　绘制多边形示例

6)矩形绘制

选择“默认”选项卡→“绘图”面板，点击“矩形”图标右侧黑三角，选择；或命令行输入 rectang，激活命令。绘图示例如图 2-27 所示，命令行提示如下。

命令: _rectang
指定第一个角点或 [倒角(C)/标高(E)/圆角(F)/厚度(T)/宽度(W)]: (指定对角线一端点)
指定另一个角点或 [面积(A)/尺寸(D)/旋转(R)]: (指定对角线另一端点)

选项说明如下。

C：可以绘制指定距离的倒角矩形。

E：可以绘制指定标高的矩形。

F：可以在矩形四个顶点绘制指定半径的圆角。

T：可以绘制具有厚度的矩形。

W：可以设置矩形的宽度。

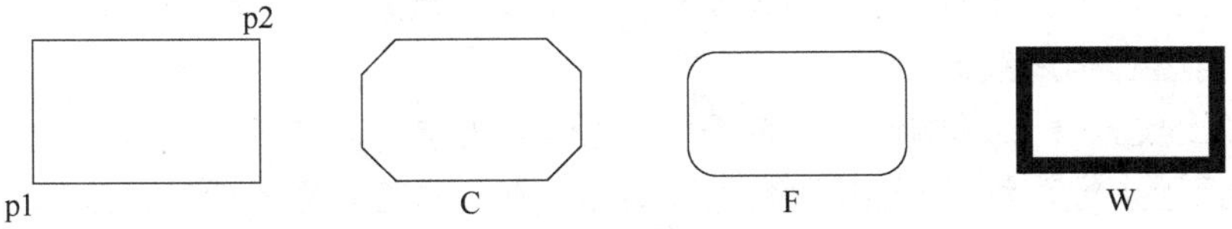

图 2-27　绘制矩形示例

7) 椭圆绘制

选择“默认”选项卡→“绘图”面板，点击“椭圆”图标；或命令行输入 ellipse，激活命令。绘图示例如图 2-28 所示，命令行提示如下。

命令:_ellipse
指定椭圆的轴端点或 [圆弧(A)/中心点(C)]: (指定椭圆一根轴的端点(第一点))
指定轴的另一个端点:(指定椭圆轴的另一端点(第二点))
指定另一条半轴长度或 [旋转(R)]:(指定第三点，此点到椭圆中心点的距离或直接输入长度作为椭圆另一轴的半轴长)

选项说明如下。

C：先指定椭圆的中心点，要求指定两点，则此两点到中心点的距离分别为椭圆的两个半轴长，或要求指定一点，以指定点到中心点的距离为半径绘制圆，然后要求指定旋转角度绘制椭圆。

A：绘制椭圆弧，首先绘制椭圆，操作同上。
指定起始角度或 [参数(P)]:(确定椭圆起点的位置方向)
指定终止角度或 [参数(P)/包含角度(I)]:(确定椭圆终点的位置方向)

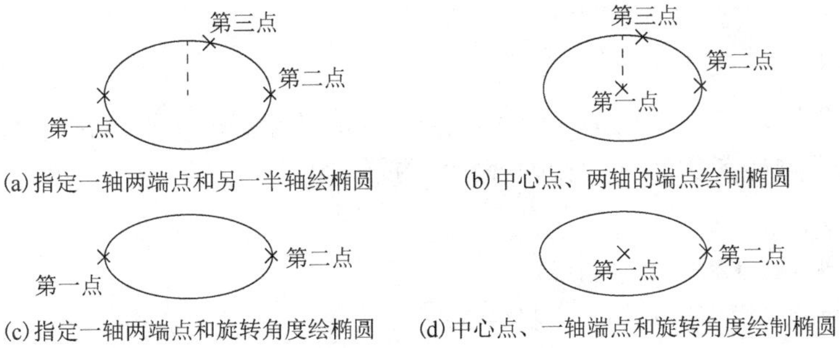

(a) 指定一轴两端点和另一半轴绘椭圆　(b) 中心点、两轴的端点绘制椭圆
(c) 指定一轴两端点和旋转角度绘椭圆　(d) 中心点、一轴端点和旋转角度绘制椭圆

图 2-28　绘制椭圆示例

8) 构造线绘制

选择“默认”选项卡→“绘图”面板，点击“构造线”图标；或命令行输入 xline，激活命令。绘图示例如图 2-29 所示，命令行提示如下。

```
命令:_xline
指定点或 [水平(H)/垂直(V)/角度(A)/二等分(B)/偏移(O)]: (在屏幕上给出第一点)
指定通过点: (给出第二点，可绘制通过给定两点的无限延长线)
指定通过点: (系统不断提示输入点，继续画通过第一点和输入点的无限长直线)
```

选项说明如下。

H：画通过指定点且平行于当前 UCS *X* 轴的无限长直线。

V：画通过指定点且平行于当前 UCS *Y* 轴的无限长直线。

A：指定角度画构造线。

B：画一条通过第一点的构造线，它平分以第一点为顶点，与第二点和第三点组成的夹角。

O：画平行于指定直线的指定距离的构造线，操作时在屏幕上指定直线的一侧。

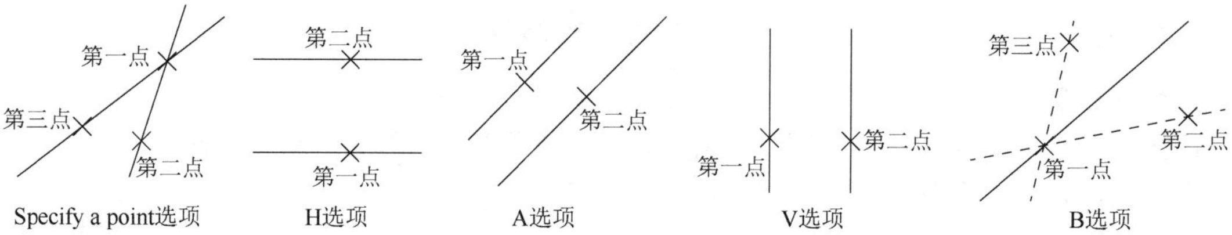

图 2-29　绘制构造线示例

9) 点绘制

选择“默认”选项卡→“绘图”面板，点击“点”图标；或命令行输入 point，激活命令。绘图示例如图 2-30(a)所示，命令行提示如下。

```
命令: _point
当前点模式: PDMODE=3 PDSIZE=-2.5000
指定点: (屏幕上指定一个点)
指定点:(继续绘制点，按 Esc 命令结束)
```

选择“默认”选项卡→“绘图”面板，点击“定数等分”图标，或命令行输入 divide，激活命令，绘图示例如图 2-30(b)所示，命令行提示如下。

```
命令: _divide
选择要定数等分的对象:(选择直线)
输入线段数目或 [块(B)]: 4(4 等分)
```

选择“默认”选项卡→“绘图”面板，点击定距等分图标，或命令行输入 measure，激活命令，绘图示例如图 2-30(c)所示，命令行提示如下。

```
命令: _measure
选择要定距等分的对象: (选择直线)
指定线段长度或 [块(B)]: 20(等分线段长度)
```

点可以以各种样式表示，点的样式设置可选择“默认”选项卡→“使用工具”，点击“点样式”图标 点样式...，弹出“点样式”对话框，设置点的样式和大小(图 2-31)。

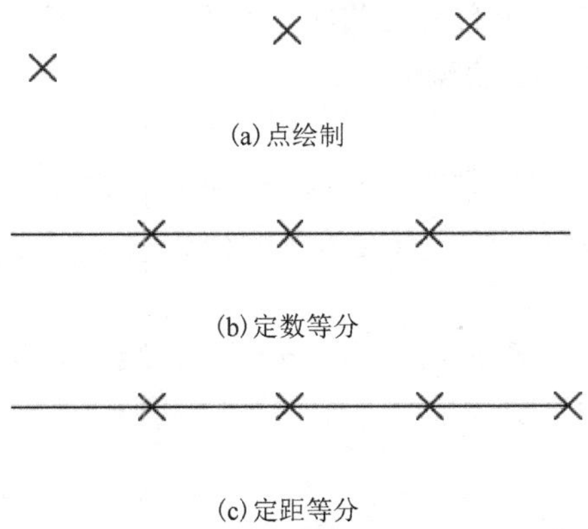

图 2-30　绘制点示例

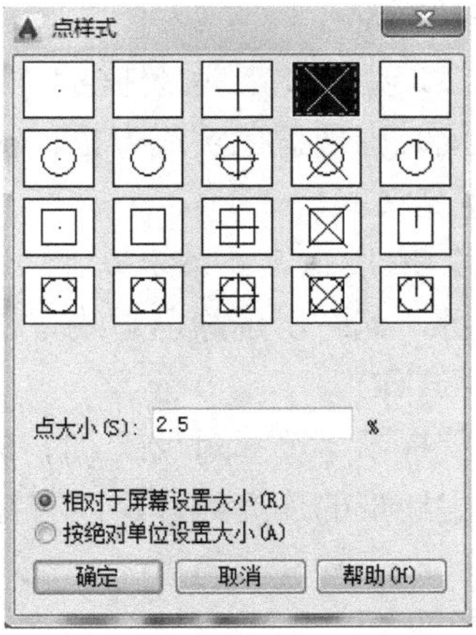

图 2-31　“点样式”对话框

10) 样条曲线拟合绘制

样条曲线拟合命令一般绘制波浪线。选择“默认”选项卡→“绘图”面板，点击“样条曲线拟合”图标；或命令行输入 spline，激活命令。绘图示例如图 2-32 所示，命令行提示如下。

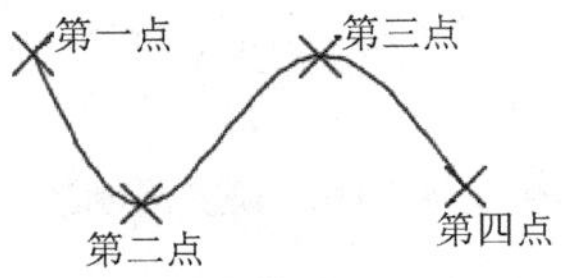

图 2-32　绘制样条曲线拟合示例

```
命令: _spline
当前设置: 方式=拟合　节点=弦
指定第一个点或 [方式(M)/节点(K)/对象(O)]:(输入第一点)
输入下一个点或 [起点切向(T)/公差(L)]:(输入第二点)
输入下一个点或 [端点相切(T)/公差(L)/放弃(U)]: (输入第三点)
输入下一个点或 [端点相切(T)/公差(L)/放弃(U)/闭合(C)]: (输入第四点)
输入下一个点或 [端点相切(T)/公差(L)/放弃(U)/闭合(C)]:(回车, 结束命令)
```

3. 修改命令

AutoCAD 的修改命令，用于对绘制的图形进行各种编辑，熟练地掌握和应用这些命令，对快速精确地绘制图形起到事半功倍的效果。

1) 构造目标选择集

在对图形进行编辑操作时，AutoCAD 通常会要求用户提供目标选择，即选取编辑的对象，在选择一个或多个对象后就创建了一个选择集。选择时，把光标移到图形对象上，若对象呈高亮度显示，表示该图形对象可以被选择。单击该图形对象，可使其变为蓝色轮廓，表示已经被选中，并在屏幕下面的信息栏中，显示出选择的对象数目。用户还可以继续选择，直到用回车结束。在命令行“选择对象:”提示时输入“？”，选择的方式显示如下。

```
选择对象: ?
*无效选择*
需要点或 窗口(W)/上一个(L)/窗交(C)/框(BOX)/全部(ALL)/栏选(F)/圈围(WP)/圈交(CP)/
编组(G)/添加(A)/删除(R)/多个(M)/前一个(P)/放弃(U)/自动(AU)/单个(SI)/子对象(SU)/对象(O)
```

常用的选择方式说明如下。

(1) 全部(All)。

当系统提示“选择对象:”时，直接输入 All，然后回车，此时便选择了所有的对象。

(2) 窗口(W)。

如图 2-33 所示，当系统提示“选择对象:”时，先在屏幕右上角单击左键，再在左下角单击左键，此时出现蓝色实线方框，被方框完全包含的对象会被选中。

(3) 窗交(C)。

如图 2-34 所示，当系统提示“选择对象:”时，先在屏幕右上角单击左键，再向左下方移动单击左键，此时出现绿色虚线方框，被方框区域接触到的所有对象都会被选中。

(4) 栏选(F)。

当系统提示“选择对象:”时，输入 F 然后回车。此时点击鼠标，按照“直线”命令操作可绘制出虚线形的连续线段，所有被虚线碰触到的图形都被选中，如图 2-35 所示。

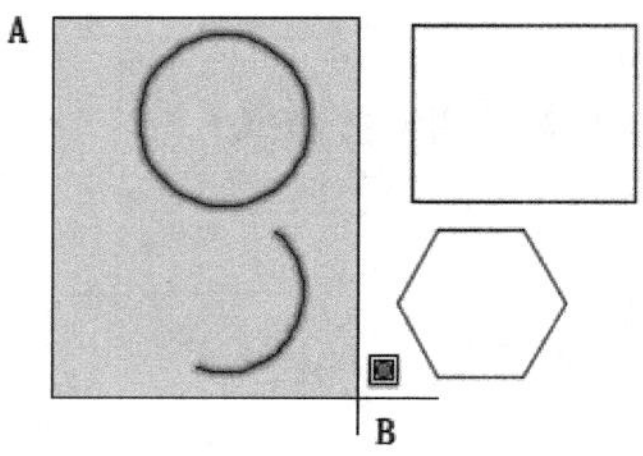

图 2-33　窗口构造选择集

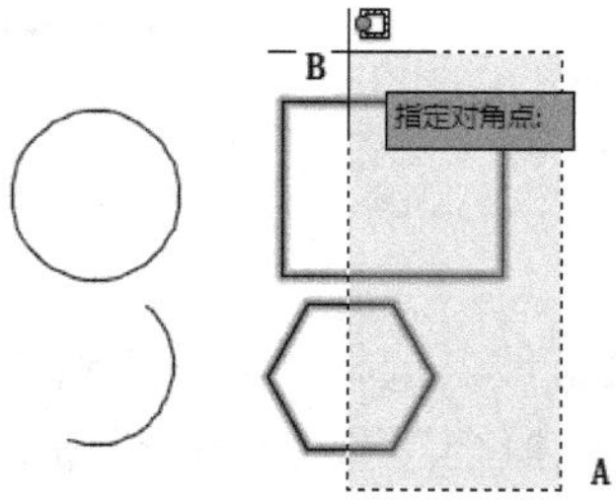

图 2-34　窗交构造选择集

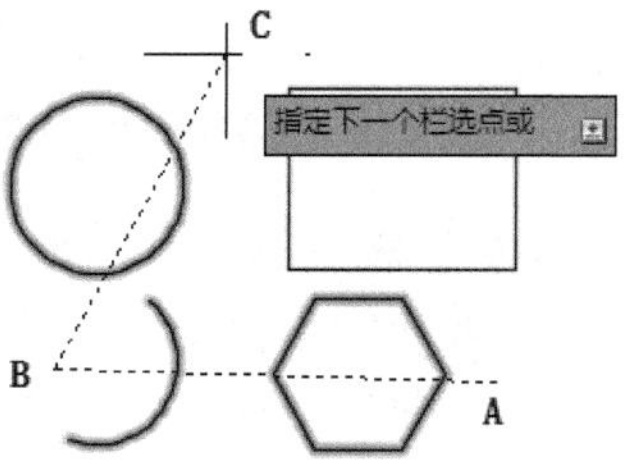

图 2-35　栏选构造选择集

(5) 前一个(P)。

当系统提示“选择对象:”时，输入 P 然后“回车”，此时系统选择确认前一次的选择集为当前的选择。

(6) 删除(R)。

当系统提示“选择对象:”时，输入 R 然后“回车”，可将已经选择的实体从选择集中移出，输入“A”，恢复添加模式。

2) 图形修改命令

大部分修改命令可以通过选择“默认”选项卡→“修改”面板，直接点击其中的图标激活，如图 2-36 所示，以下介绍主要修改命令的应用。

(1) 删除命令。

删除命令用于擦去指定的对象。选择“默认”选项卡→“修改”面板，点击“删除”图标；或命令行输入 erase，激活命令。对象删除示例如图 2-37 所示，命令行提示如下。

命令: _erase
选择对象: 找到 1 个(选择删除的对象，可采用选择对象的任何方法，显示蓝色表示选中的对象)
选择对象: 找到 1 个，总计 2 个(继续选择)
选择对象: (“空格”键或“回车”键结束选择，选中对象被删除)

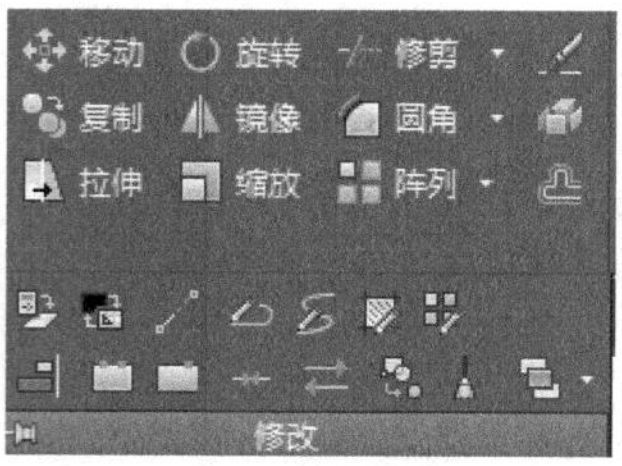

图 2-36　“修改”面板

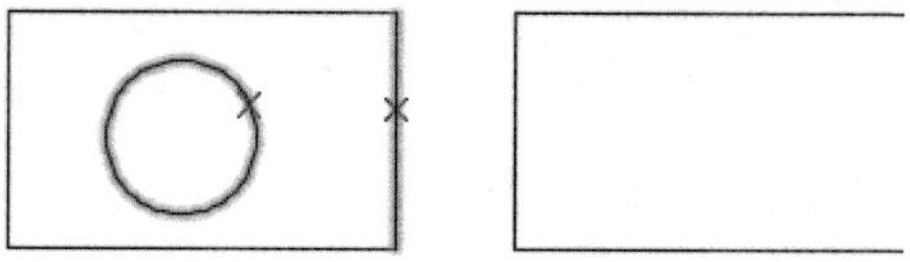
图 2-37　对象删除示例

(2) 复制命令。

复制命令用于复制指定的对象。选择“默认”选项卡→“修改”面板，点击“复制”图标；或命令行输入 copy，激活命令。对象复制示例如图 2-38 所示，命令行提示如下。

```
命令: _copy
选择对象: 找到 1 个(选择复制的对象，选择圆)
选择对象: (“回车”，结束选择)
当前设置:  复制模式 = 多个
指定基点或 [位移(D)/模式()] <位移>:(给出基点，选择第一点圆心)
指定第二个点或 [阵列()] <使用第一个点作为位移>:(给出第二点，圆被复制)
指定第二个点或 [阵列(A)/退出(E)/放弃(U)] <退出>:(给出第三点，圆被继续复制)
指定第二个点或 [阵列(A)/退出(E)/放弃(U)] <退出>:(“回车”，结束复制)
```

选项说明如下。

D：表示直接给出复制体相对于被复制体的位移量。第二点提示“回车”响应。

O：复制模式，选择“单个”或“多个”复制。

A：阵列复制对象，可选择等距复制多个或在两点之间均布多个对象。

(3) 镜像命令。

镜像命令用于绘制出对称图形。选择“默认”选项卡→“修改”面板，点击“镜像”图标；或命令行输入 mirror，激活命令。对象镜像示例如图 2-39 所示，命令行提示如下。

```
命令: _mirror
选择对象: 指定对角点: 找到 3 个(选择镜像的对象，选中 3 个对象)
选择对象: (“回车”，结束选择)
指定镜像线的第一点: (指定镜像线的一个端点，选择第一点)
指定镜像线的第二点: (指定镜像线的另一端点，选择第二点)
要删除源对象吗? [是(Y)/否(N)] <N>:(确认是否删除所选择的镜像对象，默认为 N)
```

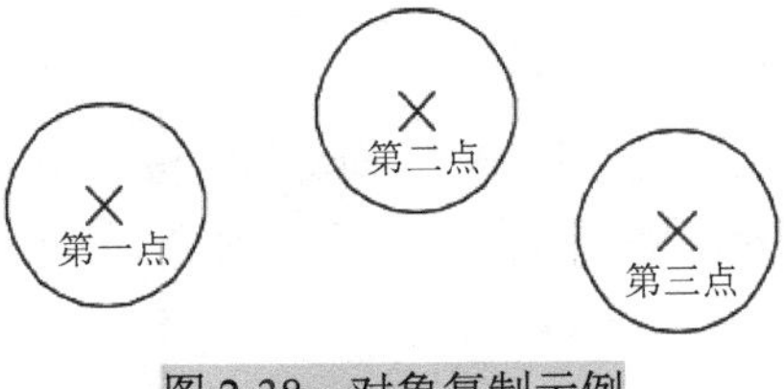

图 2-38　对象复制示例

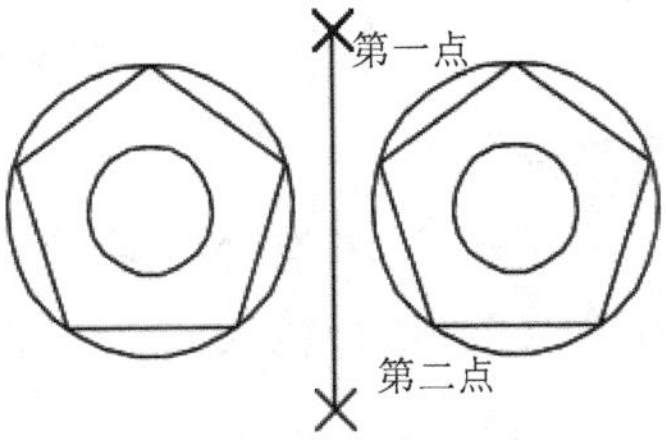

图 2-39　对象镜像示例

(4) 阵列命令。

阵列命令用于按一定的规律绘制相同的图形。选择“默认”选项卡→“修改”面板，点击阵列图标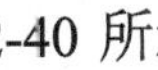右侧黑三角；或命令行输入 array，激活命令。可分别选择“矩形阵列”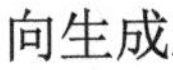、“环形阵列”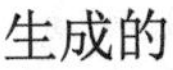和“路径阵列”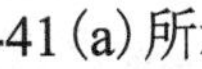三种方式生成不同规律的相同对象。

选择“矩形阵列”，选择要阵列的对象后，在功能区弹出“矩形阵列设置”对话框，如图 2-40 所示，在输入框中确定列数、介于(列距)、行数、介于(行距)、级别(在 *Z* 方向生成对象)等数值，生成的图形对象如图 2-41(a)所示。

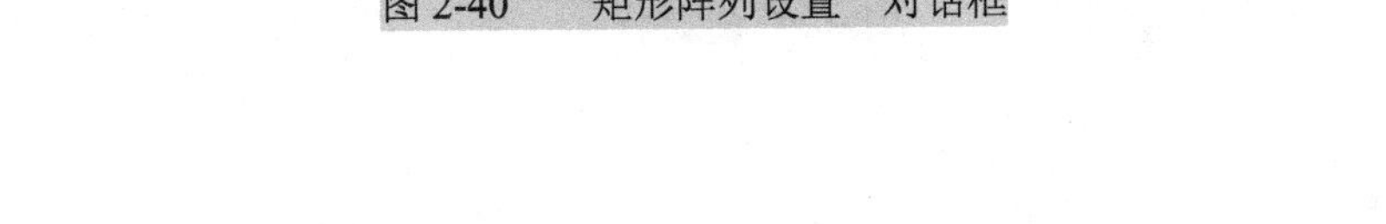

图 2-40　“矩形阵列设置”对话框

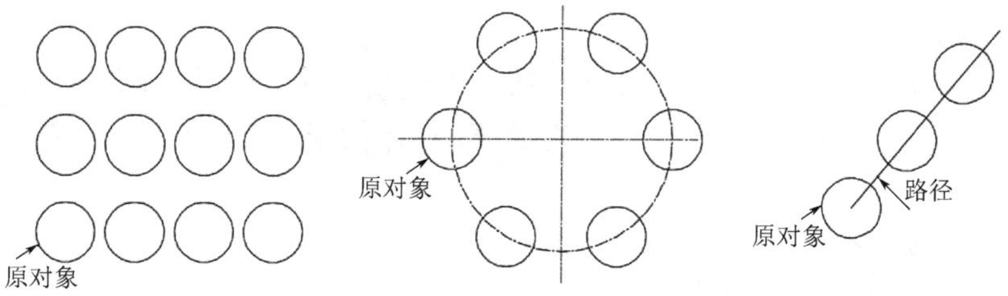

(a) 矩形阵列对象　　(b) 环形阵列对象　　(c) 路径阵列对象

图 2-41　对象阵列示例

选择“环形阵列”，选择要阵列的对象后，在功能区弹出“环形阵列设置”对话框，如图 2-42 所示，在输入框中确定项目数(圆周上分布数目)、介于(相邻两对象对旋转中心的角度)、填充、行数(半径方向分布数目)、介于、级别、基点(环形阵列中心)等数值，生成的图形对象如图 2-41(b)所示。

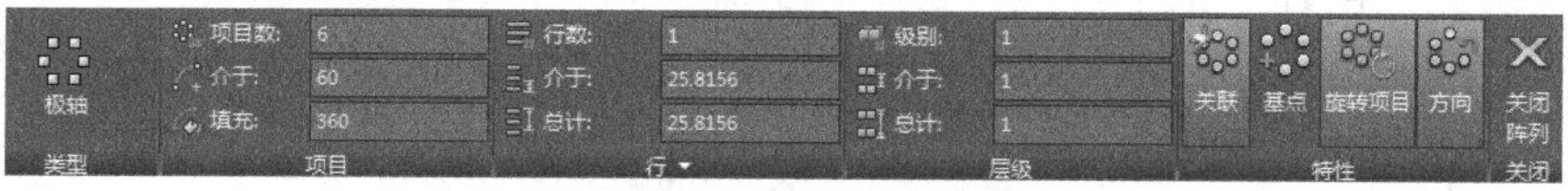

图 2-42　“环形阵列设置”对话框

选择“路径阵列”，先选择要阵列的对象，再选择分布路径后，在功能区弹出“路径阵列设置”对话框，如图 2-43 所示，在输入框中确定项目数(路径上分布数目)、介于(相邻两对象距离)、总计、行数(平行路径数目)、介于、级别等数值，生成的图形对象如图 2-41(c)所示。

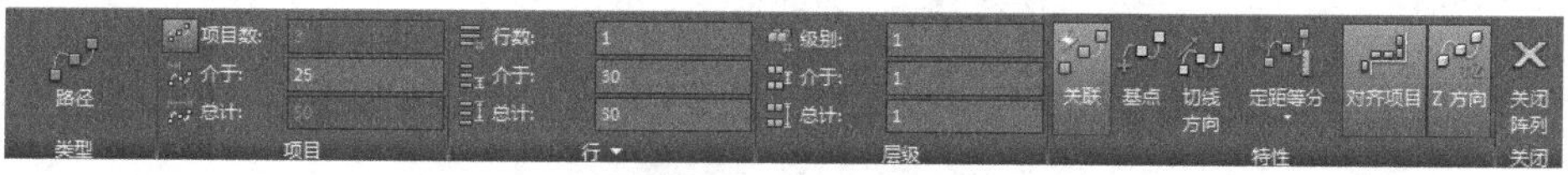

图 2-43　“路径阵列设置”对话框

(5) 偏移命令。

偏移命令用于绘制选择对象的等距线。选择“默认”选项卡→“修改”面板，点击“偏移”图标；或命令行输入 offset，激活命令。对象偏移示例如图 2-44 所示，命令行提示如下。

命令: _offset

当前设置: 删除源=否　图层=源　OFFSETGAPTYPE=0

指定偏移距离或 [通过(T)/删除(E)/图层(L)] <通过>: 5(输入偏移的距离)

选择要偏移的对象，或 [退出(E)/放弃(U)] <退出>:(点取要偏移的对象，点取第一点)

指定要偏移的那一侧上的点，或 [退出(E)/多个(M)/放弃(U)] <退出>:(在对象偏移的一边任意位置处给出一点，点取第二点)

选择要偏移的对象，或 [退出(E)/放弃(U)] <退出>:(继续操作，或者“回车”，结束操作)

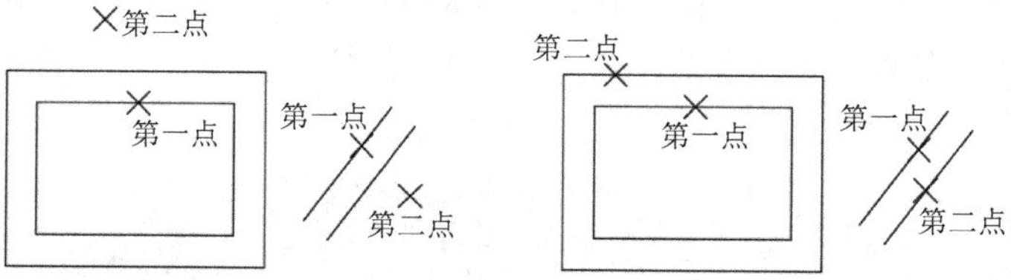

(a) “距离”方式偏移对象　　(b) “通过”方式偏移对象

图 2-44　对象偏移示例

选项说明如下。

T：对象偏移复制后通过指定点。

E：可以选择偏移后是否删除源对象。

L：确定偏移对象的图层为源图层或者当前层。

M：对指定被偏移对象反复偏移操作。

(6) 移动命令。

移动命令用于移动对象。选择“默认”选项卡→“修改”面板，点击“移动”图标；或命令行输入 move，激活命令。对象移动示例如图 2-45 所示，命令行提示如下。

```
命令: _move
选择对象: 找到 1 个(选择要移动的对象)
选择对象: (“回车”, 结束选择)
指定基点或 [位移(D)] <位移>:(给出基准点，选择第一点)
指定第二个点或 <使用第一个点作为位移>:(给出第二点，图形被移动到新的位置，原图形消失，命令自行结束)
```

选项说明如下。

```
指定基点或 [位移(D)] <位移>: d(选择位移选项)
指定位移 <80.0000, 20.0000, 0.0000>: @50,0(输入相对坐标原点的坐标，“回车”，图形移动输入的位移量)
```

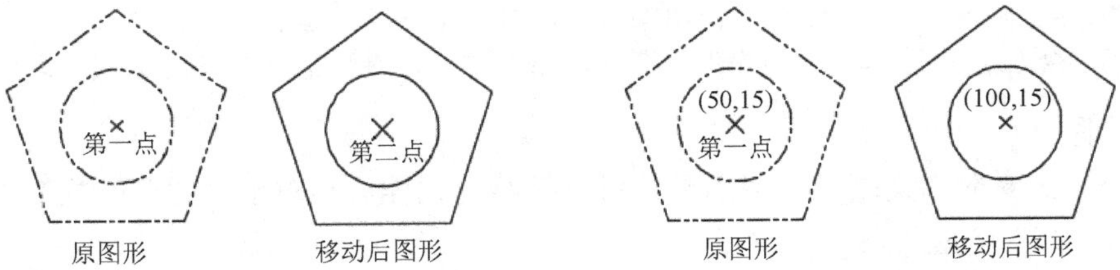

(a) 两点移动对象　　　　　　　　　　(b) 位移移动对象

图 2-45　对象移动示例

(7) 旋转命令。

旋转命令用于使选中的对象绕指定点旋转。选择“默认”选项卡→“修改”面板，点击“旋转”图标；或命令行输入 rotate，激活命令。对象旋转示例如图 2-46 所示，命令行提示如下。

```
命令: _rotate
UCS 当前的正角方向: ANGDIR=逆时针  ANGBASE=0
选择对象: 指定对角点: 找到 2 个
选择对象: (“回车”, 结束选择)
指定基点: (确定旋转中心点，图 2-46 中第一点)
指定旋转角度,或 [复制(C)/参照(R)] <0>: 30(直接输入旋转角度，旋转以后原图消失)
```

选项说明如下。

C：复制旋转，旋转以后原图形保留。

R：选择参照模式。

指定参照角 <0>: (输入起始角或指定两点，取图中点 1、2，则 12 线的方向角为起始角)

指定新角度或 [点(P)] <0>:(输入终止角或指定点，取点 3，则 13 线的方向角为终止角，图形旋转了 12 线和 13 线的夹角)

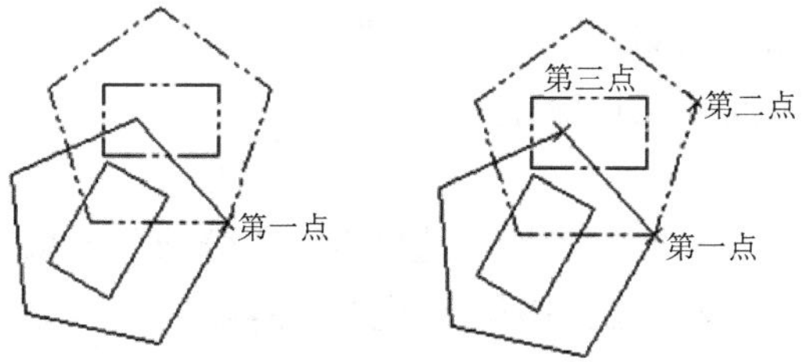

(a)“角度”旋转　　(b)“参照”旋转

图 2-46　对象旋转示例

(8)拉伸命令。

拉伸命令用于拉伸指定的对象。选择“默认”选项卡→“修改”面板，点击“拉伸“图标 拉伸；或命令行输入 stretch，激活命令。对象拉伸示例如图 2-47 所示，命令行提示如下。

命令: _stretch

以交叉窗口或交叉多边形选择要拉伸的对象...

选择对象: 指定对角点: 找到 1 个(分别指定右上和左下对角点，图 2-47 中双点画线圆弧为原图形)

选择对象: (“回车”，结束选择)

指定基点或 [位移(D)] <位移>:(给出基准点，图 2-47 中第一点)

指定第二个点或 <使用第一个点作为位移>:(给出第二点，图形被拉伸到新的位置，命令自行结束)

选项说明如下。

D：选择 D 对应指定基点的提示时，可直接给出拉伸后相对于拉伸前的相对坐标值。第二点提示“回车”响应。

注：选择对象时，只用“框选 C”方式选择图形中需拉伸的部分，若全选中，则相当于移动命令。

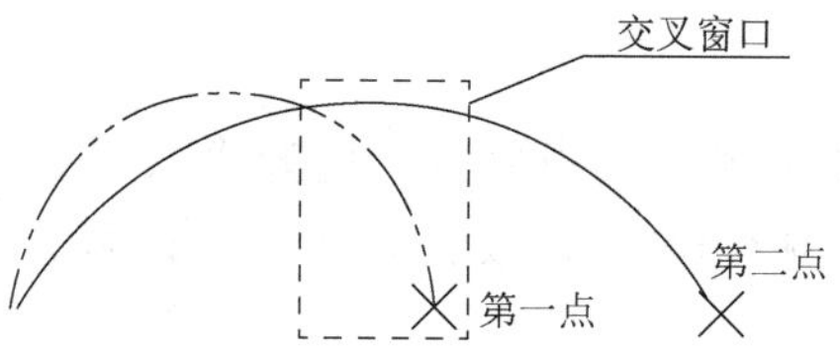

图 2-47　对象拉伸示例

(9)缩放命令。

缩放命令用于对对象按一定的比例缩放。选择“默认”选项卡→“修改”面板，点击“缩放”图标 缩放；或命令行输入 scale，激活命令。对象缩放示例如图 2-48 所示，命令行提示如下。

命令: _scale

选择对象: 指定对角点: 找到 2 个(选择缩放对象，选中 2 个对象)

选择对象: (“回车”，结束选择)

指定基点: (指定缩放基点，图 2-48(a)中 1 点)

指定比例因子或 [复制(C)/参照(R)]: 2(默认: 直接输入缩放比例因子)

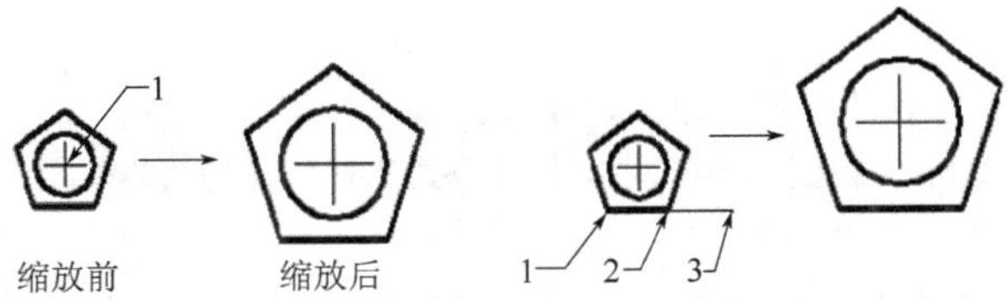

(a) 比例因子缩放图形　　(b) 参照方式缩放图形

图 2-48　对象缩放示例

选项说明如下。

C：复制缩放，保留原图。

R：采用参照方式（首先输入当前长度或指定两点，如图 2-48（b）中 1、2 点确定长度，然后再指定新长度，图中第 3 点）。

（10）修剪命令。

修剪命令用于在对象有相交时，剪切跨过剪切边或和剪切边隐含相交的部分。选择“默认”选项卡→“修改”面板，点击“修剪”图标修剪右侧黑三角，选择“修剪”图标修剪；或命令行输入 trim，激活命令。对象修剪示例如图 2-49 所示，命令行提示如下。

命令：_trim
当前设置：投影=UCS，边=无，选择剪切边...
选择对象或 <全部选择>：找到 1 个（可用各种方式选择剪切的边界）
选择对象：（“回车”，结束选择）
选择要修剪的对象，或按住 Shift 键选择要延伸的对象，或[栏选(F)/窗交(C)/投影(P)/边(E)/删除(R)/放弃(U)]：（选择要剪切的对象，其在剪切边处剪去；若按住 Shift 键选择，则剪切操作改变为延伸操作）

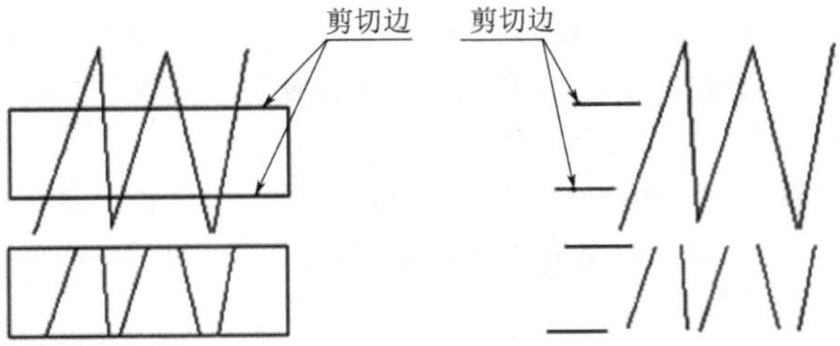

(a) 默认方式　　(b) “边(E)” 方式

图 2-49　对象修剪示例

选项说明如下。

F、C：指对象选择的方式。

P：选择投影模式。

U：取消最近一次的操作。

E：设定被延伸对象和边界不交时可否延伸边界。

R：对选择对象执行删除命令。

（11）延伸命令。

延伸命令用于将某一指定的对象延伸到指定的延伸边界。选择“默认”选项卡→“修改”面板，点击“修剪”图标修剪右侧黑三角，选择“延伸”图标延伸；或命令行输入 extend，激活命令。对象延伸示例如图 2-50 所示，命令行提示如下。

命令：_extend

当前设置：投影=UCS，边=无，选择边界的边...

选择对象或 <全部选择>：找到 1 个(可用各种方式选择延伸的边界，用点取选择)

选择对象：(“回车”，结束选择)

选择要延伸的对象，或按住 Shift 键选择要修剪的对象，或[栏选(F)/窗交(C)/投影(P)/边(E)/放弃(U)]：(选择要延伸的对象，其直接延伸到指定的边界，选取第二点等延伸对象；或按住 Shift 键选择要修剪的对象)

其他选项和修剪命令类似。

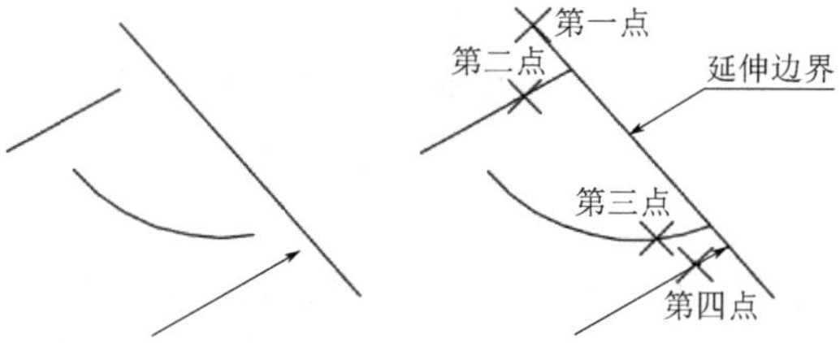

(a)原图形　　(b)对象延伸后图形

图 2-50　对象延伸示例

(12)圆角命令。

圆角命令用于以指定半径的圆弧光滑连接两对象。选择“默认”选项卡→“修改”面板，点击“圆角”图标右侧黑三角，选择“圆角”图标；或命令行输入 fillet，激活命令。对象圆角示例如图 2-51 所示，命令行提示如下。

命令：_fillet

当前设置：模式 = 修剪，半径 = 0.0000

选择第一个对象或 [放弃(U)/多段线(P)/半径(R)/修剪(T)/多个(M)]：r(第一次使用圆角，默认圆角半径为“0”，先要设置圆角半径，以后默认上一次设置值)

指定圆角半径 <0.0000>：15(设置圆角半径)

选择第一个对象或 [放弃(U)/多段线(P)/半径(R)/修剪(T)/多个(M)]：(选取第一对象)

选择第二个对象，或按住 Shift 键选择对象以应用角点或 [半径(R)]：(选取第二对象，系统对两对象的夹角倒圆角，结束命令。)

选项说明如下。

R：设置圆角半径。

P：指定多段线对象，将多段线中所有的交点都按指定半径倒圆。

T：剪切模式的选择，默认是剪切方式，即倒圆角时将原来伸出圆角的部分剪切掉；若选择不剪切模式，则倒圆角时保留原来伸出圆角的部分。

M：继续圆角命令操作。

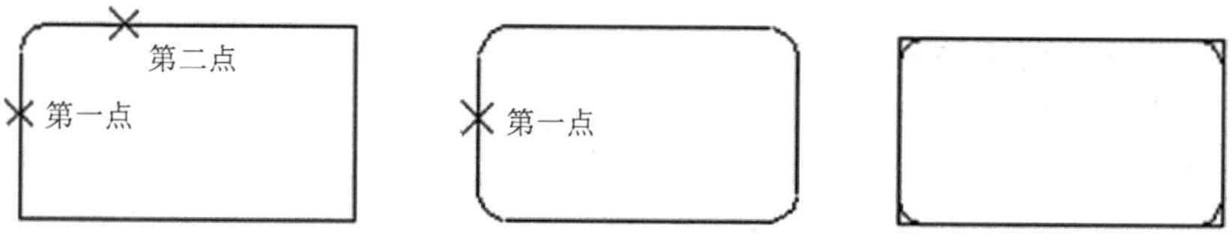

(a)默认方式　　(b)多段线圆角　　(c)不剪切模式圆角

图 2-51　对象圆角示例

(13) 倒角命令。

倒角命令用于对相交直线进行倒角。选择“默认”选项卡→“修改”面板，点击“圆角”图标右侧黑三角，选择“倒角”图标；或命令行输入 chamfer，激活命令。对象倒角示例如图 2-52 所示，命令行提示如下。

命令：_chamfer

(“修剪”模式) 当前倒角距离 1 = 0.0000，距离 2 = 0.0000

选择第一条直线或 [放弃(U)/多段线(P)/距离(D)/角度(A)/修剪(T)/方式(E)/多个(M)]：d(第一次使用倒角，默认两倒角边为“0”，先要设置倒角边值，以后默认上一次设置值)

指定 第一个 倒角距离 <0.0000>：5(设置一条倒角边)

指定 第二个 倒角距离 <5.0000>:5(设置另一条倒角边)

选择第一条直线或 [放弃(U)/多段线(P)/距离(D)/角度(A)/修剪(T)/方式(E)/多个(M)]：(选取第一对象)

选择第二条直线，或按住 Shift 键选择直线以应用角点或 [距离(D)/角度(A)/方法(M)]：(选取第二对象，系统对两对象的夹角倒角，结束命令)

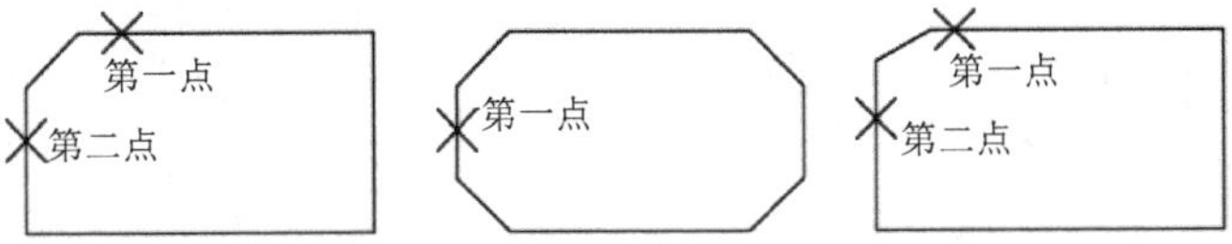

(a) 默认方式　　(b) 多段线倒角　　(c) 角度方式倒角

图 2-52　对象倒角示例

选项说明如下。

D：设置每段线段上倒角的距离。

P：指定多段线对象，在多段线中所有的交点都按指定距离倒角。

A：按角度、边长对两相交对象倒角。

选择第一条直线或 [放弃(U)/多段线(P)/距离(D)/角度(A)/修剪(T)/方式(E)/多个(M)]：a(角度方式)

指定第一条直线的倒角长度 <0.0000>：5(设置第一条边长度)

指定第一条直线的倒角角度 <0>：30(设置角度)

选择第一条直线或 [放弃(U)/多段线(P)/距离(D)/角度(A)/修剪(T)/方式(E)/多个(M)]：(选取第一对象)

选择第二条直线，或按住 Shift 键选择直线以应用角点或 [距离(D)/角度(A)/方法(M)]：(选取第二对象)

(14) 打断命令。

打断命令用于将对象上指定两点之间断开。选择“默认”选项卡→“修改”面板，点击“打断”图标；或命令行输入 break，激活命令。对象打断示例如图 2-53 所示，命令行提示如下。

命令：_break

选择对象：(选择对象，选择点即为第一个断点)

指定第二个打断点 或 [第一点(F)]：(指定第二个断点，两点之间的线段被剪去，或重新选择第一个断点)

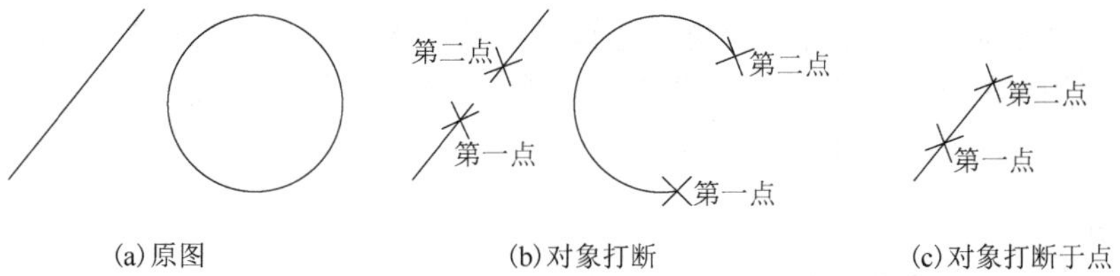

图 2-53　对象打断示例

若将对象从一点打断。选择“默认”选项卡→“修改”面板，点击打断于点图标，对象打断于点示例如图 2-53(c)所示，命令行提示如下。

命令： _break

选择对象：(选取对象，选取第一点)

指定第二个打断点 或 [第一点(F)]： _f

指定第一个打断点：(选取第二点，则从第二点到直线的一个端点之间线段被去掉，命令结束。该命令不能对封闭对象使用)

指定第二个打断点： @

(15)分解命令。

分解命令用于将复合对象分解为单一的对象。选择“默认”选项卡→“修改”面板，点击“分解”图标；或命令行输入 explode，激活命令。对象分解示例如图 2-54 所示，命令行提示如下。

命令： _explode

选择对象： 找到 1 个(选择拆散的对象)

选择对象： (“回车”，结束命令，1 条多段线矩形分解为有 4 段线组成的矩形)

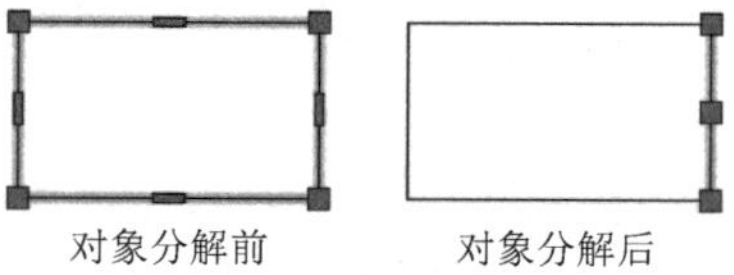

图 2-54　对象分解示例

(16)对象特性命令。

AutoCAD 绘制的对象具有图层、颜色、线型比例、高度、厚度、文字样式、标注样式等特性，可用对象特性命令对实体的特性进行修改。选择“默认”选项卡→“特性”面板，点击“特性”图标右侧的斜下箭头 特性 ▾ ，弹出“无选择对象特性”的对话框，如图 2-55 所示，对话框显示的是整个图形的整体特性。

若选中对象，点击“特性”图标右侧的斜下箭头 特性 ▾ ，或在绘图区点击右键，在弹出菜单中选择特性图标 特性(S)，则弹出“对象特性”对话框，如图 2-56 所示为选择圆的特性对话框。在特性对话框中，既可以实现对图形的几何参数、图层、颜色、线型比例、高度、厚度、文字样式、标注样式等当前设置修改的操作。还可以对图形中的文字和尺寸进行加注前缀、脚标等操作。

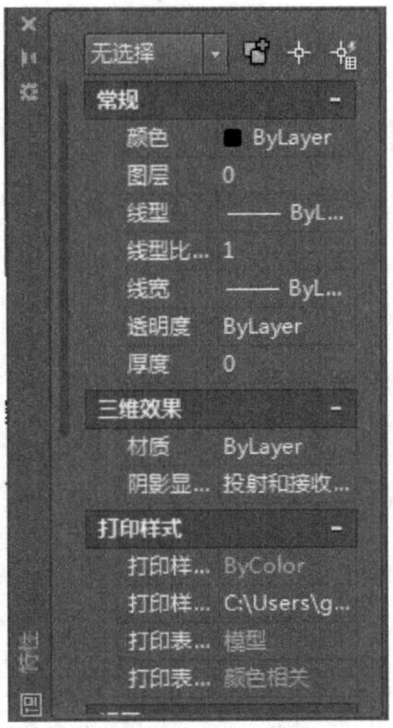

图 2-55　“无选择对象特性”对话框

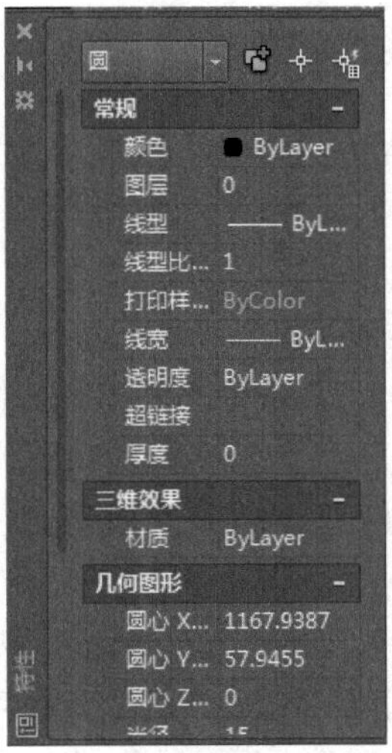

图 2-56　“对象特性”对话框

(17) 特性匹配命令。

AutoCAD 还提供了一种快捷地修改对象特性的命令——“特性匹配”，它可以方便地将所选择对象的特性，复制到一个或多个其他对象上，此功能形象地称为“特性刷”。选择“默认”选项卡→“特性”面板，点击“特性匹配”图标；或命令行输入 matchprop，激活命令。命令行提示如下。

命令：'_matchprop
选择源对象：(选择特性被复制的对象)
当前活动设置：　颜色　图层　线型　线型比例　线宽　透明度　厚度　打印样式　标注　文字　图案填充　多段线　视口　表格　材质　阴影显示　多重引线
选择目标对象或 [设置(S)]：　(选择接受特性修改的对象)
……　　　　　　　　　　　　(继续执行修改)
选择目标对象或 [设置(S)]：　(“回车”，修改结束)

选项说明如下。

s 选项用以在对话框中设置要复制的特性，如图 2-57 所示。

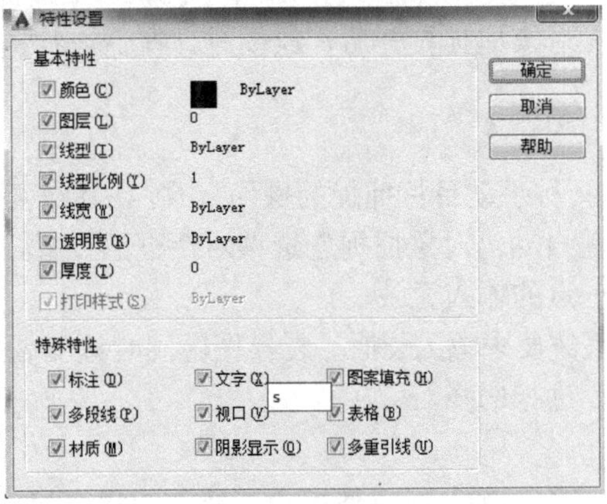

图 2-57　“特性匹配”的设置

4. 绘图辅助功能

AutoCAD 帮助用户快速、准确地绘制图形，提供了多种绘图辅助工具，主要放置在绘图区下方的状态栏中，以按钮图标形式存在，可以快速地打开、关闭和设置。以下介绍常用的绘图辅助工具。

1) 目标捕捉

在绘制和修改图形时，往往需要提供精确的位置点，AutoCAD 可以帮助用户准确地捕捉到一些特征点。系统提供的目标捕捉功能可以自动提供有视觉效果的被捕捉特征点，以方便用户正确地捕捉。目标捕捉功能使用前必须设置并已激活。

(1) 设置自动捕捉特征点。

点击状态栏中“对象捕捉”按钮右侧的下拉黑三角，弹出“特征点”菜单，如图 2-58 所示，在弹出菜单中勾选选择激活的特征点，或点击弹出菜单中“对象捕捉设置...”，弹出“草图设置”对话框，在“对象捕捉”选项卡选择激活的特征点，勾选“启用对象捕捉”复选框，激活对象捕捉，如图 2-59 所示。

图 2-58　“特征点”菜单

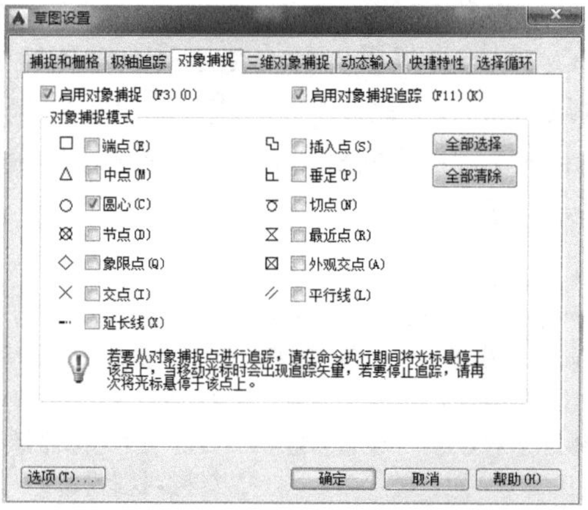

图 2-59　“对象捕捉”选项卡

(2) 打开自动捕捉特征点。

点击状态栏中“对象捕捉”按钮，或按功能键 F3，对象捕捉打开，按钮显示蓝色；关闭按钮显示白色。在对象捕捉打开后，绘图时，在命令行提示是点输入时，系统即自动捕捉到对象上的特征点。

(3) 临时捕捉特征点。

AutoCAD 还提供了另一种手动目标捕捉的操作方式，在系统要求输入点时，临时调用“对象捕捉”功能，此时它覆盖自动“对象捕捉”选项对话框的设置，称为单点优先方式。此方式只提供一次选择，对下一点的输入无效。

激活命令的方法：在系统要求输入点时，在绘图区同时按下 Shift 键和鼠标右键，在屏幕上出现目标捕捉弹出菜单，进行选择。

2) 自动追踪

AutoCAD 提供了自动追踪功能，可以使用户在特定的角度和位置绘制图形。打开自动追踪功能，执行绘图命令时屏幕上会显示临时辅助线，帮助用户在指定的角度和位置上精确地绘制图线。自动追踪功能包括两种：极轴追踪和对象捕捉追踪。

(1) 极轴追踪。

在绘图过程中，当 AutoCAD 要求用户给出定点时，利用极轴追踪功能可以在给定的极角方向上出现临时辅助线。

点击状态栏中“极轴追踪”按钮或按功能键 F10，可以打开或关闭极轴追踪。点击“极轴追踪”按钮右侧的下拉黑三角，弹出“增量角”菜单，如图 2-60 所示，在弹出菜单中勾选增量角，或点击弹出菜单中“正在追踪设置...”，弹出“草图设置”对话框，在“极轴追踪”选项卡中勾选“启用极轴追踪”复选框，激活极轴追踪，在增量角下拉框中输入增量角，如图 2-61 所示。

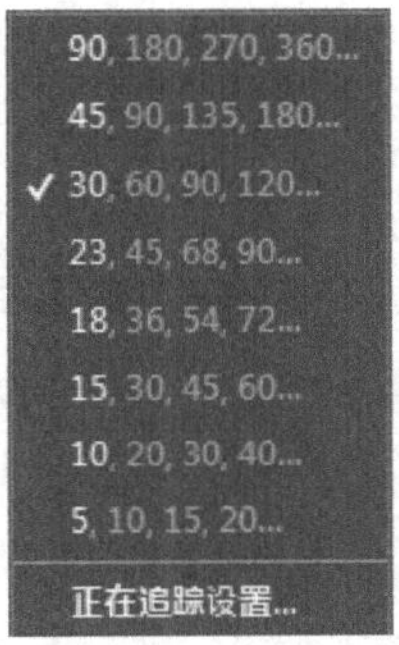

图 2-60　“增量角”菜单

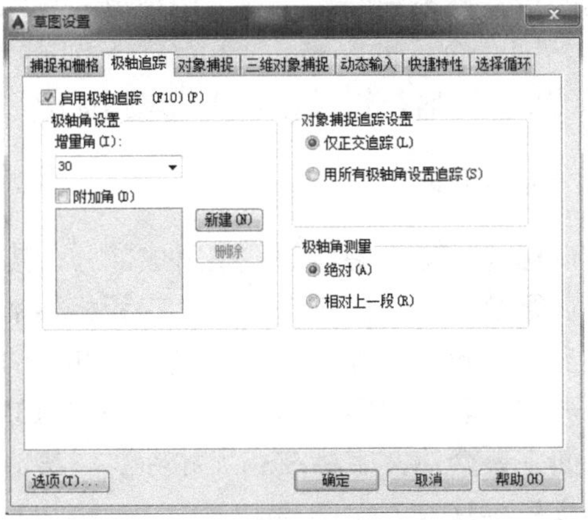

图 2-61　“极轴追踪”选项卡

绘图时，系统在设置的极轴角及其整倍数角度处均出现临时辅助线。例如，如果增量角设置为 30°，则光标在 0°、30°、60° 等位置附近时均出现临时辅助线。

(2) 对象捕捉追踪。

对象捕捉追踪与对象捕捉功能相关，启用对象追踪功能之前必须先启用对象捕捉功能。利用对象捕捉追踪可产生基于对象捕捉点的辅助线。

例如，在图 2-62 中，在画线过程中 AutoCAD 捕捉到前一线段的端点，追踪提示说明光标所在位置与捕捉的端点间距离为 13.2679，辅助线的极轴角为 0°。单击状态栏中“对象捕捉追踪”按钮，或按功能键 F11，可以打开或关闭对象捕捉追踪。

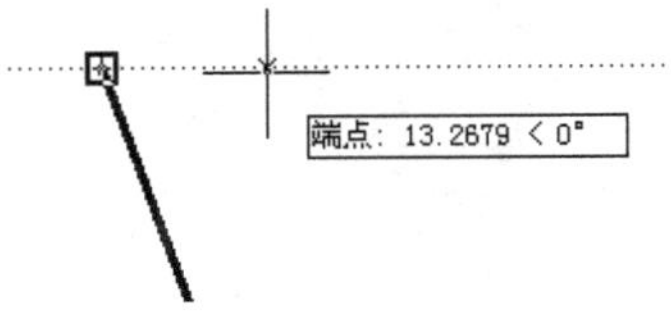

图 2-62　对象追踪

5. 图形显示命令

1) 缩放命令

在绘图过程中，有时为方便地捕捉图形目标、准确地绘制实体，需要将当前视图的某部分放缩显示，但不改变图形目标的实际尺寸。

选择滚动鼠标中间滚轮，则绘图区图形以鼠标的十字靶为中心被放大或缩小显示，或鼠标放置在绘图区，点击鼠标右键，在弹出菜单中选择“缩放” 缩放(Z)，或命令行输入 zoom，激活命令，选择各种显示图形对象方法，命令行提示如下。

命令：zoom
指定窗口的角点，输入比例因子 (nX 或 nXP)，或者[全部(A)/中心(C)/动态(D)/范围(E)/上一个(P)/比例(S)/窗口(W)/对象(O)] <实时>:

2) 实时平移命令

在绘图过程中，由于屏幕面积有限，所以当前文件中的图形不一定全部显示在屏幕内。用户可以使用“平移”命令将屏幕外的图形拖到屏幕内编辑。

选择按住鼠标中间滚轮，或鼠标放置在绘图区，点击鼠标右键，在弹出菜单中选择平移 平移(A)，或命令行输入 pan，激活命令，则鼠标的十字靶变为手形，移动鼠标就可以平移图形，结束命令时，按鼠标右键，选择退出。

6. 图形标注

图形标注是工程图样的重要组成部分，其主要内容包括文字标注、尺寸标注、尺寸公差、形状与位置公差及表面粗糙度等。工程标注的要求除内容正确外，特别要注意遵守国家标准和有关专业标准，如文字标注应遵守 GB/T 18229—2000，机械图中尺寸标注应遵守 GB/T 18229—2000，表面粗糙度标注应遵守GB/T 131—2006，几何公差标注应遵守GB/T 1182—2008等，下面主要介绍文字标注和尺寸标注，其他的在第 9 章介绍。

1) 文字标注

(1)文字标注格式的设置。

在注写文字前，先确定文字格式。选择“注释”选项卡→“文字”面板，点击“文字样式”图标 Standard 右侧下拉黑三角，选择 管理文字样式...，或点击“文字”面板右侧斜箭头 文字，或命令行输入 style，激活命令，系统将显示如图 2-63 所示的“文字样式”对话框。此时用户既可使用已有格式，也可生成新格式。系统缺省文字样式为 Standard，字体样式是常规，字体名为 Arial。

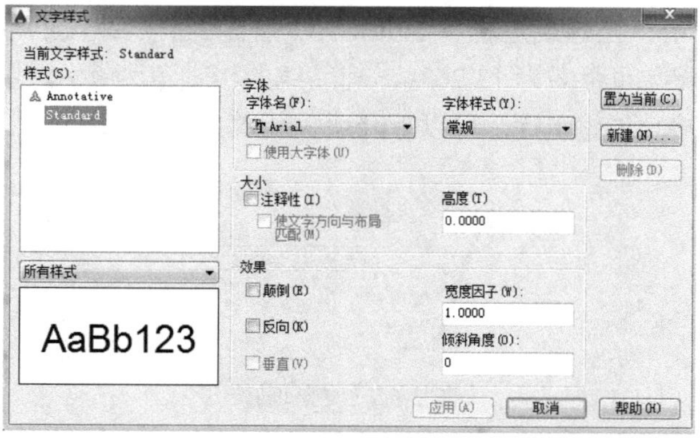

图 2-63　“文字样式”对话框

(2) 文字的标注。

AutoCAD 提供了单行、多行文字命令，用于在图中书写文字。

① 单行文字命令。

选择“注释”选项卡→“文字”面板，点击“多行文字”图标 下方黑三角，选择“单行文字”图标；或选择“默认”选项卡→“注释”面板，点击“文字”图标下方黑三角，选择“单行文字”图标；或命令行输入 text，激活命令。命令行提示如下。

```
命令:text
当前文字样式:“Standard”  文字高度:  3.5000  注释性:  否  对正:  左
指定文字的起点 或 [对正(J)/样式(S)]: (指定文字起点)
指定高度 <3.5000>:(指定字高)
指定文字的旋转角度 <0>:(指定字体的旋转角度)
……(重复输入文字, “回车”, 结束命令)
```

其中，J 选项用于设置文字的对齐方式，S 选项用于设置文字使用的样式。

② 多行文字命令。

选择“注释”选项卡→“文字”面板，点击“多行文字”图标下方黑三角，选择“多行文字”图标；或选择“默认”选项卡→“注释”面板，点击“文字”图标下方黑三角，选择“多行文字”图标；或命令行输入 mtext，激活命令后，系统提示要给定两点，以确定文字书写的矩形区域。然后在绘图区出现如图 2-64 所示的多行文字书写标尺，在面板区出现如图 2-65 所示的多行文字编辑器。通过多行文字编辑器，可编辑文字，设置字体、字符高度、角度和宽度比例，插入文字或特殊符号，设置文本的对齐方式，设置各部分文字可采用不同的高度、字体、颜色等，点击右侧“关闭”完成操作。

图 2-64　多行文字书写标尺

图 2-65　多行文字编辑器

(3) 文字编辑。

单行文字编辑：单击要编辑的单行文字，选中后点击鼠标右键，弹出菜单选择“编辑(I)...”，或命令行输入 ddedit，选择要编辑的单行文字，则回到单行文字的书写方式，可以修改文字内容。

多行文字编辑：单击要编辑的多行文字，选中后点击鼠标右键，弹出菜单选择“编辑多行文字(I)...”，或命令行输入 mtedit，选择要编辑的多行文字，则回到多行文字的书写文本编辑器，可以修改文字内容及其各种特性。

2) 尺寸标注

尺寸标注是一般绘图过程中不可缺少的步骤，因此，AutoCAD 提供了一套完整的尺寸标注命令。通过这些命令，可方便地标注图形上的各种尺寸，如线性尺寸、角度、直径、半径等。进行尺寸标注时，AutoCAD 会自动测量目标的大小，并在尺寸线上给出正确的数字。因此要求在标注尺寸之前，必须精确地绘制图形。

对于我国用户而言，在进行尺寸标注时，应按照我国的国标规定以及 AutoCAD 提供的各种尺寸控制选项选择合适的尺寸标注特性。

(1) 尺寸标注格式设置。

可以通过使用尺寸标注格式来控制尺寸标注的外观。尺寸标注格式群是一组用于控制尺寸标注变量的尺寸标注格式集合，每个尺寸标注格式包含数十个尺寸标注变量。

选择“注释”选项卡→“标注”面板，点击“标注”面板右侧斜箭头 标注▼ ，或命令行输入 dimstyle，激活命令后，打开“标注样式管理器”对话框，如图 2-66 所示。可将选定的尺寸标注样式设置为当前尺寸标注样式，也可以编辑已存在的尺寸样式或创建新的尺寸样式等。

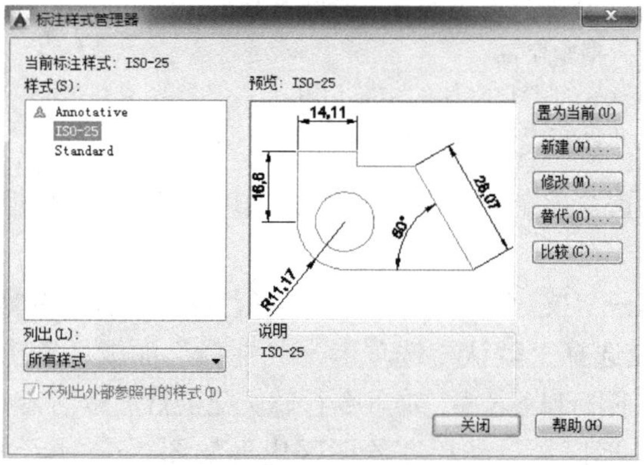

图 2-66　“标注样式管理器”对话框

创建新的尺寸样式：在“标注样式管理器”对话框中单击“新建…”按钮后，系统将打开如图 2-67 所示的“创建新标注样式”对话框。用户可通过该对话框设置新样式名称，创建该样式的基础样式和应用范围(所有标注或某类标注)。

单击“继续”按钮，系统将显示如图 2-68 所示的“新建标注样式”对话框，其中包括多个选项卡。

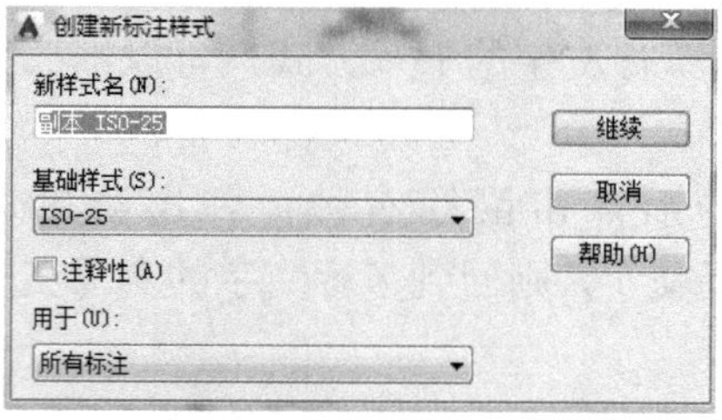

图 2-67　“创建新标注样式”对话框

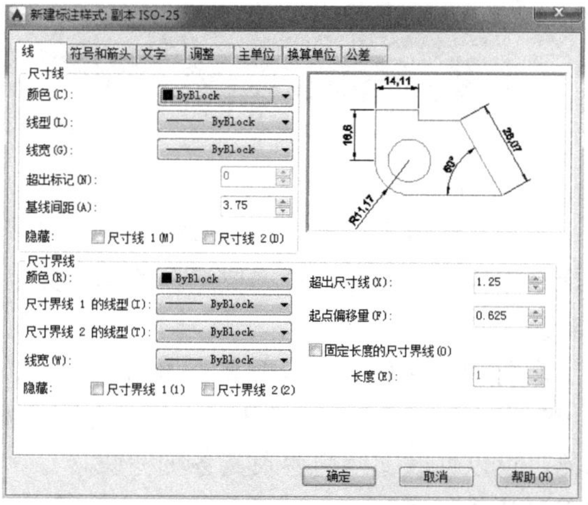

图 2-68　“新建标注样式”对话框

① “线”选项卡。

该选项卡用以设定标注格式的尺寸线和尺寸界限的线型、颜色以及一些相对间距等。建议初学者在使用时，对于线型、颜色等设置，尽量选择 Bylayer(随层)。

② “符号和箭头”选项卡。

该选项卡用以设置箭头的种类及定义它们的尺寸大小。控制标注圆心时的类型(不标记、使用标记和使用直线)和弧长符号等。

③ “文字”选项卡。

该选项卡用以设置文字的类型、颜色、高度、分数高度比例因子、对齐方式以及是否添加文字边框等。

④ “调整”选项卡。

该选项卡用以进一步对标注格式进行优化。

⑤ “主单位”选项卡。

该选项卡用以设置单位格式、单位精度、分数格式、小数分隔符、舍入值以及放置尺寸文字前、后缀和测量比例因子等。

⑥ “换算单位”选项卡。

该选项卡用以设置辅助测量单位格式。

⑦ “公差”选项卡。

该选项卡用以设置选用的公差类型和公差的其他设置。详细设置在第 9 章讲解。

设置完毕后，点击“确定”结束。尺寸标注时，可根据需要，将设置好的标注样式确定为当前样式进行标注。

(2)尺寸的标注。

大部分尺寸标注及编辑命令可通过“默认”选项卡→“注释”面板，点击“标注”图标右侧黑三角，弹出各种尺寸图标，如图 2-69 所示；或通过“注释”选项卡→“标注”面板，如图 2-70 所示，单击各种尺寸图标标注尺寸。下面介绍常用尺寸标注命令的功能和用法。

图 2-69　“注释”面板中尺寸图标

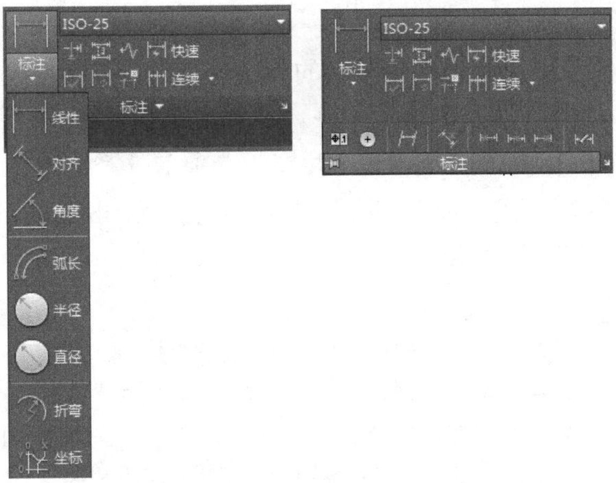

图 2-70　“标注”面板中尺寸图标

① 线性尺寸标注。

线性尺寸标注标注水平和垂直的线性尺寸。可自动判别标出水平尺寸或垂直尺寸，在指定尺寸线倾斜角后，可以标注倾斜方向尺寸及倾斜尺寸数字。选择“默认”选项卡→“注释”面板，点击“标注”图标右侧黑三角，选择“线性尺寸”图标；或通过“注释”选项卡→“标注”面板，点击“标注”图标下方黑三角，选择“线性尺寸”图标；或命令行输入 dimlinear，激活命令。线性尺寸标注示例如图 2-71 所示，命令行提示如下。

命令：_dimlinear

指定第一个尺寸界线原点或 <选择对象>：(指定第一条尺寸界线的起点或空响应，则提示如下：选择标注对象，此时直接点取需标注的尺寸实体，系统自动确定尺寸的起讫点)

指定第二条尺寸界线原点:(指定第二条尺寸界线的起点)

指定尺寸线位置或[多行文字(M)/文字(T)/角度(A)/水平(H)/垂直(V)/旋转(R)]: (光标在图中指定尺寸线的位置)

标注文字 = 50(自动给出测量值,结束命令)

选项说明如下。

M：系统在命令行显示尺寸的自动测量值，用多行文本修改尺寸值。

T：系统在命令行显示尺寸的自动测量值，用单行文本修改尺寸值。

A：指定尺寸文字的倾斜角度，使尺寸文字倾斜标注。

H：取消自动判断，并限定标注水平尺寸。

V：取消自动判断，并限定标注垂直尺寸。

R：取消自动判断，尺寸线按用户输入的倾斜角标注斜向尺寸。

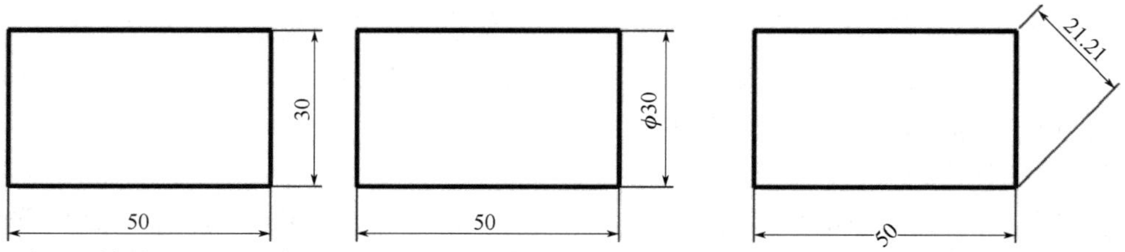

默认方式标水平或垂直尺寸　　M或T选项修改尺寸数字　　A选项旋转尺寸数字，R选项旋转尺寸界限

图 2-71　线性尺寸标注示例

② 对齐尺寸标注。

对齐尺寸标注标注倾斜的线性尺寸。其特点是尺寸线和两条尺寸界线起点连线平行(即平齐)。选择“默认”选项卡→“注释”面板，点击“标注”图标右侧黑三角，选择“对齐尺寸”图标；或通过“注释”选项卡→“标注”面板，点击“标注”图标下方黑三角，选择“对齐尺寸”图标；或命令行输入 dimaligned，激活命令。对齐尺寸标注示例如图 2-72 所示，命令行提示如下。

命令: _dimaligned

指定第一个尺寸界线原点或 <选择对象>:(指定第一条尺寸界线的起点或“回车”空响应)

指定第二条尺寸界线原点:(指定第二条尺寸界线的起点)

指定尺寸线位置或[多行文字(M)/文字(T)/角度(A)]: (光标在屏幕上指定尺寸线的位置)

标注文字 = 54.01(自动给出测量值,结束命令)

选项说明：M、T、A 的意义与线性尺寸标注选项相同。

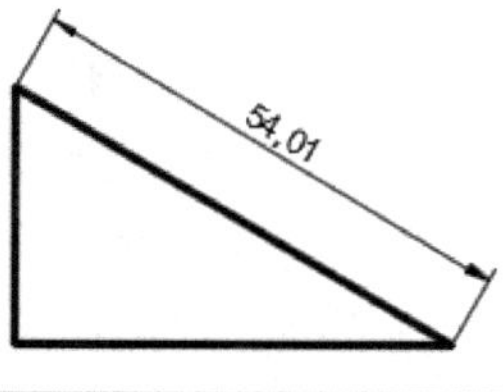

图 2-72　对齐尺寸标注示例

③ 半径尺寸标注。

半径尺寸标注圆或圆弧的半径尺寸。选择“默认”选项卡→“注释”面板，点击“标注”图标右侧黑三角，选择“半径尺寸”图标；或通过“注释”选项卡→“标注”面板，

点击“标注”图标下方黑三角，选择“半径尺寸”图标；或命令行输入 dimradius，激活命令。半径尺寸标注示例如图 2-73 所示，命令行提示如下。

```
命令: _dimradius
选择圆弧或圆: (选择圆或圆弧)
标注文字 = 30(自动测量尺寸值)
指定尺寸线位置或 [多行文字(M)/文字(T)/角度(A)]: (在屏幕上指定尺寸线的位置)
```

选项说明：M、T、A 的含义与线性尺寸标注中相应选项相同。尺寸标注的不同形式在尺寸设置中设置。

图 2-73　半径尺寸标注示例

④ 直径尺寸标注。

直径尺寸标注圆或圆弧的直径尺寸。选择“默认”选项卡→“注释”面板，点击“标注”图标右侧黑三角，选择“直径尺寸”图标；或通过“注释”选项卡→“标注”面板，点击“标注”图标下方黑三角，选择“直径尺寸”图标；或命令行输入 dimdiameter，激活命令。直径尺寸标注示例如图 2-74 所示。直径标注方法和半径标注方法类似，不同之处是标注圆或圆弧的直径。

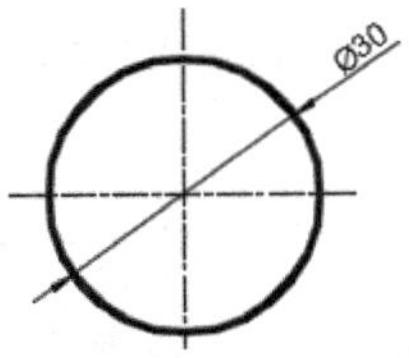

图 2-74　直径尺寸标注示例

⑤ 角度尺寸标注。

角度尺寸标注标注两直线的夹角、圆、圆弧的圆心角。选择“默认”选项卡→“注释”面板，点击“标注”图标右侧黑三角，选择“角度尺寸”图标；或通过“注释”选项卡→“标注”面板，点击“标注”图标下方黑三角，选择“角度尺寸”图标；或命令行输入 dimangular，激活命令。角度尺寸标注示例如图 2-75 所示，命令行提示如下。

```
命令: _dimangular
选择圆弧、圆、直线或 <指定顶点>:(选择第一条直线)
选择第二条直线:(选择第二条直线)
指定标注弧线位置或 [多行文字(M)/文字(T)/角度(A)/象限点(Q)]: (屏幕上指定尺寸线的位置)
标注文字 = 90(自动给出测量值，结束命令)
如果选择圆弧，则直接提示:
指定标注弧线位置或 [多行文字(M)/文字(T)/角度(A)]: (屏幕上指定尺寸线的位置)
```

选项说明：M、T、A 的含义与线性尺寸标注中相应选项相同。

注意： 角度尺寸数字必须水平书写，在尺寸设置中设置尺寸数字永远水平。

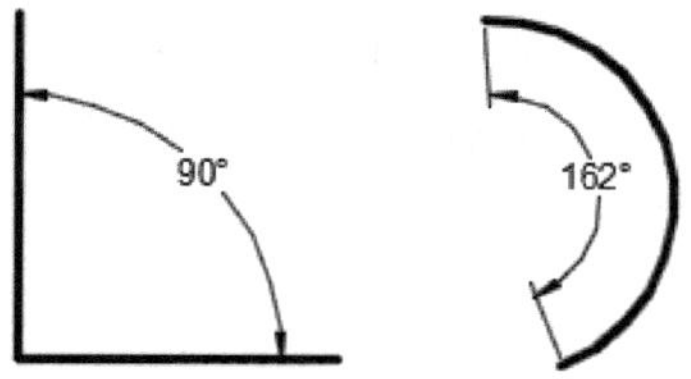

图 2-75　角度尺寸标注示例

⑥ 圆心标记标注。

圆心标记标注标注圆、圆弧的中心线。选择“注释”选项卡→“标注”面板，点击“标注”面板图标右侧黑三角，选择“圆心标记”图标；或命令行输入 dimcenter，激活命令。圆心标记标注示例如图 2-76 所示，命令行提示如下。

```
命令: _dimcenter
选择圆弧或圆: (选择圆或圆弧后，自动标出中心线)
```

注意：中心线的尺寸大小在尺寸样式设置对话框中的“符号和箭头”选项卡中设置。

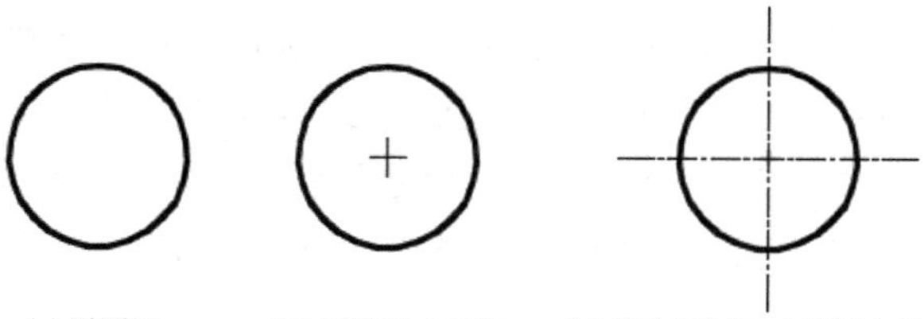

(a)原图形　(b)标注圆心标记　(c)修改标记尺寸后圆心标记

图 2-76　圆心标记标注示例

⑦ 连续尺寸标注。

连续尺寸标注标注链状尺寸。选择“注释”选项卡→“标注”面板，点击“连续”图标右侧黑三角，选择“连续”图标；或命令行输入 dimcontinue，激活命令。连续尺寸标注示例如图 2-77 所示，命令行提示如下。

```
命令: _dimcontinue
指定第二条尺寸界线原点或 [放弃(U)/选择(S)] <选择>:(选择 A 点)
标注文字 = 30(自动标注尺寸 30)
指定第二条尺寸界线原点或 [放弃(U)/选择(S)] <选择>:(选择 B 点)
标注文字 = 15(自动标注尺寸 15)
指定第二条尺寸界线原点或 [放弃(U)/选择(S)] <选择>:(“回车”，结束命令)
```

注意：使用连续尺寸标注前，先用线性尺寸标注尺寸 20，再用连续尺寸标注标注其他尺寸，使前一个尺寸的标注终点为下一个尺寸的标注起点。

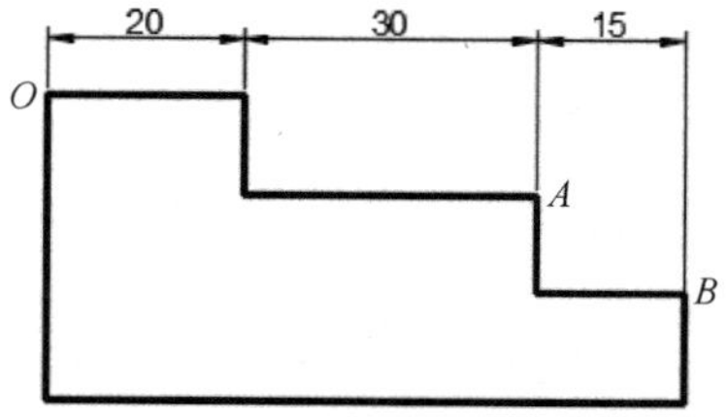

图 2-77　连续尺寸标注示例

⑧ 基线尺寸标注。

基线尺寸标注标注基线式尺寸。选择“注释”选项卡→“标注”面板，点击“连续”图标右侧黑三角，选择“基线”图标；或命令行输入 dimbaseline，激活命令。基线尺寸标注示例如图 2-78 所示，命令行提示如下。

命令：_dimbaseline
指定第二条尺寸界线原点或 [放弃(U)/选择(S)] <选择>:(选择 *A* 点)
标注文字 = 50(自动标注尺寸 50)
指定第二条尺寸界线原点或 [放弃(U)/选择(S)] <选择>:(选择 *B* 点)
标注文字 = 65(自动标注尺寸 65)
指定第二条尺寸界线原点或 [放弃(U)/选择(S)] <选择>:(“回车”，结束命令)

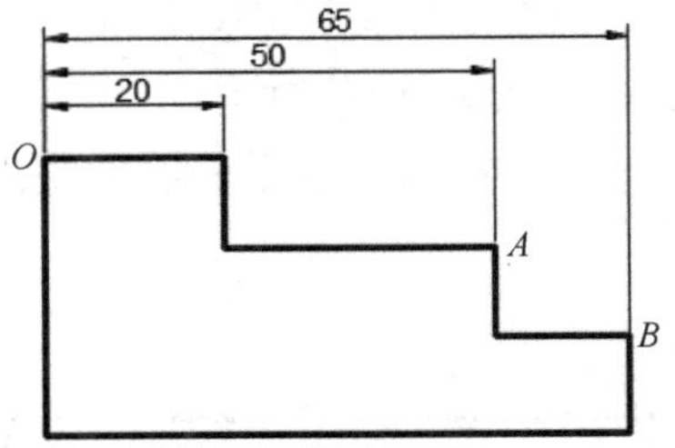

图 2-78　基线尺寸标注示例

注意：使用基线尺寸标注前，先用线性尺寸标注尺寸 20，确定 *O* 点为第一条尺寸界限。再用连续尺寸标注标注其他尺寸，使之共用一条尺寸界线。

⑨ 多重引线标注。

多重引线标注标注一个带文字注释或几何公差的标注的引线。选择“注释”选项卡→“引线”面板，点击“多重引线”图标；或命令行输入 mleader，激活命令。多重引线标注示例如图 2-79 所示，命令行提示如下。

命令：_mleader
指定引线箭头的位置或 [引线基线优先(L)/内容优先(C)/选项(O)] <选项>:(点取 *A* 点)
指定引线基线的位置：(点取 *B* 点，在 *B* 点弹出文本输入框，输入文字，在绘图区任意点取，结束命令)

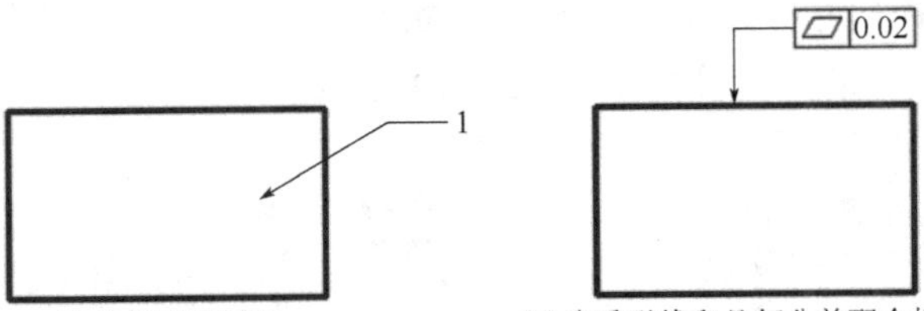

(a) 多重引线标注　　(b) 多重引线和几何公差配合标注

图 2-79　多重引线标注示例

(3) 尺寸编辑。

在进行尺寸标注时，系统的标注形式可能不符合具体要求或出现标注错误，在此情况下，可以根据需要对所标注的尺寸进行编辑。

① 特性命令编辑尺寸。

利用特性命令可方便地管理、编辑尺寸标注的各组成要素的多个特性。如前所述，单击需要编辑的尺寸，再点鼠标右键，选择“特性”，系统弹出该尺寸的对象特性对话框，可以逐项地进行编辑修改。

② 面板图标编辑尺寸。

选择“注释”选项卡→“标注”面板，点击各种编辑尺寸图标，可实现对尺寸的编辑，编辑尺寸示例如图 2-80 所示。图 2-80(a)为编辑前标注的尺寸。

倾斜：使线性标注的尺寸界线倾斜，如图 2-80(b)所示。

文字角度：将标注文字旋转一定角度，如图 2-80(c)所示。

左对正：左对齐标注文字，如图 2-80(d)所示。

居中对正：居中对齐标注文字，如图 2-80(e)所示。

右对正：右对齐标注文字，如图 2-80(f)所示。

更新：用当前标注样式更新标注对象，如当前的有前缀尺寸代替线性尺寸，如图 2-80(g)所示。

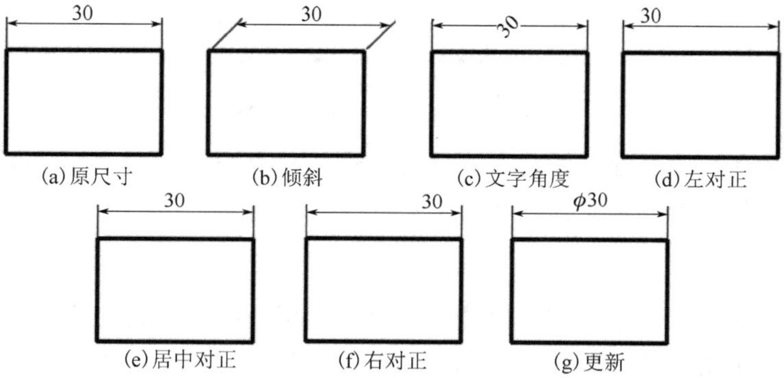

图 2-80　编辑尺寸示例

③ 快捷方式编辑尺寸。

AutoCAD 提供了快捷的尺寸编辑方式。在命令行命令提示时，单击尺寸，则尺寸被选中，并显示夹点，如图 2-81(a)所示。鼠标放置尺寸界限的夹点，可实现尺寸线的拉伸、连续标注和基线标注等；鼠标放置尺寸数字上的夹点，可实现尺寸数字位置的移动等，如图 2-81(b)所示；双击尺寸数字，可修改尺寸数字，如图 2-81(c)所示。

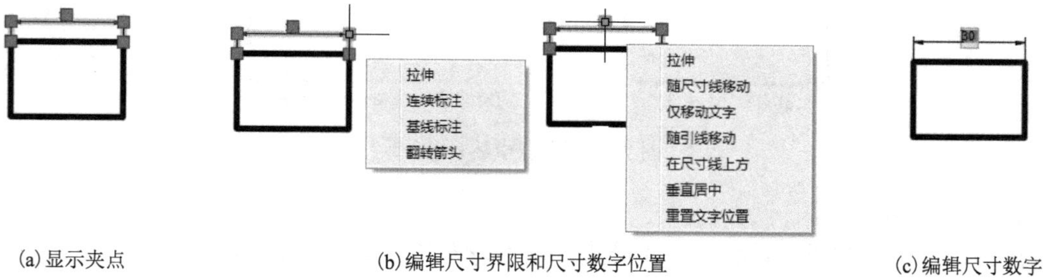

图 2-81　快捷编辑尺寸示例

7. 绘图实例

【例 2-1】 绘制如图 2-82 所示的平面图形。

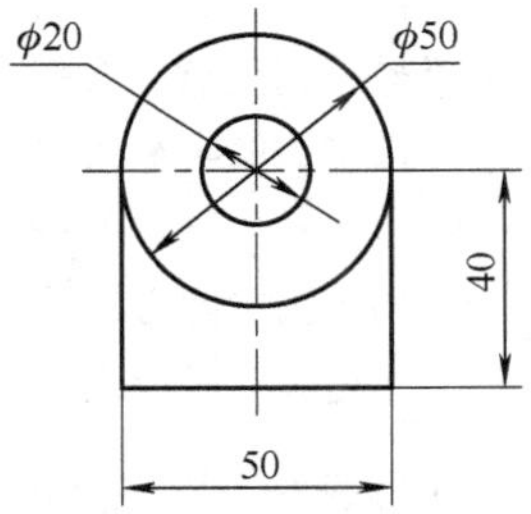

图 2-82　平面图形

推荐绘图步骤如下。

1) 设置绘图环境

操作过程如下(下画线表示输入信息，括号内为操纵说明)。

(1) 设置图形界限。

命令：_limits↙(输入图形界限命令)
重新设置模型空间界限：
指定左下角点或 [开(ON)/关(OFF)] <0.0000,0.0000>:↙(“回车”，选择左下角坐标为默认值)
指定右上角点 <420.0000,297.0000>: 120,90↙(输入右上角坐标值)
命令：_zoom↙(输入显示命令)
指定窗口的角点，输入比例因子 (nX 或 nXP)，或者[全部(A)/中心(C)/动态(D)/范围(E)/上一个(P)/比例(S)/窗口(W)/对象(O)] <实时>: a↙

根据图形的大小及复杂程度，本例设置图幅为 120×90，用 zoom→all 命令全屏幕显示图幅范围，设置单位精度为米制。

(2) 设置图层(包括线型、颜色、线宽)。

选择“默认”选项卡→“图层”面板→“图层特性”图标，设置图层为四层，main 层为黄色，Continue 线，线宽 0.4，用于画可见轮廓线。center 层为红色，CENTER 线，线宽 0.18，用于画对称线、中心线。dim 层为蓝色，Continue 线，线宽 0.18，用于标注尺寸。0 层为原有层，保持不变以备用。

2) 绘制图形

操作过程如下。

(1)画两条点画线。

首先将 center 层设为当前层。在“图层特性管理”对话框中单击层名 center 后点击图标，单击左上角退出，则将 center 层设为当前层。或者在“图层”面板中的图层下拉列表中直接选取。

选择“默认”选项卡→“绘图”面板，点击“直线”图标。

命令：_line↙
指定第一个点：(在屏幕合适位置处左键点取，确定水平点画线左端点)
指定下一点或 [放弃(U)]: @60,0↙ (直接输入 60，0，系统默认为相对坐标)
指定下一点或 [放弃(U)]: ↙(结束命令)
命令：_line↙(重复直线命令)
指定第一个点：(在屏幕合适位置处左键点取，确定垂直点画线下端点)
指定下一点或 [放弃(U)]: @0,90↙(直接输入 0，90，系统默认为相对坐标)
指定下一点或 [放弃(U)]: ↙(结束命令)

(2) 画两个圆。

首先将 main 层设为当前层，方法同上。

选择“默认”选项卡→“绘图”面板，点击“圆”图标。

命令：_circle↙

指定圆的圆心或 [三点(3P)/两点(2P)/切点、切点、半径(T)]:_int 于(点取“对象捕捉”工具栏中“捕捉到交点”按钮，捕捉到点画线的交点)

指定圆的半径或 [直径(D)]:10↙(直接输入 10，系统默认为半径值，结束命令)

命令：_circle↙(重复画圆命令)

指定圆的圆心或 [三点(3P)/两点(2P)/切点、切点、半径(T)]: _int 于(含义同前)

指定圆的半径或 [直径(D)] <10.0000>: 25↙(直接输入 25，系统默认为半径值，结束命令)

(3)画出图下部的一条水平线和两条垂直线。

选择“默认”选项卡→“绘图”面板，点击“直线”图标。

命令：_line↙

指定第一个点：_qua 于(点取“对象捕捉”工具栏中“捕捉到象限点”按钮，捕捉到大圆 R25 左端的象限点)

指定下一点或 [放弃(U)]: @0,-40↙(直接输入 0，-40，系统默认为相对坐标)

指定下一点或 [放弃(U)]: @50,0↙(直接输入 50，0，系统默认为相对坐标)

指定下一点或 [闭合(C)/放弃(U)]: @0,40↙ (直接输入 0，40，系统默认为相对坐标)

指定下一点或 [闭合(C)/放弃(U)]: ↙(结束命令)

3)存盘

绘制的图形如图 2-82 所示，在快速访问工具栏选择图标或，也可选择→保存图标或另存为来保存图形文件，将图形存盘。

【例 2-2】绘制如图 2-83 所示的平面图形(下画线表示输入信息)。

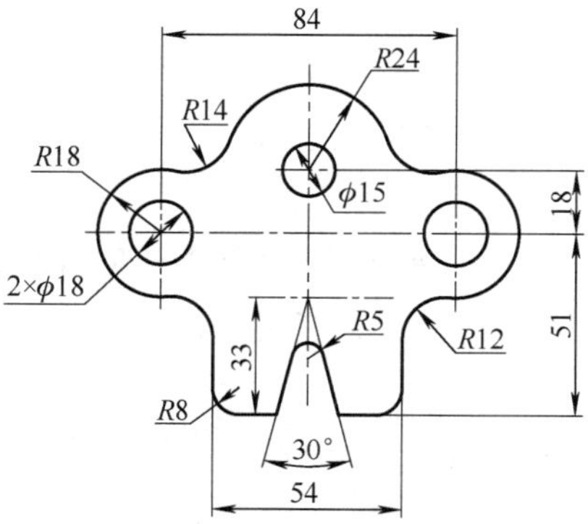

图 2-83　平面图形

1)设置绘图环境

根据图形的大小及复杂程度，设置图幅、单位精度及图层(包括线型、颜色、线宽)。

本例设置图幅为 297×210，单位精度为米制，无小数位。图层分为四层，main 层为黄色，Continue 线，线宽 0.4，用于画可见轮廓线。center 层为红色，CENTER 线，线宽 0.18，用于画对称线、中心线。dim 层为蓝色，Continue 线，线宽 0.18，用于标注尺寸。0 层为原有层，保持不变以备用，设置方法同上。

2)绘制中心线，定位线(调用 center 层为当前层，开启动态输入)

(1)选择“默认”选项卡→“绘图”面板，点击“直线”图标。

命令：_line↙
指定第一个点：120,40↙(输入起点的绝对坐标)
指定下一点或 [放弃(U)]：@0,110↙(直接输入 0，110，系统默认为相对坐标)
指定下一点或 [放弃(U)]：↙(结束命令)
命令：_line↙(重复执行直线命令)
指定第一个点：50,90↙(操作方法同上)
指定下一点或 [放弃(U)]：@140,0↙
指定下一点或 [放弃(U)]：↙

(2)选择“默认”选项卡→“修改”面板，点击“偏移”图标。

命令：_offset↙
当前设置：删除源=否 图层=源 OFFSETGAPTYPE=0
指定偏移距离或 [通过(T)/删除(E)/图层(L)] <通过>：42↙(设置偏移距离)
选择要偏移的对象，或 [退出(E)/放弃(U)] <退出>：(左键选中垂直线)
指定要偏移的那一侧上的点，或 [退出(E)/多个(M)/放弃(U)] <退出>：(在垂直线的左侧任意位置处单击)
选择要偏移的对象，或 [退出(E)/放弃(U)] <退出>：(左键选中垂直线)
指定要偏移的那一侧上的点，或 [退出(E)/多个(M)/放弃(U)] <退出>：(在垂直线的右侧任意位置处单击)
选择要偏移的对象，或 [退出(E)/放弃(U)] <退出>：↙(结束命令)
命令：offset↙(重复执行偏移命令)
……

同样的操作方法，偏移复制出相对距离为 18、51 和 33 的水平线。

(3)选择“默认”选项卡→“修改”面板，点击“打断”图标，修剪各线段至合适的长度。如图 2-84(a)所示。

3)绘制、编辑基本图线(调用 main 层为当前层)

(1)选择“默认”选项卡→“绘图”面板，点击“圆”图标。

命令：_circle↙
指定圆的圆心或 [三点(3P)/两点(2P)/切点、切点、半径(T)]：_int 于 (捕捉交点为圆心)
指定圆的半径或 [直径(D)]：7.5↙ (输入半径)
命令：_circle↙(重复执行画圆命令)
……

同样的操作方法，依次绘制出直径为 15、48、18、36 的各个圆。如图 2-84(b)所示。

(2)选择“默认”选项卡→“修改”面板，点击“偏移”图标。

命令：_offset↙
当前设置：删除源=否 图层=源 OFFSETGAPTYPE=0
指定偏移距离或 [通过(T)/删除(E)/图层(L)] <33.0000>：l↙(偏移线段的图层)
输入偏移对象的图层选项 [当前(C)/源(S)] <源>：c↙(设置偏移后的线段在当前层)
指定偏移距离或 [通过(T)/删除(E)/图层(L)] <33.0000>：27↙(设置偏移距离)
选择要偏移的对象，或 [退出(E)/放弃(U)] <退出>：(左键选中垂直线)
指定要偏移的那一侧上的点，或 [退出(E)/多个(M)/放弃(U)] <退出>：(在垂直线的左侧任意位置处点击)

选择要偏移的对象，或 [退出(E)/放弃(U)] <退出>:(左键选中垂直线)

指定要偏移的那一侧上的点，或 [退出(E)/多个(M)/放弃(U)] <退出>:(在垂直线的右侧任意位置处点击)

选择要偏移的对象，或 [退出(E)/放弃(U)] <退出>: ↙(结束命令)

(3)选择“默认”选项卡→“修改”面板，点击“圆角”图标右侧黑三角，选择“圆角”图标。

命令: _fillet↙
当前设置: 模式 = 修剪，半径 = 0.0000
选择第一个对象或 [放弃(U)/多段线(P)/半径(R)/修剪(T)/多个(M)]: r↙(选择设置半径)
指定圆角半径 <0.0000>: 14↙(输入半径)
选择第一个对象或 [放弃(U)/多段线(P)/半径(R)/修剪(T)/多个(M)]:(点击左端ϕ36 圆右上圆弧)
选择第二个对象，或按住 Shift 键选择对象以应用角点或 [半径(R)]:(点击ϕ48 圆左上圆弧，绘制出 R14 圆弧)
命令: _fillet↙(重复执行角圆命令)
……

同样的操作方法，依次绘制出左端 R8、R12 两个圆角。

(4)选择“默认”选项卡→“绘图”面板，点击“直线”图标。

命令: _line↙
指定第一个点: _int 于(捕捉到下方斜线的上部端点)
指定下一点或 [放弃(U)]: @45<-105↙(动态输入极坐标数值)
指定下一点或 [放弃(U)]: ↙(结束命令)

(5)选择“默认”选项卡→“修改”面板，点击“镜像”图标。

命令: _mirror↙
选择对象: 找到 1 个，总计 5 个(点取要作对称的图形对象)
选择对象: ↙(结束选择)
指定镜像线的第一点: (捕捉中心线上任意一点)
指定镜像线的第二点: (确定中心线上任意另一点)
要删除源对象吗? [是(Y)/否(N)] <N>: ↙(“回车”，表示选择默认选项)

(6)选择“默认”选项卡→“修改”面板，点击“圆角”图标右侧黑三角，选择“圆角”图标。

命令: _fillet↙
当前设置: 模式 = 修剪，半径 = 12.0000
选择第一个对象或 [放弃(U)/多段线(P)/半径(R)/修剪(T)/多个(M)]: r↙(选择设置半径)
指定圆角半径 <12.0000>: 5↙(选择设置半径)
选择第一个对象或 [放弃(U)/多段线(P)/半径(R)/修剪(T)/多个(M)]: (选择 30° 斜线 1)
选择第二个对象，或按住 Shift 键选择对象以应用角点或 [半径(R)]: (选择 30° 斜线 2)

(7)更改图形底边轮廓线的图层为粗实线层(main 层)。

双击需要更换图层的图线，在弹出的对话框中，点击图层栏目，选择更改为 main 后关闭，如图 2-84(c)所示。

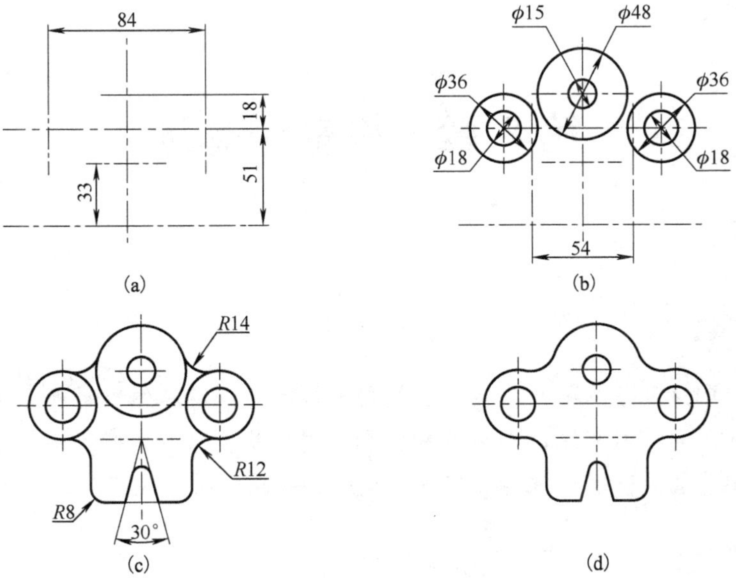

图 2-84　平面图形绘图步骤

4) 修剪、整理图线，完成作图

(1) 选择“默认”选项卡→“修改”面板，点击“修剪”图标右侧黑三角，选择“修剪”图标。

```
命令: _trim↙
当前设置:投影=UCS，边=无
选择剪切边...
选择对象或 <全部选择>: 指定对角点: 找到 24 个
选择对象: ↙
选择要修剪的对象，或按住 Shift 键选择要延伸的对象，或[栏选(F)/窗交(C)/投影(P)/边(E)/删除(R)/放弃(U)]: (点取被修剪的线段)
……
逐个点取需要修剪的线段……
```

(2) 利用“默认”选项卡→“修改”面板中“修剪”命令和“删除”命令，最终修整图形，如图 2-84(d) 所示。

(3) 利用“注释”选项卡→“标注”面板中标注命令，对图形进行尺寸标注。

(4) 打开“状态栏”中的“线宽”显示，完成图形，如图 2-83 所示。

5) 存盘

在快速访问工具栏选择图标或图标，也可选择→保存图标或另存为图标来保存图形文件，将图形存盘。

第3章　投影法基础

学习目标

了解投影法的基本知识，物体的投影与视图，以及物体上的点、直线、平面的投影规律。熟悉三视图的形成及其投影规律。掌握形体分析法绘制平面立体及回转体三视图的方法和步骤。掌握点、直线、平面的投影规律。

重点难点

重点：三视图的形成及其投影规律，以及物体上的点、直线、平面的投影规律。

难点：物体三视图的画法。

学习指导

在学习物体上的点、直线和平面的投影时，要结合立体的投影，要用“长对正、高平齐、宽相等”的规律研究几何元素的投影；反过来再用几何元素的投影规律研究立体的投影。投影法基础是机械制图的基础，投影的原理就是机械制图的基本原理。本章介绍投影的基本原理与概念；介绍基本几何元素——点、线、面的投影和基本几何体的投影。这些内容是学习机械制图必须掌握的基本知识，对后续学习至关重要。

第1节　投影的基础知识

1．投影的基本概念

在日常生活中，经常可以看到物体在灯光或日光等光源的照射下，会在地面或墙面上产生影子，如图3-1所示，这个影子在某些方面反映了该物体的形状特征，这种现象就是日常生活中的投影现象。根据这种现象，总结其几何规律，便形成了绘制物体图形的方法——投影法。

投影法就是一组射线通过物体射向一个预定的平面而得到图形的方法。如图3-2所示，形成射线的光源点 S 称为投影中心，射线 SA、SB、SC 称为投影线，预定的画面 P 称为投影面，中间的物体称为投影体，几何元素 $\triangle ABC$（投影体）经过投影线在投影面 P 上得到的 $\triangle abc$ 称为三角形 ABC 的投影。

通常投影体用大写字母标注，而投影则用小写字母标注，如△*ABC*，它的投影用△*abc*表示。

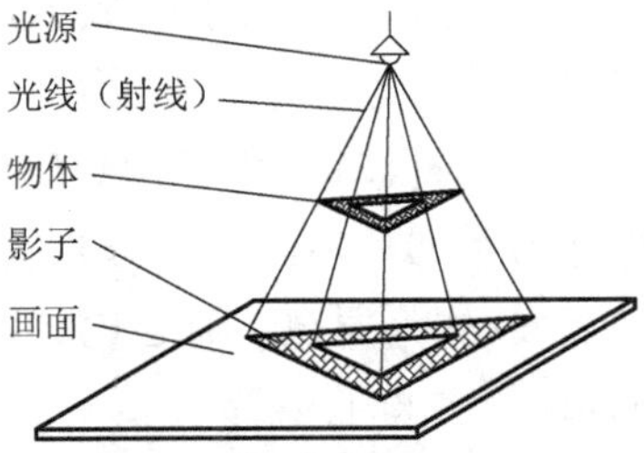

图 3-1　日常生活中的投影现象

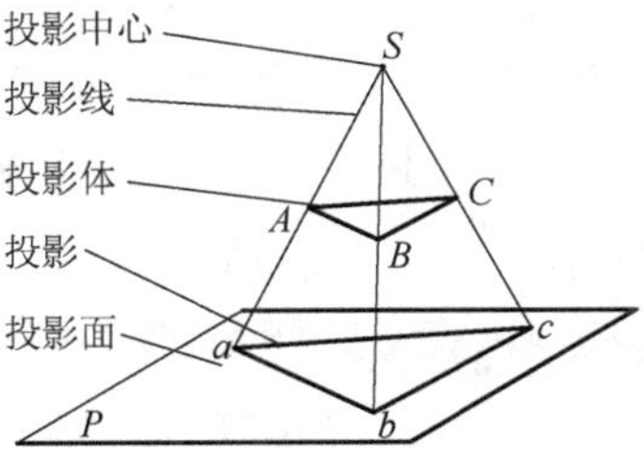

图 3-2　中心投影法

2．投影法分类

1）中心投影法

如图 3-2 所示，其投影中心在有限远点，这种投影称为中心投影法。由中心投影法得到的投影，通常称为透视投影图(简称为透视图)。透视投影△*abc* 的大小会随着投影体△*ABC* 距投影中心 *S* 或投影面的远近而发生变化。透视投影作图复杂，在机械制图中很少采用，但它接近于视觉映象，直观性强，常常用于绘制建筑效果图。

2）平行投影法

当把中心投影法的投影中心移至无穷远点时，投影线就变成了相互平行的投影线，由相互平行的投影线在投影面上得到投影的方法称为平行投影法。由平行投影法得到的投影称为平行投影。如图 3-3 所示，投影线相互平行，即 $Aa /\!/ Bb /\!/ Cc /\!/ Dd$ 或 $Aa_1 /\!/ Bb_1 /\!/ Cc_1 /\!/ Dd_1$，得到的投影为平行投影。

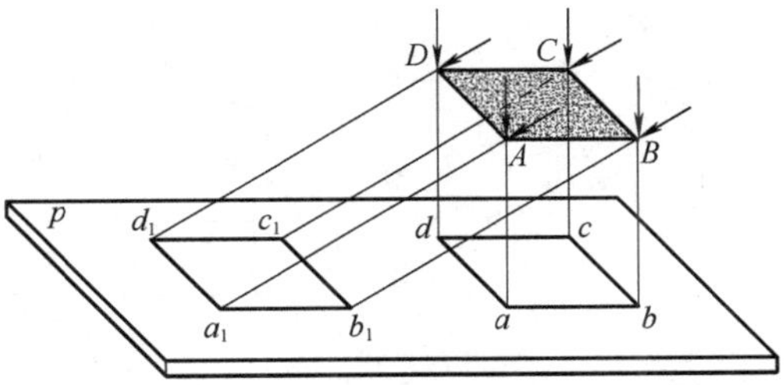

图 3-3　平行投影

在平行投影中，按投影线是否与投影面垂直，又可分为斜投影和正投影。

(1) 斜投影。斜投影的投影线倾斜于投影面，如图 3-3 中的 $a_1b_1c_1d_1$ 即为斜投影。

(2) 正投影。正投影的投影线垂直于投影面，如图 3-3 中的 *abcd* 即为正投影，正投影又称为直角投影。

正投影度量性好，而且作图简便。因此，正投影广泛应用于机械制图中，也是本书要介绍的主要内容。本书后续内容中若不专门说明，其投影一般均指正投影。

3．三面投影图

在正投影中只用单面投影是不能确定物体的形状和大小的。为了能准确地反映物体的长、宽、高的实长和不同面的形状及位置，需要在另外的方向再进行投影，在投影理论及实际工程制图中，通常用三面投影体系或多面投影来准确地表达物体的总体形状与大小。

1）建立三投影面体系

在三面投影体系中，一般采用三个相互垂直的面作为投影面，如图 3-4 所示。在这三个

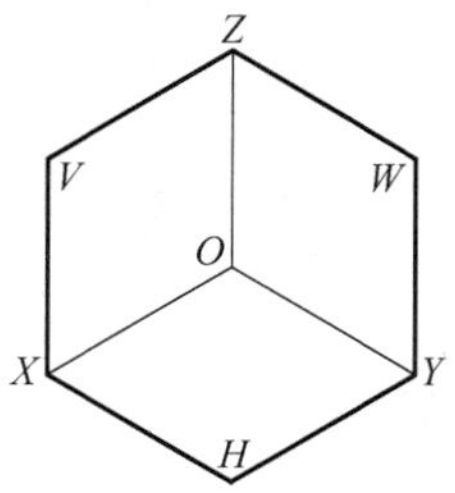

图 3-4　三投影面体系

投影面中，正立位置的投影面称为正投影面，用 *V* 表示，简称为正面或 *V* 面；水平位置的投影面称为水平投影面，用 *H* 表示，简称为水平面或 *H* 面；侧立位置的投影面称为侧投影面，用 *W* 表示，简称为侧面或 *W* 面。

两个投影面的交线称为投影轴，正面(*V*)与水平面(*H*)的交线为 *OX* 轴，水平面(*H*)与侧面(*W*)的交线为 *OY* 轴，正面(*V*)与侧面(*W*)的交线为 *OZ* 轴，三个投影轴的交点 *O* 称为原点，则 *OXYZ* 构成一个三维直角坐标系，用于描述空间物体上各点的位置。

2)三面投影图的形成

将物体放在三投影面体系中，分别向三个投影面投影，在三个投影面上得到三个投影，如图 3-5(a)所示。然后，如图 3-5(b)所示，移去物体，将水平面(*H*)绕 *OX* 轴向下旋转 90°，如图 3-5(c)所示，将侧面(*W*)绕 *OZ* 轴向右后方旋转 90°，并与正面(*V*)处于同一个平面上，得到图 3-5(d)。在作图时，通常省略投影面的边框并加注坐标轴，就得到如图 3-5(e)所示的三面投影图。

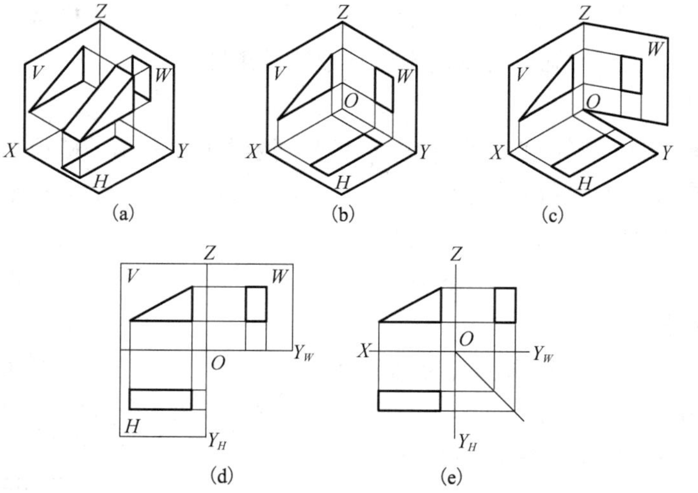

图 3-5　三面投影图的形成

3) 三视图

在图 3-5(d)三面投影图的基础上，将投影轴和作图线也省略，便得到如图 3-6 所示的三视图。由于这三个视图与人们正视、俯视、左视物体所见到的形象相当，所以在国家标准《机械制图》中，将在 *V* 面上的投影称为主视图，在 *H* 面上的投影称为俯视图，在 *W* 面上的投影称为左视图。

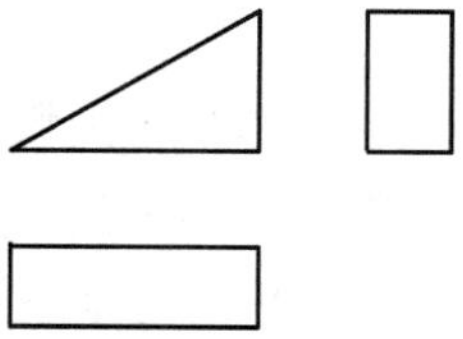

图 3-6　三视图

第2节 基本几何元素的投影

基本几何元素有点、直线和平面等，掌握这些几何元素的投影规律以及作图方法是学习形体表达方法的基础。

1. 点的投影

1) 点的投影及其标记

点的投影仍然是点。如图3-7(a)所示，将空间一点A分别向H面、V面和W面投影，分别得到点在三个投影面上的投影a、a'、a''。按照三面投影图的形成规律可以得到如图3-7(b)所示的带边框的三面投影图，省去投影面的边框线得到如图3-7(c)所示的A点的三面投影图。

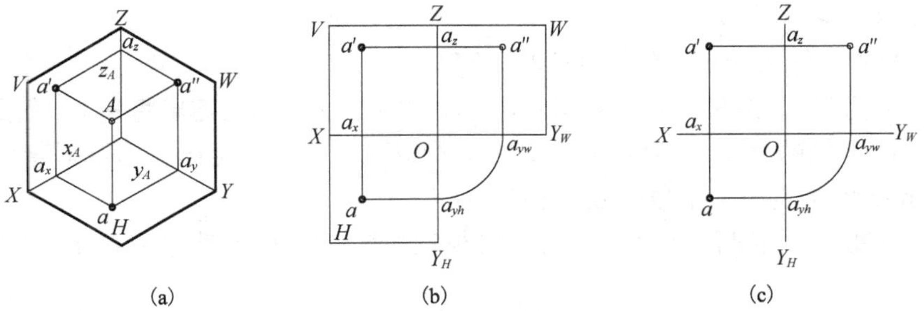

图3-7 点的投影图

在投影图中，在H面上的投影a和在V面上的投影a'的连线与X轴的交点标记为a_x，在V面上的投影a'和在W面上的投影a''的连线与Z轴的交点标记为a_z，通过H面上的投影a作Y_H轴的垂直线与Y_H轴的交点标记为a_{yh}，通过W面上的投影a''作Y_W轴的垂直线与Y_W轴的交点标记为a_{yw}。

2) 点的坐标与投影规律

因为是正投影，所以图3-7(a)中$Aa\perp H$面、$Aa'\perp V$面，由Aaa'构成的平面垂直于V面和H面，也必然垂直于V面和H面的交线X轴，且与X轴的交点为a_x，Aa_xa'便构成一个矩形。同理Aa_ya''、$Aa'a_za''$也构成矩形。因此，根据几何原理有以下投影规律。

(1) 空间点A在三个投影面的投影，都可以用$A(x_A, y_A, z_A)$点在$OXYZ$坐标系中的相应的两个坐标值来确定，即$a(x_A, y_A)$，$a'(x_A, z_A)$，$a''(y_A, z_A)$。且有

$$x_A=Aa''=aa_{yh}=a'a_z=A\text{点到}W\text{面的距离}$$

$$y_A=Aa'=aa_x=a''a_z=A\text{点到}V\text{面的距离}$$

$$z_A=Aa=a'a_x=a''a_{yw}=A\text{点到}H\text{面的距离}$$

(2) 在投影图中，$aa'\perp X$轴，$a'a''\perp Z$轴，$aa_{yh}\perp Y_H$轴，$a''a_{yw}\perp Y_W$轴。

【例3-1】 已知点A的两面投影，如图3-8(a)所示，求作该点的第三投影。

分析：本题可根据点的投影规律作图，方法有多种，在此只使用一种方法，其他方法读者可自己思考。

作图步骤如下。

(1) 过原点O作45°线，过a'作Z轴的垂线$a'a_z$，如图3-8(b)所示。

(2)过 a 作 OY_H 轴的垂线与 45°线相交，并过交点作 OY_W 轴的垂线，与 $a'a_z$ 相交于 a''，a'' 即为第三投影点，如图 3-8(c)所示。

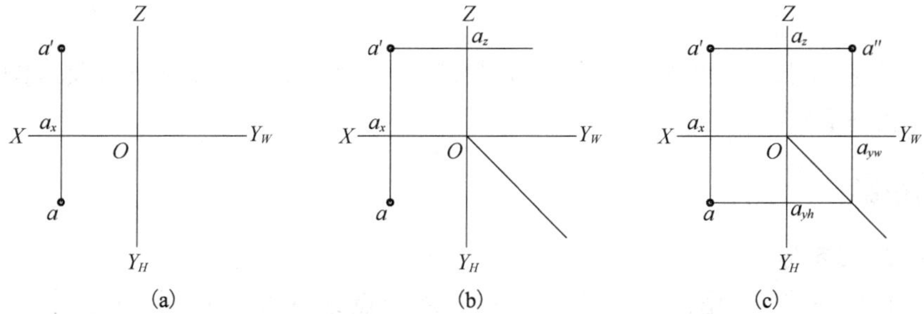

图 3-8　根据点的两面投影求作其第三投影

【例 3-2】已知点 A 到 W、V、H 面的距离分别为 22.5、15、20，求作该点的三面投影图。

作图步骤如下。

(1)将已知条件转化为点的坐标 A(22.5,15,20)。

(2)先画出投影轴，并在 X 轴上自原点向左量取 22.5mm 单位定出点 a_x，如图 3-9(a)所示。

(3)过 a_x 作 X 轴的垂线，并从 a_x 沿 OZ 方向量取 20mm 单位定出正面投影 a'，从 a_x 沿 OY_H 方向量取 15mm 单位定出水平投影 a，如图 3-9(b)所示。

(4)现在已知点 A 的两个投影 a 与 a'，可根据投影规律作出其第三投影 a''，如图 3-9(c)所示。

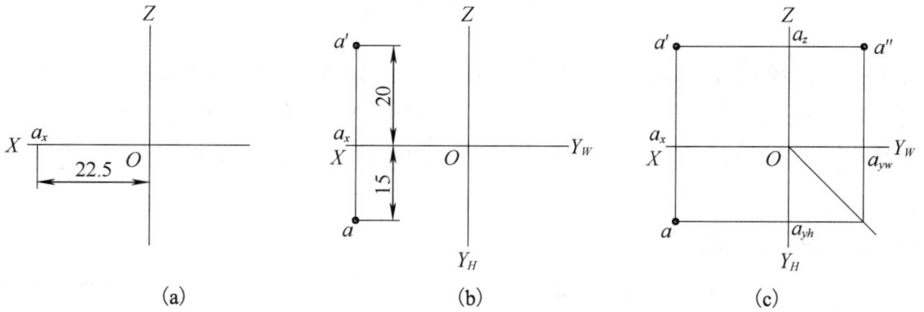

图 3-9　根据点的坐标求作其三个投影

3)点的相对位置

点与点之间的相对位置是指空间点在投影体系中的相对位置,即上下、左右和前后的位置关系。判断两点的相对位置，可根据两点的坐标或者说根据两点距三个投影面的距离来判断。

(1)判断两点相对位置的原则。

判断上下：z 坐标值大的点在上，z 坐标值小的点在下。

判断前后：y 坐标值大的点在前，y 坐标值小的点在后。

判断左右：x 坐标值大的点在左，x 坐标值小的点在右。

(2)重影点及其可见性。

当两个点的某两个坐标值相同时，该两点处于同一投影线上，因而在某一投影面上具有重合的投影。具有重合特性的两空间点称为该投影面上的重影点。两个重影点的投影，距投影面较远的一个点是可见的，而另一个点则是不可见的。通常，不可见点的投影应用括号加以标记。如图 3-10 所示，其中 *A* 点在上，*B* 点在下，*A*、*B* 两点是相对于 *H* 面的重影点，其中 *B* 点在 *H* 面的投影不可见，用(b)表示。

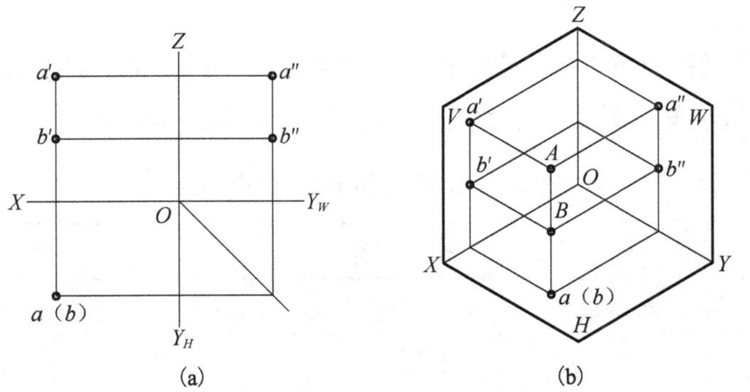

图 3-10　重影点的投影

2. 直线的投影

1) 直线投影

空间两点确定一条空间直线，空间直线的投影一般仍然为直线。如图 3-11(a)所示，空间直线 *AB* 的投影可以由两个端点(*A* 点、*B* 点)的投影来确定，连接 *A*、*B* 两点在同一个投影面上的投影，就得到直线 *AB* 在该投影面上的投影。如图 3-11(b)所示，*ab*、*a'b'*、 *a''b''*分别是直线 *AB* 在 *H* 面、*V* 面和 *W* 面上的投影。

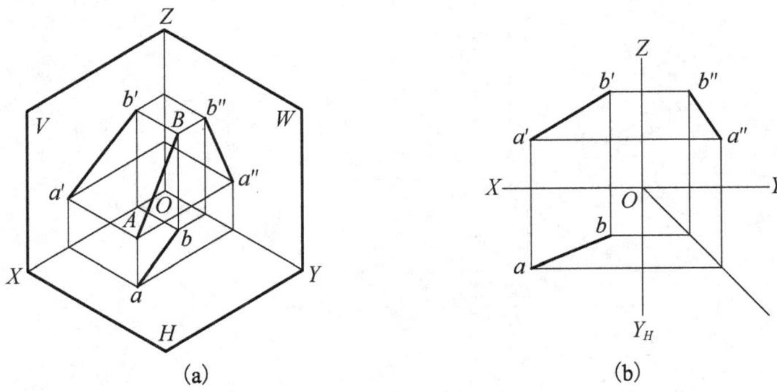

图 3-11　直线的投影

2) 直线的投影特性

空间直线相对于投影面的位置不同，可分为三类：**投影面平行线、投影面垂直线、一般位置直线**。其中前两种称为**特殊位置直线**。各种位置的直线具有不同的投影特性。

(1) 投影面平行线。

投影面平行线平行于某一个投影面，它在该投影面上的投影与空间线段的长度相等，这种性质称为**真实性**。只平行于 *V* 面的直线称为**正平线**；只平行于 *H* 面的直线称为**水平线**；只平行于 *W* 面的直线称为**侧平线**。各种平行线的投影特性如表 3-1 所示。

(2) 投影面垂直线。

投影面垂直线垂直于某个投影面，它在该投影面上的投影重合为一点，两个端点为重影点，并有**积聚性**，即直线上的任意点的投影均与其投影重合。垂直于 *V* 面的直线称为**正垂线**；垂直于 *H* 面的直线称为**铅垂线**；垂直于 *W* 面的直线称为**侧垂线**。各种垂直线的投影特性如表 3-2 所示。

(3) 一般位置直线。

一般位置直线倾斜于任何一个投影面，它在任何一个投影面上的投影也是倾斜的，且其投影长度比空间线段要短，这种投影缩短的性质称为**收缩性**(图 3-11)。

表 3-1　投影面平行线的投影特性

名称	位置特点	图形示例		投影特性
		轴测图	投影图	
正平线	直线平行于 *V* 面	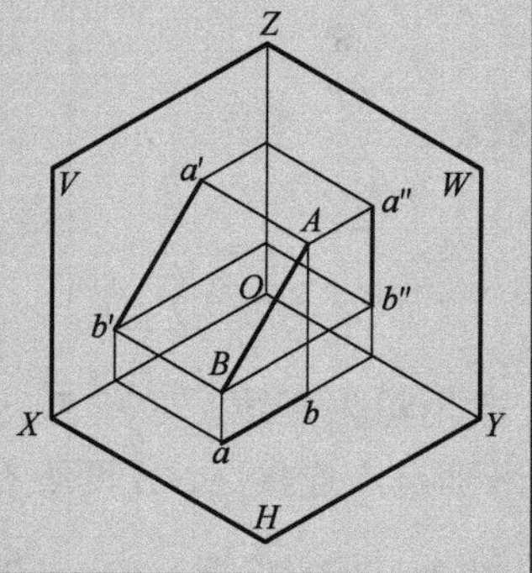	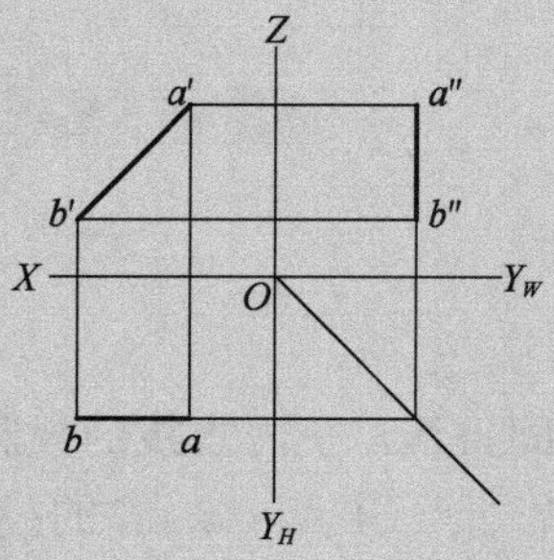	① $a'b'=AB$ ② ab // OX 轴 ③ $a''b''$ // OZ 轴
水平线	直线平行于 *H* 面	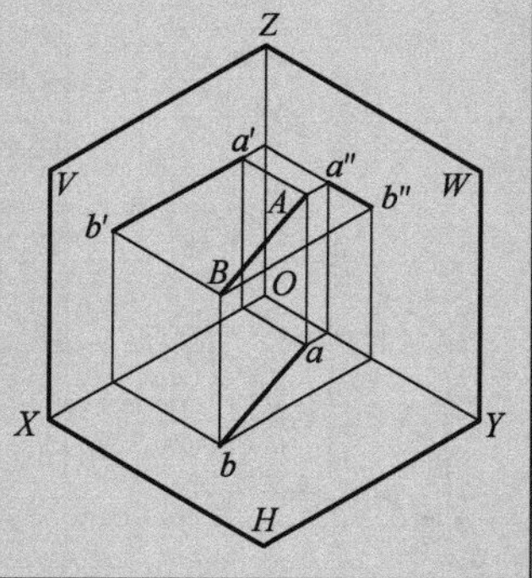	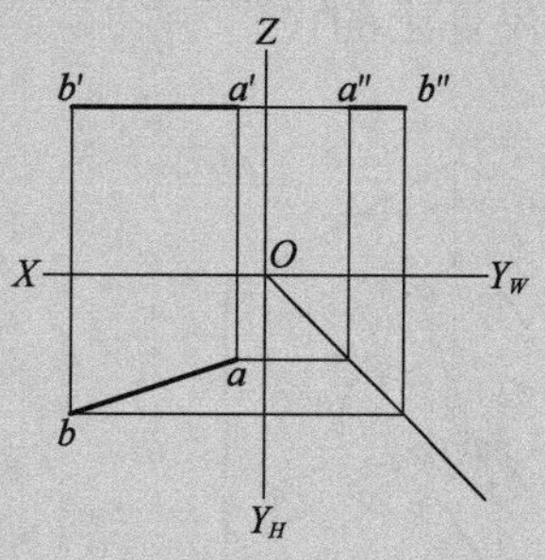	① $ab=AB$ ② $a'b'$ // OX 轴 ③ $a''b''$ // OY_W 轴
侧平线	直线平行于 *W* 面	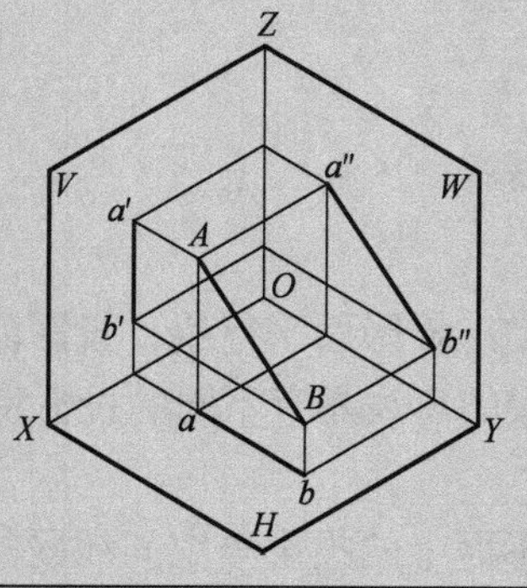	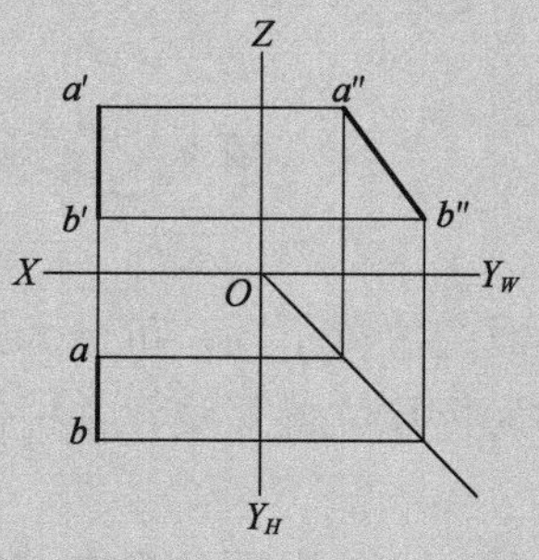	① $a''b''=AB$ ② ab // OY_H 轴 ③ $a'b'$ // OZ 轴
投影面平行线的投影具有以下特性： ① 在所平行的投影面上的投影反映了直线的实际长度，它与投影轴的夹角等于空间直线与另外两个投影面的实际倾角。 ② 在另外两个投影面上的投影分别平行于相应的投影轴，且其到平行投影轴的距离就是空间直线到所平行的投影面的距离				

表 3-2　投影面垂直线的投影特性

名称	位置特点	图形示例：轴测图	图形示例：投影图	投影特性
正垂线	直线垂直于 V 面，平行于 H 面和 W 面	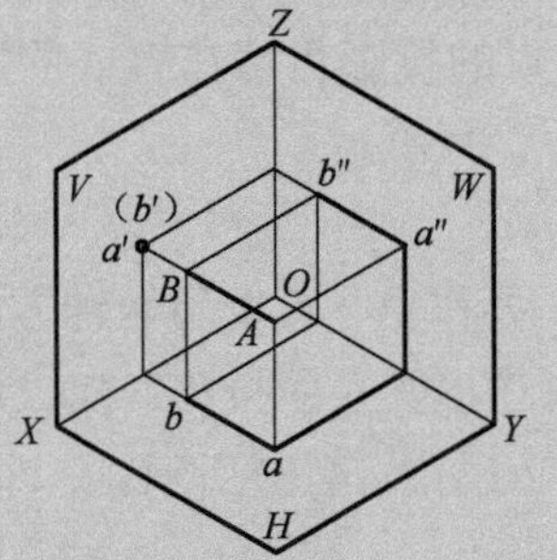	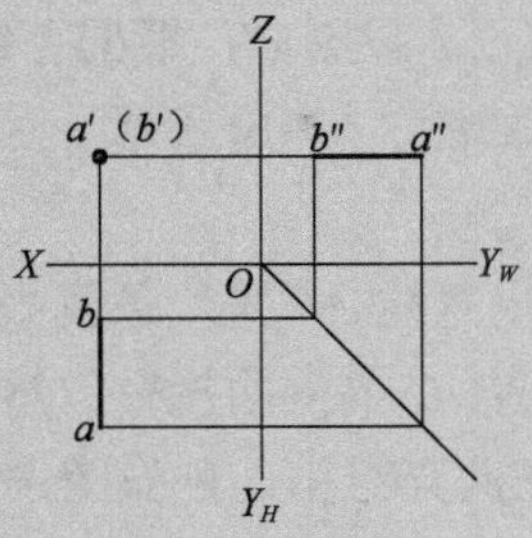	① $a'(b')$ 积聚为一点 ② $ab \perp OX$ 轴 ③ $a''b'' \perp OZ$ 轴
铅垂线	直线垂直于 H 面，平行于 V 面和 W 面	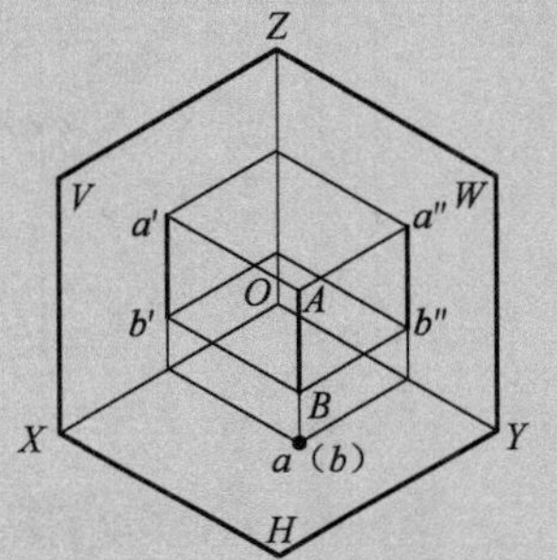	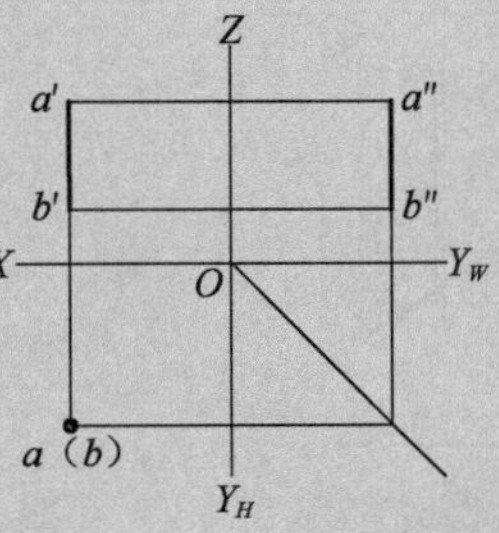	① $a(b)$ 积聚为一点 ② $a'b' \perp OX$ 轴 ③ $a''b'' \perp OY_W$ 轴
侧垂线	直线垂直于 W 面，平行于 V 面和 H 面	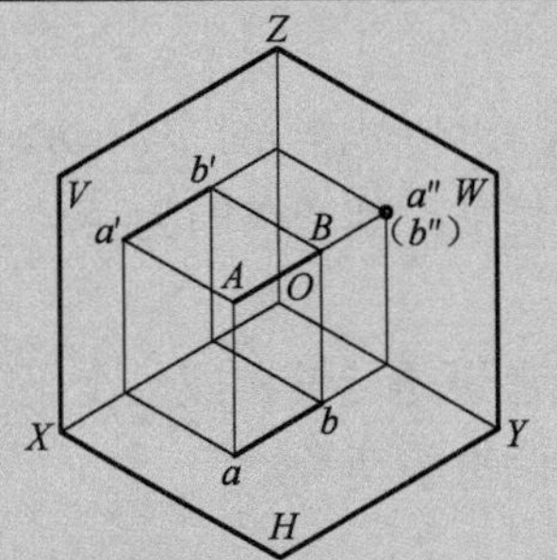	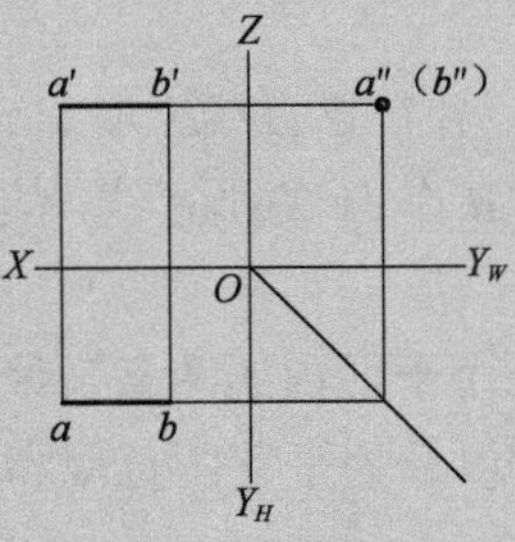	① $a''(b'')$ 积聚为一点 ② $ab \perp OY_H$ 轴 ③ $a'b' \perp OZ$ 轴
投影面垂直线的投影具有以下特性： ① 在所垂直的投影面上的投影积聚为一点，且其到两投影轴的垂直距离就是空间直线到所平行的两相应投影面的距离。 ② 在另外两个投影面上的投影分别垂直于相应的投影轴，并反映直线的实际长度				

3) 直线上点的投影

直线上点的投影均在该直线的同面投影上，且直线上的点分割直线之比等于该投影点分割直线投影长度之比，这种性质称为定比性。如图 3-12 所示，线段 AB 上一点 C，将其分为 AC 与 CB 两段，该两线段及其投影有 $AC : CB = ac : cb = a'c' : c'b' = a''c'' : c''b''$。

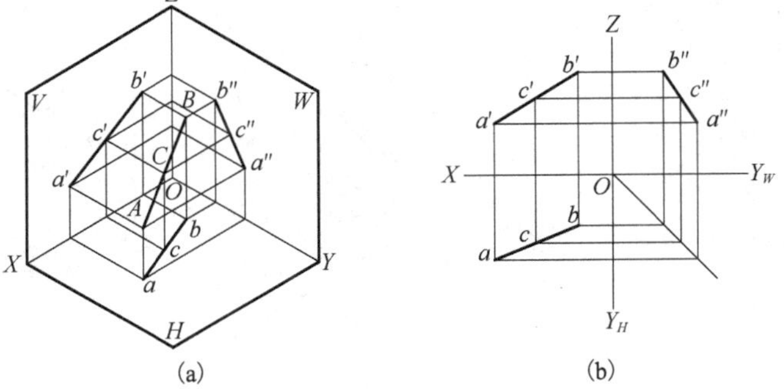

图 3-12　直线上点的投影

【例 3-3】 已知直线 *AB* 的两面投影和该直线上的一点 *C* 的一面投影，如图 3-13(a)、图 3-14(a)所示，求作该点的第二投影。

图 3-13 分析与作图如下。

图 3-13(a)已知 *C* 点的正面投影 *c′*，根据直线上点的投影仍然在直线的同面投影上的规律，即可作出水平投影 *c*，如图 3-13(b)所示。

图 3-14 分析如下。

从图 3-14(a)中可以看出直线 *AB* 是一条侧平线，要作出 *c′*可以用两种方法：第一种方法是可以作出直线 *AB* 及其上点 *C* 的侧面投影，然后再作出其正面投影；第二种方法是利用定比性作出点 *C* 第二投影。在此介绍第二种作图方法，如图 3-14(b)所示。

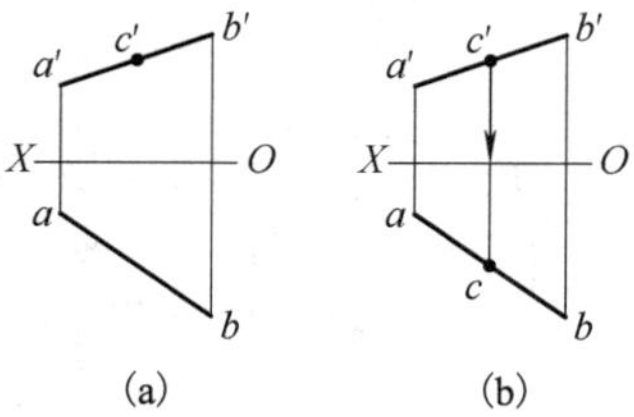

图 3-13　直线上点的投影(一)

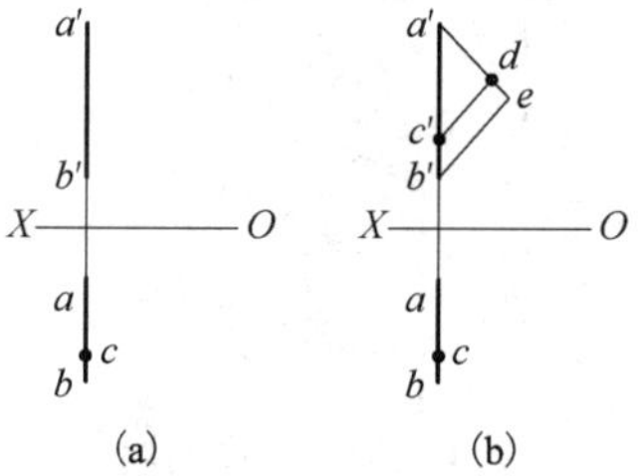

图 3-14　直线上点的投影(二)

作图步骤如下。

(1)经过 *a′*作一条直线，并在该直线上取点 *d*、点 *e*，使 *a′d*=*ac*、*a′e*=*ab*。

(2)连接 *eb′*，再经过点 *d* 作 *eb′*的平行线，与 *a′b′*相交，其交点即为 *c′*。

4)同面两直线的投影

同面两直线是指在同一个平面内的两条直线，或者说是能够构成一个平面的两条直线。同面两直线按其相对位置可以分为**平行两直线**和**相交两直线**两种。

(1)平行两直线。

如图 3-15 所示，由平行两直线及其投影线确定两个互相平行的平面，它们与投影面的交线(即直线的投影)也必定相互平行，即如果 *AB*∥*CD*，则有 *ab*∥*cd*。也就是说**平行两直线的投影仍然相互平行**。

同理，平行两直线的各组同面投影必定相互平行。换言之，如果投影图中的三组同面投影都相互平行，则直线在空间一定相互平行，如图 3-16 所示。

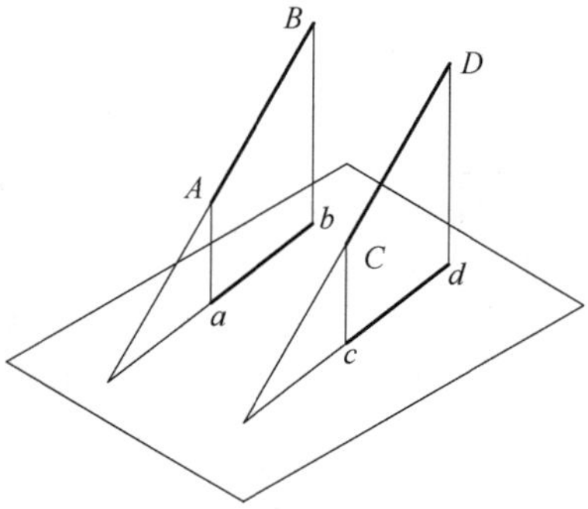

图 3-15　平行两直线的投影

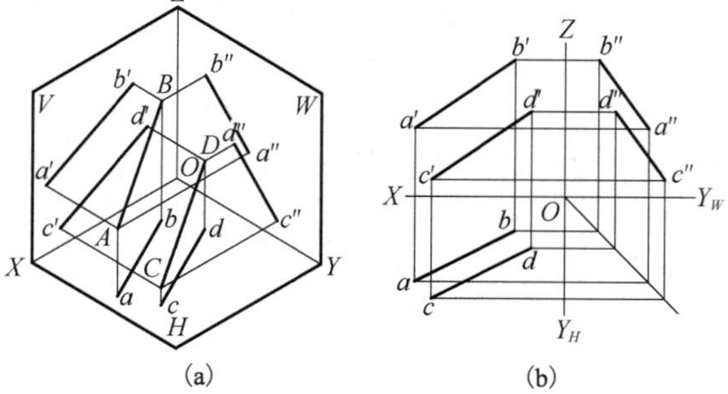

图 3-16　平行两直线的三面投影

(2) 相交两直线。

两直线相交的交点为两直线共有的一点。因此，两相交直线的同面投影必定相交于其交点的同面投影，而交点的投影同样符合点的投影规律和直线上点的投影规律，如图 3-17 所示。

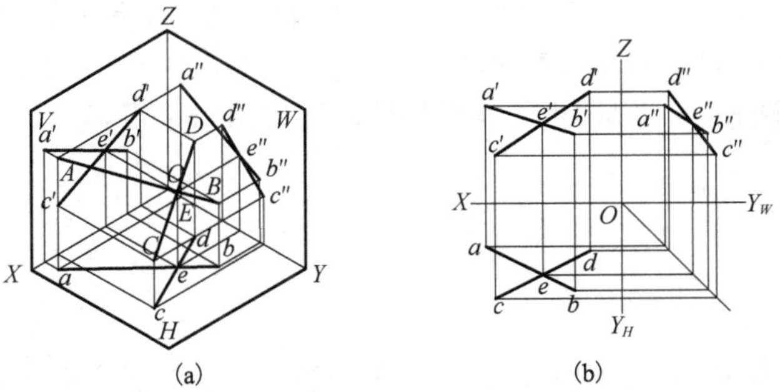

图 3-17　相交两直线的三面投影

【例 3-4】已知两侧垂线 *AB* 和 *CD* 的两面投影，如图 3-18 (a) 所示，完成两侧垂线的三面投影图。

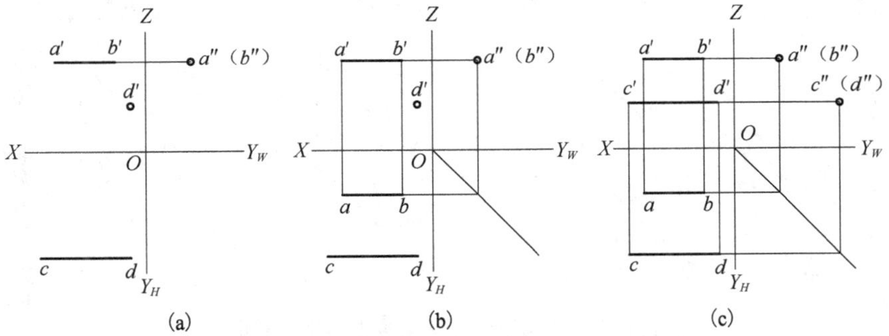

图 3-18　求两侧垂线的三面投影

作图分析与步骤如下。

(1) 根据点的投影规律，先作出直线 *AB* 的水平投影 *ab*，如图 3-18 (b) 所示。

(2) 由于两直线都是侧垂线，所以直线的正面投影 *c′d′* 与 *a′b′* 都垂直于 *Z* 轴，因此经过 *d′* 作一条垂直 *Z* 轴的直线，而 *c′* 就在该直线上。根据直线上点的投影规律即可作出 *c′*，然后根据直线的两投影即可作出第三投影 *c″*(*d″*)，如图 3-18 (c) 所示。

【例 3-5】完成如图 3-19 (a) 所示的两相交直线 *AB* 和 *CD* 的三面投影图。

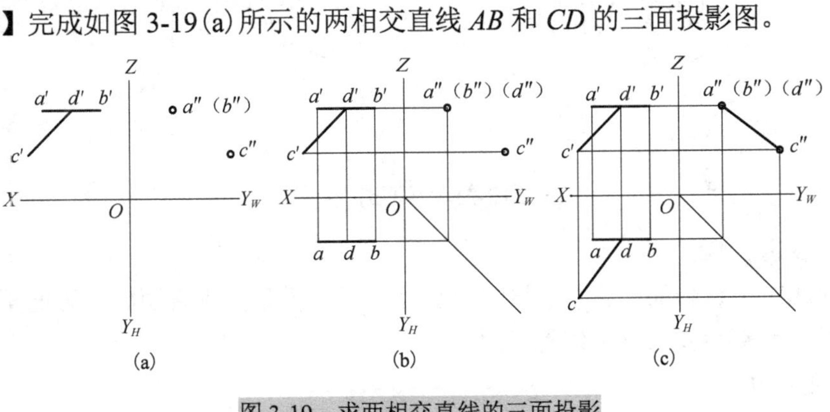

图 3-19　求两相交直线的三面投影

作图分析与步骤如下。

(1) 从图 3-19(a) 中可以看出 *AB* 是一条侧垂线，根据侧垂线的投影特性，可作出水平投影 *ab*。

(2) 由于两直线相交，且正面投影相交 *d'* 点，则 *D* 点也为 *AB* 上的一点，根据直线上点的投影规律，可作出 *D* 点的水平投影 *d* 和侧面投影 *d''*，如图 3-19(b) 所示。

(3) 已知 *C* 点的两投影，根据点的投影规律，可作出水平投影 *c*，然后连接 *cd* 和 *c''d''*，如图 3-19(c) 所示。

3. 平面的投影

1) 平面投影

平面可以由一组几何元素来表示，如用不在一条直线上的三个点(图 3-20(a))、一条直线和该直线外的一点(图 3-20(b))、两条相交的直线(图 3-20(c))、两条平行的直线(图 3-20(d))来表示一个平面。因此，平面的投影就可以由构成平面的几何元素(点、线)的投影来确定。

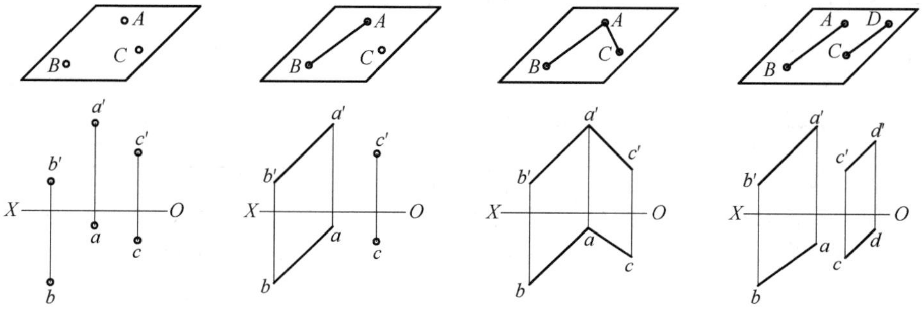

(a)　(b)　(c)　(d)

图 3-20　用几何元素表示的平面及其投影

在实际应用中，通常用一个有确定形状的平面图形来表示平面，如图 3-21 所示，用一个三角形表示一个平面，其投影就是三个顶点投影的连线或是三条边的投影。

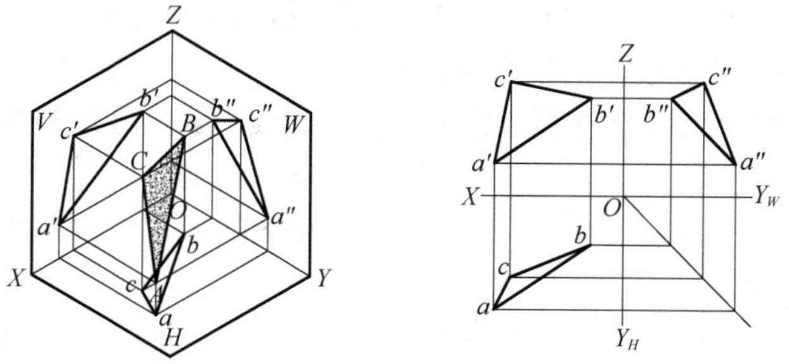

(a)　(b)

图 3-21　平面的投影

2) 平面的投影特性

空间平面相对于投影面的位置不同，可分为三类：**投影面垂直面、投影面平行面、一般位置平面**。其中前两种称为**特殊位置平面**。

(1) 投影面垂直面。

投影面垂直面垂直于某一个投影面，它在该投影面上的投影积聚为一条直线。该投影有积聚性，即平面上任何要素的投影均与其投影重合。垂直于 V 面的平面称为**正垂面**；垂直于 H 面的平面称为**铅垂面**；垂直于 W 面的平面称为**侧垂面**。各种投影面垂直面的投影特性如表 3-3 所示。

(2) 投影面平行面。

投影面平行面平行于某个投影面，而与另外两个投影面垂直，它在与其平行的投影面上的投影反映原平面形的真实形状和大小。因此，投影面平行面的投影具有真实性。平行于 V 面的平面称为**正平面**；平行于 H 面的平面称为**水平面**；平面于 W 面的平面称为**侧平面**。各种投影面平行面的投影特性如表 3-4 所示。

表 3-3　投影面垂直面的投影特性

名称	位置特点	图形示例		投影特性
		轴测图	投影图	
正垂面	平面垂直于 V 面	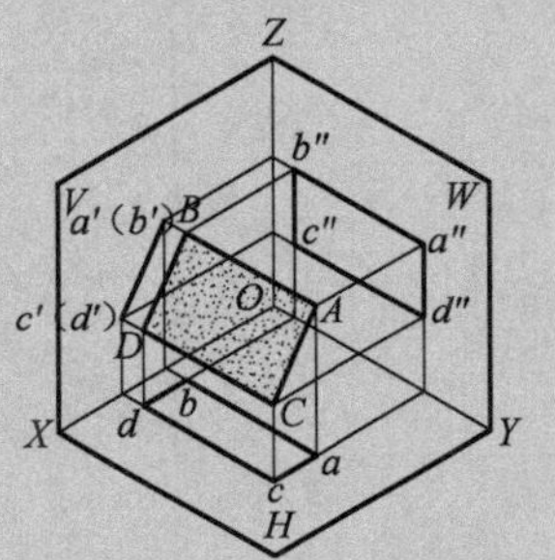	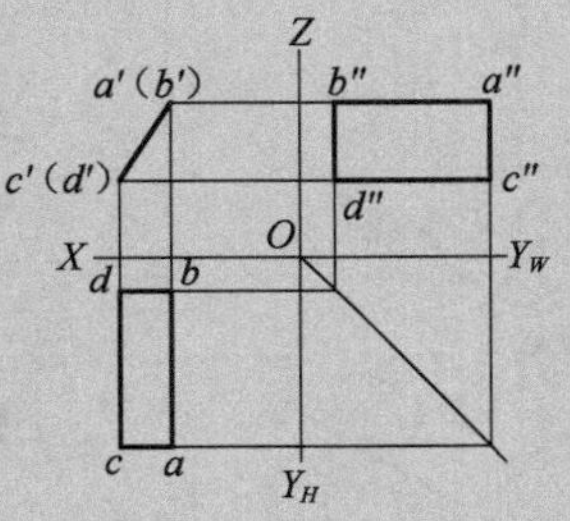	①平面 $ABCD$ 在 V 面上的投影积聚为一条直线，且与投影轴倾斜； ②在另外两个投影面上的投影为比实际形状收缩的类似形
铅垂面	平面垂直于 H 面	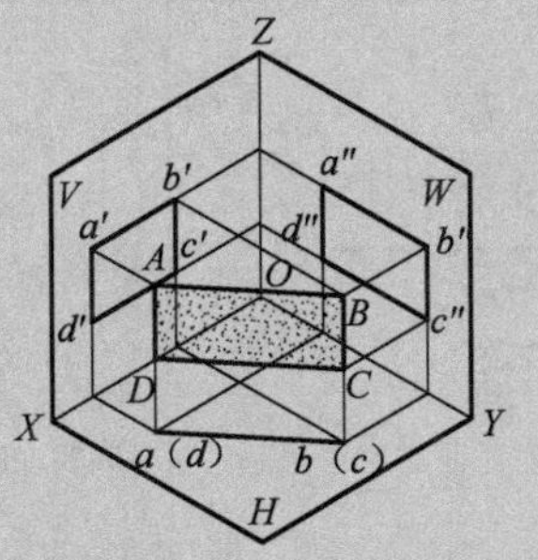	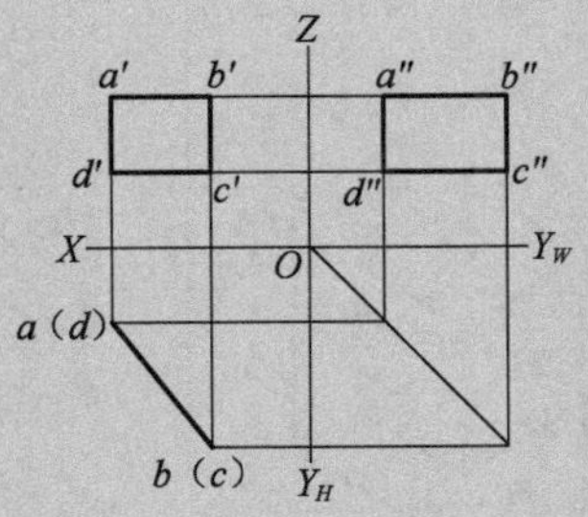	①平面 $ABCD$ 在 H 面上的投影积聚为一条直线，且与投影轴倾斜； ②在另外两个投影面上的投影为比实际形状收缩的类似形
侧垂面	平面垂直于 W 面	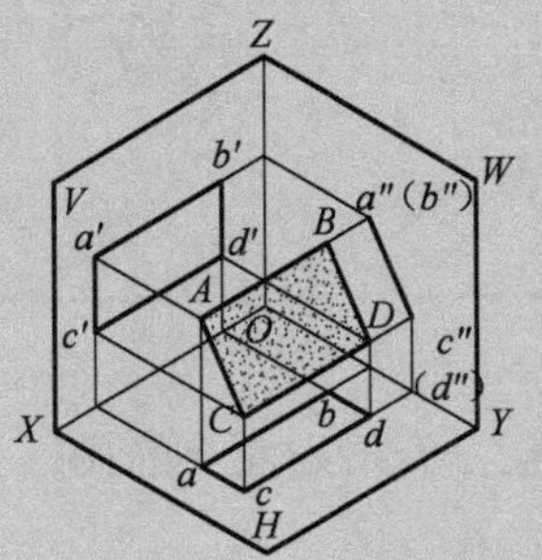	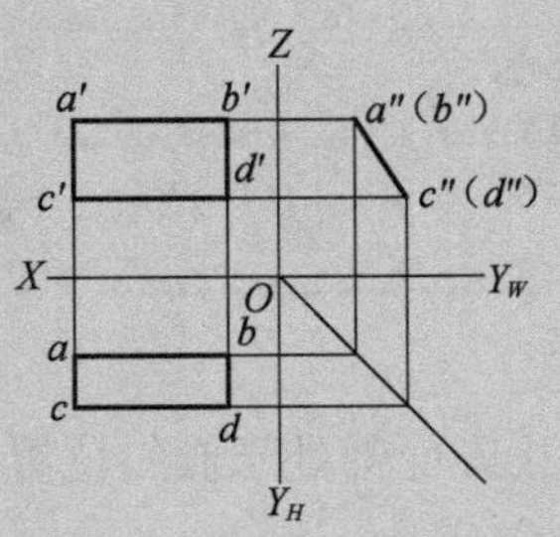	①平面 $ABCD$ 在 W 面上的投影积聚为一条直线，且与投影轴倾斜； ②在另外两个投影面上的投影为比实际形状收缩的类似形
投影面垂直面的投影具有以下投影特性： ①在所垂直的投影面上的投影积聚为一条直线，且与投影轴倾斜。 ②在另外两个投影面上的投影为原平面形的收缩类似形				

表 3-4　投影面平行面的投影特性

名称	位置特点	图形示例：轴测图	图形示例：投影图	投影特性
正平面	平面平行于 V 面，垂直于 H 面和 W 面	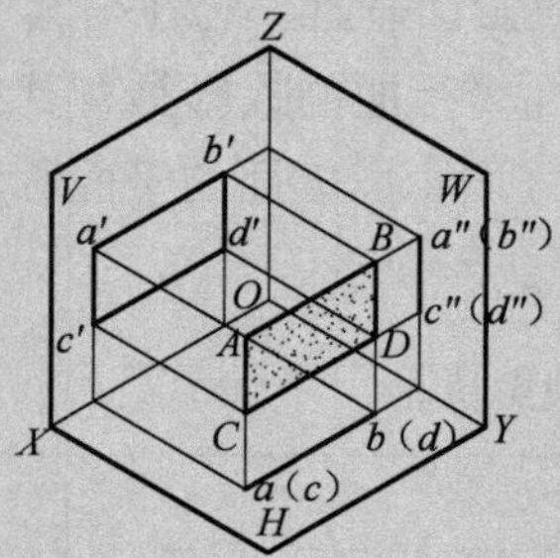	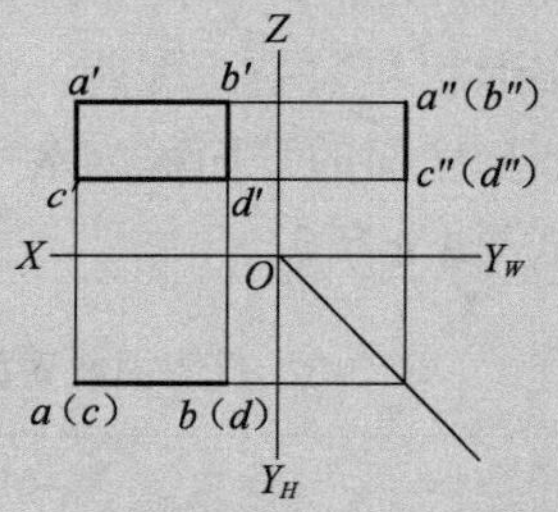	①平面在 V 面上的投影反映实形； ②在 H、W 面上的投影积聚成一条直线，且分别平行于 OX 轴、OZ 轴
水平面	平面平行于 H 面，垂直于 V 面和 W 面	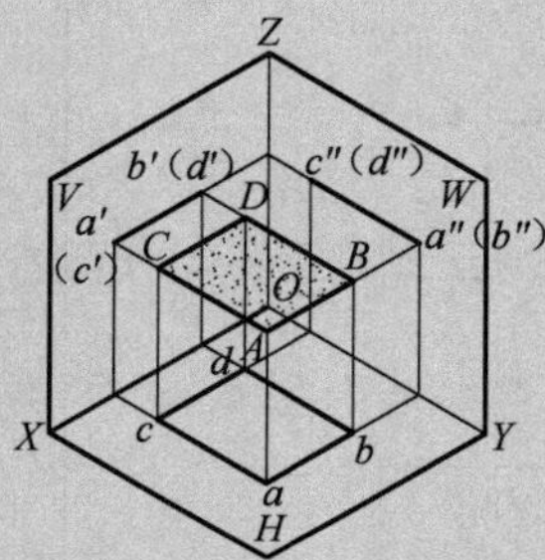	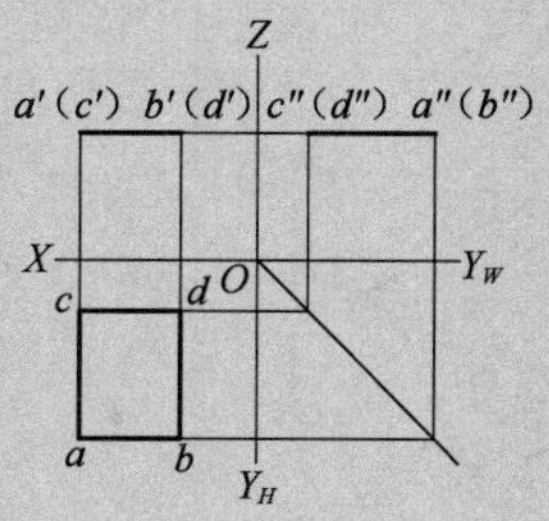	①平面在 H 面上的投影反映实形； ②在 V、W 面上的投影积聚成一条直线，且分别平行于 OX 轴、OY_W 轴
侧平面	平面平行于 W 面，垂直于 V 面和 H 面	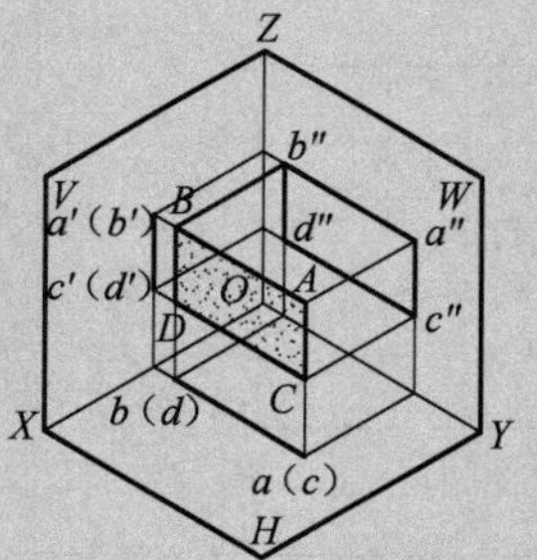	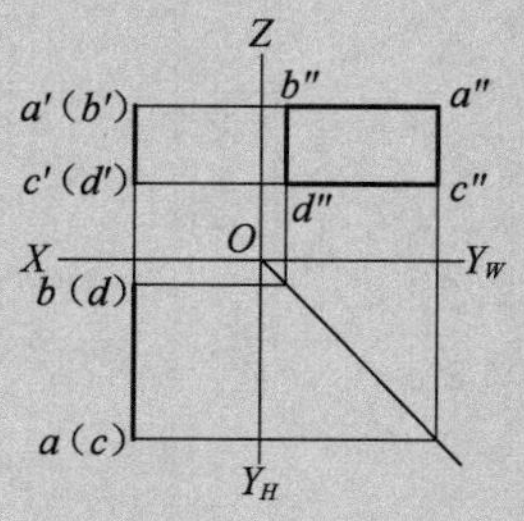	①平面在 W 面上的投影反映实形； ②在 V、H 面上的投影积聚成一条直线，且分别平行于 OZ 轴、OY_H 轴

投影面的平行面的投影具有以下特性：
①在所平行的投影面上的投影反映原平面形的实形。
②在另外两个投影面上的投影积聚为一条直线，并分别平行于相应的投影轴，且其到所平行的投影轴的距离就是空间平面到所平行的投影面的距离

(3)一般位置平面。

一般位置平面与三个投影面都处于倾斜位置，它在三个投影面上的投影与原平面形类似，且比原形有所收缩(图 3-21)。

3)平面上点与直线的投影

对于平面上的点与直线的投影，由于后续学习的需要，将其分为特殊位置平面上的点与直线和一般位置平面上的点与直线两种情况来介绍。

(1)特殊位置平面上的点与直线。

特殊位置平面(投影面垂直面和投影面平行面)的三面投影，至少有一个投影具有积聚性，

其上的点与直线的投影必然重合在该平面的积聚性投影上。反之，其投影重合在平面积聚性投影上的点与直线必然在该平面上。

如图 3-22 所示，垂直于 H 面的四边形 $ABCD$ 平面，其水平投影积聚成一直线，四边形上一点 E 的水平投影 e 必然落在这一积聚的直线上。

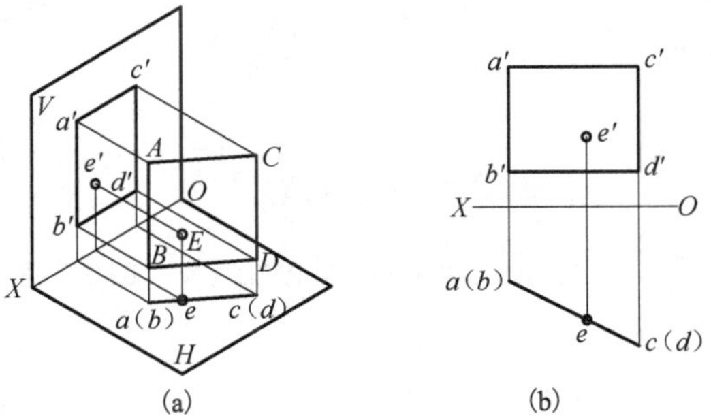

图 3-22　铅垂面上点的投影

【例 3-6】已知平面图形的两投影，如图 3-23(a)所示，求作第三投影。

分析：从图 3-23(a)看出该平面是正垂面，作出该平面的第三投影，相当于作出该平面上各顶点的第三投影，利用其正面投影的积聚性，则可以求出各点的侧面投影，然后依次连接各点，画出边线便完成作图。

作图步骤如下。

① 利用积聚性作出平面上各点的正面投影 a'、b'、c'、d'、e'、f'、g'，如图 3-23(b)所示。

② 根据点的投影规律作出各点的侧面投影，并连接成平面的侧面投影，如图 3-23(c)。所示。

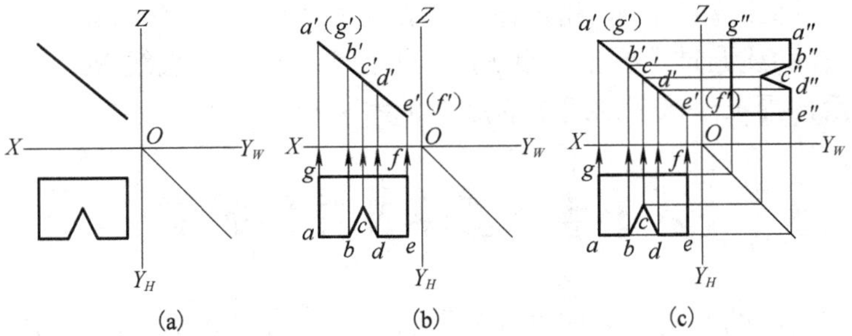

图 3-23　求作平面的第三投影

(2)一般位置平面上的点与直线。

若一点在平面上，则该点在平面上的一条直线上。如图 3-24(a)所示，点 D 在△ABC 的直线 AB 上，所以 D 点在△ABC 所确定的平面上。

若一条直线在平面上，则该直线通过平面上两点或通过平面上一点且平行于平面上一条直线。如图 3-24(b)所示，直线 CD 通过△ABC 上的两点 C 和 D，所以直线 CD 在△ABC 所确定的平面上。又如图 3-24(c)所示，直线 DE 通过平面上一点 D 且平行于直线 AC，所以直线 DE 也在△ABC 所确定的平面上。

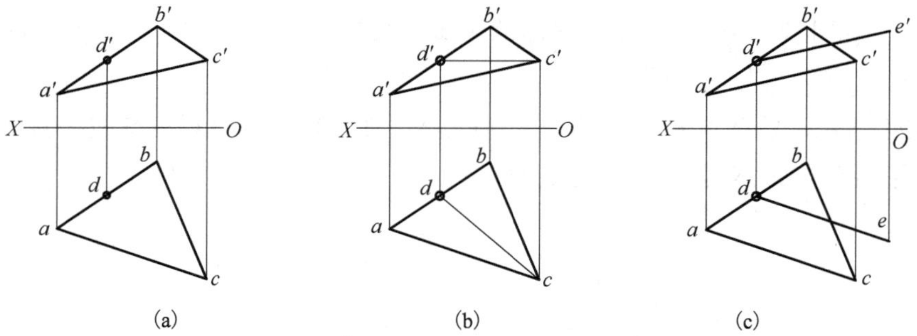

图 3-24　平面上点的投影

【例 3-7】已知平面图形 *ABCD* 上一点的正面投影 *e*′，如图 3-25(a)所示，求作 *E* 点的水平投影。

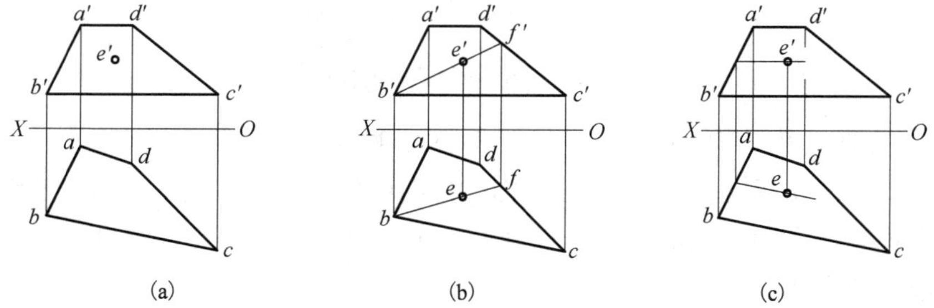

图 3-25　辅助线法求平面上点的投影

分析与作图步骤如下。

如图 3-25(a)所示，平面 *ABCD* 是一般位置平面，*E* 点的水平投影 *e* 可通过在平面上过 *E* 点作辅助直线求得。可以用两种方法作辅助线。

① 方法一，辅助线通过平面上的两点 *B*、*E* 交 *CD* 线于 *F* 点，如图 3-25(b)所示。

② 方法二，辅助线通过平面上一点 *E*，且平行于平面上的直线 *BC*，如图 3-25(c)所示。

作出辅助线后，再求出该辅助线上的点 *E* 的水平投影即可。

第 3 节　基本立体的投影

根据构成体的表面的不同，立体可分为平面立体和曲面立体。表面均由平面构成的立体称为平面立体；表面由曲面或者平面与曲面构成的立体称为曲面立体。本节在介绍体的投影规律之后，主要介绍平面立体和基本曲面立体的投影规律及表达方法。

1. 体的投影

1)体的投影形成

体由若干面围成，由第 2 节可知，面又可由点、线构成，如图 3-26(a)所示的长方体，可以看成由前、后、左、右、上、下六个长方形平面构成的，也可以看成由十二条棱线构成的，还可以看成八个相关顶点连线构成的。因此，体的投影可以看成构成体的点、线、面的投影，而且其投影符合点、线、面的投影规律，如图 3-26(b)和(c)所示。为了图面的清晰，在绘制体的投影图时，可以省略投影轴线，如图 3-26(c)所示。

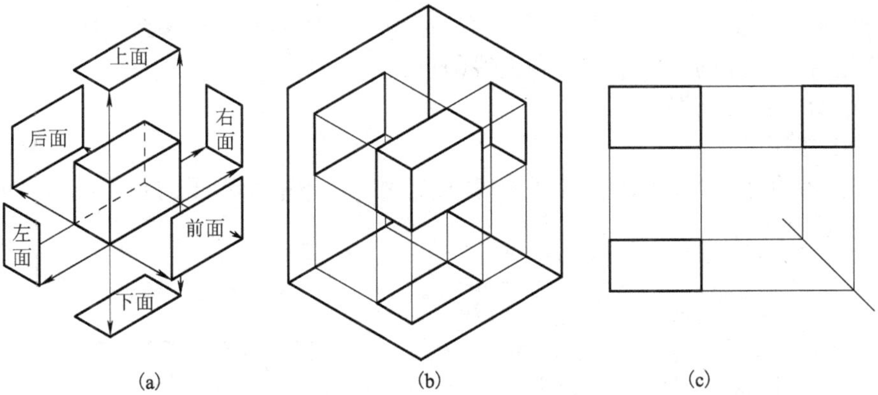

图 3-26　长方体的构成和投影

2) 体的投影特性

通常的立体都是由规则的平面形构成的，且很多平面属于特殊位置的平面。如图 3-26 所示的长方体就是由六个特殊位置的长方形平面构成的。所以体的投影常常具有一些特殊的投影性质。

(1) 体投影中的积聚性。

若构成体的某平面垂直于某一个投影面，则该平面在其垂直的投影面上的投影积聚为一条直线，这就是体投影中的积聚性。在图样中，常常会看到存在大量积聚性的体投影。如图 3-26 中的长方体上、下、左、右面在 *V* 面上的投影，前、后、左、右面在 *H* 面的投影，以及上、下、前、后面在 *W* 面上的投影都具有积聚性。掌握体投影中的积聚性会使体的投影作图变得简单，同时为读图奠定基础。

(2) 体投影中的重影性。

在体的投影中，常常会有两个面在同一个投影面上的投影重叠在一起，当两个面的形状大小相同，且相对于投影线正好对齐时，两个面在相应投影面上的投影则正好重合。体上两个面的投影重合的性质称为体投影中的重影性。如图 3-26 中的长方体前、后面在 *V* 面上的投影，上、下面在 *H* 面上的投影，以及左、右面在 *W* 面上的投影都具有重影性。

在体的投影中，对重叠但不重合的投影，相对于投影面而言，如果前面遮挡住后面的某些轮廓，规定可见的轮廓线用粗实线表示，不可见的轮廓线用虚线表示。

3) 体的投影规律

如图 3-27 所示，体的正面投影 (主视图) 表达了物体的长与高，水平投影 (俯视图) 表达了物体的长与宽，侧面投影 (左视图) 表达了物体的高与宽；且水平投影在正面投影的正下方，侧面投影在正面投影的右边。从图 3-27 中可以看出：正面投影与水平投影具有相同的长度 (**长对正**)，正面投影与侧面投影具有相同的的高度 (**高平齐**)，水平投影与侧面投影具有相同的宽度 (**宽相等**)。体的三个投影中这一度量对应规律可以简要地归纳为“长对正，高平齐，宽相等”。

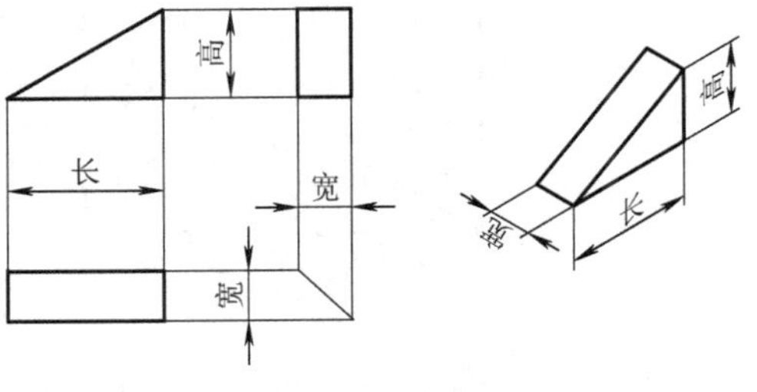

图 3-27　三视图的长宽高对应关系

2. 平面体的投影

平面立体主要有棱柱、棱锥等基本几何体，还有棱台及棱锥切割体等。它们的表面由若干个平面多边形构成，因此平面立体的投影就可以用组成立体的平面和棱线的投影来表示，在绘图时根据其是否可见分别画成粗实线和虚线即可。

1)基本平面立体的投影

(1)棱柱的投影。

图 3-28 表示的是一个正六棱柱，它的表面是由上、下两个水平的正六边形底面和六个铅垂的矩形棱面组成的。

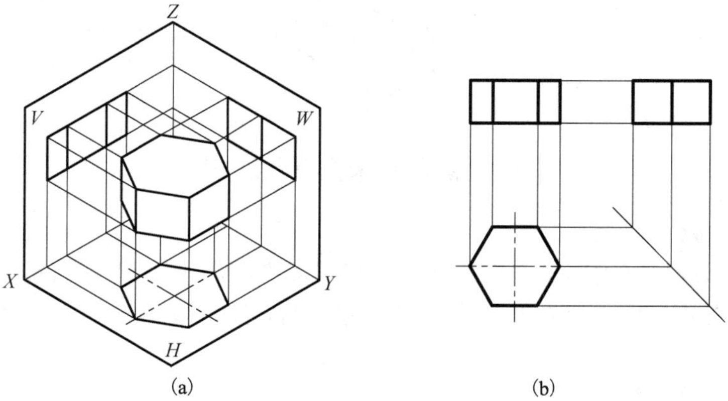

图 3-28　正六棱柱的投影

它的上、下底面是水平面，在 *H* 面的投影反映了实形——六边形，且具有重影性；棱面垂直于 *H* 面，在 *H* 面上的投影有积聚性，形成六边形的六个边，这六个边组成的六边形与反映上、下底面实形的六边形重合。

上、下两底面(水平面)，在 *V* 面和 *W* 面的投影积聚为一条水平线；前、后棱面为正平面，在 *V* 面上的投影为重合的实形，在侧面上的投影积聚成竖直线；其他四个棱面为铅垂面，在 *V* 面和 *W* 面上的投影均为类似矩形。

棱柱的各个棱线均为铅垂线，其水平投影积聚为六边形的六个顶点，其他两面投影为竖直线。

(2)棱锥的投影。

图 3-29 表示的是一个四棱锥，它由长方形的底面和四个三角形的棱面组成。底面为水平面，在 *H* 面上的投影反映了实形——长方形，在 *V* 面和 *W* 面的投影积聚为一条水平线；前、后两个棱面是侧垂面，在 *W* 面上的投影积聚为直线，在其他两面上的投影为类似三角形；左、右两个棱面是正垂面，在 *V* 面上的投影积聚为直线，在其他两面上的投影为类似三角形。

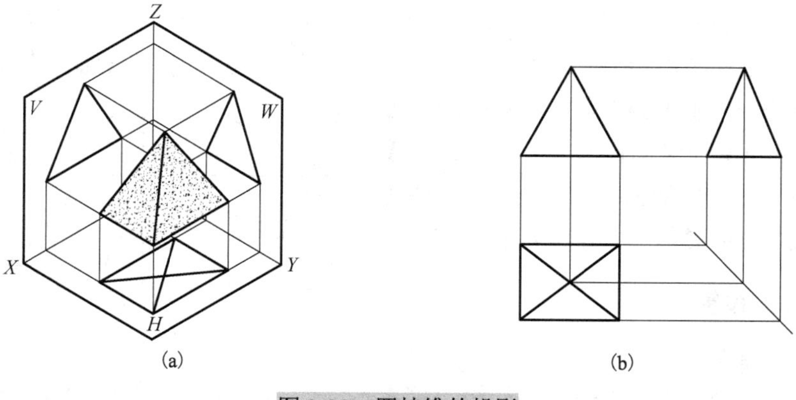

图 3-29　四棱锥的投影

四棱锥的四条棱线均是一般位置直线，但汇交于顶点，在三个投影面上的投影均为汇交于一点的倾斜直线。

2)平面切割体的投影

由平面截割基本平面立体构成的形体称为平面切割体，两者的交线称为截交线。截交线是平面与被截立体表面的共有线。求作平面切割体的投影实际上就是在基本平面立体投影的基础上，求作截交线。而求作立体表面(平面上)的截交线，可以使用求作平面上直线与点的方法求得。

(1)棱柱的切割体。

【例 3-8】 画出如图 3-30(a)所示的棱柱切割体的投影。

分析：如图 3-30(a)所示，该切割体是由一个四棱柱被切去一个三棱柱后又开了一个槽而形成的。其中一个切割面为正垂面，在 V 面上的投影积聚为一条直线；被开出的槽由两个正平面和一个侧平面截割而成。两正平面在 H 面和 W 面都有积聚性，在 V 面上的投影反映实形并具有重影性；一侧平面在 V 面和 H 面上的投影具有积聚性。在作图时要充分利用特殊平面的积聚性。

作图步骤如下。

① 先画出原棱柱的三视图，然后作出切割面在主视图上的积聚性投影，再分别求出另外两个面上的投影，如图 3-30(b)所示。

② 在俯视图上画出切槽形状，然后分别作出主视图和左视图上的对应图线，如图 3-30(c)所示。

③ 去除无用的线和作图线，加粗可见线，不可见的线用虚线表示，即可得到棱柱切割体的三视图，如图 3-30(d)所示。

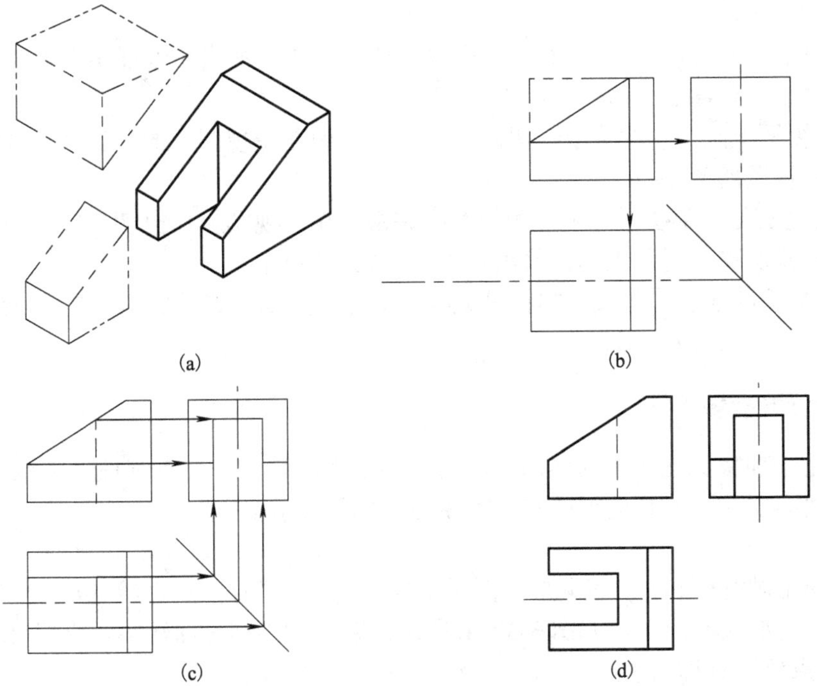

(a)　(b)　(c)　(d)

图 3-30　四棱柱切割体的投影作图

(2) 棱锥的切割体。

【例 3-9】 画出如图 3-31(a)所示的棱锯切割体的投影。

分析：如图 3-31(a)所示，该切割体是由一个水平面切去四棱锥上端后又开了一个槽而形成的。其中被开出的槽由两个侧平面和一个水平面切割而成，两侧平面在 *H* 面和 *V* 面上都有积聚性；一水平面在 *V* 面和 *W* 面上的投影具有积聚性。作图时先画出原四棱锥的三视图，然后充分利用特殊平面的积聚性求作其余各图线。

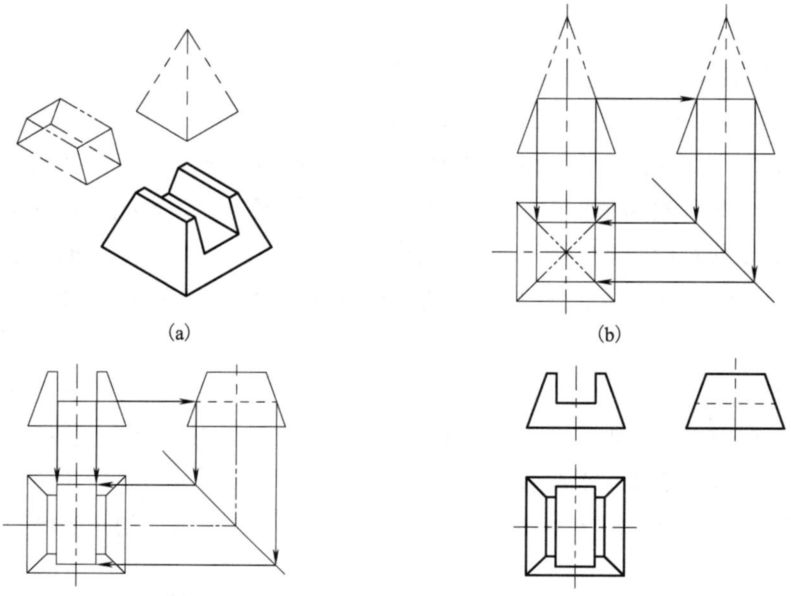

(a)　(b)　(c)　(d)

图 3-31　四棱锥切割体的投影作图

作图步骤如下。

① 画出原四棱锥的三视图，然后作出水平切割面在主视图和侧视图上的积聚线，再求出水平面上的投影，如图 3-31(b)所示。

② 在主视图上画出切槽形状，再画出切槽底平面在左视图上的积聚线，如图 3-31(c)中的主视图和左视图所示。

③ 利用主视图、左视图与俯视图的对应关系，在俯视图上作出切槽底平面的实形投影，并作出切槽两侧面在俯视图上的积聚线，如图 3-31(c)所示。

④ 去除无用的线和作图线，加粗可见线，不可见的线用虚线表示，即可得到棱锥切割体的三视图，如图 3-31(d)所示。

3. 回转体的投影

回转体是一种特殊且常用的曲面体，常见的基本回转体主要有圆柱、圆锥、球等。在投影图上表示曲面立体，就是把组成立体的曲面和平面表示出来。

1) 圆柱

圆柱表面由圆柱面和顶、底圆形平面所组成。圆柱面可看作一直线 *AA* 绕着与它平行的固定轴 *OO* 回转而形成的曲面，如图 3-32(a)所示。直线 *OO* 称为回转轴，直线 *AA* 称为母线，*AA* 回转到任意位置时称为素线。

(1) 圆柱的投影。

如图 3-32(b)所示，圆柱的轴线垂直于 H 面，顶、底面为水平面，在水平投影面上的投影反映实形，其正面和侧面投影均积聚为一水平线。圆柱面的水平投影积聚为一圆，其正面和侧面投影应分别画出圆柱面外形轮廓的投影(即为圆柱面可见与不可见分界线的投影)，如正面上为最左、最右两条素线的投影，侧面上为最前、最后两条素线的投影。

作图时，首先画出中心线和轴线，然后画出顶、底面实形的投影，再画出其他两个投影面的投影。根据投影之间的对应关系，圆柱面左右外形素线在 W 面上的投影必位于轴线处，由于它并不是棱线，所以在 W 面上不应以实线或虚线画出。同理，前后素线在 V 面上的投影也不必画出，如图 3-32(c)所示。

从图 3-32(c)中可看出圆柱的投影特征：当圆柱的轴线垂直于某一投影面时，在该投影面上的投影为圆，另外两个投影面上的投影为两个全等的矩形。

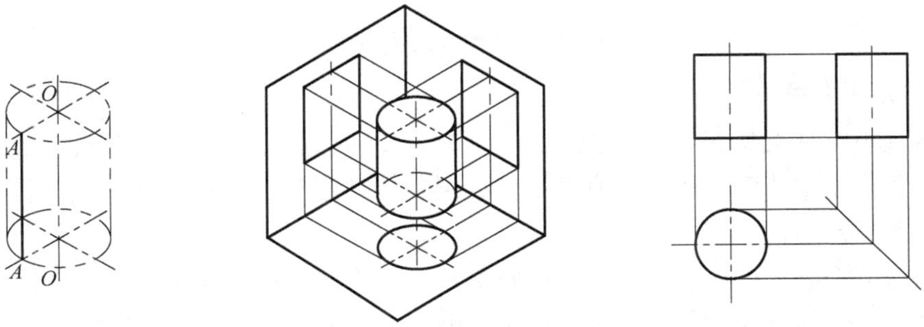

(a)　(b)　(c)

图 3-32　圆柱的形成与投影

(2)圆柱表面上求点。

如图 3-33 所示，已知 M 点的正面投影 m' 为可见点的投影，M 点必在前半个圆柱面上，其水平投影 m 必定重合在具有积聚性的前半个圆柱面的水平投影上，由 m、m' 可求出 m''。

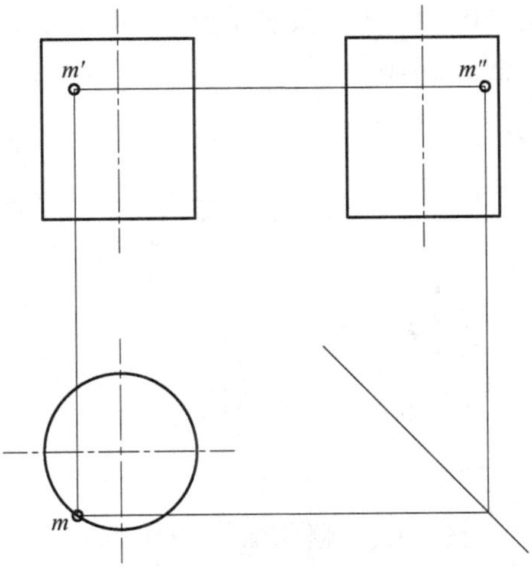

图 3-33　圆柱表面上求点

2)圆锥

圆锥表面由圆锥面和底面圆所组成。圆锥面可看作一直线 SA 绕着与它相交的固定轴 OO 回转而形成的曲面，如图 3-34(a)所示。SA 为母线，SA 在圆锥面的任意位置时称为素线。

(1)圆锥的投影。

如图 3-34(b)所示，圆锥轴线垂直于 H 面，底面圆为水平面，它的水平投影反映实形，正面投影和侧面投影均积聚为一水平线。在正、侧两面投影中，还要分别画出锥面外形轮廓线的投影，在正面投影上为最左、最右两条素线的投影,在侧面投影上为最前、最后两条素线的投影。

作图时，应首先画出中心线和轴线，然后画出底面圆形的三面投影，再画出锥顶的三面投影，最后分别画出其外形轮廓素线的投影，即可得到圆锥的投影图。如图 3-34(c)所示。

从图 3-34(c)中可看出圆锥的投影特征：当圆锥轴线垂直于某一投影面时，在该投影面上的投影为一个与底面相等的圆形，而另外两个投影必为全等的等腰三角形，其底边即为底圆直径的投影，其两腰即为轮廓素线的投影，其顶点则为锥顶的投影。

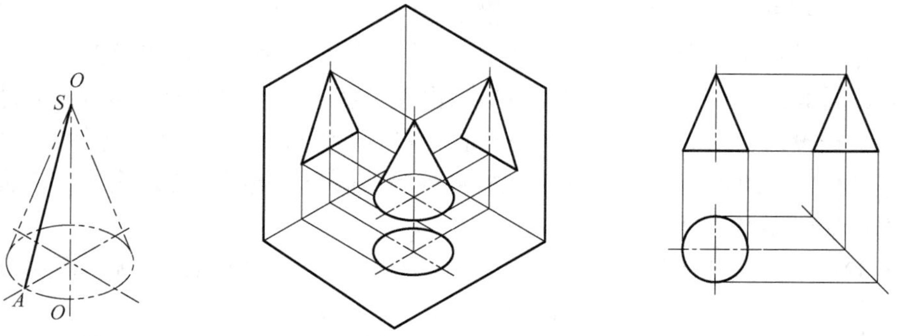

(a)　(b)　(c)

图 3-34　圆锥的形成与投影

(2) 圆锥表面上求点。

图 3-35(a) 中，*A* 为圆锥前表面上一点，已知其 *V* 面投影 *a*′，求其余两投影 *a*″ 和 *a*。因为圆锥面的三个投影都没有积聚性，所以不能利用积聚性直接在圆锥面上求点。作图时，常用下面两种作图方法。

① 辅助素线法：如图 3-35(a) 所示，通过 *A* 点作素线 *SA* 与底圆相交于 *M* 点，点 *A* 即为该素线上的一点。作图时先作出素线的三面投影 *s′m′*、*sm*、*s″m″*；然后求出素线 *SM* 上点 *A* 的其余两面投影 *a* 和 *a*″，如图 3-35(b) 所示。

② 辅助圆法：如图 3-36(a) 所示，用过 *A* 点的一个垂直于圆锥轴线的平面与圆锥的表面相交得一平行于底面的辅助圆，该辅助圆的正面和侧面投影均积聚为水平直线，且长度等于辅助圆的直径，其水平投影为辅助圆的实形。作图时先在此圆上求出 *a*，再由 *a*′ 和 *a* 求出 *a*″，如图 3-36(b) 所示。

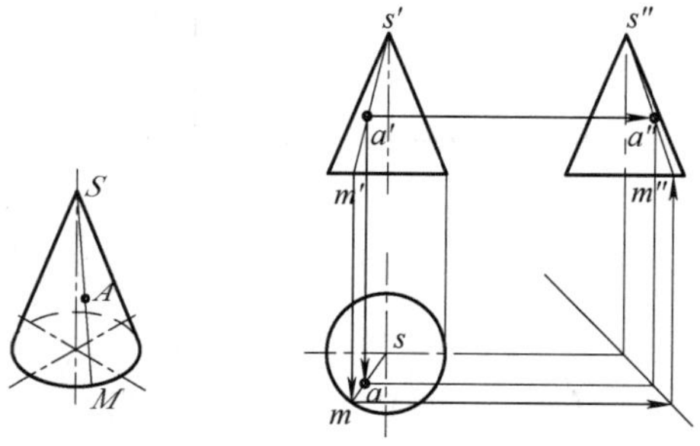

(a)　(b)

图 3-35　圆锥表面上求点(辅助素线法)

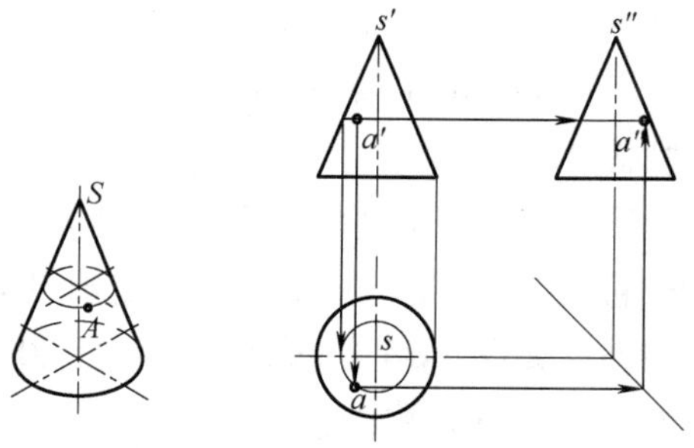

(a)　(b)

图 3-36　圆锥表面上求点(辅助圆法)

3) 圆球

球面可看作一个圆 *A* 绕通过圆心的固定轴线 *OO* 回转而成的，此圆 *A* 为母线，母线在任意位置时即为素线。如图 3-37(a) 所示。

(1) 圆球的投影。

如图 3-37(b) 所示，球的三个投影均为圆，其直径与球的直径相等，但三个投影面上的圆是不同方向的外形轮廓线的投影。正面投影上的圆是平行于 *V* 面的最大圆 *A*(划分前、后球表面的外形轮廓线) 的投影；水平投影面上的圆是平行于 *H* 面的最大圆 *B*(划分上、下球表面的外形轮廓线）的投影；侧面投影上的圆是平行于 W 面的最大圆 C（划分左、右球表面的外形轮廓线）的投影。

作图时，可先用中心线的交点确定球心的三面投影，再画出三个与球直径相等的外形轮廓圆，如图 3-37(c)所示。

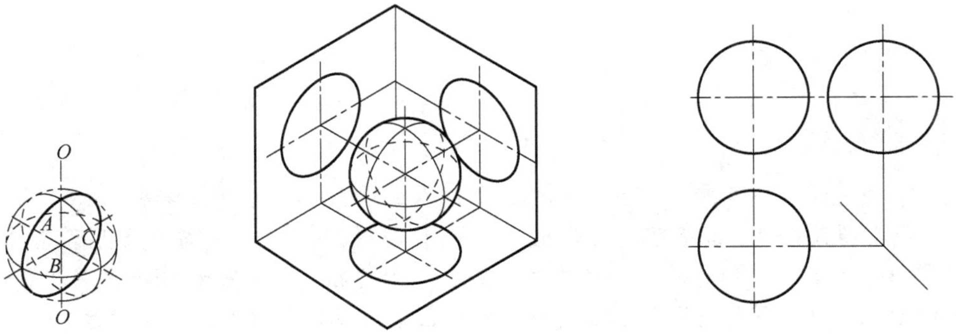

(a)　(b)　(c)

图 3-37　圆球的形成与投影

从图 3-37(c)中可看出圆球的投影特征：球的三面投影都是与球的直径相等的圆。

(2) 圆球表面上求点。

如图 3-38(a)，已知球面上点 M 的水平面投影 m，作出其 m' 和 m''。假设过 M 点作一平行于 V 面的（也可作平行 H 面、W 面的）截平面与球面相交得一个辅助圆，它的水平投影和侧面投影积聚为平行于 OX 轴和 OZ 轴的直线，且等于辅助圆的直径，其正面投影为辅助圆的实形，m' 必定在该圆上。由 m' 和 m 可找出 m''，如图 3-38(b)所示。因已知点 M 在球的前半球面上，所以在 V 面上的投影是可见的。同理，M 点在球的左半球面上，在 W 面上的投影也是可见的。

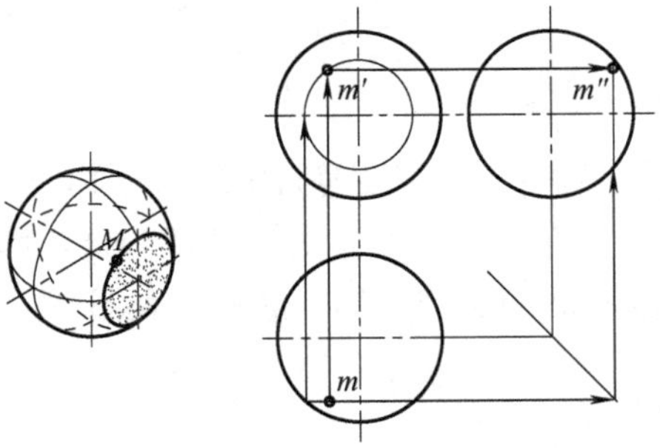

(a)　(b)

图 3-38　圆球表面上求点

第 4 章　立体表面的交线

学习目标

掌握曲面立体和平面相交(截交线)，以及曲面立体和曲面立体相交(相贯线)的性质和投影画法。锻炼空间想象能力和利用二维图形表达三维物体的思维能力。熟悉回转曲面的投影及其转向轮廓线的概念。掌握圆柱、圆锥和球与平面相交的各种情况，以及圆柱与圆柱正交时相贯线的画法。了解相贯线的简化画法。

重点难点

重点：回转曲面与平面的交线(截交线)，以及曲面与曲面交线(相贯线)的性质和投影画法，运用 AutoCAD 绘制立体的三视图。

难点：带有截交线和相贯线的立体视图的画法。

学习指导

注意应用第 3 章介绍的立体表面上点、直线、平面的投影规律分析曲面立体上交线的画法，注意回转曲面转向轮廓线的概念及其在求相贯线投影过程中的作用。特别是部分截交和部分相贯，要用形体分析和线面分析的方法研究截交线和相贯线。

在许多具有曲面(圆柱面、圆锥面、球面等)的零件表面，常常会出现一些平面与曲面相交或曲面与曲面相交的情况。如图 4-1(a)所示的圆柱切割体，其平面和圆柱面的交线称为截交线。如图 4-1(b)所示，两圆柱面相交产生的交线称为相贯线。

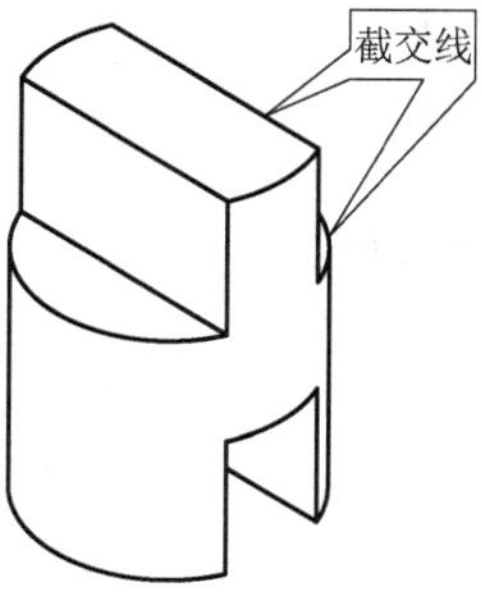

(a)

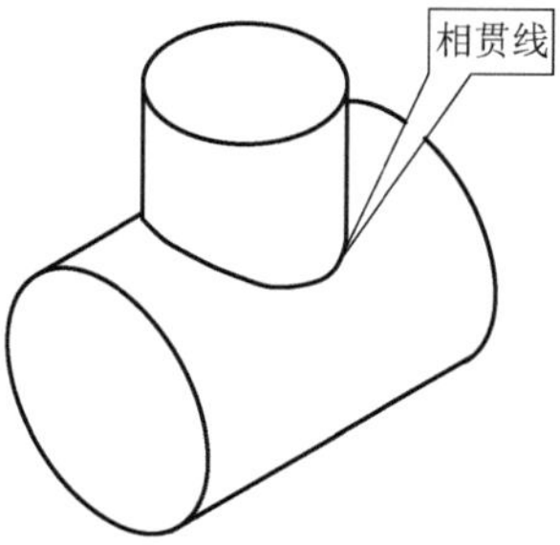

(b)

图 4-1　曲面立体的表面交线

为了完整、清晰地表达机件的形状，不但应掌握基本立体的画法，还必须掌握立体表面交线的画法。

第 1 节　平面和回转体相交

1. 截交线的形成、性质和求法

平面与立体相交，可以看成立体被平面截切，因此该平面通常称为截平面。截平面与立体表面的交线称为截交线，截交线围成的平面图形称为截断面，如图 4-2 所示。

基本体截交线的形状和种类很多，但截交线都具有下列两个基本性质。

(1) 截交线是截平面与基本体表面的共有线。

(2) 截交线是一个封闭的平面图形。

因为截交线是截平面与基本体表面的共有线，是一系列共有点的集合，所以求截交线的实质，就是求一系列的共有点。

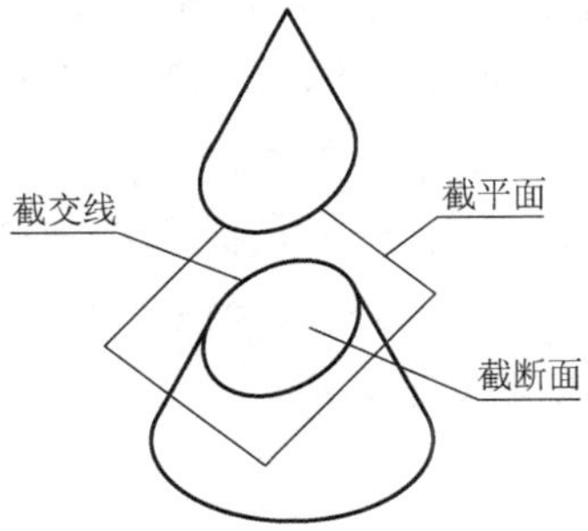

图 4-2　截交线

2. 回转体的截交线

平面与回转体相交，其截交线一般是封闭的平面曲线，特殊情况下是平面曲线与直线的组合或平面多边形。

1) 圆柱的截交线

根据截平面与圆柱轴线的相对位置不同，圆柱的截交线有圆、椭圆和矩形三种，见表 4-1。

表 4-1　圆柱的截交线

截平面位置	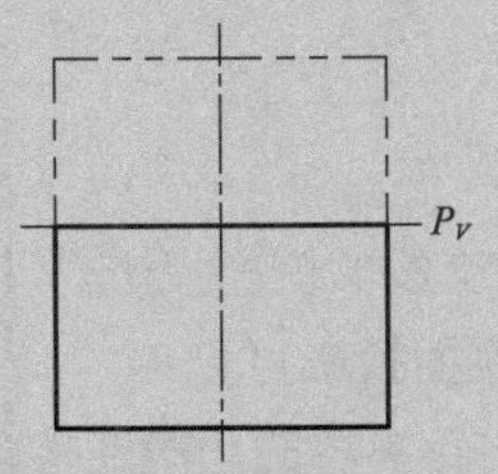 垂直于轴线	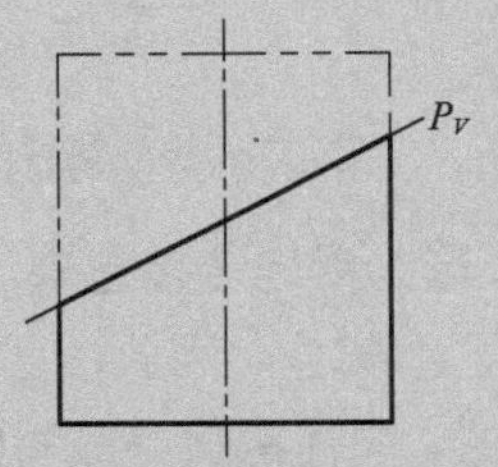 倾斜于轴线	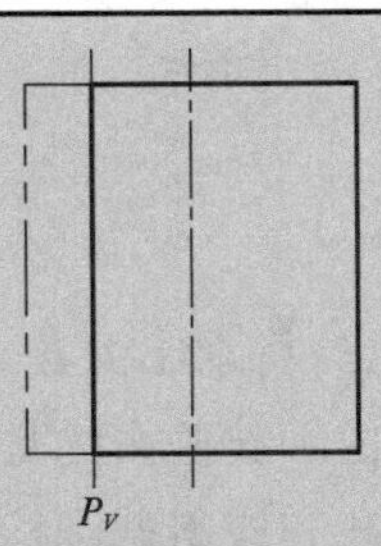 平行于轴线
空间形状	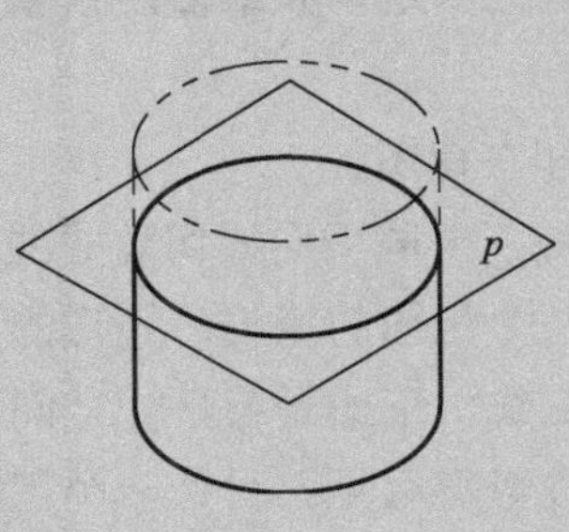	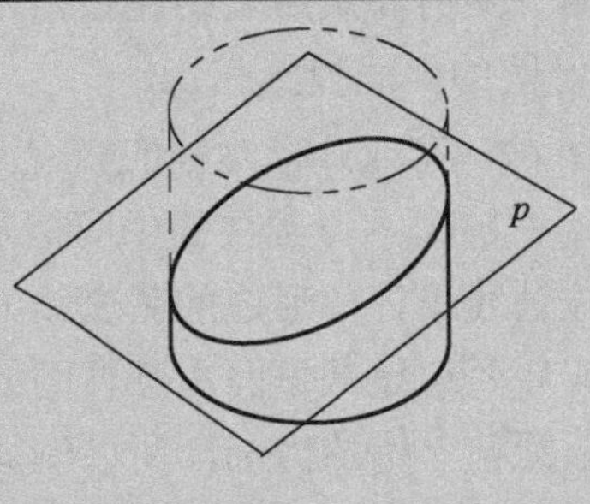	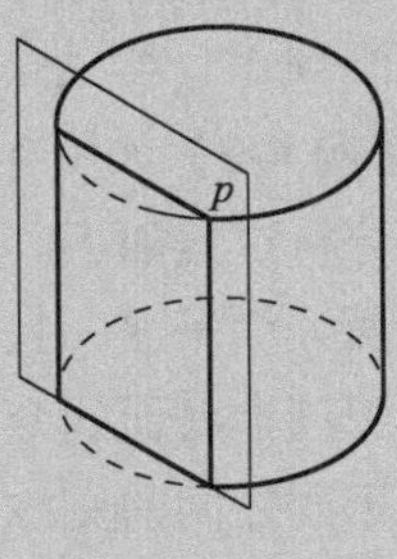
截交线形状	圆	椭圆	矩形

【例 4-1】 如图 4-3(a)所示，已知斜截圆柱的主视图和俯视图，试完成其左视图。

分析过程如下。如图 4-3(b)所示，截平面是正垂面，所以截交线应为椭圆。截交线的正面投影积聚成斜线，水平投影与圆柱面积聚的圆重合，侧面投影为椭圆。所以左视图可根据圆柱表面上求点的方法作图，如图 4-3(c)所示。

(1)先求出截交线上特殊位置点。

特殊位置点是指位于回转体轮廓素线上的点以及截交线上的最高、最低、最左、最右、最前和最后点，但应注意的是，它们有时是互相重合的。特殊位置点对于确定截交线的范围及作图的准确性很重要，应首先求出。

Ⅰ、Ⅱ、Ⅲ、Ⅳ为圆柱的转向轮廓线上的点，其中Ⅰ、Ⅱ既是最低、最高点，同时是最左、最右点，也是椭圆长轴的端点，Ⅲ、Ⅳ为最前、最后点，也是椭圆短轴的端点。由它们的正面投影 1′、2′、3′、4′和水平投影 1、2、3、4 可求得侧面投影 1″、2″、3″、4″。

(2)求一般点。

为使作图准确，可在特殊点之间再定若干一般点。先在正面投影上选取 *a*′、(*b*′)、*c*′、(*d*′)，根据圆柱面的积聚性，作出四个点的水平投影 *a*、*b*、*c*、*d*，然后按投影规律求得其侧面投影 *a*″、*b*″、*c*″、*d*″。

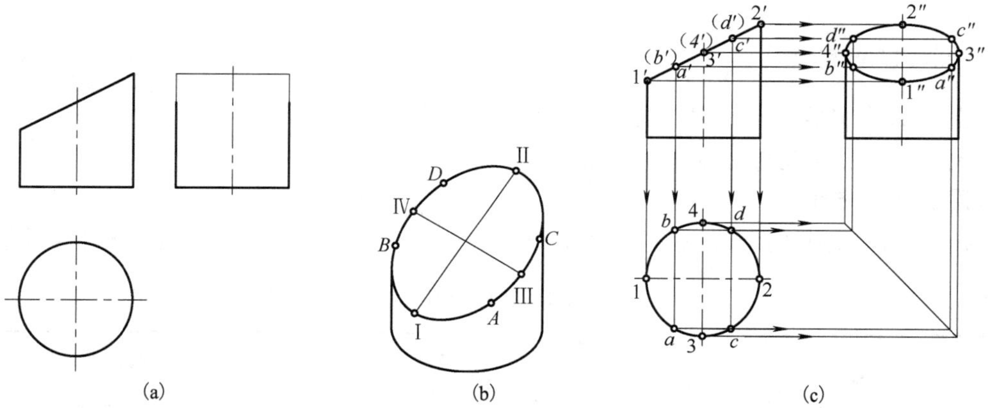

图 4-3　斜截圆柱的三视图

(3)将求出的各点的侧面投影光滑地连接起来，即得截交线的侧面投影。

由于被截去的是圆柱的左、上部分，因此，截交线的侧面投影可见。

在完成斜截圆柱的左视图时，应注意截交线与圆柱转向轮廓线的正确连接。图 4-3(b)中，Ⅲ、Ⅳ两点是椭圆与圆柱面上最前和最后素线连接点，因此，最前和最后两条素线的侧面投影只画到 3″、4″处，且与椭圆的侧面投影相切。

【例 4-2】如图 4-4(a)所示，完成开槽圆柱的俯视图和左视图。

分析过程如下。如图 4-4(b)所示，圆柱的中间槽是被三个截平面截切而成的。其中两个截平面为侧平面，且与圆柱轴线平行，形成的截交线为两个相同的矩形，矩形的上边是截平面与圆柱上底面的交线，前后两边是截平面与圆柱面的交线，下边是截平面之间的交线。由于截平面之间的交线形成于圆柱上槽的内部，所以侧面投影不可见。另外一个截平面为水平面，且与圆柱的轴线垂直，形成的截交线为两段圆弧和由截平面之间的交线构成的平面图形，该平面图形的侧面投影为一条线，其中一段截平面之间的交线不可见。

由于该开槽圆柱左、右和前、后均对称，所以在求截交线侧面投影时，只需找到 *A*、*B*、*C* 三个点的侧面投影 *a*″、*b*″、*c*″即可。

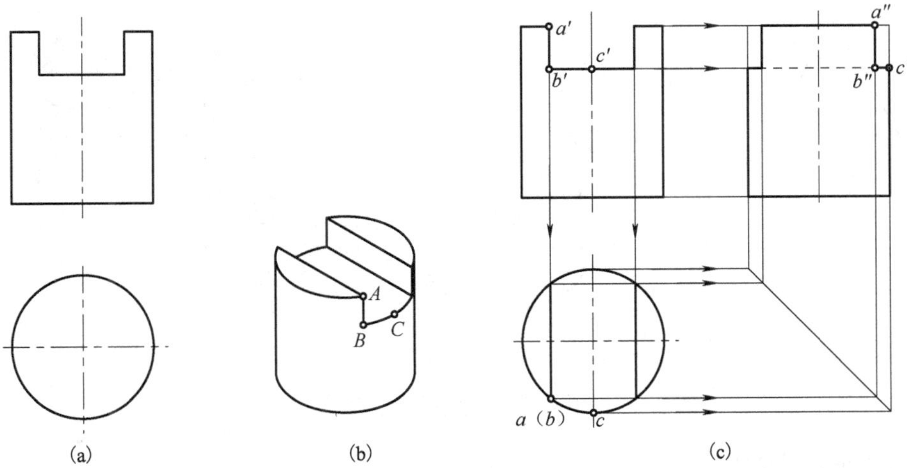

图 4-4　开槽圆柱的三视图

作图过程如图 4-4(c)所示。

(1)用底稿线画出完整圆柱的左视图。

(2)在正面投影中定出 *A*、*B*、*C* 三点的投影 *a′*、*b′*、*c′*，利用圆柱面的投影积聚性，找出水平投影 a、b、c，由此再作出侧面投影 *a″*、*b″*、*c″*。

(3)作出截交线的侧面投影。其中，从 *b″*点到其后面的对应点之间不可见，另外，*c″*点以上，圆柱面的最前和最后两条素线在 *b″*点以上被截去，所以其侧面投影要擦掉。

(4)加深各种线型，完成左视图。

2)圆锥的截交线

根据截平面与圆锥轴线的相对位置不同，圆锥的截交线有圆、椭圆、抛物线和直线围成的平面图形、双曲线和直线围成的平面图形及三角形五种，见表 4-2。

表 4-2　圆锥的截交线

截平面的位置	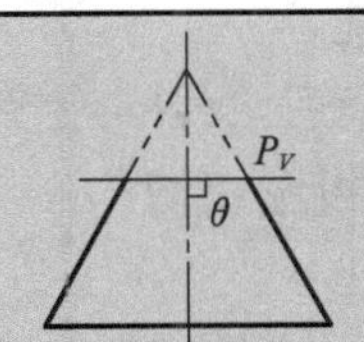 垂直于轴线 θ=90°	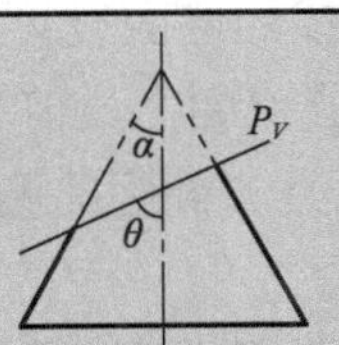 倾斜于轴线 $\theta>\alpha$	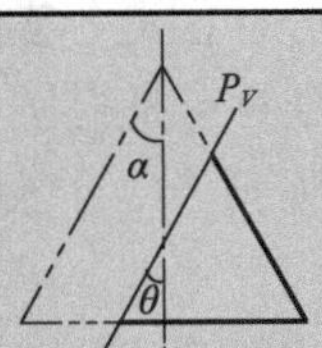 平行一条素线 $\theta=\alpha$	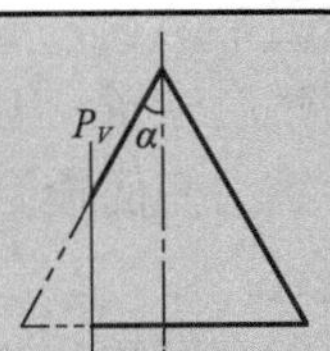 平行于轴线 $\theta=0°$	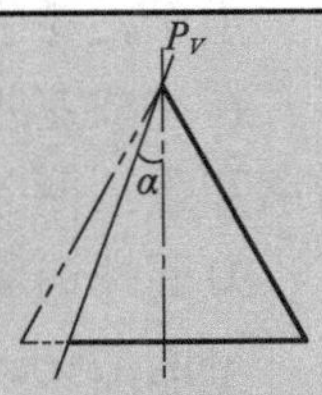 过锥顶
空间形状	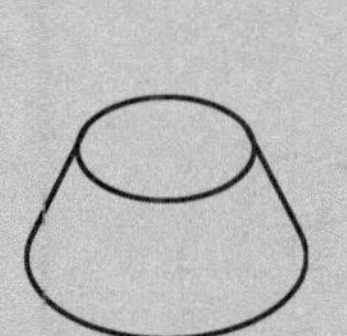	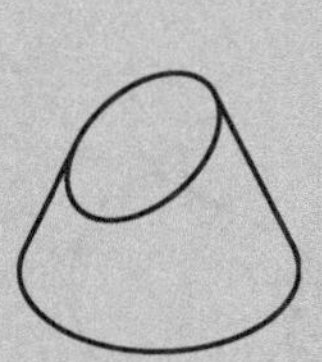	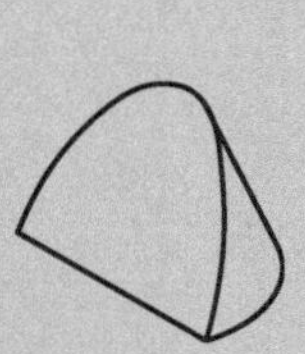	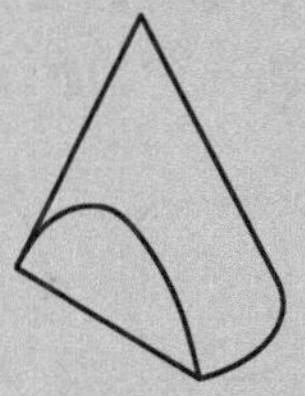	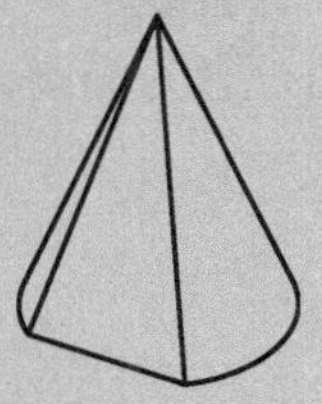
截交线形状	圆	椭圆	抛物线和直线构成的平面图形	双曲线和直线构成的平面图形	三角形

【例 4-3】如图 4-5(a)所示，求作斜截圆锥的截交线，并完成俯视图和左视图。

分析过程如下。如图 4-5(b)所示，因为截平面与圆锥的轴线倾斜，且$\theta>\alpha$，所以截交线是椭圆。截交线的正面投影积聚成斜线，水平投影和侧面投影均为类似形，即椭圆。水平投影和侧面投影可根据圆锥表面上取点的方法求得。

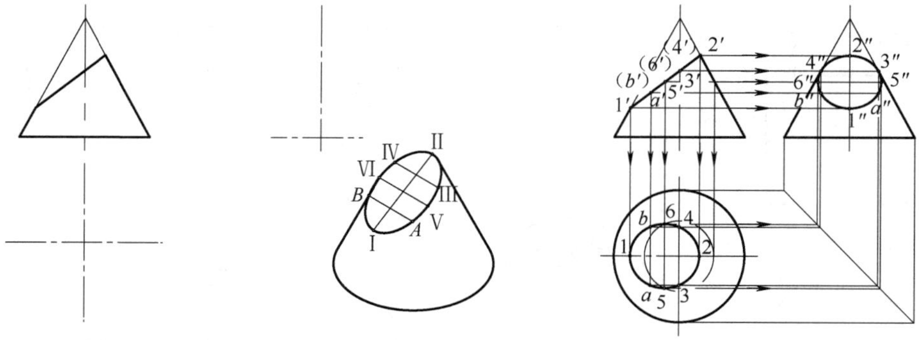

(a)　　(b)　　(c)

图 4-5　斜截圆锥的截交线

作图过程如图 4-5(c)所示。

(1)先求出截交线上特殊位置点。Ⅰ、Ⅱ、Ⅲ、Ⅳ为圆锥轮廓素线上的点，其中Ⅰ、Ⅱ是最低、最高点，同时是最左、最右点，也是空间截交线椭圆的长轴的端点。利用点的从属关系，由它们的正面投影 1′、2′，可直接得出水平投影 1、2 和侧面投影 1″、2″。Ⅲ、Ⅳ点位于最前和最后轮廓素线上，但它们不是截交线上的最前、最后点，利用点的从属关系，由它们的正面投影 3′、(4′)，先找到侧面投影 3″、4″，然后根据 3′、(4′)和 3″、4″，求得水平投影 3、4。

截交线上最前点Ⅴ和最后点Ⅵ的正面投影位于 1′2′斜线的中点处，是椭圆短轴的端点，在正面投影 1′2′的中点处定出 5′、(6′)，利用辅助圆法作出水平投影 5、6，然后根据投影规律求得 5″、6″。

(2)求一般点。先在正面投影上选取 *a*′、(*b*′)，仍可用辅助圆法作出 *a*、*b*，然后根据投影规律求得 *a*″、*b*″。

(3)用线将水平投影和侧面投影求出的各点分别光滑地连接起来，即得截交线的水平投影和侧面投影。

由于被截去是圆锥的左、上部分，因此，截交线的侧面投影可见。

在完成左视图时应注意，Ⅲ、Ⅳ两点是椭圆与圆锥面上最前和最后素线的连接点，因此，最前和最后两条素线的侧面投影只画到 3″、4″处，且与椭圆的侧面投影相切。

3)圆球的截交线

平面截切球，截交线均为圆。当截平面平行或垂直于投影面时，圆的投影反映实形或积聚为直线，该直线长度为截交线圆的直径，如图 4-6(a)所示；当截平面倾斜于投影面时，圆的投影为椭圆，如图 4-6(b)所示。

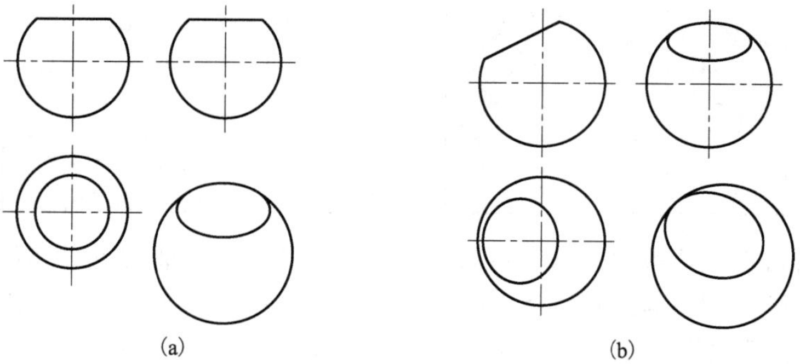

(a)　　(b)

图 4-6　球的截交线

【**例 4-4**】如图 4-7(a)所示，已知开槽半圆球的主视图，求作其他两面视图。

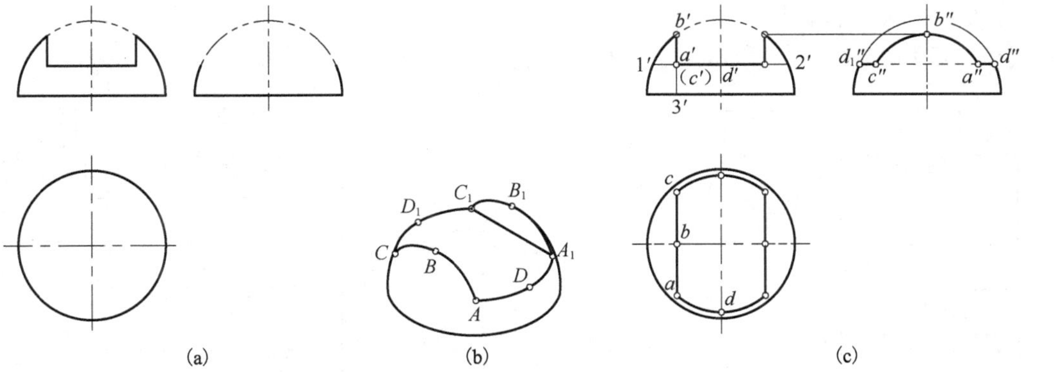

图 4-7　开槽半圆球的三视图

分析过程如下。半圆球的凹槽由左、右两个对称的侧平面和一个水平面截切而形成，如图 4-7(b)所示。两个对称的侧平面与球面的交线是平行于 W 面且左、右对称的两段圆弧 ABC 和 $A_1B_1C_1$。水平面与球面的交线是平行于 H 面且前、后对称的两段圆弧 ADA_1 和 CD_1C_1。另外，截平面之间产生两条交线 AC 和 A_1C_1，它们为正垂线。

作图过程如图 4-7(c)所示。

(1)用底稿线画出完整半球的俯视图和左视图。

(2)在水平投影中画出 ABC、$A_1B_1C_1$、ADA_1 和 CD_1C_1 四段圆弧的投影。ABC 和 $A_1B_1C_1$ 投影为直线，ADA_1 和 CD_1C_1 反映实形，其直径为正面投影 $1'2'$之间的距离。

(3)在侧面投影中画出四段圆弧的投影。ABC 和 $A_1B_1C_1$ 的投影重合，并反映实形，其半径为正面投影 $b'3'$之间距离。ADA_1 和 CD_1C_1 投影为直线。

(4)作出截平面之间交线 AC 和 A_1C_1 的水平及侧面投影。AC 和 A_1C_1 的水平投影反映实长，并分别与圆弧 ABC 和 $A_1B_1C_1$ 的投影重合。AC 和 A_1C_1 的侧面投影反映实长且重合，由于交线产生于圆球凹槽内部，所以其侧面投影不可见。

(5)画出带凹槽半球的轮廓素线。半圆球被三个平面截切形成了凹槽，但三个平面没有切到球面水平投影时的轮廓素线，因此，其水平投影的大圆仍应完整画出。由于球面侧面投影时的轮廓素线被切去一部分，因此，该轮廓素线的侧面投影只画到 d''、d_1'' 处。

(6)加深各种线型，完成俯视图和左视图。

第 2 节　两回转体表面相交

两回转体表面相交时产生的交线称为相贯线，如图 4-8(b)所示。相贯线具有下列两个基本性质。

(1)相贯线是相交两回转体表面的共有线，是一系列共有点的集合。

(2)一般情况下，相贯线是一条封闭的空间曲线。

根据相贯线的性质，求相贯线的实质就是求出两回转体表面上的一系列共有点。求作相贯线的常用方法有表面取点法及辅助平面法。本节主要介绍用表面取点法求两圆柱正交时的相贯线。

1. 两圆柱正交时的相贯线

1)用积聚法求相贯线

【例 4-5】如图 4-8(a)所示，求正交两圆柱的相贯线。

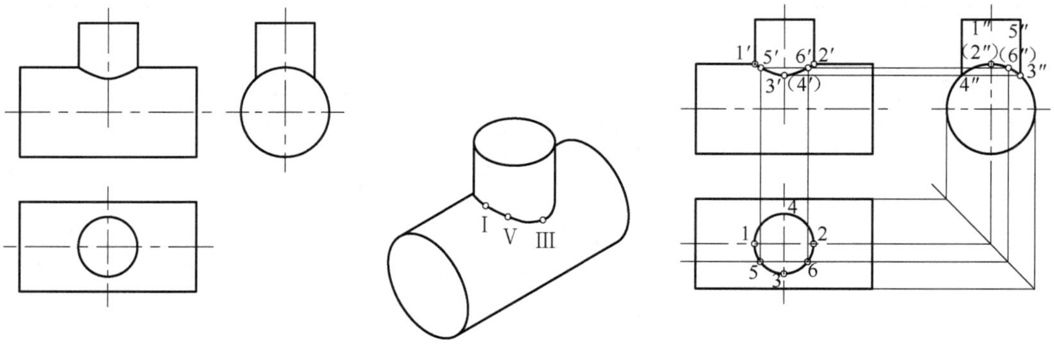

(a)　(b)　(c)

图 4-8　正交两圆柱的相贯线

分析过程如下。如图 4-8(a)和(b)所示，大圆柱轴线为侧垂线，小圆柱轴线为铅垂线，两轴线垂直相交，相贯线为前、后和左、右对称的空间曲线。相贯线的水平投影积聚在小圆柱的水平投影圆周上，侧面投影积聚在大圆柱侧面投影的部分圆周上(在小圆柱最前和最后轮廓线之间的一段)。实际上已知相贯线上点的水平投影和侧面投影，需要求作的只有正面投影。由于两圆柱相贯的位置前后对称，所以相贯线后半部分的正面投影与前半部分重合。

作图过程如图 4-8(c)所示。

由于相贯线前、后是对称的，所以仅以前半部分为例介绍相贯线的求作方法。

(1)先求出相贯线上特殊点的正面投影。Ⅰ、Ⅱ点是相贯线上的最左、最右点，也是最高点，位于两圆柱正面投影的转向轮廓线的相交处。Ⅲ、Ⅳ点是相贯线上的最前、最后点，位于小圆柱侧面投影的转向轮廓线上，同时在大圆柱侧面投影积聚成的圆上。根据它们的水平投影 1、2、3、4 和侧面投影 1″、(2″)、3″、4″可求出它们的正面投影 1′、2′、3′、(4′)。

(2)求一般点。可在相贯线上的特殊点之间任取两点Ⅴ、Ⅵ，即在水平投影中任意定出 5、6 两点，然后求出侧面投影 5″、(6″)，再按投影规律求出正面投影 5′、6′。

(3)依次光滑地连接所求各点的正面投影，即可得到相贯线的正面投影。

2)相贯的各种形式

机件中经常会遇到柱柱相贯的各种形式，如空心圆柱之间的相交、圆柱上穿圆孔等。圆孔实际为内圆柱面。因此，相交的两圆柱可以是两个外表面，也可以是两个内表面，还可以是一个外表面和一个内表面，其相贯线的形状和作法是完全相同的，如图 4-9 所示。

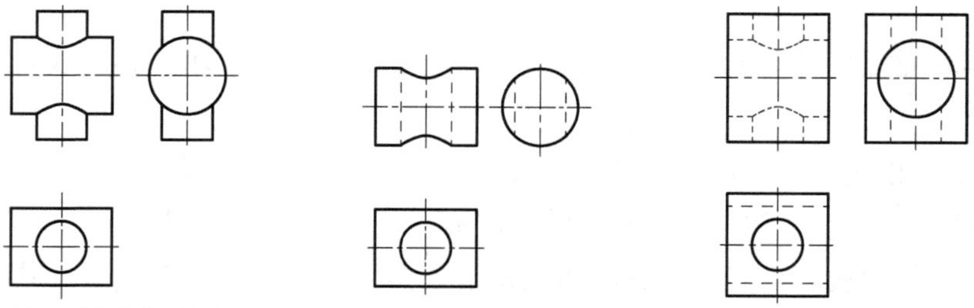

(a)两圆柱外表面相交　(b)圆柱的外表面和内表面相交　(c)两圆柱内表面相交

图 4-9　相贯的各种形式

3) 相贯线的简化画法

当两圆柱体(或圆孔)轴线垂直相交，并且两圆柱(或圆孔)的直径之比≥1.5 时，可用圆弧代替相贯线的投影。如图 4-10 所示，图中代替相贯线投影的圆弧半径等于大圆柱的半径先确定出 *O* 点，再由圆心 *O* 和半径 *R* 画出代替相贯线投影的圆弧。另外，圆弧的弯曲方向总是凸向大圆柱的轴线。

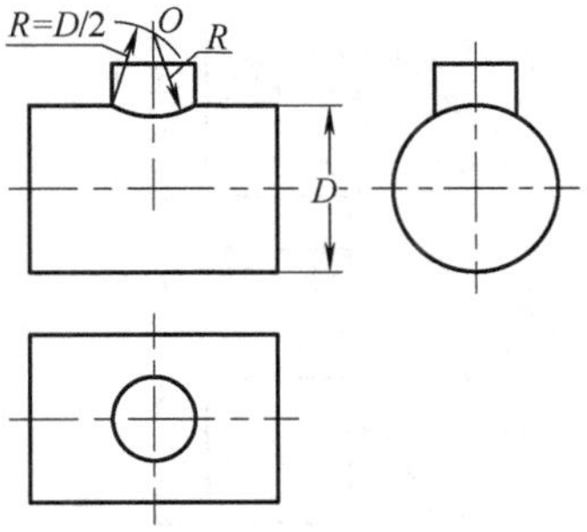

图 4-10　相贯线的简化画法

2. 回转体相贯线的特殊情况

在一般情况下，回转体相交产生的相贯线为空间曲线，而在特殊情况下也可能是圆、椭圆等平面曲线。

1) 相贯线为圆

当两个具有公共轴线的回转体相贯时，相贯线为垂直于轴线的圆，该圆在平行于轴线的投影面上的投影积聚为直线，在垂直于轴线的投影面上的投影反映实形，如图 4-11 所示。

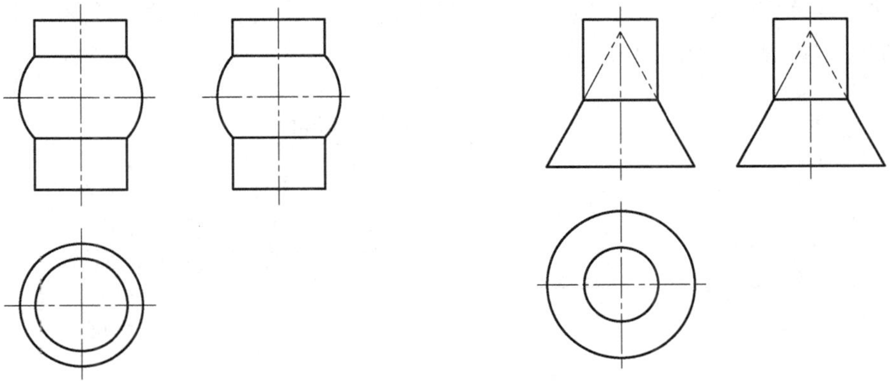

(a) 柱球相贯　　　　　　(b) 柱锥相贯

图 4-11　两回转体同轴相贯

2) 相贯线为椭圆

当两圆柱(或圆孔)直径相等且轴线垂直相交时，相贯线为椭圆，该椭圆在平行于两圆柱(或圆孔)轴线的投影面上的投影积聚为直线，如图 4-12 所示。

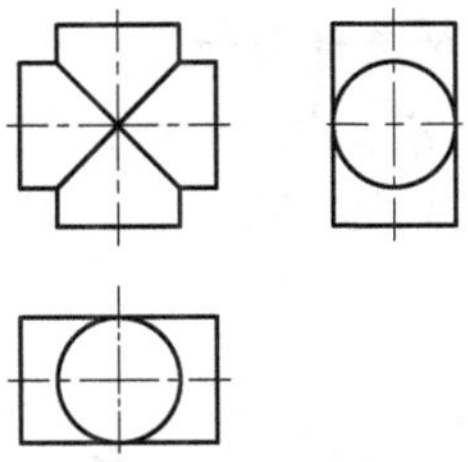

图 4-12　等直径两圆柱正交

第 3 节　基本体、截交体和相贯体的尺寸标注

1. 基本体的尺寸标注

标注基本体的尺寸时，应将长、宽、高三个方向的尺寸标注完整。

1) 平面立体的尺寸标注

棱柱、棱锥等平面立体应标注底面和高度尺寸，如图 4-13 所示。

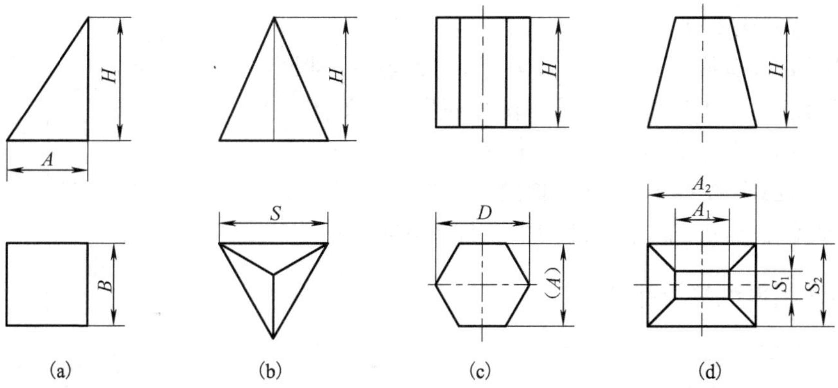

图 4-13　平面立体的尺寸标注

2）回转体的尺寸标注

圆柱和圆锥应标注底圆直径和高度尺寸，一般这些尺寸集中注在非圆视图上。由于直径尺寸数字前需加注字母 ϕ，因此，圆柱体和圆锥体投影为圆的视图常可以省略，球体应在直径数字前加注字母 $S\phi$，如图 4-14 所示。

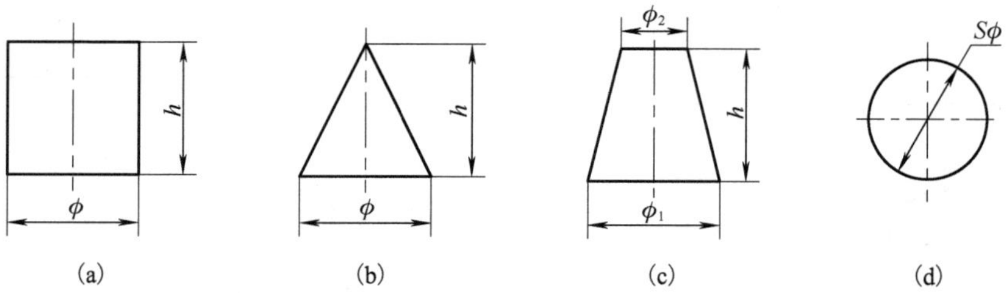

图 4-14　回转体的尺寸标注

2. 截交体和相贯体的尺寸标注

1）截交体的尺寸标注

在标注截交体的尺寸时，截交线上不需要标注尺寸，而应注出产生截交线的截平面的定位尺寸，如图 4-15 所示。

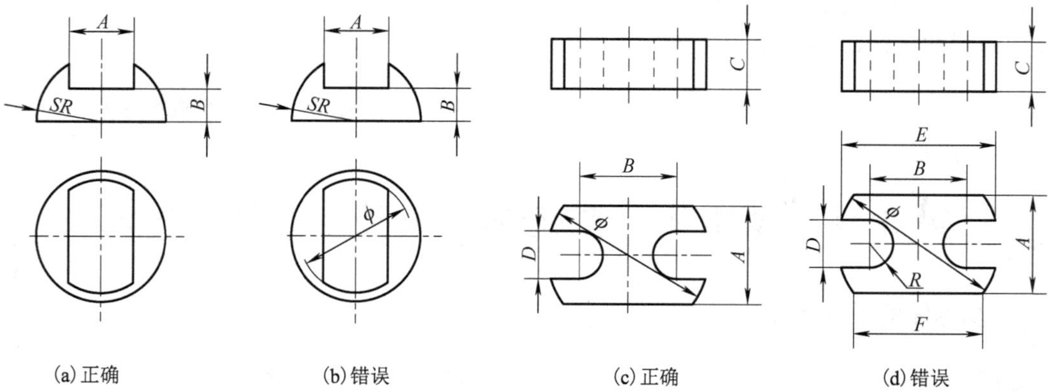

图 4-15　截交体的尺寸标注

2）相贯体的尺寸标注

两回转体相贯时，相贯线上不需要标注尺寸，而应注出产生相贯体的两回转体的定形尺寸和表示两回转体相对位置的定位尺寸，如图 4-16 所示。

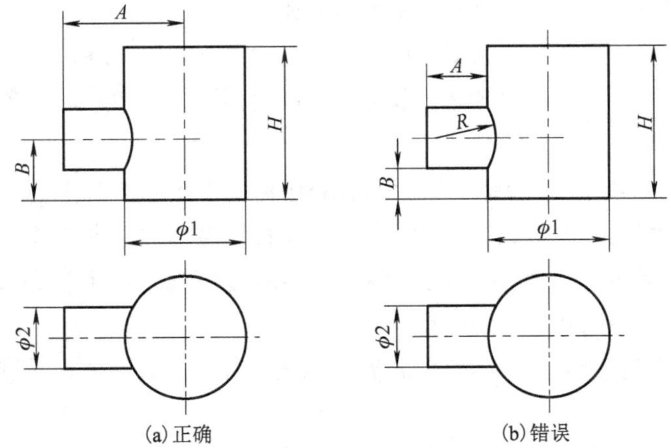

图 4-16　相贯体的尺寸标注

第 4 节　运用 AutoCAD 绘制立体的三视图

第 2 章中已经较系统地介绍了有关 AutoCAD 的基本知识及用其绘制平面图形的方法。现以图 4-17 为例，说明用 AutoCAD 绘制立体三视图的基本方法和步骤。

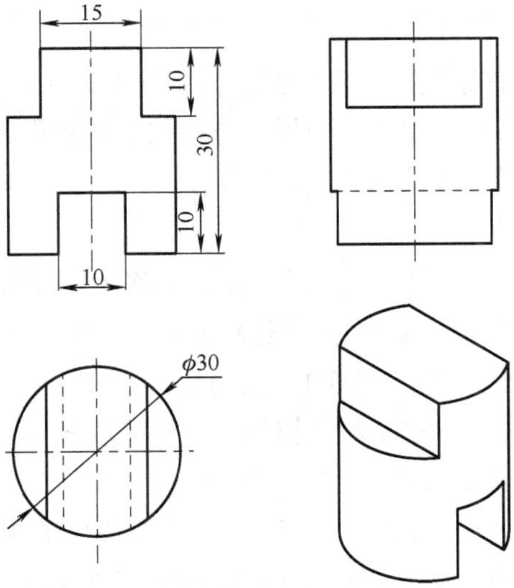

图 4-17　切口圆柱的三视图

绘制切口圆柱体的三视图，推荐绘图步骤如下。

1）设置绘图环境

(1) 根据切口圆柱体的尺寸，运用“limits”命令设置图形界限为 120×90，用为“zoom”→“all”命令全屏幕显示图幅范围，设置单位精度为米制。方法同第 2 章图例。

(2) 选择“默认”选项卡→“图层”面板→图层特性图标，设置图层为五层，main 层为黄色，Continue 线，线宽 0.4，用于画可见轮廓线。center 层为红色，CENTER 线，线宽 0.18，用于画对称线、中心线。dim 层为蓝色，Continue 线，线宽 0.18，用于标注尺寸。hidden 层为绿色，Hidden 线，线宽 0.18，用于画虚线。0 层为原有层，保持不变以备用。

2) 布置各视图的位置，画出完整圆柱的三视图

(1) 设置 center 层为当前层，在状态栏打开“正交模式”(F8)。

(2) 选择“默认”选项卡→“绘图”面板，点击直线图标，画出各视图中的轴线和对称线。

(3) 设置 main 层为当前层。单击直线图标绘制主视图和左视图的底部定位线。

(4) 将状态栏中“按指定角度限制光标”按钮图标打开，并单击右侧下拉黑三角设置角度 45°，单击直线图标，利用“交点捕捉”，绘制过俯视图水平中心线和左视图轴线的交点且为 135° 的直线，如图 4-18(a) 所示。

(5) 选择“默认”选项卡→“绘图”面板，点击圆图标，“捕捉”交点为圆心，画俯视图中半径为 15 的圆。

(6) 选择“默认”选项卡→“修改”面板，点击偏移图标。

```
命令: _offset↙
当前设置: 删除源=否   图层=当前   OFFSETGAPTYPE=0
指定偏移距离或 [通过(T)/删除(E)/图层(L)] <通过>: l↙(设置偏移对象的图层)
输入偏移对象的图层选项 [当前(C)/源(S)] <当前>:↙(将对象偏移后放置在当前图层)
指定偏移距离或 [通过(T)/删除(E)/图层(L)] <通过>: 15↙(设置要偏移的距离)
选择要偏移的对象，或 [退出(E)/放弃(U)] <退出>:(选择轴线)
指定要偏移的那一侧上的点，或 [退出(E)/多个(M)/放弃(U)] <退出>:(点击轴线左侧)
选择要偏移的对象，或 [退出(E)/放弃(U)] <退出>:↙
```

相同方法，分别设置偏移距离“15”“30”，绘制出主、左视图的半个矩形。

(7) 选择“默认”选项卡→“修改”面板，点击修剪图标右侧黑三角，选择修剪图标，修剪超长的线条，如图 4-18(b) 所示。

3) 画圆柱的切口

(1) 选择“默认”选项卡→“修改”面板，点击偏移图标，设置偏移距离为“10”，将主、左视图中圆柱体顶端下移，结束命令。继续执行“偏移”命令，设置偏移距离为“7.5”，将主、俯视图中垂直轴线左移，确定交点 1、2、1′、2′。

(2) 打开“正交模式”，单击直线图标，做俯视图上点 1 的水平线，和 45°线相交，过交点，做垂直线，确定点 2″，如图 4-18(c) 所示。

(3) 选择“默认”选项卡→“修改”面板，点击修剪图标右侧黑三角，选择修剪图标，对三个视图中多余的图线进行修剪。修剪后的图形如图 4-18(d) 所示。

(4) 同样方法，按尺寸做切口圆柱体底端开槽的投影，如图 4-18(e) 所示。

4) 镜像、修改图中线型，整理完成全图

(1) 选择“默认”选项卡→“修改”面板，点击镜像图标，分别将图 4-18(e) 中的三个视图左右镜像操作。

(2) 修改线型。选中需要修改的线段后点取右键，在弹出的快捷菜单中，选取“特性”，在“特性”对话框中将图层更换为目标层(修改的方法很多，见第 2 章的详细介绍)。

(3)删除所有作图辅助线，打开“状态栏”中的“线宽”显示，最终画出切口圆柱的三视图，如图 4-18(f)所示。

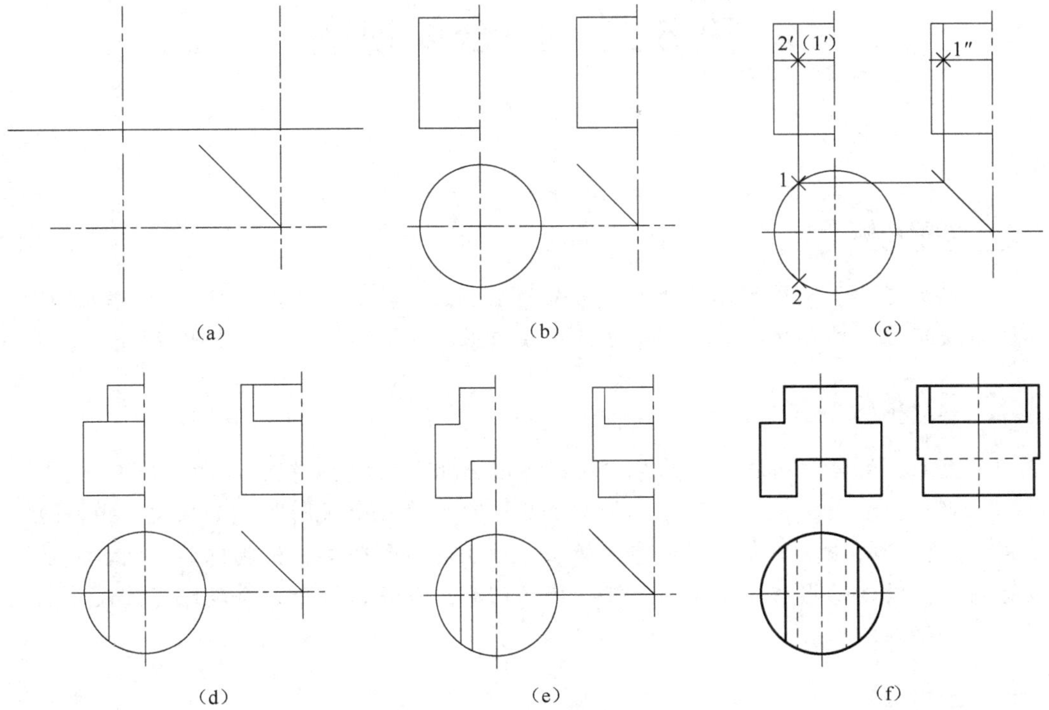

图 4-18　用 AutoCAD 画切口圆柱的三视图

5)存盘

在快速访问工具栏选择图标或图标，也可选择→保存图标或另存为图标来保存图形文件，将图形存盘。

第 5 章　组合体视图

学习目标

学会进一步利用形体分析和线面分析绘制组合体的三视图、读组合体的三视图以及标注尺寸，熟练掌握形体分析法在画图、读图和标注尺寸中的应用。

重点难点

重点： 形体分析法和线面分析法，运用 AutoCAD 绘制组合体的三视图。

难点： 看图，特别是对于已知两个视图补画第三个视图时，如果没有很好地掌握形体分析法，不会应用形体分析法，往往会碰到想象不出物体的形状，或能够想象出物体的形状而画不出第三视图的困难。完正、清晰、合理地标注尺寸也是一个难点。

学习指导

形体分析法的实质就是将物体按生成过程分解为一些基本形体，画图时要按物体的生成过程逐个绘制这些基本形体的视图，还要注意形体和形体之间的关系，如相切、相贯等。读图时要能忽略一些细节，抓住主要形体，只有想象出主要形体，一些细节结构才能理解，有时还要借助线面分析法对一些关键线面进行分析，才能正确理解物体的形状。标注组合体的尺寸也要用形体分析法来进行，先标注基本形体的尺寸，再标注细节结构的尺寸，要站在制造的角度标注尺寸，考虑制造这个形体要几个尺寸，如何测量等问题。不作任何分析，看到两条线就标注一个尺寸是错误的标注方法。

组合体是生产实际中最常见的形体，大部分机器零件都为组合体。在学习机械制图的过程中，若学会分析组合形体成的正确思维方法，可帮助读者逐步掌握绘制和阅读复杂形体视图。

第 1 节　组合体的形成

由两个或两个以上的基本几何体或简单几何体构成的形体称为组合体，其中，简单几何体是指对基本几何体进行简单切割而形成的形体。基本几何体已在第 3 章有过叙述，几种常见的简单几何体如图 5-1 所示。

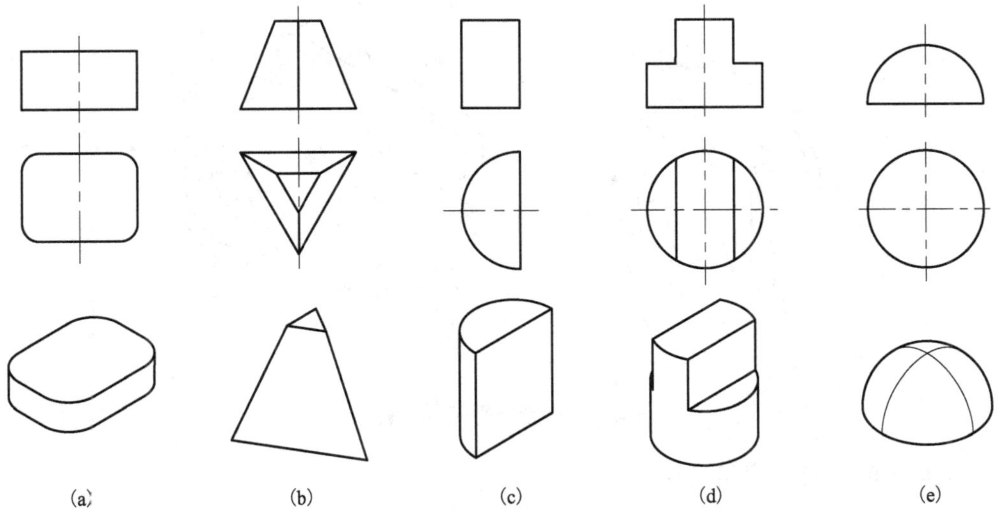

图 5-1　几种常见的简单几何体

1．组合体的分类

组合体按形体构成方式可分为叠加型、切割型和综合型三类。

1) 叠加型

由两个以上的几何体叠加构成的组合体，称为叠加型组合体。图 5-2 所示的螺栓毛坯，可由图示的六棱柱、圆柱和圆锯台三个基本几何体叠加而成。

2) 切割型

由某种基本几何体中切去或挖去一些几何体构成的组合体，称为切割型组合体。图 5-3 所示的立体是在长方体基础上分别切去 1、2 和 3 三个异形立体而形成的。

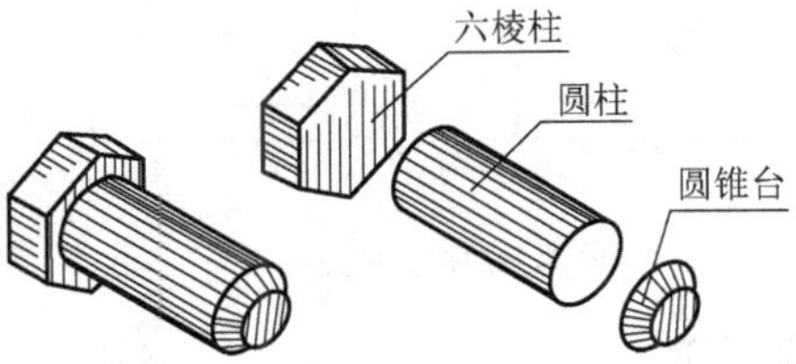

图 5-2　叠加型组合体——螺栓毛坯构成

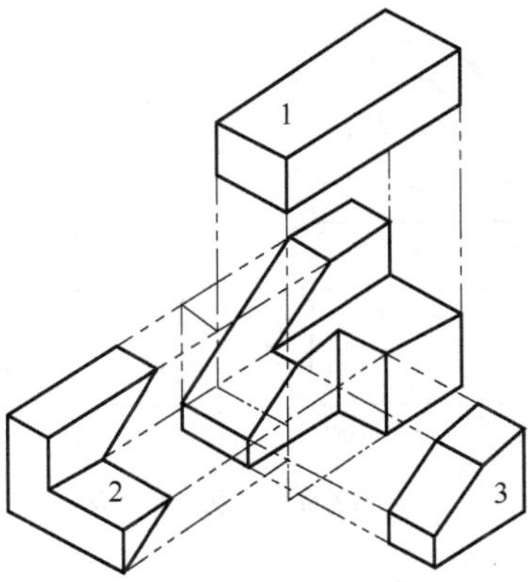

图 5-3　切割型组合体——垫块构成

3) 综合型

由叠加型组合体和切割型组合体综合构成的组合体，称为综合型组合体。图 5-4(a)所示的轴承座可以看成由如图 5-4(b)所示的底板、支承板、肋板和圆筒四个几何体组合而成的，而底板上钻有两个圆孔。

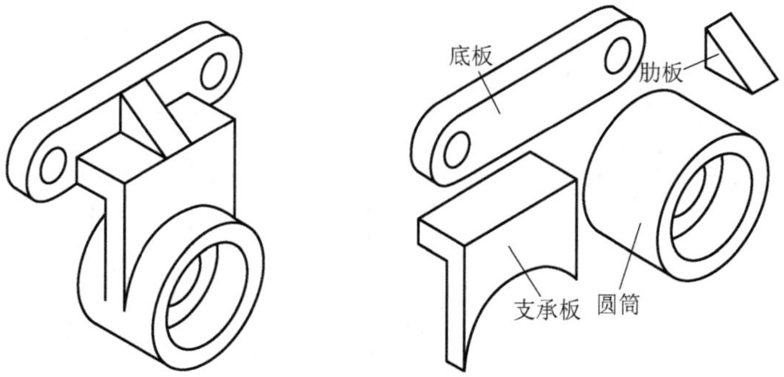

(a)　　(b)

图 5-4　综合型组合体——轴承座

2. 组合体的连接形式及画法

了解组合体的构成方式之后，还需进一步掌握构成组合体的各基本几何体或简单几何体表面间的连接关系，并要弄清楚基本几何体表面连接处的画法，才能正确地画出组合体视图，在作图时不多画线、不漏画线。在阅读组合体视图时，也需注意这些形式和关系，才能想象出整体的结构形状。

组合体中的各基本几何体表面之间的连接关系可分为：平齐(共面)或错开(不共面)、相切、相交。

1) 两表面平齐或错开

平齐是指两基本几何体以平面的方式相互接触，且两基本体的两平面在同一平面内。这时两基本体的两平面平齐，没有交线或棱线出现，所以在作图时不能画接触线，如图 5-5(a)所示。若两基本体的两平面错开，则在其连接处有分界线出现，如图 5-5(b)所示。

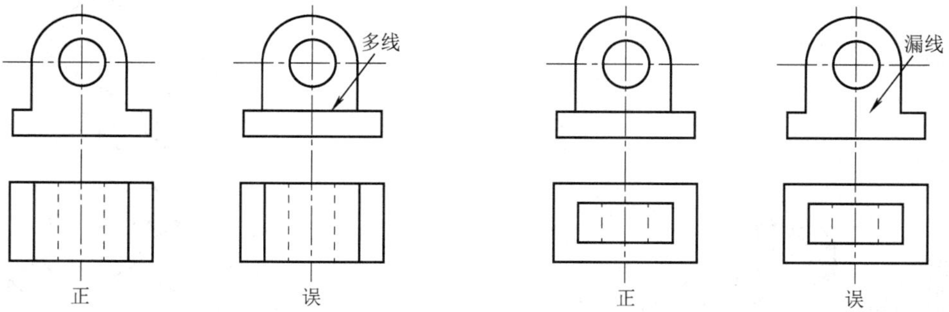

(a) 两表面在宽度方向平齐　　(b) 两表面在宽度方向错开

图 5-5　形体的两表面平齐

2) 两表面相切

相切是指两基本几何体表面(平面与曲面、曲面与曲面)光滑过渡。当曲面与曲面、曲面与平面相切时，在相切处不存在交线。图 5-6(a)所示的零件左端底板上铅垂面与圆筒相切，两面接触没有棱线出现，主、左视图上相切处不画交线。图 5-6(b)所示的零件为左圆柱与等径半圆球相切，故在主视图上两曲面相切处不画交线。

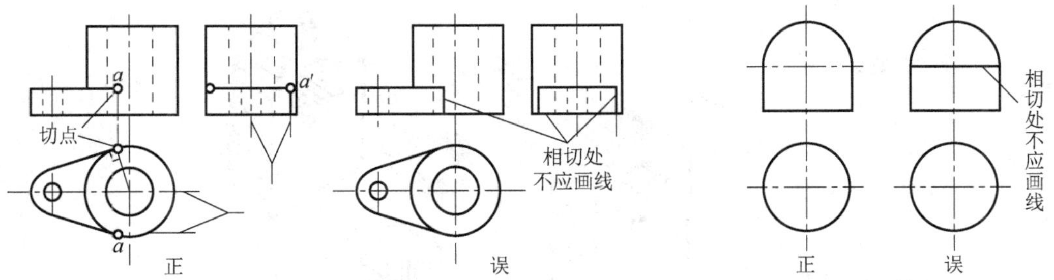

(a) 平面与曲面相切　　　　　　　　　　　　(b) 两曲面相切

图 5-6　形体的两表面相切

3) 两表面相交

相交是指两基本几何体表面(平面与曲面、平面与平面)彼此相交。相交处应画出交线。这种交线按相交表面类型及其相对位置的不同可为直线或曲线，如图 5-7 所示，第 4 章所介绍的截交线和相贯线各例图也是如此。

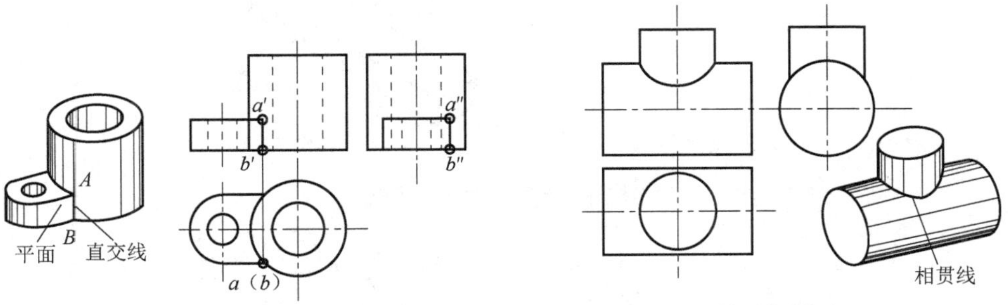

(a) 平面与曲面相交　　　　　　　　　　　　(b) 两曲面相交

图 5-7　形体的两表面相交

3. 形体分析法

根据组合体的形状特征，将其分解为若干个基本几何形体或简单几何形体，进而明确构成组合体的基本几何形体和简单几何形体，以及它们的相对位置和表面之间的连接形式，这种为方便画图或读图而对组合体进行分析的方法称为形体分析法。形体分析法是画组合体视图和读组合体视图的基本方法。

第 2 节　画组合体视图

画组合体视图一般先要对所要表达的形体进行分析，选择好视图、比例和图幅，然后在图纸上画草图，最后才在正规图纸上画出视图或利用 AutoCAD 绘图。下面先简要介绍画组合体每一步的基本原则，然后举例进行说明。

1. 画组合体视图的步骤

1) 形体分析

欲使作组合体视图顺利进行，并使所画视图便于理解，形体分析是第一步。需要利用形体分析法对所要表达的形体进行分析，明确形体的构成，即明确组合体由几个基本几何体或简单几何体组成，以及它们表面间的连接形式和投影特征。图 5-8 和图 5-9 为两个零件的形体分析示例。

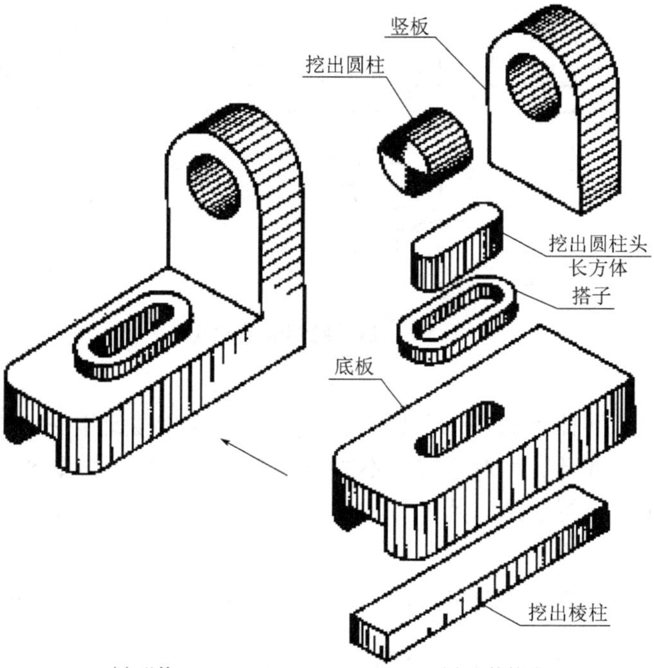

(a)形体　(b)形体构成

图 5-8　支架形体分析(一)

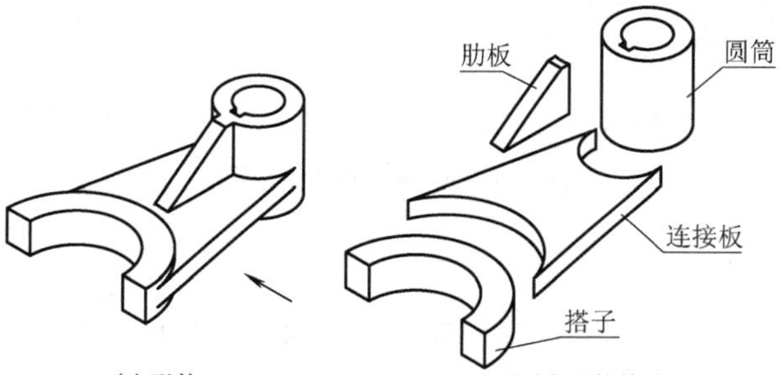

(a)形体　(b)形体构成

图 5-9　支架形体分析(二)

2)选择视图

(1)确定形体位置。为了使投影能得到真实形状，尽量使形体上的主要面平行于投影面。

(2)确定主视方向。通常要求主视图能够较多地表达物体的形状特征，也就是要尽量在主视图上表示出组合体各部分的形状和相对位置关系的特征。如图 5-8 和图 5-9 所示，两个形体的立体图中箭头所示的方向，能满足上述基本要求，可作为主视图的投影方向。

(3)选择视图数量。为了把组合体各部分的形状和相对位置完整、清晰地表达出来，一般除了选用主视图，还要画出俯视图和左视图，进一步表达宽度等方向的大小及形状。但是有许多形体可以只画两个视图，如图 5-10 所示的简单组合体，只需要两个视图就可以完整、清晰地表达，这时就可以省略一个视图。

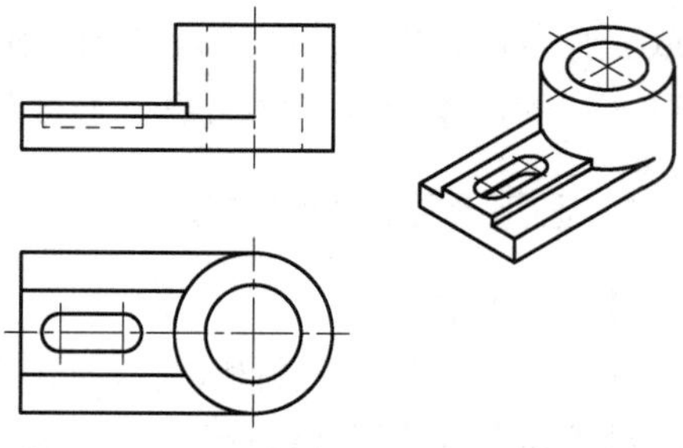

图 5-10　只用两个视图即可清晰表达的立体

3) 确定比例，选择图幅

视图确定后，就要根据实物的大小，选择适当的比例和图幅。注意所选幅面要留有余地，以便标注尺寸、画标题栏等。

4) 在图纸上画图

(1) 画作图基准线。动笔画形体之前，先要布置视图，画出作图基准线，确定视图在图纸上的位置。布置视图时，要根据各视图每个方向的最大尺寸和视图间的距离，确定各个视图的位置，以保证在标注尺寸后尚有适当宽裕。整个图面布置要均匀，并充分地利用图幅。画图时要先画作图基准线，作图基准线一般为底面、对称面、重要端面、重要轴线及中心线等。

(2) 分别画出主要几何体的各视图。主要几何体一般是指非连接件部分，如图 5-8 所示的底板和竖板。画图时应先确定主要几何体的位置，然后画出主要几何体的轮廓线。

(3) 分别画出连接件的视图。连接件一般起连接或支撑主要几何体的作用，它的大小及画法常与主要几何体连接方式有关，如图 5-9 中的连接板和肋板。在作图时，通常是在作出主要几何体视图后，利用几何作图的方法来完成连接件的作图。

(4) 擦除作图线。为了作出符合机械制图规范的视图，需要擦除作图线。

(5) 检查、修改。在加粗线条之前，再仔细检查是否有多线、漏线和错线，以及点画线、双点画线、虚线等，并对发现的错误进行修改。

(6) 描深粗实线。检查、修改完后，对应该画粗实线的线条进行描深加粗。

5) 利用 AutoCAD 绘图

由于计算机绘图在实际应用中越来越普及，在有条件的情况下，作图第四步“在图纸上画图”，可以只作草图，然后直接利用 AutoCAD 绘制高质量的图形。

2. 画组合体视图综合举例

【例 5-1】画轴承座的三视图。

(1) 分析轴承座的构成。

图 5-11 (a) 所示的轴承座，是由底板、圆筒、支承板和肋板四部分叠加而成的，如图 5-12 (b) 所示。支承板的左右侧面和圆筒外表面相切，与底板左右侧面相交形成棱线；底板背面与支承板背面平齐，底板和肋板之间的组合形式为相交，且底板上钻出两个圆孔；肋板与圆筒、底板及支承板相交。由此可知，轴承座属于综合类的组合体。

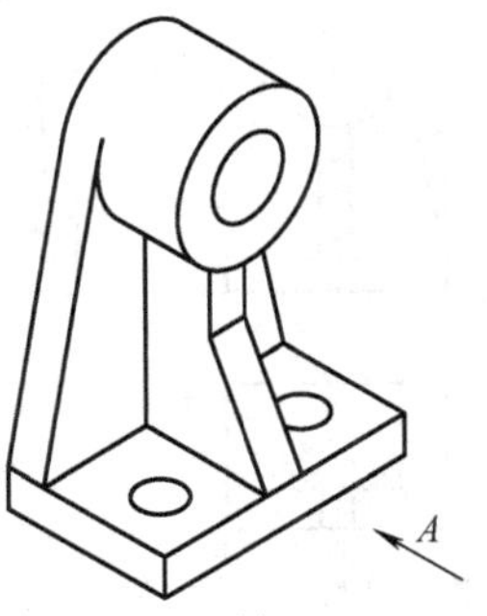

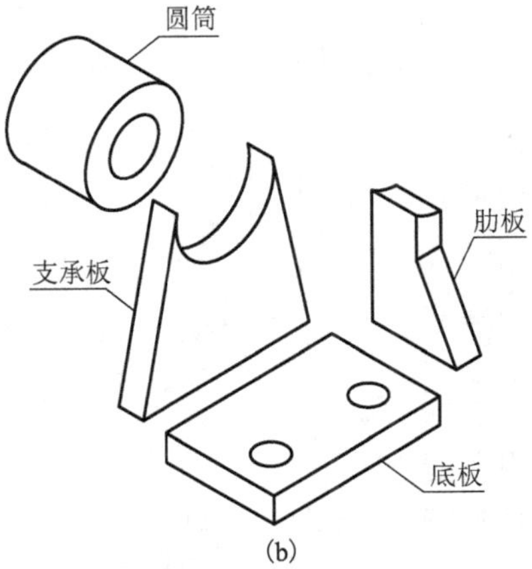

图 5-11　轴承座及其组成

(2)选择视图。

确定形体位置。为了使较多的主要面的投影反映实形，在此选择底面和圆筒端面分别平行于投影面。

确定主视图方向。为了使主视图能够表达轴承座的形状特征，尽量将圆筒等几何体的形状，及其与底板等几何体的相对位置关系的特征表达出来，将如图 5-11(a)所示的 A 方向作为主视图方向较为理想。

选择视图数量。为了把轴承座各部分的形状和相对位置完整、清晰地表达出来，除了选用主视图，还要进一步表达宽度方向的大小以及底板的形状，必须画出俯视图；为表达肋板的形状必须画出左视图。

(3)确定比例，选择图幅。

为了在书本中表达方便，在此根据图 5-11(a)所示的尺寸大小，选择合适的比例。在实际作图中，比例的确定与图幅选择有关。

(4)画底图。

画底图的具体步骤如图 5-12 所示。

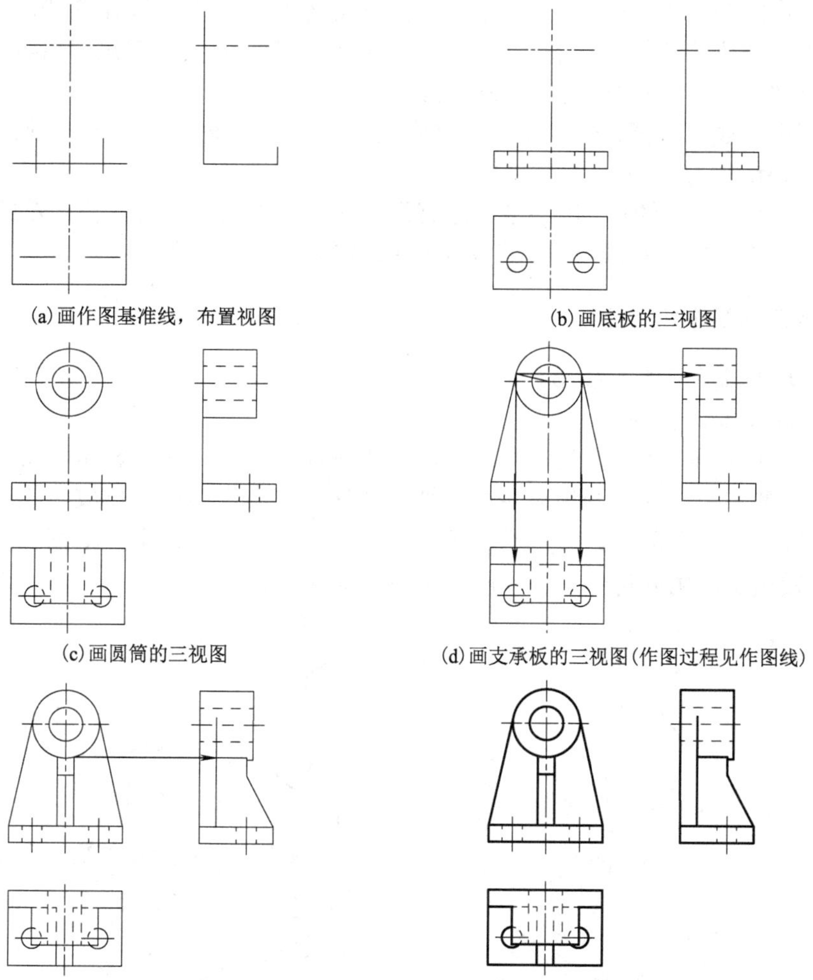

(a)画作图基准线，布置视图　(b)画底板的三视图

(c)画圆筒的三视图　(d)画支承板的三视图(作图过程见作图线)

(e)画肋板的三视图(作图过程见图线)　(f)检查修改，先加粗圆，再加粗直线

图 5-12　轴承座组合体三视图的作图步骤

(5)检查、修改，加深。

第 3 节　组合体的尺寸标注

由于组合体是由多个几何体构成的，所以组合体尺寸的标注，不但要求准确地标注各几何体的形状和大小，而且要标明各几何体之间的相对位置。为了完整、清晰地标注组合体的尺寸，在标注过程中应首先对组合体进行形体分析，然后标注尺寸。

1．完整地标注组合体的三类尺寸

组合体尺寸有定形尺寸、定位尺寸和总体尺寸三类。

1) 定形尺寸

定形尺寸是指确定各几何体的形状和大小的尺寸，如图 5-13 所示的 Φ19、Φ10、16 是圆筒的定形尺寸；5、21、33 是底板的定形尺寸。常见几何体的定形尺寸在第 4 章已有介绍。在组合体中常常会遇见连接部分等几何体的定形尺寸可以由其他几何形体的尺寸决定，这时一般不再重复标注，如图 5-13 所示支承板的长和高的尺寸及肋板贴合圆弧的尺寸等就属于这类尺寸。

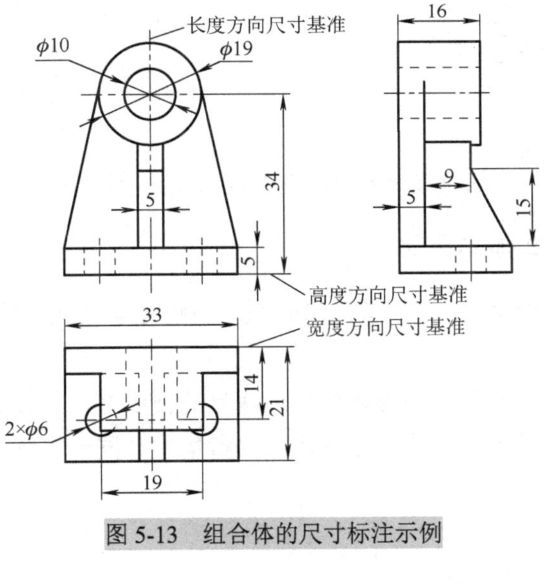

图 5-13　组合体的尺寸标注示例

2) 定位尺寸

定位尺寸是指确定各个几何体间的相对位置的尺寸，标注定位尺寸需要有尺寸基准，尺寸基准是标注尺寸的出发点。常用的尺寸基准有：底平面、中心线(轴线)及对称线(面)等，长、宽、高三个方向至少各有一个尺寸基准。

图 5-13 中轴承座的尺寸基准是：底面为高度方向的基准；支承板的背面为宽度方向的基准；中心线(对称线)为长度方向的基准。对圆筒来说，高度方向的定位尺寸是 34，轴线在长度方向的对称中心线上，就不用再标注，宽度方向上圆筒的端面与基准重合；底板上两个孔 2×Φ6 的长度、宽度方向上的定位尺寸分别为 19 和 14。

3) 总体尺寸

总体尺寸是指确定组合体外形轮廓的总长、总宽、总高尺寸。轴承座的总体尺寸总宽为

21，总长为 33，而总高尺寸的一端为回转体，其总高 34＋R9.5＝43.5 却不用直接标出。总体尺寸是否直接标出要视零件结构来定，如图 5-14 所示，有些组合体的总体尺寸(如图 5-14(a)中总长、总宽，图 5-14(b)中的总长，图 5-14(c)中的总长、总宽，图 5-14(d)中的总宽等)不再直接标出。

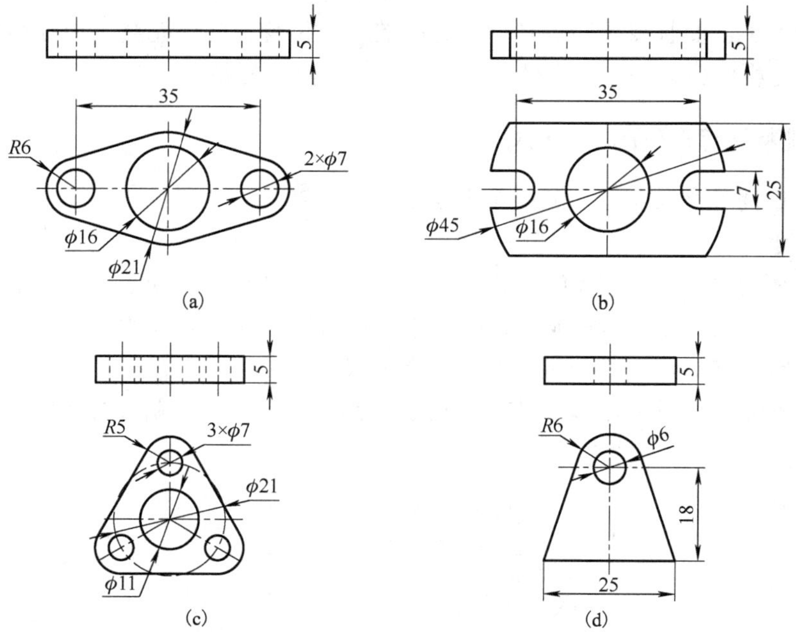

图 5-14　总体尺寸不需要标出的几种情况

2．组合体尺寸标注的基本原则

为使组合体视图尺寸标注清晰明了，除必须严格遵守有关尺寸标注的国家标准外，还应注意以下几个原则。

(1) 尺寸应尽量集中标注在反映形体特征最明显的视图上，如图 5-15 和图 5-16 所示。

(2) 同一基本几何体的定形尺寸和定位尺寸尽量集中在同一视图上，如图 5-16 所示。

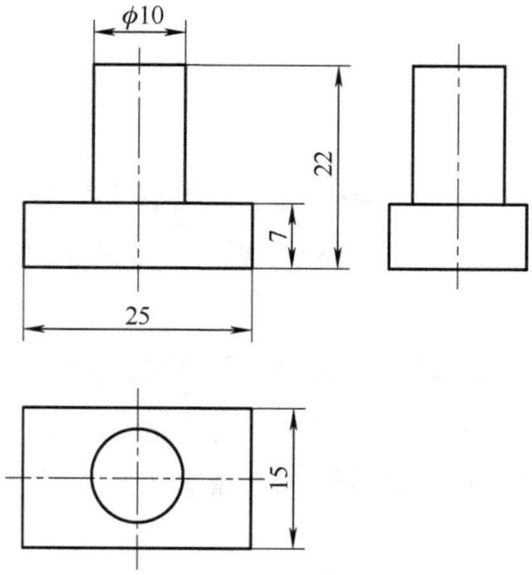

图 5-15　尺寸标注原则(一)

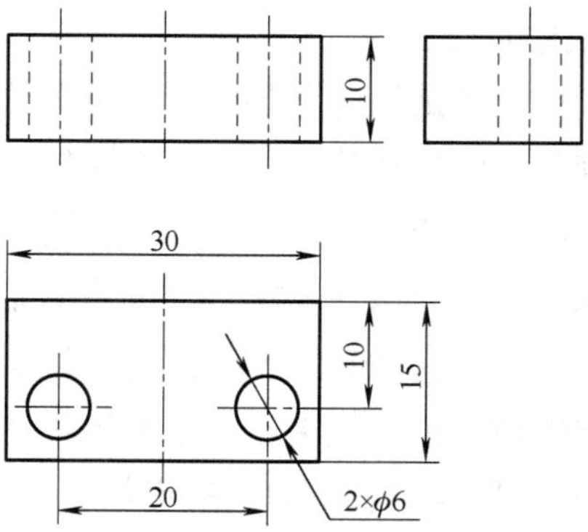

图 5-16　尺寸标注原则(二)

(3) 尺寸应标注在反映形体特征的视图上，如图 5-17 所示。

(4) 尺寸线应排列整齐，尽量避免与其他图线或尺寸线相交，如图 5-18 所示。

在运用上述原则时，若有矛盾应权衡利弊，以有利于看图为准。

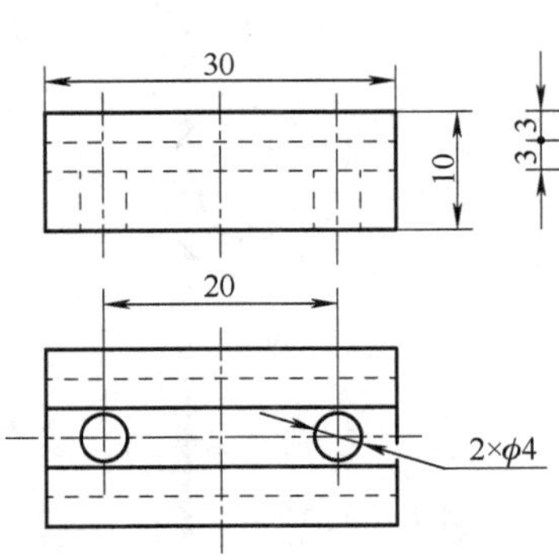

图 5-17　尺寸标注原则(三)

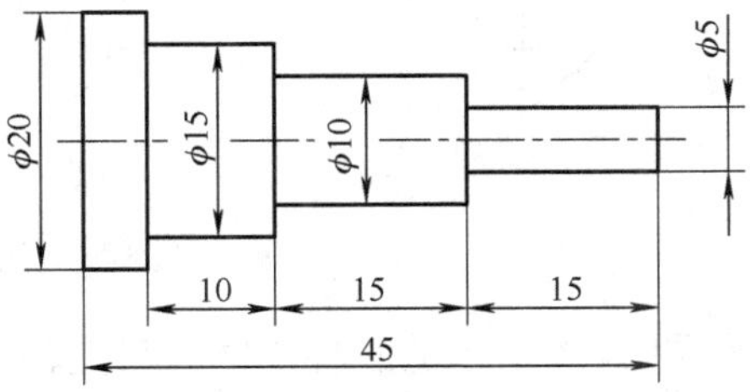

图 5-18　尺寸标注原则(四)

第 4 节　读组合体视图

读组合体视图的思维过程是一个形象思维的过程，它实际上是视图形成的一个逆过程。因此，读图的依据仍然是投影规律。

培养读图能力，首先应透彻地理解和掌握点、线、面的投影规律；其次，要掌握看图的正确思维方法；最后，要通过多观察各种形体视图和画立体视图的实践，积累对各种立体视图的感性认识，并培养形象思维能力。

1．读图应注意的两个问题

(1) 一个视图一般不能确定组合体的形状，一定要同时联系看其他视图，才能想象出组合体的形状。

如图 5-19 所示的五种物体，其主视图均相同，但如果将其与俯视图联系起来看，它们的形状各不相同。

如图 5-20 所示的四种物体，其俯视图均相同，但如果将其与主视图联系起来看，则是四种形状不同的物体。

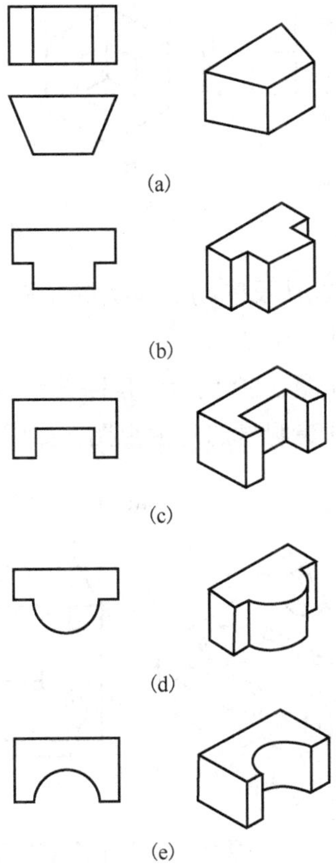

图 5-19　五个主视图均相同的物体

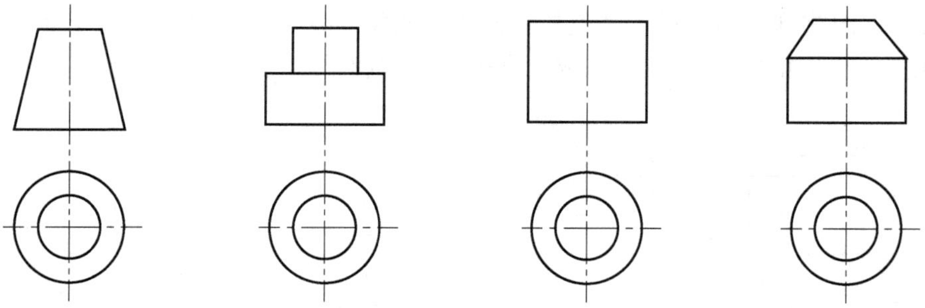

(a)　(b)　(c)　(d)

图 5-20　四个俯视图均相同的物体

如图 5-21 所示的三种物体，其主、左视图均相同，但如果将其与俯视图联系起来看，则是三种形状不同的物体。

由此可见，读图时必须将所给出的全部视图联系起来分析，才能正确地想象出物体的形状。

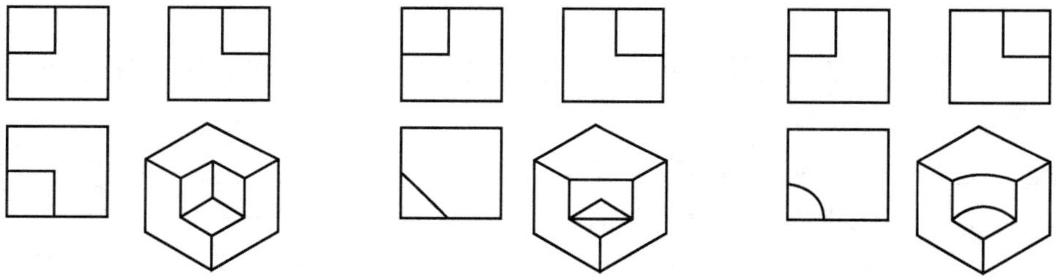

(a)　(b)　(c)

图 5-21　三个主、左视图均相同的物体

(2) 从反映物形体状特征和位置特征最明显的视图入手，再联系其他视图，能较快地想象出物体的形状。

如图 5-22 所示，反映该组合体底板形状特征最明显的是俯视图，而反映该组合体竖板形状特征最明显的是主视图。如图 5-23 所示，反映该组合体上 I 与 II 两部分位置特征最明显的是左视图。

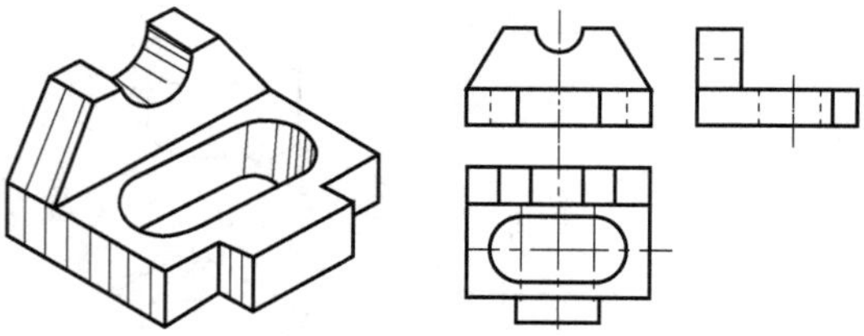

(a)　(b)

图 5-22　分析形状特征

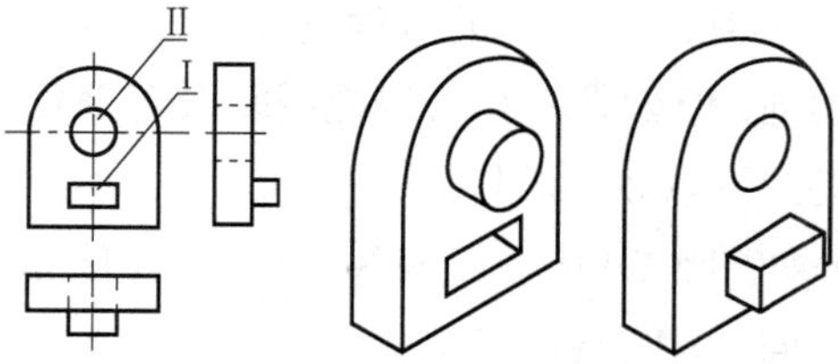

(a)　(b)　(c)

图 5-23　分析位置特征

2. 读图的基本方法

1) 形体分析法

利用形体分析法读图是将一个组合体的视图分解成若干个基本几何体或简单几何体的投影，根据投影的逆过程分析各几何体的空间形状，然后综合各几何体的相对位置，想象出组合体的三维空间形状。

在分析过程中，一般先抓住能反映主要特征的封闭线框，然后对应其他几个视图来分析其几何形状。用此方法逐个分析各几何形体状，最后再综合各几何体之间的关系，想象出整形体状。

【例 5-2】 已知支座的主视图和俯视图，如图 5-24(a)所示，想象它的三维空间形状。

读图思维过程如下。

(1) 投影形体分析。

根据投影规律，用三角板或圆规，联系对照相关视图，将支座分解为两个形体，在主视图上表现为两个线框：1′、2′，如图 5-24(a)所示。

(2) 恢复投影面在空间的位置。

在思维中假想正面 *V* 不动，水平面 *H* 绕 *OX* 轴向上旋转 90°，将投影面及其投影恢复到三维空间位置，如图 5-24(b)所示。

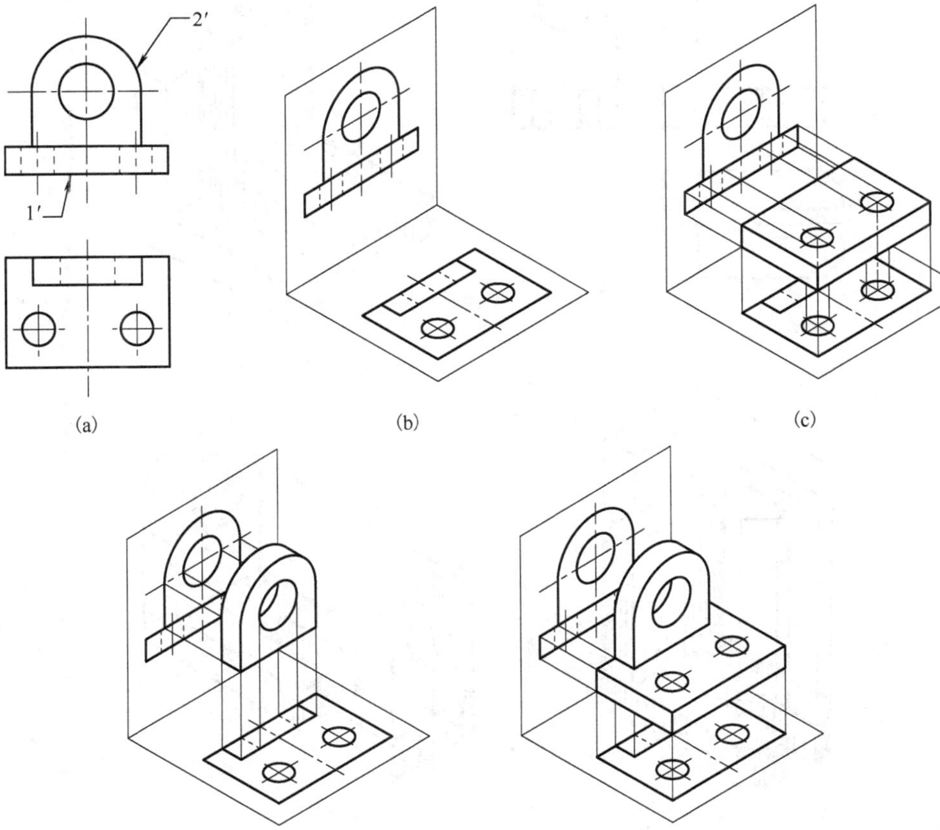

图 5-24　形体分析法的读图思维过程

2)线面分析法

当组合体的结构中有一个或多个斜面(简称斜面体)时，投影的形状就不易想象，难以看懂。看这种斜面体视图常常使用线面分析法。

无论是简单还是复杂结构的斜面体，均可看作一个几何体被一些平面切割去部分形体之后构成的。而被切割余下的斜面体部分则可以看作由一些切割平面或切割线与几何体余下部分所构成的。

线面分析法着重用直线和平面的投影规律，分析立体上各种平面的形成及其投影形状，然后逐步地综合想象出立体的三维空间形状。

【例 5-3】 已知立体的三个视图，如图 5-25(a)所示，想象它的三维空间形状。

读图思维过程如下。

(1)根据主视图，只能想象出该立体为 L 形，无法确定其宽度，并且不能确定其中三条虚线和一条实线表示什么结构，如图 5-25(b)所示。

(2)结合俯视图，可确定该立体的宽度及底板的形状，但仍不能确定竖板的形状，如图 5-25(c)所示。

(3)结合左视图，可确定竖板的形状，从而想象出该立体的空间形状，如图 5-25(d)所示。

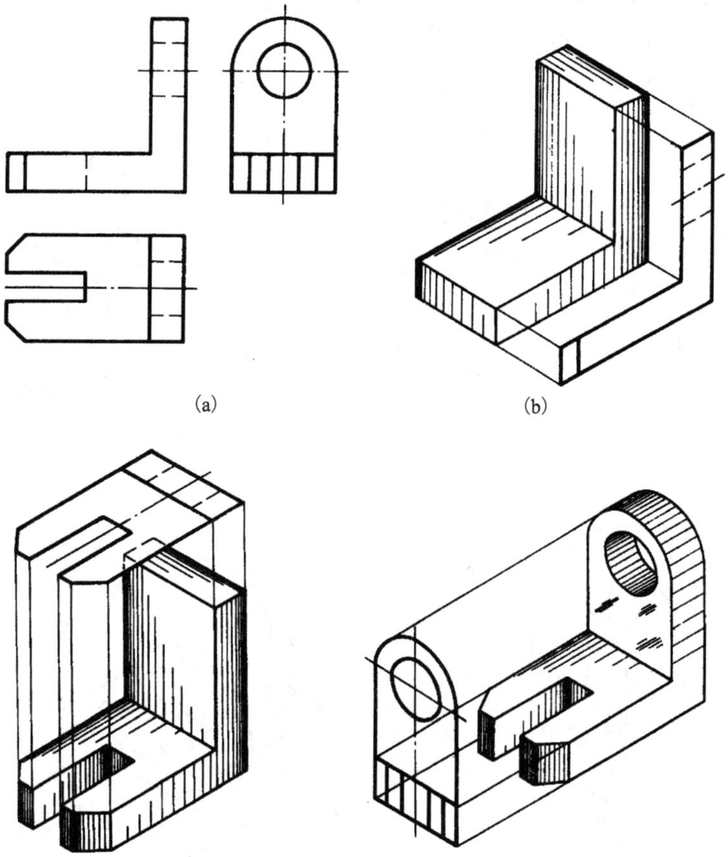

(a)　(b)　(c)　(d)

图 5-25　线面分析法的读图思维过程

3．补画漏线与第三视图

1) 补画漏线

补画漏线是在基本上看懂视图、想象出大形体状的基础上，利用形体分析法和线面分析法，根据投影规律，补画视图中遗漏的线条，使视图表达完整、正确。通过补漏线的学习，可以检查是否真正看懂视图。

【例 5-4】补画图 5-26(a)所示立体的主视图和俯视图中的漏线。

在看懂图形的基础上，根据投影规律补画出六条漏线，如图 5-26(b)所示。

(1)经与主视图长对正检查可知，俯视图有两条漏线为实线。

(2)经与俯视图长对正检查可知，主视图有四条漏线，其中两条实线、两条虚线。

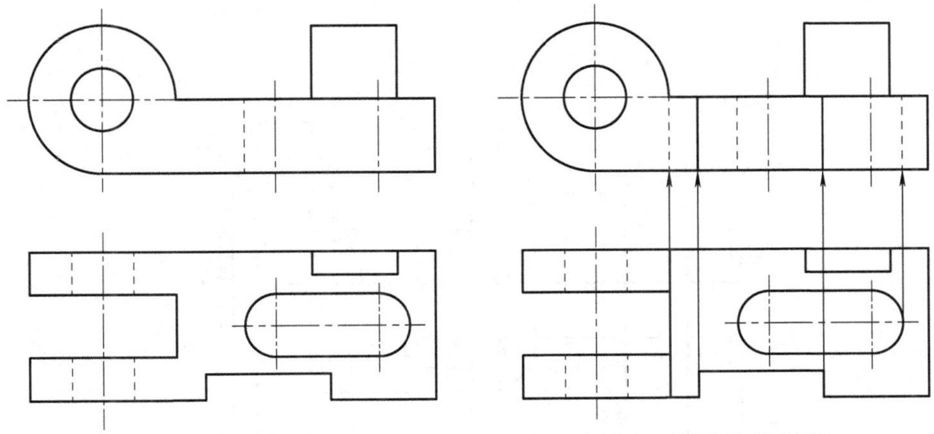

(a)视图有漏线　　　　(b)在主、俯视图上补画漏线

图 5-26　补画主、俯视图的漏线(一)

【例 5-5】已知立体的三视图，如图 5-27(a)所示，补画俯视图和左视图的漏线。

作图步骤如下。

(1)对照三个投影，根据投影规律，用形体分析法，想象出体的空间形状，如图 5-27(b)所示。

(2)依据体的空间形状，按照投影规律补出左视图中的漏线：一条粗实线，一条虚线，如图 5-27(c)所示。

(3)根据主视图和左视图，依次补出俯视图中的漏线，如图 5-27(c)所示。

注意：梯形槽两侧的正垂面 A、B 的正面投影为倾斜的积聚线，其水平投影和侧面投影为类似形；立体两侧垂面 C、D 的侧面投影为倾斜的积聚线，其水平投影和正面投影为类似形。

2) 补画第三视图

【例 5-6】已知形体的主视图和俯视图，如图 5-28(a)所示，补画其左视图。

作图方法如下。

(1)对照两个投影，根据投影规律并运用形体分析法，想象出该形体的空间形状，如图 5-28(b)所示。

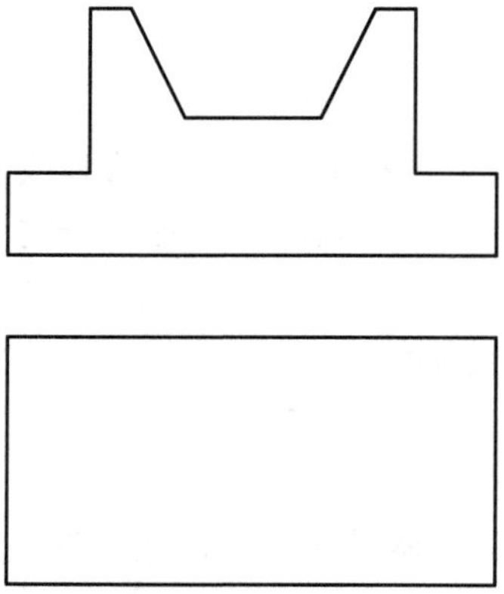

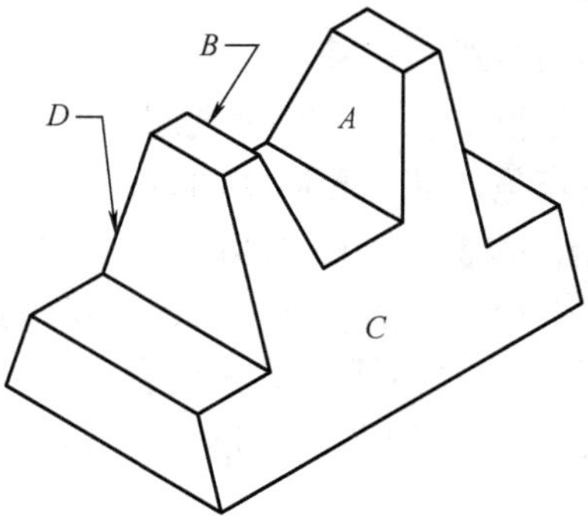

（a）补画俯视图和左视图漏线　　（b）立体图

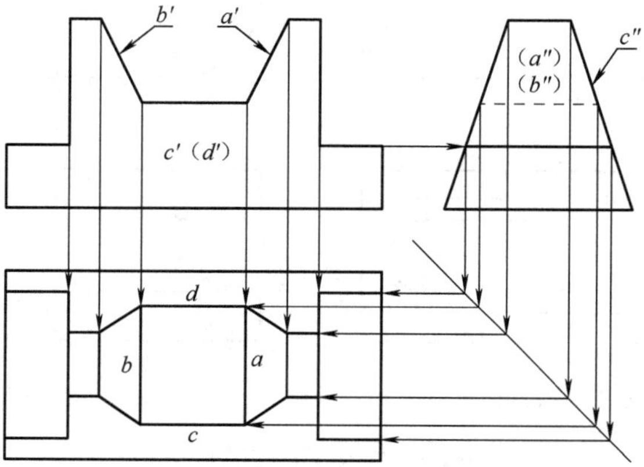

（c）补画漏线作图方法

图 5-27　补画三视图的漏线

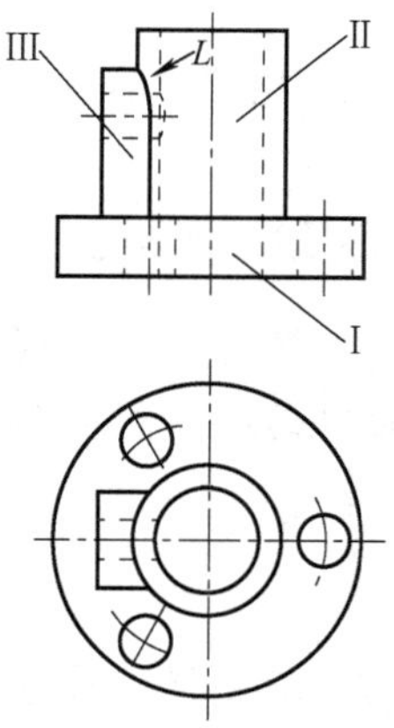

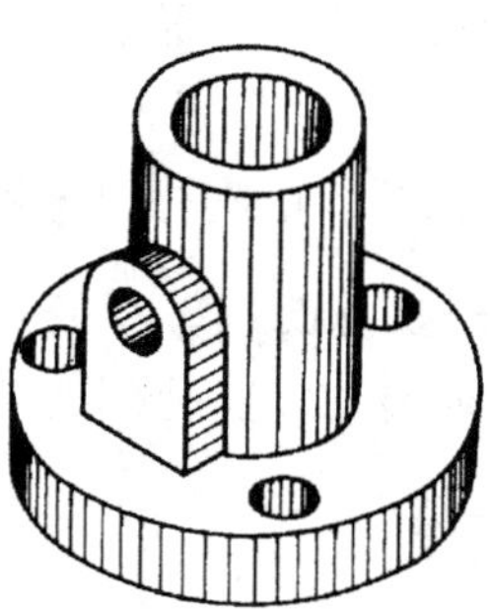

(a)已知条件　　(b)空间形状

图 5-28　由主、俯视图补画左视图的分析过程

(2) 按照投影规律，分别补画各个几何体的投影。

① 画出对称线、点画线及底板轮廓线，如图 5-29 (a) 所示。

② 画出形体左边凸台的外形轮廓线，如图 5-29 (b) 所示。

③ 画出细部结构、形状的投影，如图 5-29 (c) 所示。

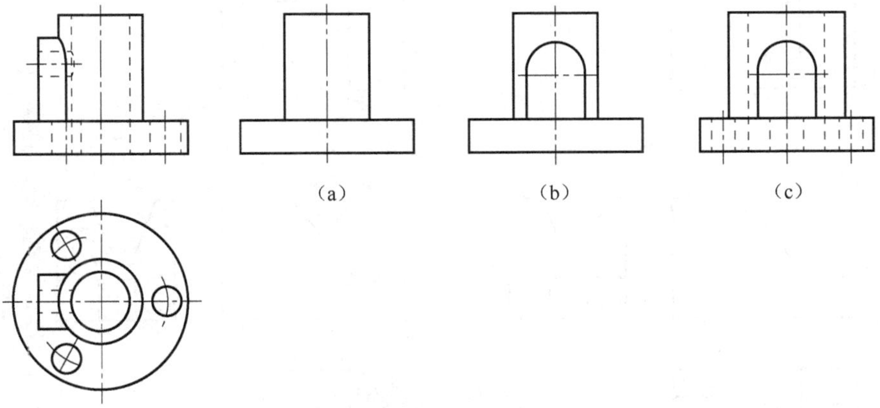

图 5-29　由主、俯视图补画左视图的作图过程

【例 5-7】已知立体的主视图和左视图，如图 5-30 (a) 所示，补画俯视图。

作图方法如下。

(1) 对照两个视图，根据投影规律，想象出立体的切割过程及每一次被切割去的部分的空间形状，如图 5-30 (b) 所示。

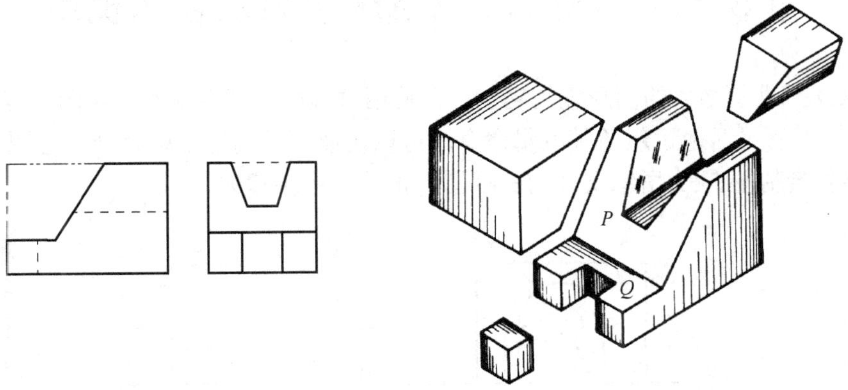

(a) 已知条件　　(b) 分析切割过程

图 5-30　由主、左视图补画俯视图的分析过程

(2) 按照投影规律，补画俯视图，如图 5-31 所示。

① 画出用一正垂面和一水平面切去长方体左上角后的投影，如图 5-31 (a) 所示。

② 画出用两侧垂面和一水平面切去右上角中间部分后的投影，如图 5-31 (b) 所示。

③ 画出用两正平面和一侧平面从左下角中部切去一长方体后的投影，如图 5-31 (c) 所示。

④ 用线面分析法检查 P、Q 两切平面的投影是否正确，如图 5-31 (d) 所示。

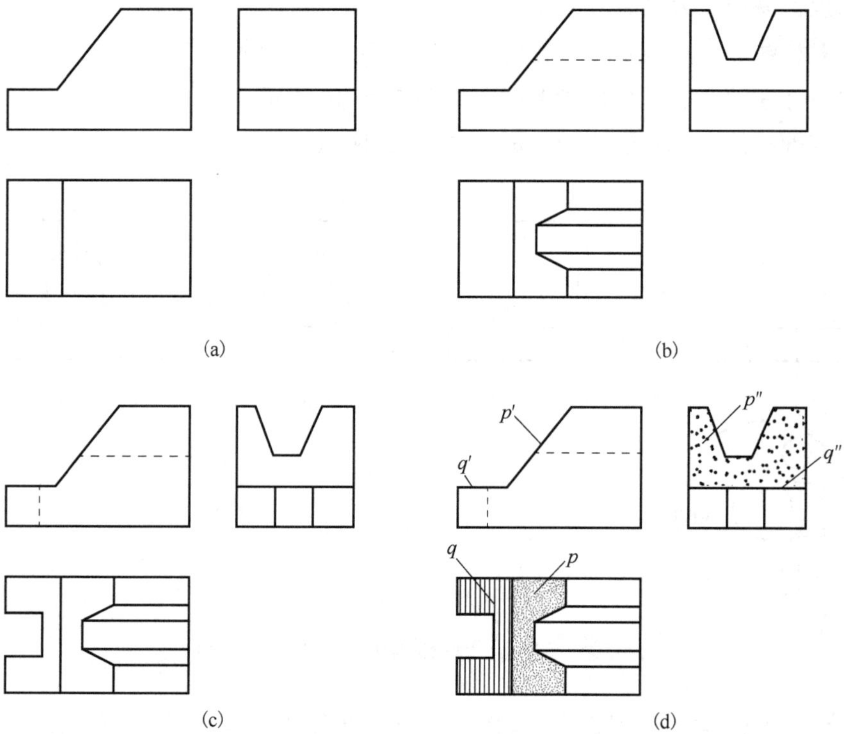

图 5-31　由主、左视图补画俯视图的作图过程

第 5 节　运用 AutoCAD 绘制组合体视图

AutoCAD 提供了强大的图形编辑功能，在使用过程中，利用基本的绘图命令首先绘制出简单的图线，然后灵活地运用各种编辑命令，可以快速而准确地绘制组合体视图。

【例 5-8】绘制图 5-32 所示支架的三视图，推荐绘图步骤如下。

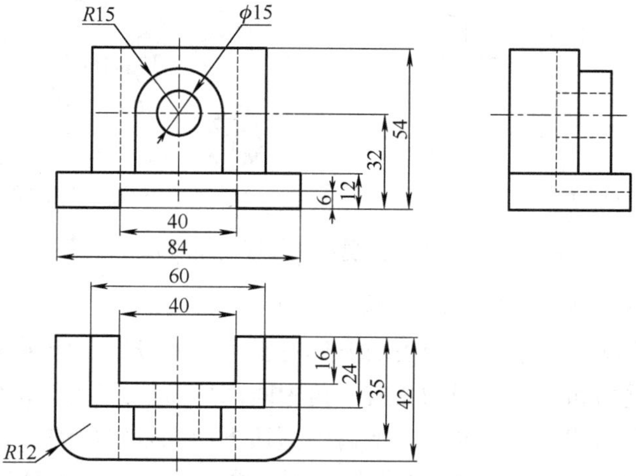

图 5-32　支架两视图

1) 设置绘图环境

(1) 根据切口圆柱体的尺寸，运用“limits”命令设置图形界限 120×90，用“zoom”→“all”命令全屏幕显示图幅范围，设置单位精度为米制。方法同第 2 章图例。

(2) 选择“默认”选项卡→“图层”面板→图层特性图标，设置图层为六层，main 层为黄色，Continue 线，线宽 0.4，用于画可见轮廓线。center 层为红色，CENTER 线，线宽 0.18，用于画对称线、中心线。dim 层为蓝色，Continue 线，线宽 0.18，用于标注尺寸。hidden 层为绿色，Hidden 线，线宽 0.18，用于画虚线。thin 层为蓝色，Continue 线，线宽 0.18，用于绘制图中的细实线，0 层为原有层保持不变以备用。

2) 布置各视图的位置

(1) 设置 center 层为当前层，在状态栏打开“正交模式”(F8)。

(2) 选择“默认”选项卡→“绘图”面板，点击直线图标，画出主、俯视图中的对称中心线。

(3) 设置 main 层为当前层。单击直线图标，绘制俯视图和左视图的后侧定位线。如图 5-33(a) 所示。

3) 绘制底板三视图

(1) 选择“默认”选项卡→“修改”面板，点击偏移图标。

```
命令: _offset↙
当前设置: 删除源=否  图层=源  OFFSETGAPTYPE=0
指定偏移距离或 [通过(T)/删除(E)/图层(L)] <通过>: L↙ (设置偏移对象的图层)
输入偏移对象的图层选项 [当前(C)/源(S)] <源>: c↙ (将对象偏移后放置在当前图层)
指定偏移距离或 [通过(T)/删除(E)/图层(L)] <通过>: 32↙
选择要偏移的对象, 或 [退出(E)/放弃(U)] <退出>: (选择主视图水平中心线)
指定要偏移的那一侧上的点, 或 [退出(E)/多个(M)/放弃(U)] <退出>: (点击中心线下方)
选择要偏移的对象, 或 [退出(E)/放弃(U)] <退出>:↙
......
```

继续操作，分别设置偏移距离“6、12、42”，绘制出底板的各段水平图线。

继续使用偏移命令，选择俯视图垂直中心线，设置偏移距离“20、42”，绘制出底板的各段垂直图线。

打开状态栏中“极轴追踪”、“对象捕捉追踪”和“对象捕捉”，用直线命令绘制左视图。

(2) 选择“默认”选项卡→“修改”面板，点击修剪图标右侧黑三角，选择修剪图标或延伸图标，对图形中的线条进行剪切和延伸编辑，如图 5-33(b) 所示。

4) 绘制竖板三视图

首先选择“默认”选项卡→“修改”面板，点击偏移图标，按尺寸绘制竖板的基本轮廓，然后选择“默认”选项卡→“修改”面板，点击修剪图标右侧黑三角，选择修剪图标或延伸图标，对图线进行修剪整理。方法同上，绘制如图 5-33(c) 所示。

5) 绘制半圆头凸台三视图

(1) 选择“默认”选项卡→“绘图”面板，点击圆图标，绘制 $\Phi15$、$R15$ 两个圆。

(2) 打开状态栏中“极轴追踪”、“对象捕捉追踪”和“对象捕捉”，用直线命令绘制半圆头凸台在其他视图中的轮廓线，如图 5-33(d) 所示。

6)倒圆角，修剪图形

选择“默认”选项卡→“修改”面板，点击圆角图标右侧黑三角，选择圆角图标，设置圆角半径 *R*12，对底板的俯视图进行倒圆角，绘制如图 5-33(e)所示。

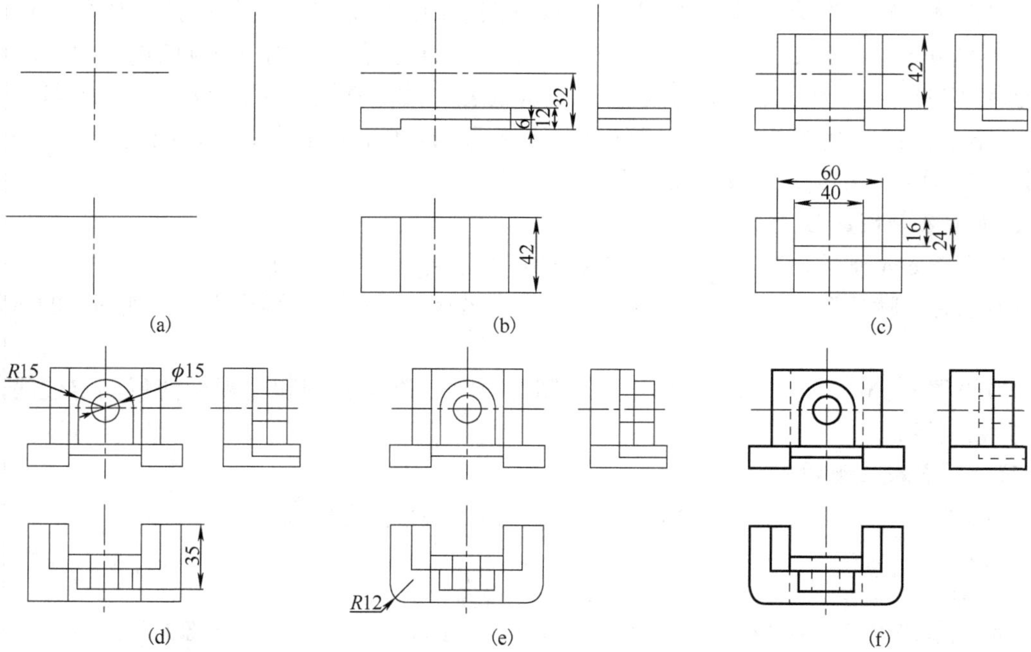

图 5-33　用 AutoCAD 绘制支架三视图的步骤

7)检查图形，修改图线，整理完成全图

(1)修改线型。选中需要修改的线段后点取右键，在弹出的快捷菜单中选取“特性”，在“特性”对话框中更换图线的图层。

(2)最后检查图形，打开“状态栏”中的“线宽”显示，得到图 5-33(f)。

8)存盘

在快速访问工具栏选择图标或图标，也可选择→图标或图标来保存图形文件，将图形存盘。

第 6 章　轴测图

学习目标

掌握简单平面立体和曲面立体的正等轴测图的画法，了解斜二等轴测图的概念和画法。

重点难点

重点： 正等轴测图的画法及运用 AutoCAD 绘制正等轴测图，学会利用图形分析法绘制基本立体和组合立体的正等轴测图。

难点： 圆的正等轴测图，特别是部分圆弧的正等轴测图的画法。此外，轴测图和轴向伸缩系数的概念也不好理解，对正等轴测图而言，就相当于三视图中的主视图，只不过物体相对于投影面的位置不同而已。剖视正等轴测图的画法也是本章的一个难点。

学习指导

在学习本章的过程中，要特别注意轴测轴、轴测平面和轴向伸缩系数的概念与应用，三种轴测图在画法上是相同的，只是轴测轴的方向和伸缩系数不同。当物体的三个方向都相同时，选用正等轴测图比较方便；当物体一个方向有圆或曲线时，选用斜二等轴测图较方便。

利用正投影产生的如图 6-1(a)所示的三视图，能够准确地反映出立体的形状和大小，其作图简单，度量性强，因而在工程上得到广泛运用。但由于每个视图只能表达立体两个方向的尺寸，因而缺乏立体感，对于一些复杂的形体，如果读图能力不强，难以想象出立体的形状。而图 6-1(b)所示的轴测图，则是一种能同时反映立体的正面、侧面和水平面形状的单面正投影图，其直观性强，容易看懂，但它不能准确反映立体的真实形状，度量性差且作图复杂，因此在生产中一般作为辅助图样。

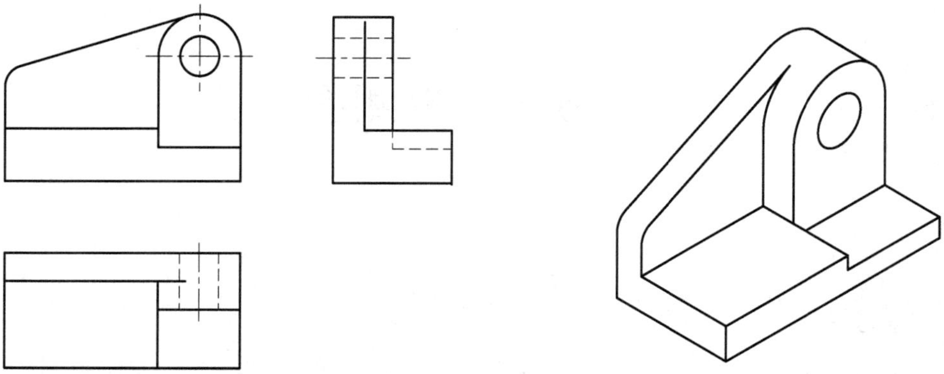

(a) 正投影图　　(b) 轴测图

图 6-1　正投影图和轴测图

第 1 节　轴测图的基本知识

1) 轴测图的形成和基本概念

如图 6-2 所示，将立体连同确定其空间位置的直角坐标系按照一定的方向用平行投影法向单一的投影面进行投射，使其在投影面上得到的投影图能反映出三个坐标面，这样的投影图称为轴测图。在轴测投影中，反映轴测图的单一投影面叫轴测投影面，当投影方向垂直于轴测投影面时，所得的图形称为正轴测图；当投影方向倾斜于轴测投影面时，所得的图形称为斜轴测图。

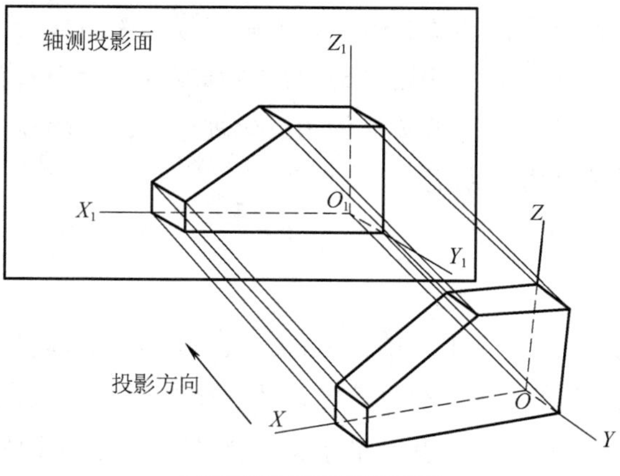

图 6-2　轴测图的形成

空间直角坐标轴 OX、OY、OZ 在轴测投影面上的投影 O_1X_1、O_1Y_1、O_1Z_1 称为轴测投影轴，简称轴测轴。

2) 轴测图的投影特性

由于轴测图是由平行投影法得到的，因此必然具有下列投影特性。

(1) 立体上互相平行的线段，在轴测图上仍互相平行。

(2) 立体上平行于坐标轴的线段，在轴测图上必定平行于相应的轴测轴，且具有相同的轴向伸缩系数。为此，在绘制轴测图时，必须沿着轴测轴或平行于轴测轴方向度量，轴测图也由此而得名。

(3) 立体上两平行线段或同一直线上的两条线段长度的比值，在轴测图上保持不变。

第 2 节　正等轴测图的画法

1. 正等轴测图的概念

1) 形成

当直角坐标系的三个坐标轴与轴测投影面倾斜的角度相同时，用正投影法得到的投影图称为正等轴测图，简称正等测图。

2) 轴间角和轴向伸缩系数

相邻两轴测轴之间的夹角叫轴间角。由于三根坐标轴与轴测投影面倾斜的角度相同，故三个轴间角均为 120°，其中 O_1Z_1 轴规定画成铅垂方向，如图 6-3 所示。轴测轴上的线段与空间坐标轴上对应线段的长度之比，称为轴向伸缩系数，分别用 p、q、r 表示。

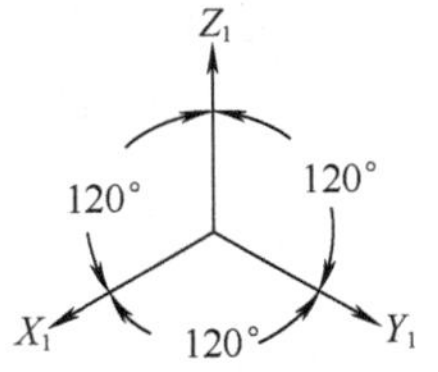

图 6-3　正等轴测图的轴间角

正等测图中三根轴的轴向伸缩系数相等，约为 0.82。为了作图简便，通常取轴向伸缩系数为 1。这样画出的正等测图三个轴向(实际上任一方向)的尺寸都大约放大为正投影尺寸的 1/0.82≈1.22 倍。图 6-4(a)为立体的三视图，图 6-4(b)和图 6-4(c)是分别用这两种轴向伸缩系数画出来的轴测图。

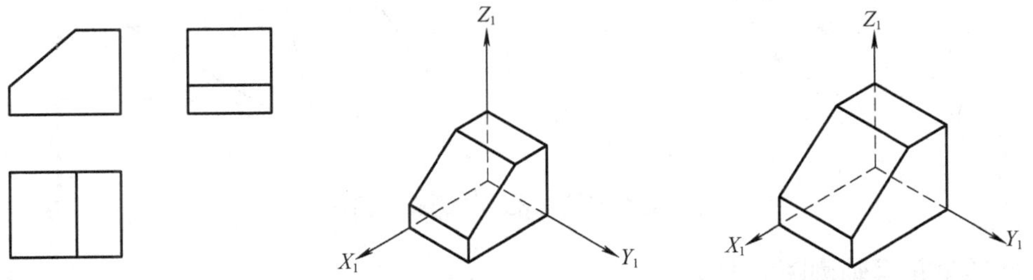

(a) 正投影图　(b) 按轴向伸缩系数 $p=q=r=0.82$ 画的正等轴测图　(c) 按简化轴向伸缩系数 $p=q=r=1$ 画的正等轴测图

图 6-4　立体的正等轴测图

2. 平面立体正等轴测图的画法

绘制平面立体轴测图的基本方法，通常是根据立体表面上各顶点的坐标值，按照“轴测”原理先找出它们的轴测投影，然后连接各顶点的轴测投影，即完成平面立体的轴测图。对于立体表面上平行于坐标轴的轮廓线，可在该线上(沿轴测轴方向)直接量取尺寸。

【例 6-1】 以图 6-5(a)所示的四棱台为例，说明平面立体正等轴测图的画法。

(1)首先选定坐标原点和坐标轴。

坐标原点和坐标轴的选择，应以作图简便为原则。这里选定底面中心为坐标原点，以底面对称线和棱台的轴线为三根坐标轴，如图 6-5(a)所示。

(2)画出轴测轴，作出底面的轴测投影。

首先画出棱台的轴测轴，再根据各底边中点 A、B、C、D 的坐标，在 X_1 轴上取 $O_1A_1=OA$，$O_1B_1=OB$；在 Y_1 轴上取 $O_1C_1=OC$，$O_1D_1=OD$，找出各中点的轴测投影 A_1、B_1、C_1、D_1，然后通过这四点分别作相应轴测轴的平行线得到底面的轴测投影图，如图 6-5(b)所示。

(3)在 Z_1 轴上取 $O_1O_2=0_1'O_2'$，确定顶面的中心 O_2，再利用上述方法作顶面的轴测投影图，如图 6-5(c)所示。

(4)连接顶面、底面的对应顶点，完成后的正四棱台正等轴测图如图 6-5(d)所示，轴测图上的虚线一般省略不画。

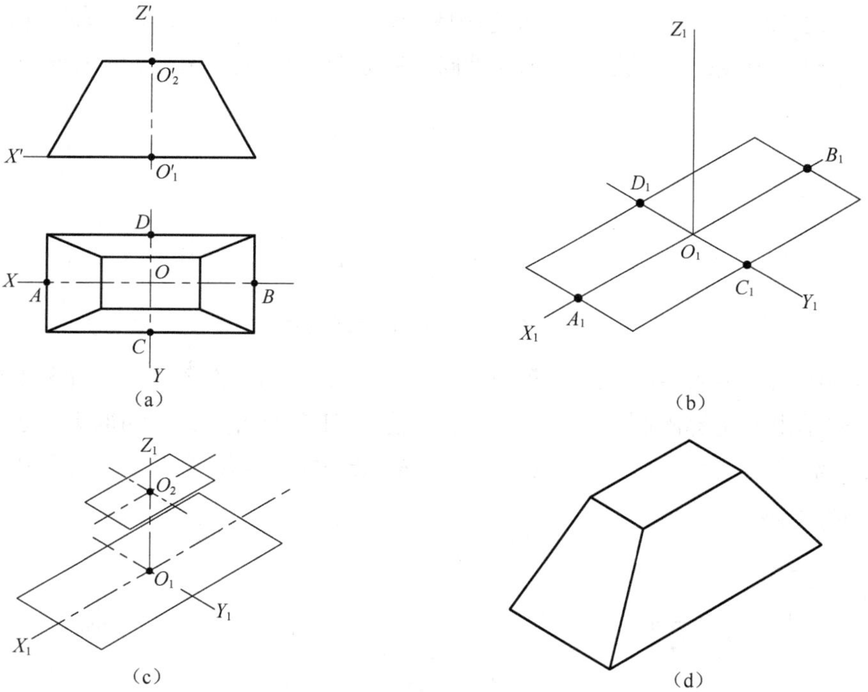

图 6-5　四棱台正等轴测图的画法

3. 回转体正等轴测图的画法

1)平行于坐标面的圆的正等轴测图的画法

图 6-6 表示正立方体的平行于三个坐标平面的内切圆的正等轴测投影，从图中可以看出，平行于各坐标面且直径相等的圆的正等轴测图是大小、形状相等的椭圆，但其长、短轴的方向不同，其长轴的方向垂直于和所在平面相垂直的坐标轴的轴测轴。

在图 6-7 中，绘制了轴线平行于各坐标轴的圆柱体的正等轴测图。为了作图方便，正等轴测图中的椭圆常采用近似画法，即菱形法作图。

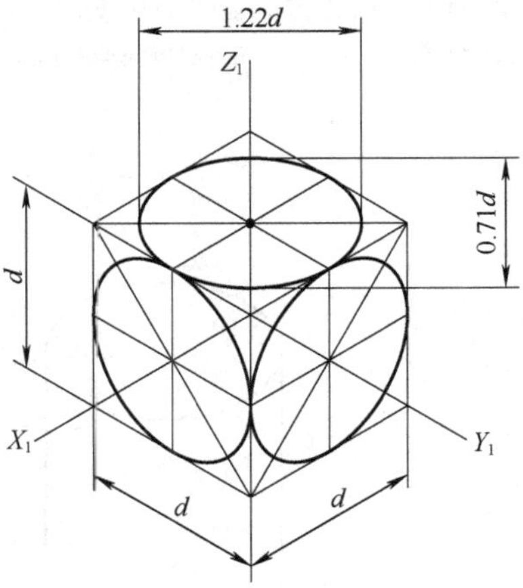

图 6-6　平行于坐标面的圆的正等轴测图的画法

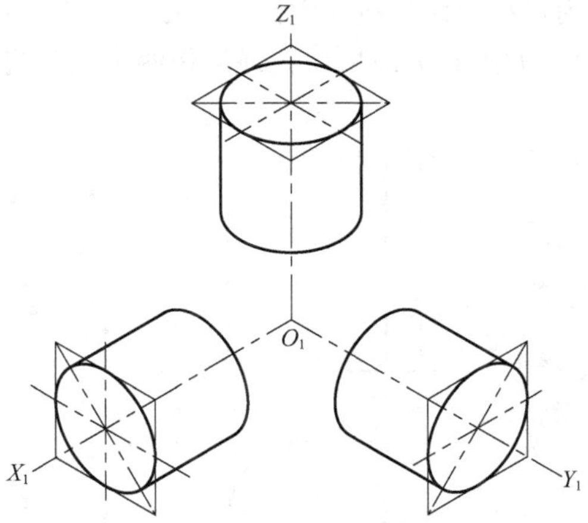

图 6-7　轴线平行于各坐标轴的圆柱的正等轴测图

【例 6-2】以水平圆为例，见图 6-8，说明其轴测图的作图方法及步骤。

(1) 以圆心 O 为坐标原点，两条中心线为坐标轴 OX、OY，如图 6-8(a) 所示。

(2) 画轴测轴 O_1X_1、O_1Y_1，并以轴测轴原点 O_1 为起点，以圆的半径为长度，分别在轴测轴上截取线段 O_1A_1、O_1B_1、O_1C_1、O_1D_1，再过 A_1、B_1、C_1、D_1 各点作出四边分别平行于两根轴测轴的菱形 $E_1F_1G_1H_1$，如图 6-8(b) 所示。

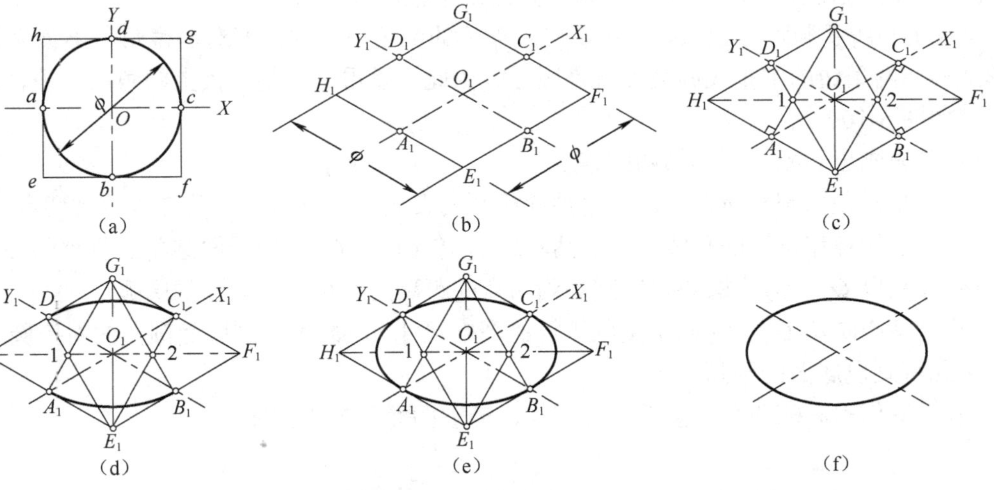

图 6-8　用菱形法作近似椭圆

(3) 作顶点 G_1、E_1 与其两对边中点的连线，该连线交长对角线 H_1F_1 于 1、2 两点，G_1、E_1、1、2 四点即为所画近似椭圆上四段圆弧的圆心，如图 6-8(c) 所示。

(4) 分别以 E_1、G_1 为圆心，以 E_1D_1 为半径画大圆弧 C_1D_1 和 A_1B_1，如图 6-8(d) 所示。

(5) 分别以 1、2 为圆心，以 $1D_1$ 为半径画小圆弧 A_1D_1 和 B_1C_1，如图 6-8(e) 所示。

(6) 清理、加深、完成作图(图 6-8(f))。

2) 圆柱体的正等轴测图的画法

【例 6-3】绘制圆柱体的正等轴测图。

如图 6-9 所示，圆柱体的顶面和底面是大小相等的两个水平圆，所以可选取顶面的圆心为坐标原点，坐标轴 OX、OY、OZ 如图 6-9(a) 所示。首先画出顶面圆的正等轴测投影；然后运用“移心法”将顶面椭圆的各作图点下移一个高度 h，画出底面的椭圆(不可见部分可以不画)，如图 6-9(b)所示；最后作两个椭圆的公切线，擦去多余的线条，加深图线完成全图。

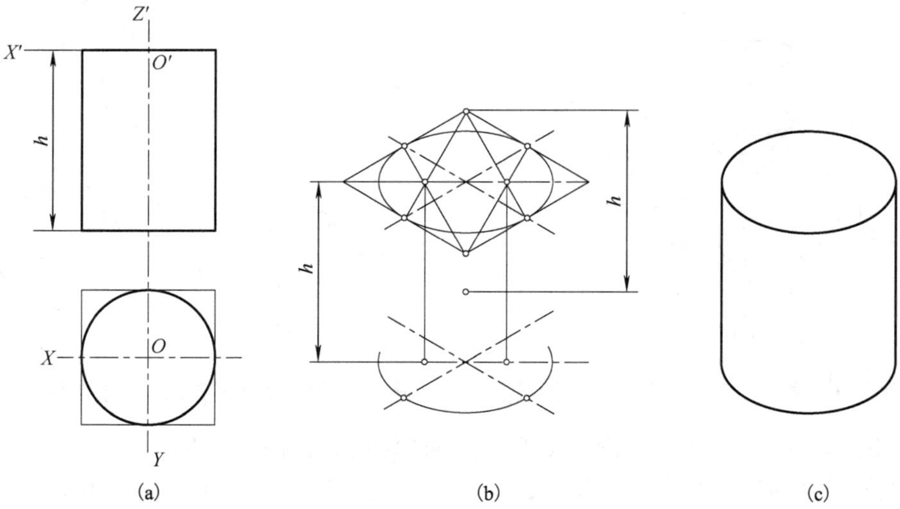

图 6-9　圆柱体的正等轴测图的画法

3)圆角的正等轴测图的画法

【例 6-4】绘制图 6-10(a)所示的带圆角的四棱柱底板。

从图 6-8 所示椭圆的近似画法中看出，菱形的钝角与大圆弧相对，锐角与小圆弧相对，菱形上相邻两条边的中垂线的交点就是圆心。由此可以得出绘制平板上圆角的正等轴测图的方法，如图 6-10 所示。

(1)首先画出平板的正等轴测图。

(2)在平板顶面圆角所在处，由角顶向相邻两夹边上量取圆角半径 R 以得到切点。

(3)过各切点作该边的垂线，相邻两垂线的交点 O_1、O_2 即为顶面圆角的两个圆心。

(4)分别以 O_1、O_2 为圆心，以圆心到切点的距离为半径画出顶面的圆弧。

(5)用移心法从 O_1、O_2 向下量取平板的高度尺寸 h，即可得到底面圆角的对应圆心 O_3、O_4，由此可画出底面的圆弧。

(6)最后作出右端两个小圆弧的公切线，清理图面，加深图线。

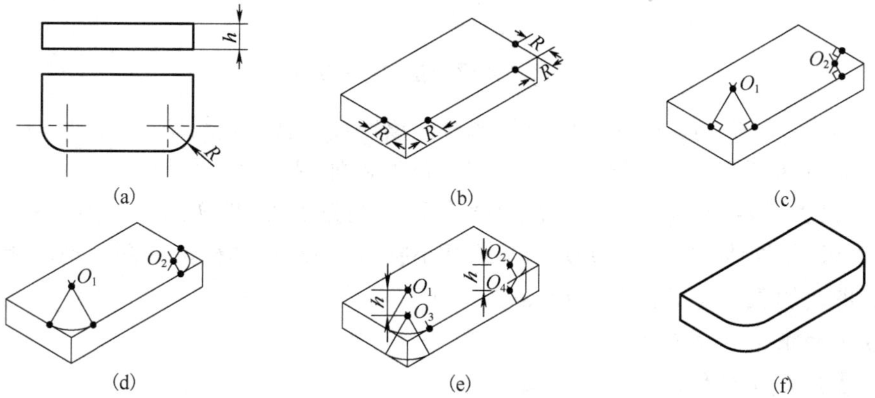

图 6-10　圆角的正等轴测图画法

4．组合体正等轴测图的画法

绘制组合体的正等轴测图时，首先要对其进行形体分析。分析组合体的组成部分及组合形式，各基本体之间的相对位置和表面间的连接关系，然后决定作图的方法。

【例 6-5】以图 6-11 所示的轴承座为例，说明画组合体正等轴测图的步骤。

该轴承座可看作由一个四棱柱底板和一个拱形的柱体前后平齐叠加而成的，其左右对称，在底板底部中心处开有前后穿通的方槽，底板上左右对称地垂直挖去两个圆柱形的通孔，且四个角为圆角，在拱形柱体上也穿有前后贯通的圆柱孔。由于轴承座的整个宽度相等，可以先画其前表面的轴测投影，如图 6-12(a)所示，然后将其后移一个宽度，完成基本轮廓的轴测作图，如图 6-12(b)所示。最后作出圆孔、方槽和四分之一圆角等结构的轴测投影，如图 6-12(c)所示，检查整理后加深，即得图 6-12(d)。

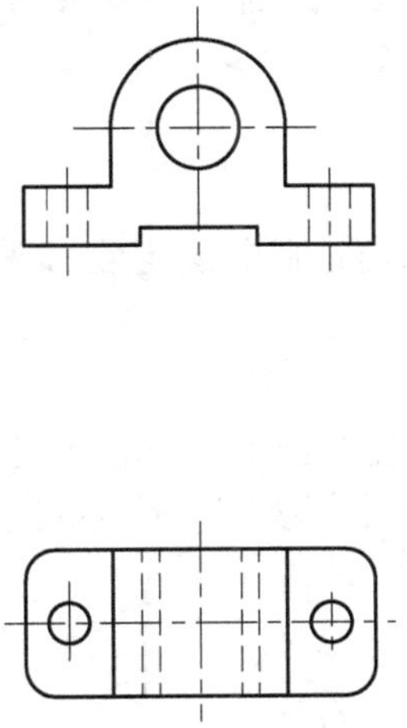

图 6-11　轴承座的视图

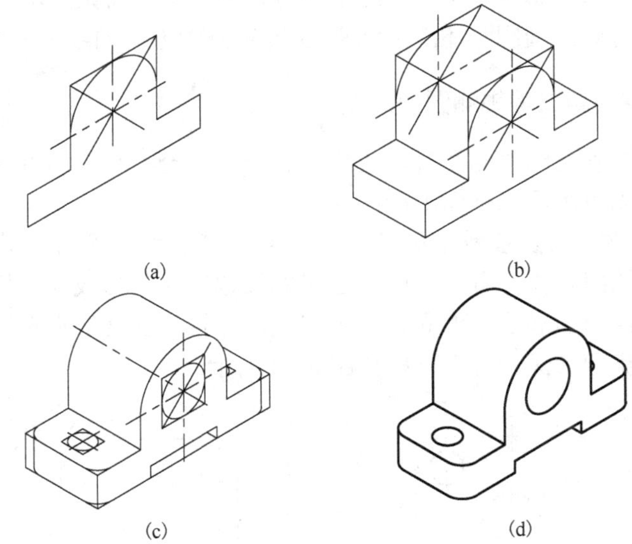

图 6-12　轴承座正等轴测图的画法

第 3 节　斜二等轴测图的画法

1．斜二等轴测图的概念

1)形成

如图 6-13(a)所示，若使 XOZ 坐标面平行于轴测投影面，采用斜投影法，也能得到具有立体感的轴测图，当所选择的斜投影方向使 O_1Y_1 轴与 O_1X_1 轴的夹角为 135° 时，这种轴测图就称为斜二等轴测图，简称斜二测图。

2)轴间角和轴向伸缩系数

形成斜二等轴测图时，由于 XOZ 坐标面平行于轴测投影面，因此斜二等轴测图的轴间角 $\angle X_1O_1Z_1=90°$，XOZ 坐标面的轴测投影反映实形。其余两个轴间角为 135°，O_1X_1 轴与 O_1Z_1 轴的轴向伸缩系数为 1，O_1Y_1 轴的轴向伸缩系数为 0.5，如图 6-13(b)所示。

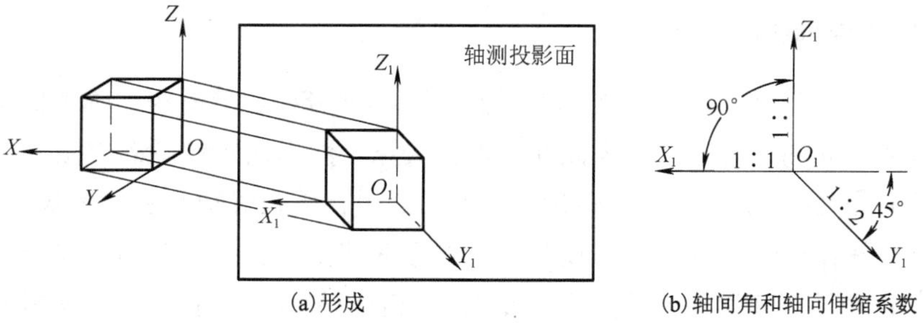

图 6-13　斜二等轴测图的画法

斜二等轴测图的特点是：凡平行于 XOZ 坐标面的平面，其轴测投影均反映实形。故平行于 XOZ 坐标面的圆，其轴测投影仍为圆，而平行于 XOY、YOZ 两个坐标面的圆的轴测投影则为椭圆，这些椭圆作图较烦琐。因此，斜二等轴测图一般用来表达在某一方向上形状比较复杂的物体，如在相互平行的平面内有一些圆或圆弧，表达时总是把这些面选为 XOZ 坐标面的平行方向。画图时还应注意沿 O_1Y_1 轴测轴方向的线段应为实长的 1/2。

2．斜二等轴测图的画法

画斜二等轴测图时，通常由前表面开始，沿 O_1Y_1 轴测轴方向从前往后分层定位，逐层画出轴测投影面平行面上的图形。

【例 6-6】 绘制图 6-14(a)所示组合体的斜二等轴测图。

该组合体可看作由一个 L 形的板逐次切割形成的。绘图时，首先绘出 L 板的基本轮廓，然后绘出前表面上的孔、圆角和槽，并将这些结构沿轴测轴方向向后平移半个宽度的距离，最后整理加深，绘图过程如图 6-14 所示。

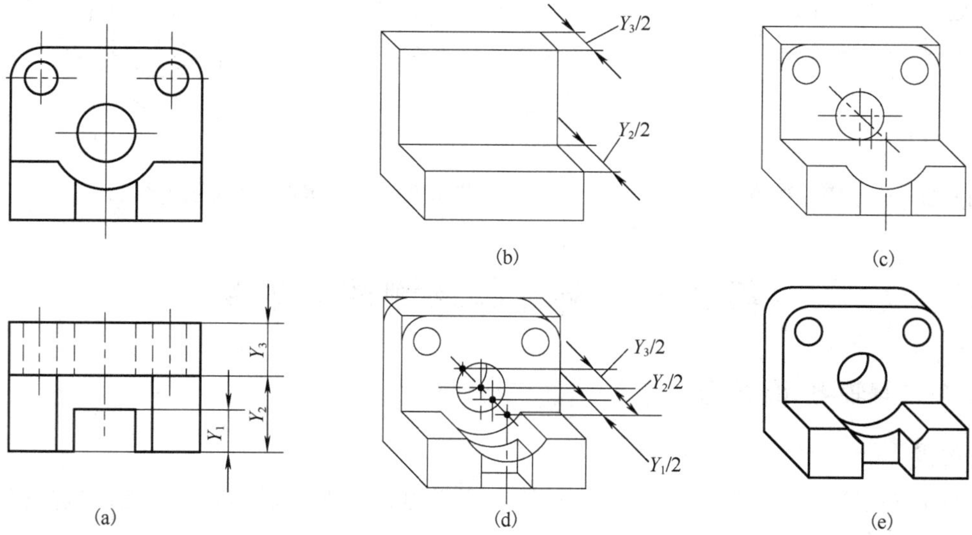

图 6-14　组合体的斜二等轴测图

第 4 节　运用 AutoCAD 绘制正等轴测图

运用 AutoCAD 提供的轴测投影模式可以方便地绘制直线、圆和圆弧的正等轴测图，且 AutoCAD 的大多数命令并不受轴测投影模式的影响。当轴测投影模式被激活时，系统自动调整“状态栏”内各项功能为正等轴测形式，即以正等轴测平面为参考坐标系，并保持其原有的功能。

如图 6-15 所示，在 AutoCAD 中，轴测投影模式分别显示左平面(Left)、上平面(Top)、右平面(Right)三个坐标面的正等轴测投影。用户可利用 isoplane 命令或者 F5 功能键实现上述各正等轴测平面状态间的切换。

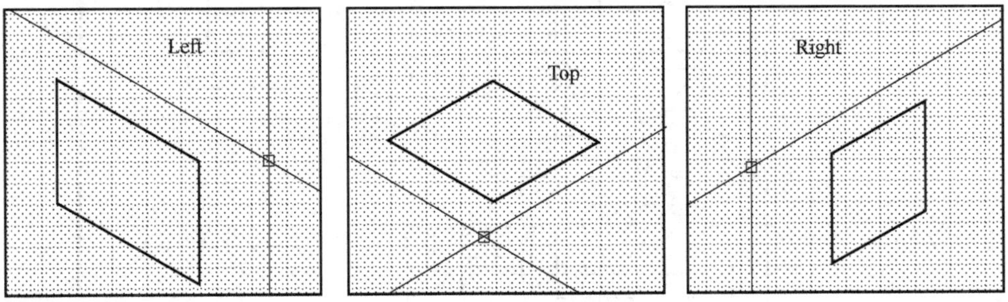

(a)　　(b)　　(c)

图 6-15　AutoCAD 的三种等轴测轴

在正等轴测平面状态下，打开系统的栅格捕捉和正交模式，用户可借助 AutoCAD 的定标设备，方便地绘制出立体在指定坐标面上的正等轴测投影。如绘制轴测轴方向的直线，可在正交模式下由光标指示方向，键盘直接输入线段长度。其他方向的图线要求精确绘制时，极坐标输入方法同前，此时，应注意各轴测轴的角度。利用坐标输入绘图，不受正等轴测平面状态的限制，但当绘制坐标面上圆的轴测投影时，必须切换至相应的正等轴测平面状态，选择“默认”选项卡→“绘图”面板，点击椭圆图标，选择“椭圆”命令的“等轴测圆(I)”选项，绘制出该圆的轴测投影。

1．正等轴测投影模式的设置

点击“状态栏”中的“对象捕捉”“捕捉删格”等右侧下拉黑三角按钮，选择“设置...”，弹出如图 6-16 所示的“草图设置”对话框，在“捕捉和删格”选项卡中“捕捉类型”区域内选中“等轴测捕捉”选项，进入正等轴测投影模式。绘图中，随时点击功能键 F5，可进行各正等轴测平面状态间的切换。当轴测图绘制完毕后，选择“草图设置”对话框“捕捉和删格”选项卡中“捕捉类型”区域内的“矩形捕捉”选项，恢复为普通的正交状态，以便在图形中进行文字标注。

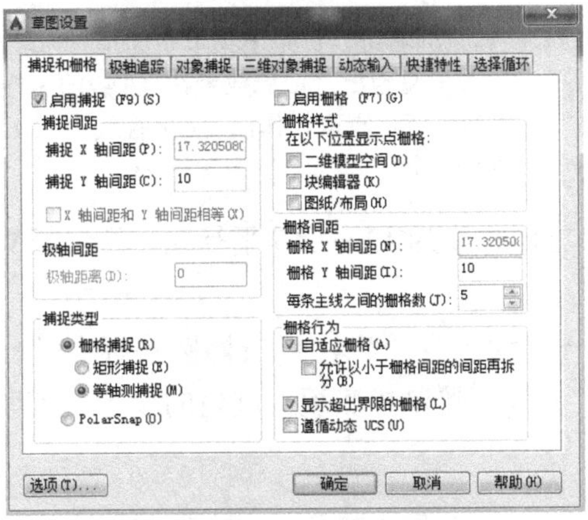

图 6-16　“草图设置”对话框

2. 运用 AutoCAD 命令作组合体的正等轴测图

【例 6-7】绘制图 6-17 所示支架的正等轴测图，推荐绘图步骤如下。

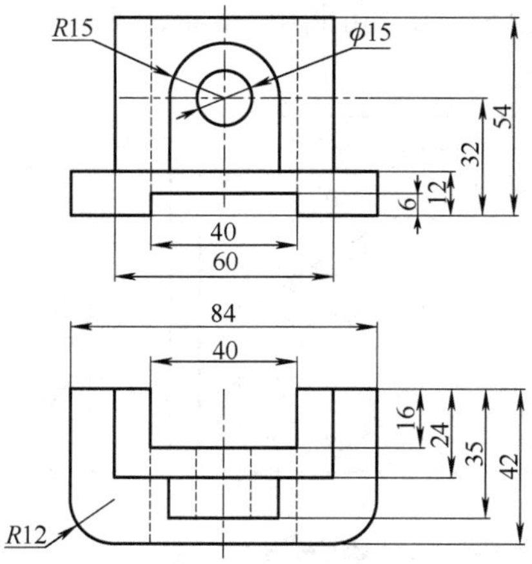

图 6-17　支架三视图

1)设置绘图环境

(1)运用“limits”命令设置图形界限 120×90，用“zoom”→“all”命令全屏幕显示图幅范围，设置单位精度为米制。方法同前。

(2)选择“默认”选项卡→“图层”面板→图层特性图标，设置图层为四层，main 层为黄色，Continue 线，线宽 0.4，用于画可见轮廓线。center 层为红色，CENTER 线，线宽 0.18，用于画对称线、中心线。thin 层为蓝色，Continue 线，线宽 0.18，用于画图中的辅助线。0 层为原有层，保持不变以备用。

2)绘制底板的轴测投影

(1)打开“草图设置”对话框，设置当前模式为正等轴测模式，选择为“上平面”状态。

(2)设置 main 层为当前层，打开正交模式。按照底板 84×42 的尺寸 1∶1 作图，选择“默认”选项卡→“绘图”面板，点击直线图标，画出底板上表面矩形的轴测投影。

(3)确定底板椭圆弧中心。单击直线图标，激活直线命令。

```
命令: line↙
指定第一个点: (按 shift 键和鼠标右键，在弹出菜单中选择“自 自(F)”，选取 A 点)
_from 基点: <偏移>: 12(输入偏移距离，鼠标放置在 AB 线的 B 端，点击鼠标，确定直线起点)
指定下一点或 [放弃(U)]:(移动鼠标，点取，作出 AC 平行线)
指定下一点或 [放弃(U)]:(命令结束)
```

相同的方法作出沿 *AC* 方向长度为 12 的 *AB* 平行线，两线相交于 *O* 点。同样方法作出底板另一侧椭圆弧中心。

选择“默认”选项卡→“绘图”面板，点击椭圆图标，在正等轴测模式下，选择椭圆命令的“等轴测圆(I)”选项，绘制出底板上圆角的投影。修剪多余线段后，如图 6-18(a)所示。

```
命令: ellipse↙
指定椭圆轴的端点或 [圆弧(A)/中心点(C)/等轴测圆(I)]: i(选择轴测圆)
```

指定等轴测圆的圆心：(选取 O 点)
指定等轴测圆的半径或 [直径(D)]：(选择 B 点，绘制出等轴测圆)

(4) 将图 6-18(a) 中绘制的底板上表面向下复制 12 个单位，并绘制底板高度的轮廓线，如图 6-18(b) 所示。

(5) 修剪和擦除不可见及不需要的线段，如图 6-18(c) 所示。

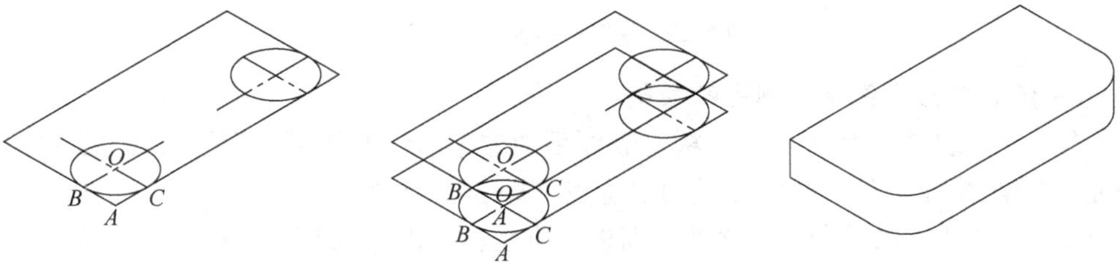

图 6-18 绘制底板的步骤

3) 绘制开槽四棱柱体的轴测投影

(1) 根据三视图的尺寸，打开正交模式，运用“直线”命令画出四棱柱顶面轮廓(尺寸 60×24) 的轴测投影 *EFGH*，在直线命令中用对象捕捉“自 自(F)”，直接绘制槽口形状，如图 6-19(a) 所示。

(2) 选择“修剪”命令修剪掉图中不需要的线段，将画好的顶面向下复制一个高度(42)，如图 6-19(b) 所示。

(3) 连接顶面与底面间的可见棱线，然后修剪掉不可见轮廓线，如图 6-19(c) 所示。

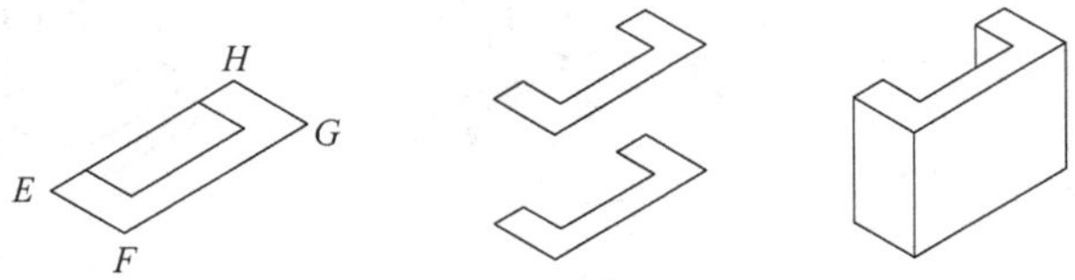

图 6-19 绘制开槽棱柱体的步骤

4) 绘制半圆头凸板的轴测投影

(1) 点击 F5 功能键，使系统转换为正等轴测右平面状态。然后选择 center 层为当前层，在正交状态下，运用“直线”命令在适当位置处画出图 6-20(a) 中的 X_1、Z_1 轴测轴。

(2) 再将当前层重新设置为 main 层，选择“默认”选项卡→“绘图”面板，点击椭圆图标，在正等轴测模式下，选择椭圆命令的“等轴测圆(I)”选项，捕捉轴测轴交点为圆心，输入半径值 15，绘制出凸板上部的椭圆。同样方法绘制半径为 7.5 的等轴测圆。

(3) 选择“直线”命令，并利用“交点捕捉”功能，绘制线段 20、30、20。作出半圆头凸板前表面外形轮廓的轴测投影，如图 6-20(a) 所示。

(4) 点击 F5 功能键，使系统转换为正等轴测左平面状态。将图 6-20(a) 沿坐标方向后移 11 个单位长度。

(5) 选择“直线”命令，连接半圆头凸板前后表面的可见轮廓线，再利用“修剪”命令将图形中多余的线段修剪掉，最后得到半圆头凸板正等轴测图，如图 6-20(b) 所示。

图 6-20　绘制半圆头凸板的步骤

5) 完成整个组合体正等轴测图的绘制

(1) 选择“直线”命令，在底板上表面后边的中点绘制距离分别为 24、35 的 *AB*、*BC* 线，确定开槽四棱柱体和半圆头凸板的定位点，如 6-21 (a) 所示。

(2) 选择“默认”选项卡→“修改”面板，点击移动图标，平移开槽四棱柱和半圆头凸板，捕捉其底部中点定位，叠加组合如图 6-21 (b) 所示。

(3) 选择 “直线”命令，绘制底板底部的方槽。

(4) 最后修剪擦除不必要的线段，并打开“状态行”的“线宽”显示功能显示各线型的线宽，完成全图，如图 6-21 (c) 所示。

6) 检查、存盘

在快速访问工具栏选择图标或图标，也可选择→图标或图标来保存图形文件，将图形存盘。

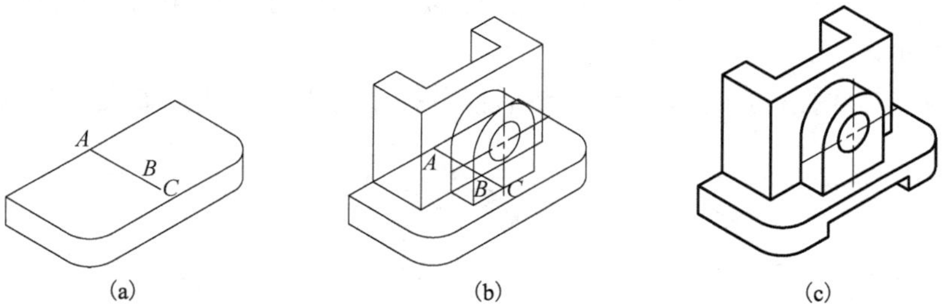

图 6-21　完成组合体轴测图

第 7 章　机件的常用表达方法

学习目标

本章主要介绍国家标准《技术制图》和《机械制图》中规定的机件的各种表达方法，目的是用简单的视图表达复杂的机件结构。要求掌握常用方法的画法和标记，并能把尺寸标注合理。

重点难点

重点：本章的重点是六个基本视图、局部视图、剖视图和剖面图的概念和画法，以及运用 AutoCAD 绘制剖视图。

难点：难点是阶梯孔、肋板等结构的剖视图画法。针对给定机件，要想用简洁、合理的表达方案把机件的内、外形状表达清楚不是一件容易的事情。

学习指导

学习本章时要结合案例理解各种表达方法的特点和应用，对常用的表达方法如单一剖切平面的全剖视图、半剖视图和局部剖视图要深刻理解其概念和画法，其他表达方法可触类旁通。

在生产实际中，当机件的结构形状比较复杂时，如果仍用前面所讲的三视图，就难以将它们的内外形状表达清楚。为了准确、完整、清晰地表达机件的内外结构形状，在相应的国家标准中规定了各种表达方法。本章着重介绍这些规定中的视图、剖视图、断面图、简化画法等，供绘图时选用。

第 1 节　视图

1. 基本视图

在原有三个投影面的基础上，再增加三个投影面，构成如图 7-1(a)所示的正六面体，国家标准将这六个面规定为基本投影面。

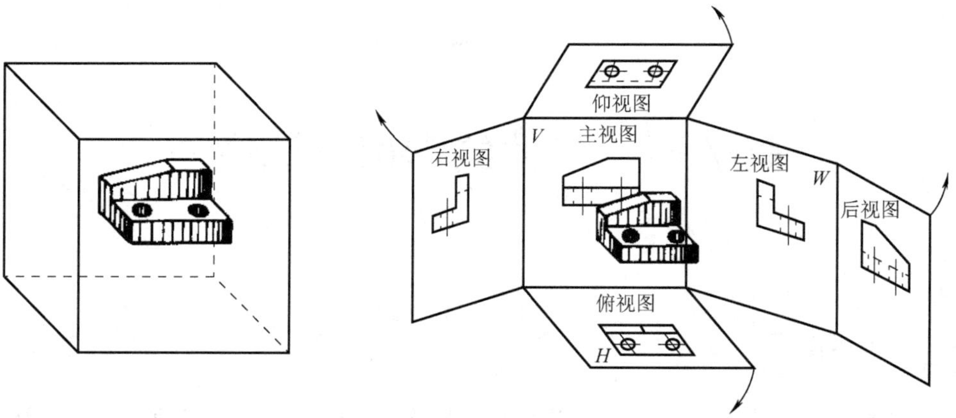

(a) 六个基本投影面　　(b) 展开过程

图 7-1　六个基本视图的形成和展开

将机件放置在此六面体中，分别向六个基本投影面投射所得到的六个视图称为基本视图。除了主视图、俯视图和左视图，还有由右向左、由下向上、由后向前投射所得到的右视图、仰视图和后视图。各投影面按如图 7-1(b) 所示的方式进行展开，即得如图 7-2 所示的六个基本视图，此时不需注写视图的名称。

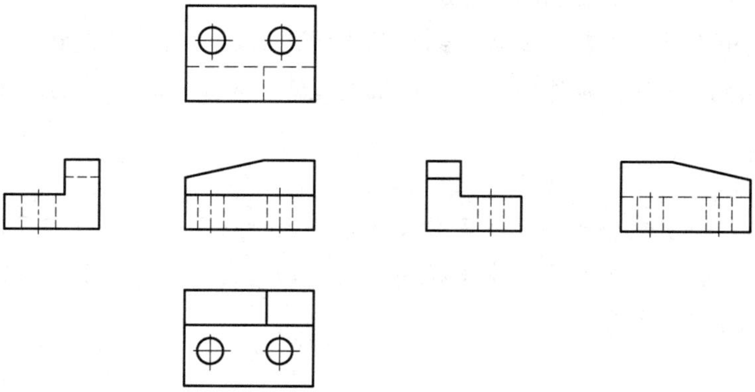

图 7-2　六个基本视图

六个基本视图之间仍保持“长对正，高平齐，宽相等”的规律。在方位关系上，以主视图为准，除后视图外，各视图远离主视图的一侧均表示机件的前面，靠近主视图的一侧均表示机件的后面。

实际绘图时，并不是任何机件都要用六个基本视图去表达，而是根据机件的复杂程度选用必要的基本视图。

基本视图主要是表达机件的可见结构形状，除必要的虚线外(画出少量虚线可以减少视图数量时)，其他虚线应省略不画。

2. 向视图

向视图是可以自由配置的视图。

画向视图时，一般应在其上标注大写拉丁字母，并在相应的视图附近用带有相同字母的箭头指明投射方向，如图 7-3 所示。

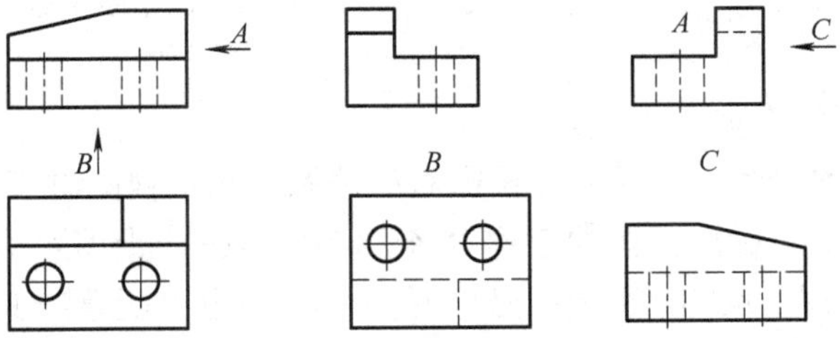

图 7-3　向视图

3. 局部视图

如图 7-4(a)所示的机件，用图 7-4(b)所示的主、俯两个基本视图已表达清楚其主要结构，但还有左右两边凸缘的形状不够清晰，若再用左、右视图去表达，则大部分重复。如果只画出基本视图的一部分，如图 7-4(c)所示，则可事半功倍。这种将机件的某一部分向基本投影面投影所得的视图称为局部视图。

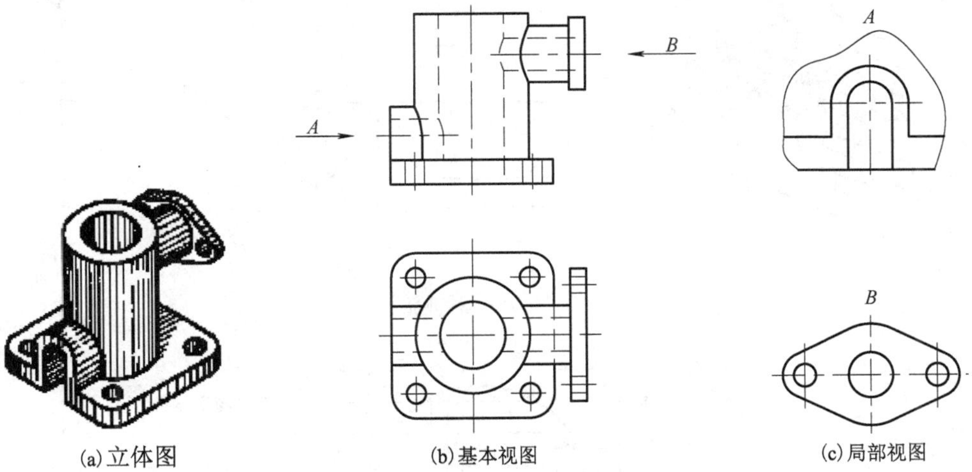

图 7-4　局部视图

局部视图的画法和标注规定如下。

(1)局部视图可按基本视图的配置形式配置，也可按向视图的配置形式配置。

(2)画局部视图时，一般在局部视图的上方标出视图的名称“×”，在相应的视图附近用箭头指明投射方向，并注上同样的字母，如图 7-4(c)所示。当局部视图按投影关系配置，中间又没有其他图形隔开时，可省略标注，如图 7-4(c)所示的 *A* 向局部视图。

(3)局部视图断裂处的边界线用波浪线表示，如图 7-4(c)中 *A* 向局部视图。但当所表示的局部结构是完整的，且外形轮廓线又呈封闭时，波浪线可省略不画，如图 7-4(c)中 *B* 向局部视图。

4. 斜视图

图 7-5(a)所示的机件右边有倾斜结构，其在基本视图上不反映实形，使画图和标注尺寸都比较困难。若选用一个平行于此倾斜部分的平面作为新投影面，将其向新投影面投影，便

可得到反映倾斜结构实形的图形。这种将机件向不平行于任何基本投影面的平面投影所得的视图称为斜视图。

斜视图的画法和标注有如下规定。

(1)斜视图和原基本视图之间保持着投影对应关系，画斜视图时应按投影规律去画。

(2)应在斜视图的上方标出视图的名称“×”，在相应的视图附近用箭头指明投影方向，并注上同样的字母，如图 7-5(b)所示；必要时，斜视图也可配置在其他位置，如图 7-5(c)所示。

(3)斜视图一般按投影关系配置，必要时也可将图形旋转成水平放置。若将视图旋转，应在图名大写拉丁字母旁边标注旋转符号，如图 7-5(d)所示。旋转符号如图 7-6 所示，箭头应与视图旋转方向一致，字母写在靠近旋转符号的箭头处。

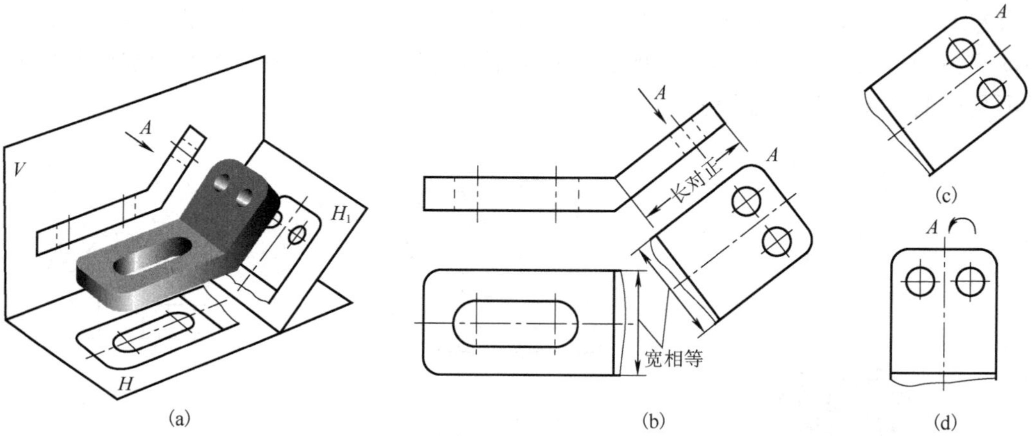

图 7-5　斜视图

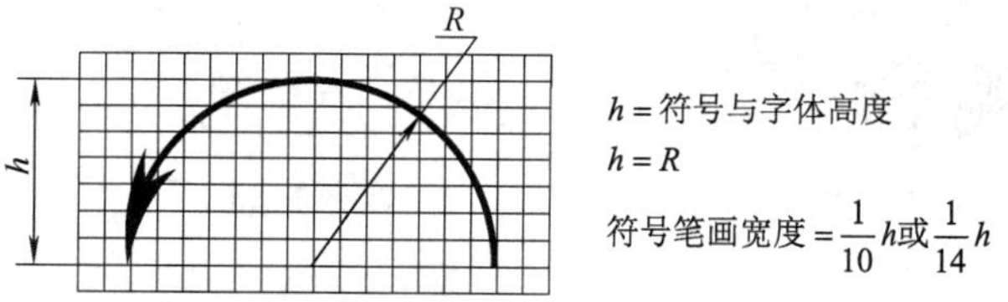

图 7-6　旋转符号

(4)斜视图一般只表达倾斜部分的形状，而对于其他部分则应断开，断裂处的边界线用波浪线表示。

第 2 节　剖视图

当机件的内部结构比较复杂时，视图上就会出现较多的虚线，这给画图和看图带来许多困难，也不便于标注尺寸。为了解决这个问题，可采用剖视的表达方法。

1. 剖视图的基本概念

1) 剖视图概念分析

为了清晰地表达机件的内部结构，假想用剖切面剖开机件，将处在观察者和剖切面之间的部分移去，而将其余部分向投影面投射所得的图形称为剖视图，简称剖视，如图 7-7 所示。

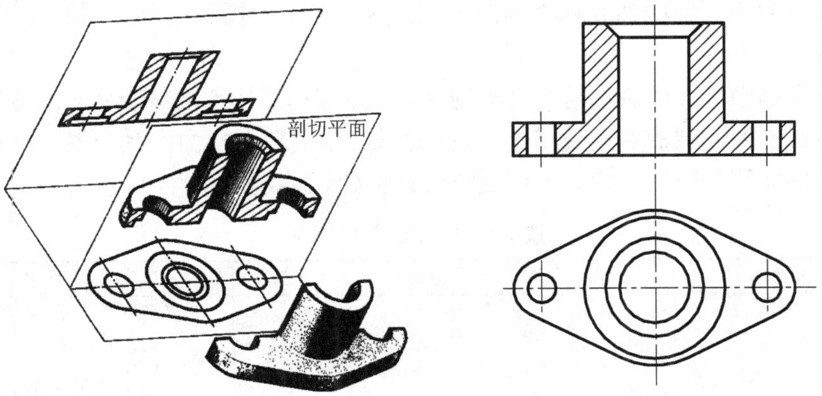

(a) 剖切过程　(b) 剖视图

图 7-7　剖切过程及剖视图

2) 画剖视图应注意几个问题

(1) 为了表达机件内部的实形，剖切面一般应通过机件内部的轴线或对称平面，且平行于基本投影面，如图 7-7 所示。

(2) 剖开机件是假想的，因此除了剖视图，其他视图应按完整的机件画出，不能只画 1/2。

(3) 剖切面之后的可见轮廓线应全部画出，不能遗漏，如图 7-8 所示。

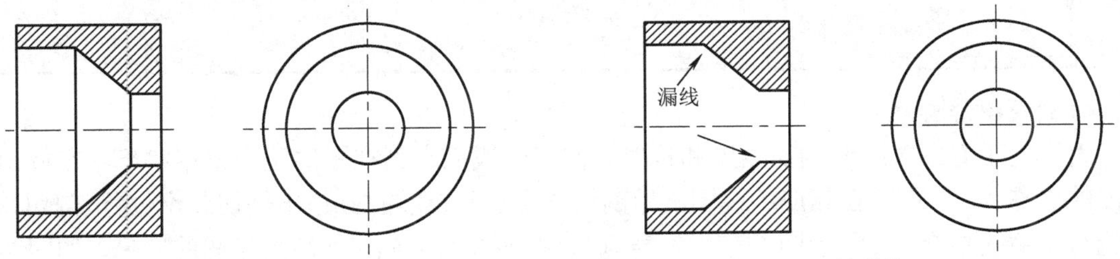

(a) 正确　(b) 错误

图 7-8　剖切面后的可见轮廓线

(4) 在剖视图中，虚线一般省略不画。当画出少量虚线可以减少视图数量时，才画出必要的虚线，如图 7-9 所示。

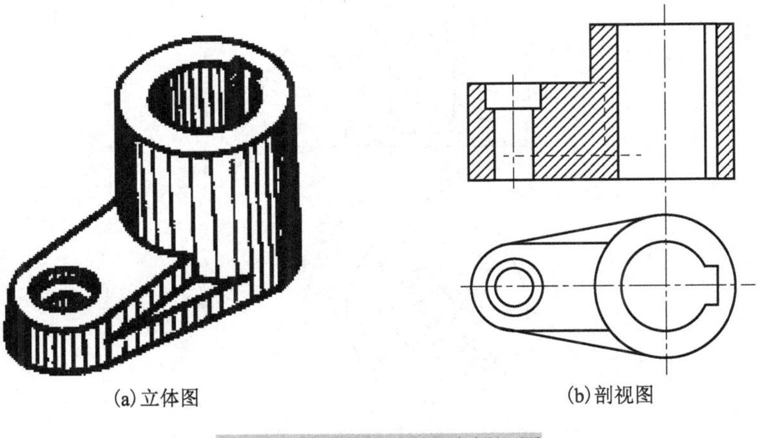

(a) 立体图　(b) 剖视图

图 7-9　剖视图上的虚线剖视图

3) 剖面区域、剖面符号

剖切面与机件相接触的部分称为剖面区域，为了便于绘图和区分不同的材料，剖面区域应画出剖面符号。

当不需要在剖面区域中表示材料的类别时，可以采用通用剖面线表示，即适当角度(最好与主要轮廓线或剖面区域的对称线成 45°)的细实线；当需要在剖面区域中表示材料的类别时，应采用特定的剖面符号表示。特定的剖面符号分类如表 7-1 所示。

表 7-1　特定的剖面符号

特定剖面符号	材料类	举例
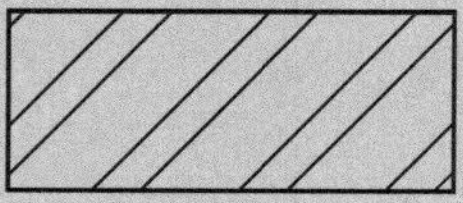	固体材料	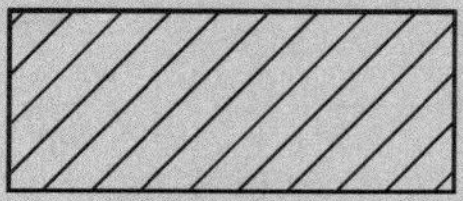 金属材料/普通材料
		 非金属材料(除普通砖外)
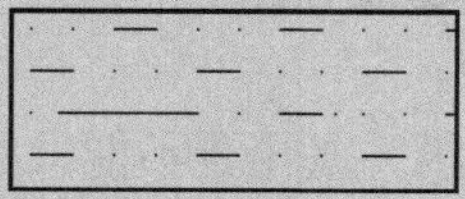	液体材料	—
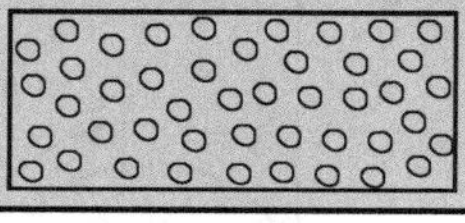	气体材料	—

4) 剖视图的标注

为了便于看图时了解剖切位置和投射方向，一般应在剖视图的正上方用字母水平标出剖视图的名称“×-×”；在相应的视图上用剖切符号(粗实线短画)指出剖切起讫位置(剖切符号不能与轮廓线相交)，用箭头(与剖切符号垂直)指明投射方向，并注上相同的字母，如图 7-10 中的 *A*-*A*。

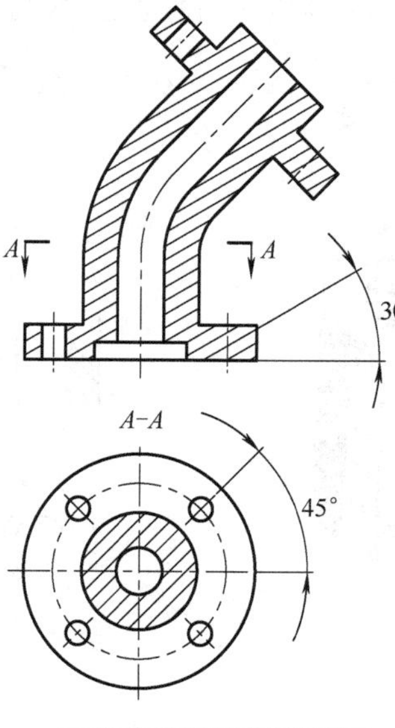

图 7-10　剖视图的标注

当剖视图按投影关系配置，中间又没有其他图形隔开时，可以省略箭头，如图 7-10 所示。

当用单一剖切平面通过机件的对称平面或基本对称平面进行剖切，且剖视图按投影关系配置，中间又没有其他图形隔开时，可省略标注，如图 7-7～图 7-9 所示。

2．剖切面的种类

为了清晰地表达机件的内部结构，应选用不同位置和数量的剖切面进行剖切，根据国家标准的规定，常用的剖切面有以下 4 种。

1)单一剖切面

用一个剖切平面(也可为柱面)剖开机件，这种方式应用较多，图 7-7～图 7-10 均为这种情况。

2)几个相交的剖切平面

用几个相交的剖切平面(交线垂直于某一基本投影面)剖开机件，所得到的剖视图称为旋转剖，如图 7-11～图 7-13 所示。

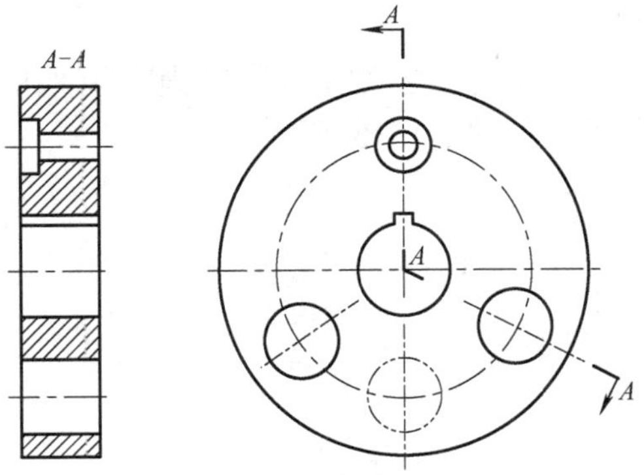

图 7-11　旋转剖(一)

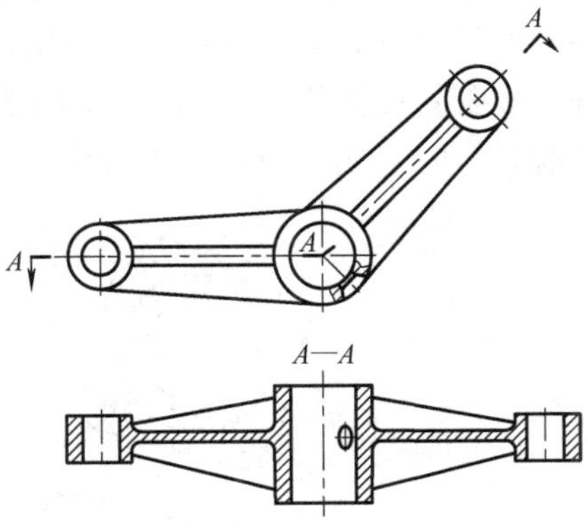

图 7-12　旋转剖(二)

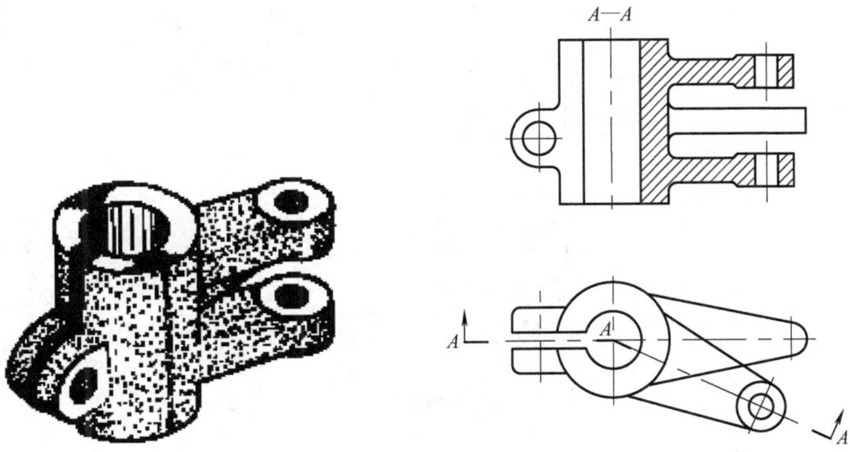

(a)立体图　　(b)剖视图

图 7-13　旋转剖(三)

3)几个平行的剖切平面

用几个平行的剖切平面剖开机件，所得到的剖视图称为阶梯剖，如图 7-14 所示。

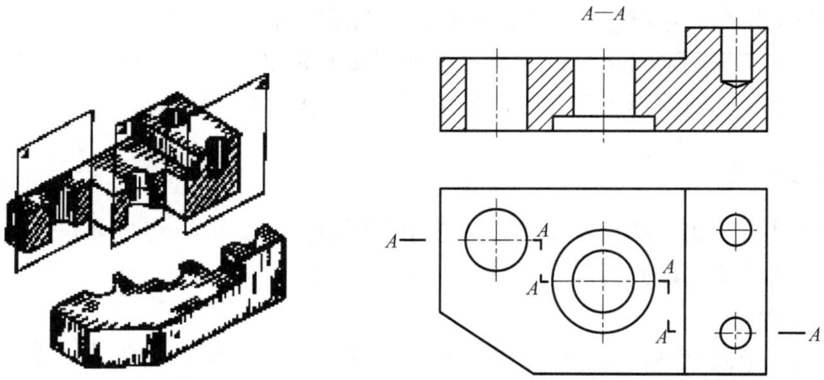

(a) 立体图　　(b) 剖视图

图 7-14　阶梯剖

4) 不平行于任何基本投影面的剖切平面

用不平行于任何基本投影面的剖切平面剖开机件，所得到的剖视图称为斜剖，如图 7-15 所示。除剖面线外，斜剖的画法与斜视图相似。

斜剖一般配置在箭头所指的方向，如图 7-15(a) 所示。必要时，可以配置在其他适当位置。在不致引起误解时，允许将图形旋转至水平位置，如图 7-15(b) 所示。

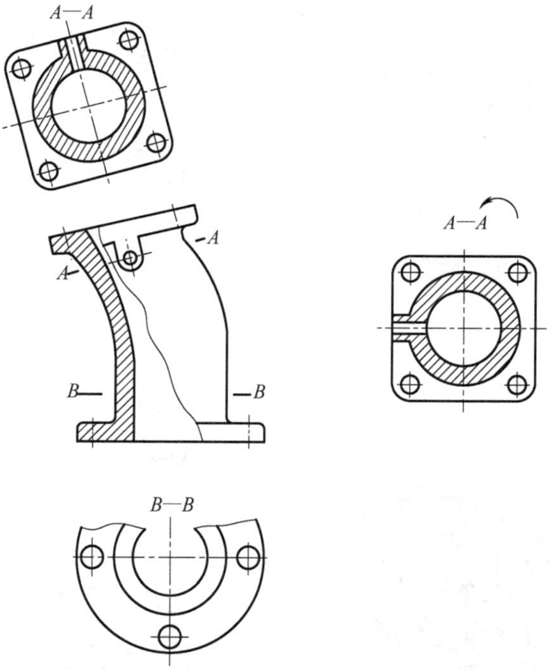

图 7-15　斜剖

3. 剖视图的种类

按剖切平面剖开机件的范围来分，剖视图可分为全剖视图、半剖视图和局部剖视图。

1) 全剖视图

用剖切平面将机件完全剖开所得的剖视图，称为全剖视图。前面图例的剖视图均属于全剖视图。

由于全剖视图是机件完全剖开后画出的，机件的外形不能充分表达，因此全剖视适用于外形简单或外形已在其他视图中表达清楚的机件。

2) 半剖视图

当机件具有对称平面时，在垂直于对称平面的投影面上投射所得的图形，可以对称中心线为界，一半画成剖视图，另一半画成视图，这种剖视图称为半剖视图。

半剖视图的剖切方法如图 7-16 所示，半剖视图如图 7-17 所示。

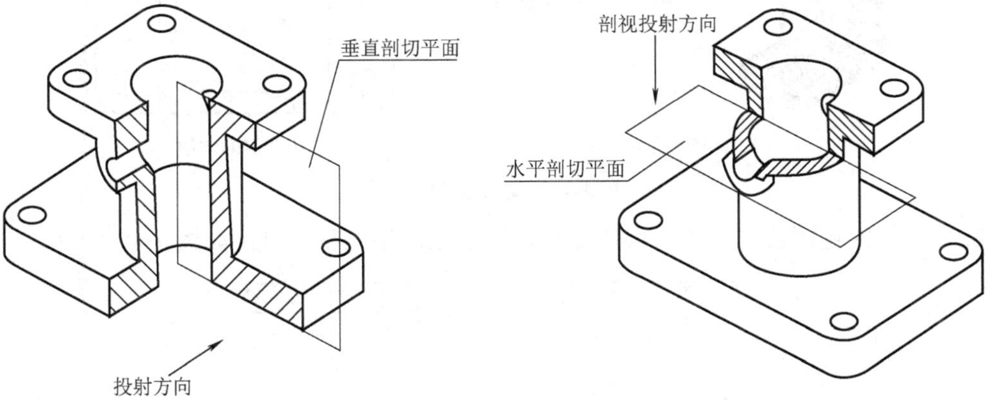

(a) 垂直剖　　(b) 水平剖

图 7-16　半剖视图的剖切方法

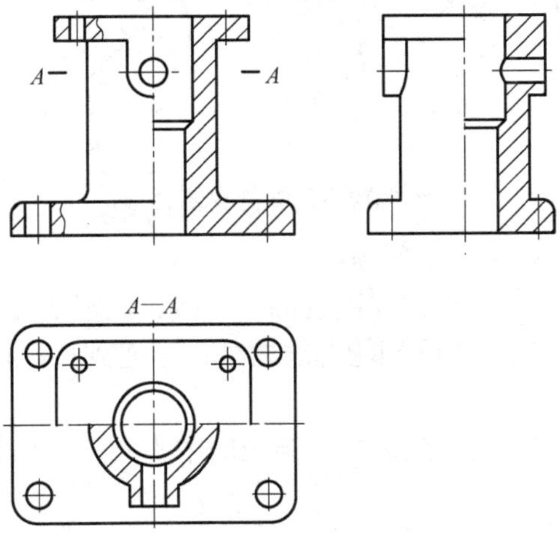

图 7-17　半剖视图

半剖视图既表达了机件的外形，又表达了内部结构，它适用于内外形状都需要表达的机件。半剖视图的标注方法与全剖视图相同。画半剖视时，应注意以下几个问题。

(1) 绘制半剖视图的条件是内外形状都需要表达的对称或基本对称机件。

(2) 半个视图与半个剖视图的分界线必须是细点画线。

(3) 在表达外形的半个视图中，一般不画虚线。

3) 局部剖视图

用剖切平面局部地剖开机件所得的剖视图称为局部剖视图，如图 7-18 所示。

局部剖视图经常用于下列情况。

(1) 当机件上有局部的内部结构需要表达，或需要保留部分外形而不能采用全剖视时，如图 7-18 所示。

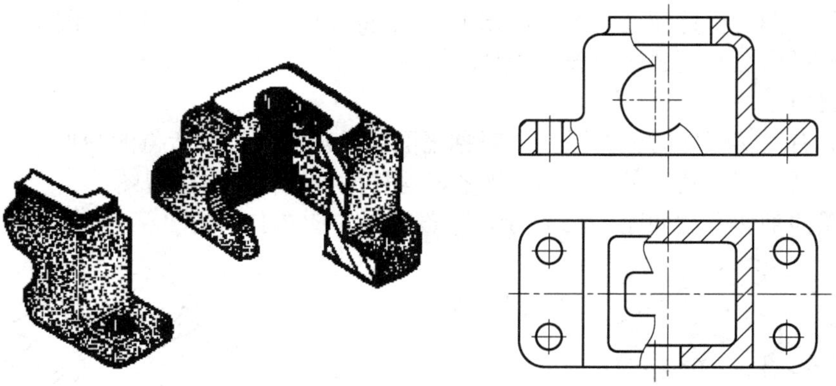

(a)立体图　　(b)局部剖视图

图 7-18　局部剖视图(一)

(2)当机件的轮廓线与对称中心线重合，不宜采用半剖视图时，如图 7-19 所示。

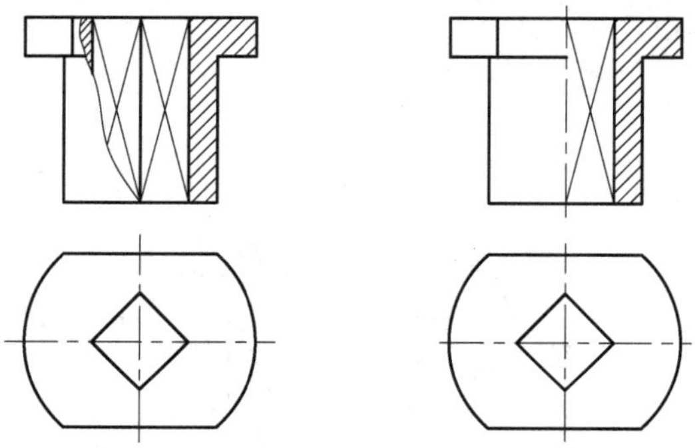

(a)正确　　(b)错误

图 7-19　局部剖视图(二)

画局部剖视图时应注意以下几个问题。

① 局部剖视图用波浪线作为视图与剖视的分界线。波浪线可看作机件断裂痕迹的投影，因此不能与其他图线重合，也不能画到轮廓线之外，当遇到孔、槽等空洞结构时不能穿空而过，如图 7-20 所示。

② 当被剖切结构为回转体时，允许将该结构的中心线作为局部剖视与视图的分界线，如图 7-21 所示。

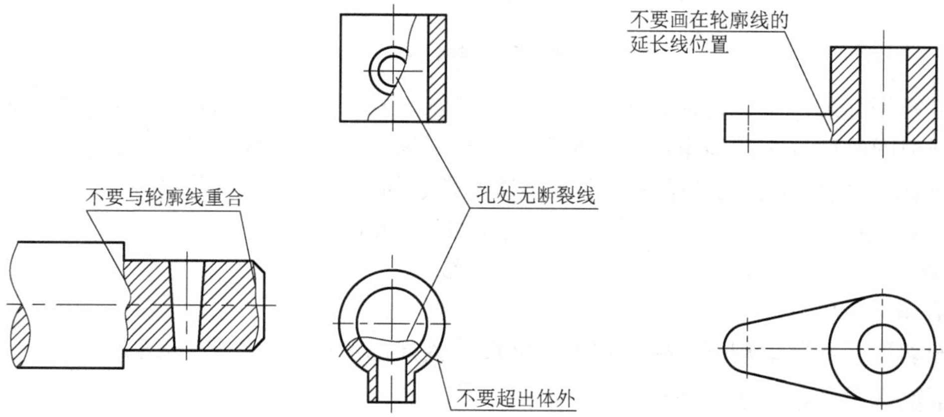

(a)　　(b)　　(c)

图 7-20　波浪线的画法

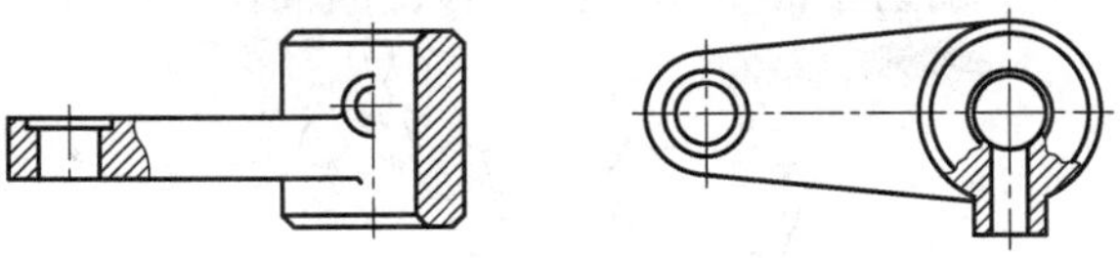

(a)　　(b)

图 7-21　用中心线代替波浪线

第 3 节　断面图

1）断面图的概念

假想用剖切面将机件的某处切断，仅画出该剖切面与机件相接触部分的图形，称为断面图，如图 7-22 所示。

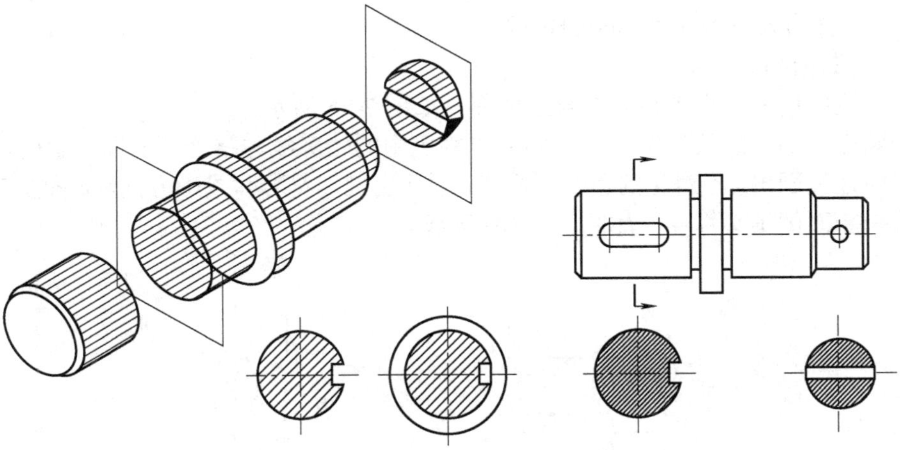

(a)　　(b)　　(c)

图 7-22　断面图与剖视图的区别

应注意断面图只画断面形状，而剖视图除了画断面形状，还必须画出断面后的所有可见轮廓线，图 7-22 将断面图和剖视图进行了比较。

2）断面图的种类和画法

根据断面图配置的位置，可以分为移出断面图和重合断面图。

(1) 移出断面图。

画在视图之外的断面图称为移出断面图，如图 7-22 所示。

移出断面图的轮廓线用粗实线绘制，并尽可能配置在剖切线的延长线上，必要时也可画在其他位置。对称的移出断面图也可以画在视图的中断处，如图 7-23 所示。

画移出断面图时应注意三个要点：

① 当剖切平面通过由回转面形成的孔或凹坑的轴线时，这些结构应按剖视绘制，如图 7-22 中的通孔。

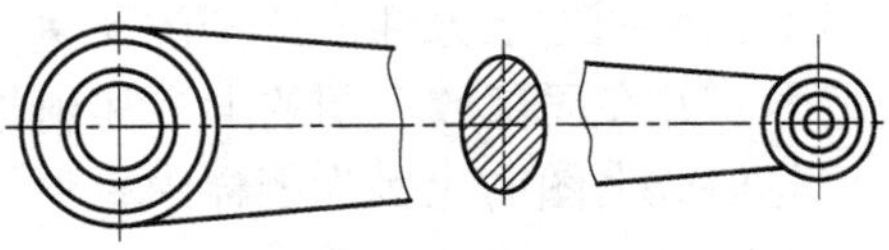

图 7-23　移出断面图(一)

② 当剖切平面通过非圆孔，会导致出现完全分离的两个断面时，这些结构也应按剖视绘制。

③ 由两个或多个相交的剖切平面剖切得出的移出断面图，中间应断开，如图 7-24 所示。

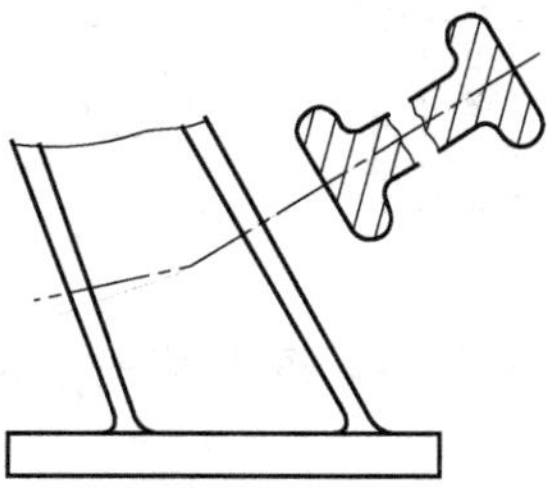

图 7-24　移出断面图(二)

标注移出断面图时应注意两个要点：

① 当断面图画在剖切符号的延长线上时，如果断面图是对称图形，可完全省略标注，如图 7-22(c)图所示；若断面图不是对称图形，则必须用剖切符号表示剖切位置和投影方向，如图 7-22(b)图所示。

② 当断面图不是画在剖切符号的延长线上时，不论断面图形是否对称，都应注出剖切符号和投影方向，并用大写字母标注断面图名称。

(2) 重合断面图。

画在视图之内的断面图称为重合断面图，如图 7-25 所示。

重合断面图的轮廓线用细实线绘制，当视图中的轮廓线与重合断面图重叠时，视图中的轮廓线仍应连续画出。不对称的重合断面图，须注出剖切符号和投影方向，如图 7-25(a)所示；对称的重合断面图不必标注，如图 7-25(b)所示。

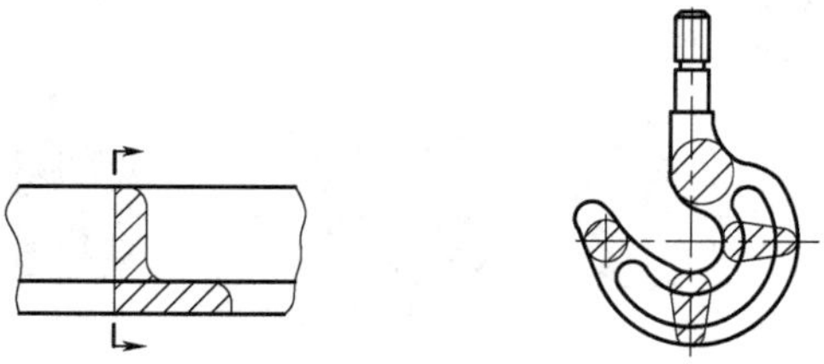

(a) 不对称重合断面　　(b) 对称重合断面

图 7-25　重合断面图的画法和标注

第 4 节　其他表达方法

1. 局部放大图

当机件上有些细小结构，在视图中表达不清楚或不便于标注尺寸时，可将这些结构用大于原图所采用的比例画出，这种图形称为局部放大图，如图 7-26 所示。

局部放大图根据需要可画成视图、剖视图或断面图，它与原图的表达方式无关。为看图方便，局部放大图应尽量配置在被放大部位的附近。

局部放大图必须进行标注。标注方法为：在视图上，用细实线圈出被放大的部位，然后在局部放大图的上方注出绘图的比例。当机件上有几个被放大的部位时，必须用罗马数字依次编号，并在局部放大图的上方注出相应的罗马数字和所采用的比例。如图 7-26 所示。

局部放大图的比例为图样中机件要素的线性尺寸与实际机件相应要素的线性尺寸之比，与原图所采用的比例无关。

必要时可用几个图形表达同一个被放大部位的结构，如图 7-27 所示。

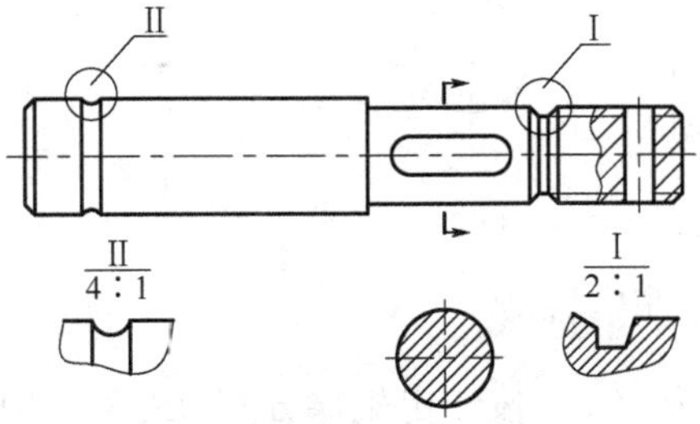

图 7-26　局部放大图(一)

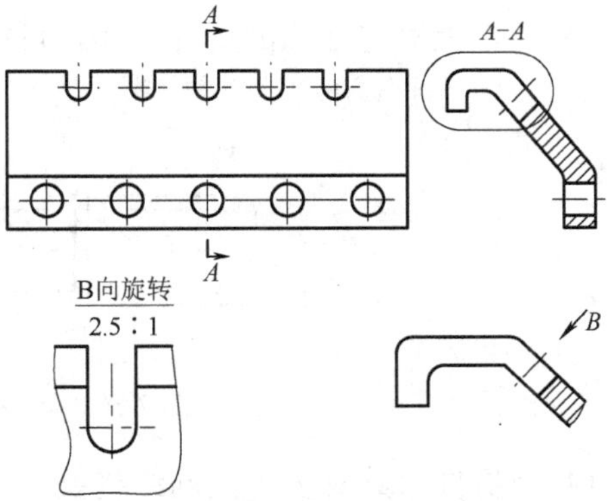

图 7-27　局部放大图(二)

2. 简化画法

在不致引起误解和不会产生理解多义性的前提下，为力求制图简便，国家标准《技术制图》(GB/T 16675.1－2012)中规定了图样简化表示法，下面仅介绍其最常见的部分。

(1)对于机件的肋、轮辐及薄壁等，当沿纵向剖切时，这些结构都不画剖面符号，而用粗实线将它与邻接部分分开。但横向剖切时，仍应画出剖面符号，如图 7-28 所示。

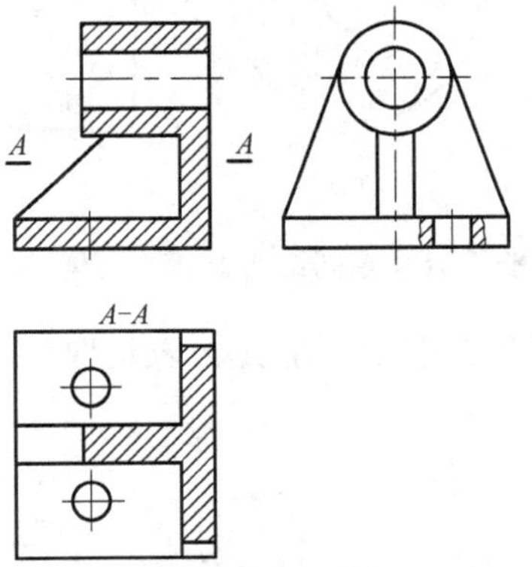

图 7-28　肋剖切的画法

(2)当回转体上均匀分布的肋、轮辐、孔等结构不处于剖切平面上时，可将这些结构旋转到剖切平面上画出，如图 7-29 所示。

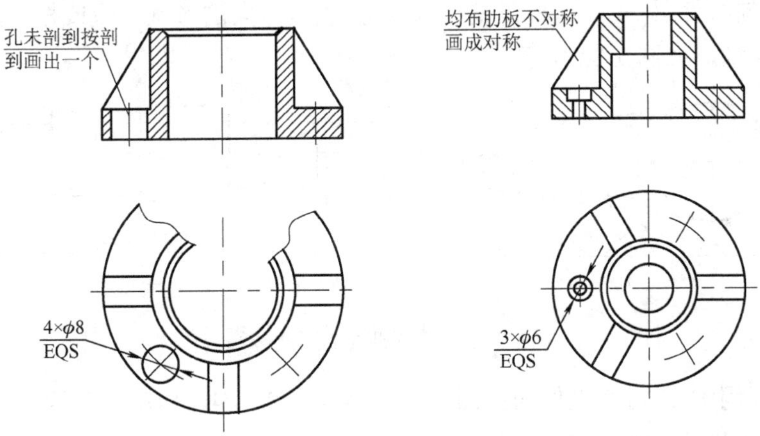

(a)　　(b)

图 7-29　均布肋、孔的简化画法

(3) 零件上对称结构的局部视图，可按图 7-30 所示的方法绘制。

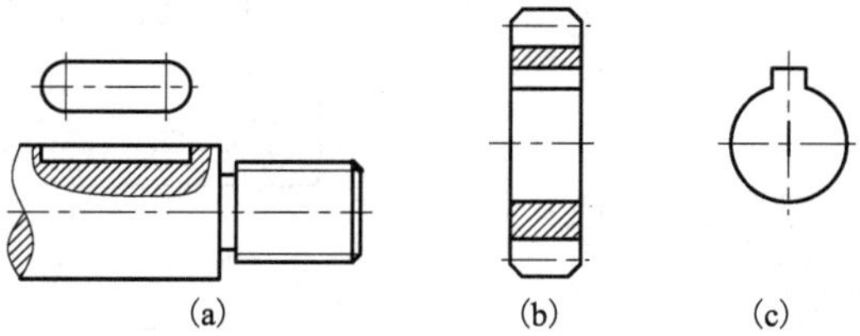

图 7-30　对称结构局部视图的简化画法

(4) 当机件上具有多个相同结构要素(如孔、槽、齿等)并按一定规律分布(EQS 为均匀分布的意思，即 Equally Spaced)时，只需画出几个完整的结构，其余用细实线连接或画出中心线，但在图中应注明它们的总数，如图 7-31 所示。

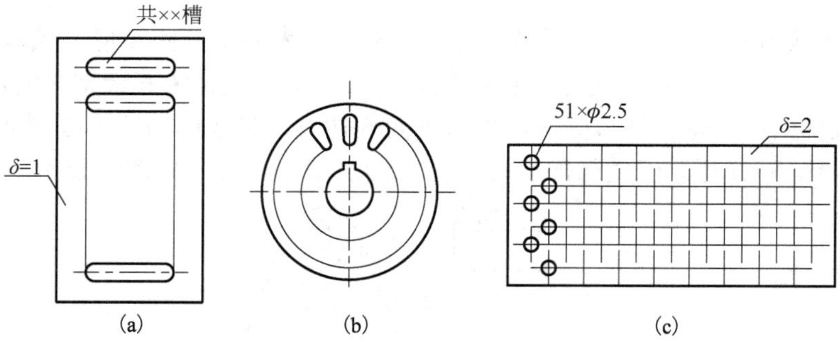

图 7-31　相同结构要素的简化画法

(5) 当回转体零件上的平面在图形中不能充分表达时，可用平面符号(两相交的细实线)表示，如图 7-32 所示。

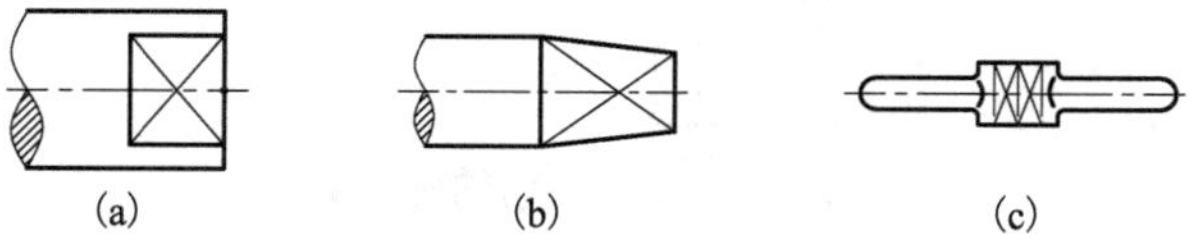

图 7-32　平面的简化画法

(6) 当较长的机件(如轴、连杆、型材等)，沿长度方向的形状一致或按一定规律变化时，可断开后缩短绘制，如图 7-33 所示。

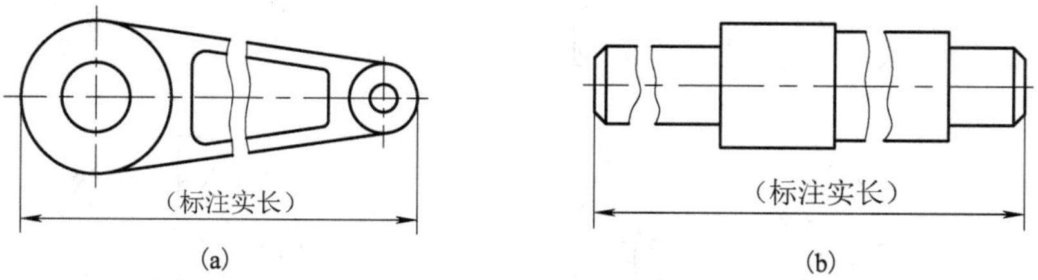

图 7-33　较长机件的断开画法

(7) 由于图幅限制，对称机件的视图可以只画 1/2 或 1/4，但应在对称中心线的两端画出两条与其垂直的细实线，如图 7-34 所示。

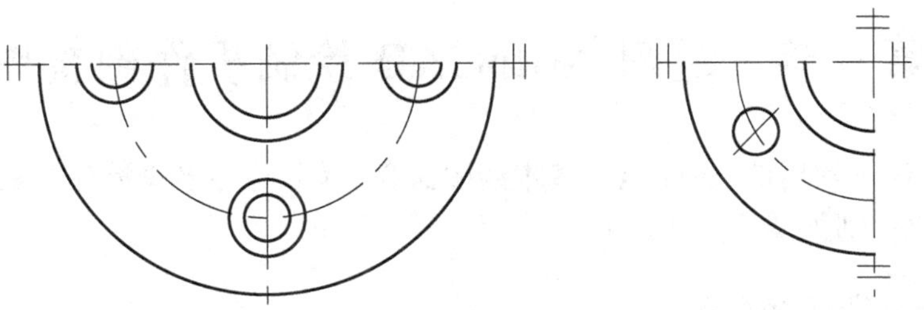

(a) 只画 1/2　　(b) 只画 1/4

图 7-34　对称图形的简化画法

第 5 节　表达方法的综合应用

在表达机件时，要根据机件的结构特点，选用合适的表达方法，画出一组视图，并恰当地标注尺寸，把机件的内外结构形状完整、清晰地表达出来，同时应力求制图简单，看图方便。

对于同一机件可以有多种表达方案，应该综合考虑，经过比较之后确定较好的一种方案。只有多看生产图纸，细心琢磨，才能正确、灵活地选用各种表达方法，把机件表达得符合要求。

下面以图 7-35 所示轴承支架的表达为例进行讨论。

轴承支架的主视图反映出支架在机器中的安装位置，并采用了局部剖视，以表示轴承孔和加油孔。左视图为局部视图，表示轴承圆柱与十字形肋板的连接关系和相对位置，移出断面表示十字形肋板的断面实形；主视图上的倾斜底板采用局部剖视，表示其通孔；*A* 向斜视图，表示倾斜底板的实形以及其上孔和销孔的分布位置及数量。这样，仅用了四个视图，轴承支架的结构和形状就已经表达清楚，达到了视图清晰完整、作图简便的要求。

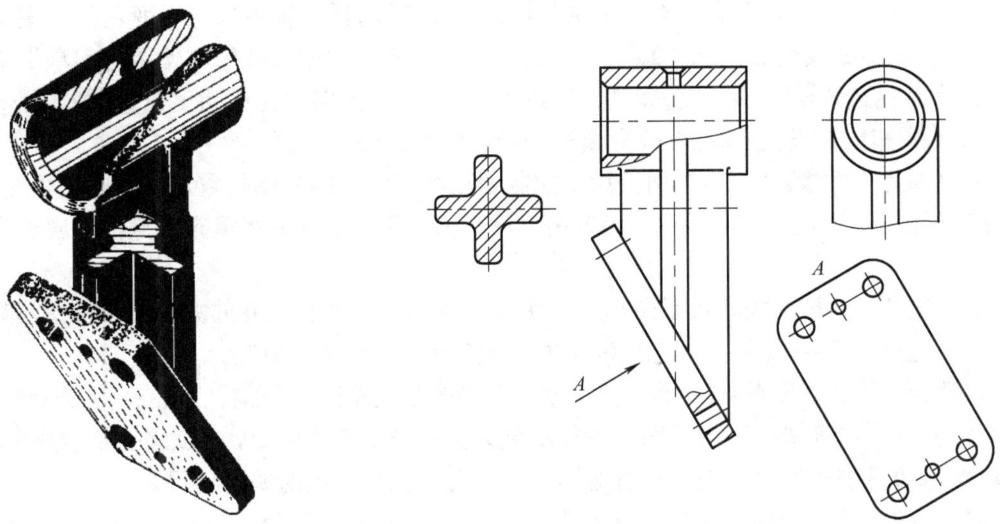

(a) 立体图　　(b) 表达方案

图 7-35　轴承支架立体图及其表达方案

第 6 节　运用 AutoCAD 绘制机件剖视图

前面已经介绍过常用的 AutoCAD 基本绘图命令、编辑命令及其操作方法，本节介绍运用 AutoCAD 绘制机件剖视图的方法。

1．图案填充和渐变色命令

AutoCAD 提供有“图案填充”和“渐变色”功能，用以对绘制的图形进行多种图案填充和逐渐变色渲染，操作方法如下。

(1) 选择“默认”选项卡→“绘图”面板，点击图案填充图标右侧黑三角，有“图案填充”、“渐变色”和“边界”三种选择。选择，在功能区打开“图案填充创建”选项卡，如图 7-36 所示。

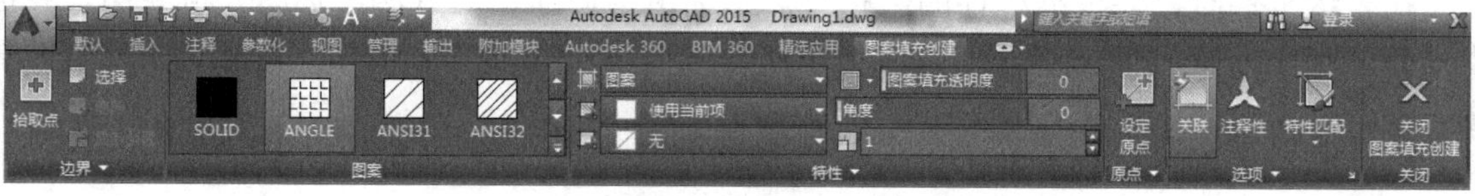

图 7-36　“图案填充创建”选项卡

(2)“边界”面板。“边界”面板有“拾取点”和“选择”两种方式选择图案填充对象。点取拾取点图标，根据围绕指定点构成封闭区域的现有对象来确定边界，在需要图案填充的各个视图区域中的任意位置处点击一下，该区域会显示填充图案。如果所选择的区域不呈封闭图形，则系统会给出提示，并不对该区域进行填充操作。点取选择图标，根据构成封闭区域的选定对象确定边界。

(3)“图案”面板。“图案”面板显示有多种填充图案及名称，直接点取选择，点取右侧的下拉条，可以有更多选择。对于金属材料，通常选择剖面线为 45° 的平行线，名称为 ANS131。

(4)“特性”面板。图案填充类型选择，可以选择“实体”、“渐变色”、“图案”或“用户定义”。图案填充颜色选择，可以选择“bylayer”“byblock”、“使用当前项”或“调色板”。背景色选择，可以选择“无”或“调色板”。图案填充透明度设置。图案填充角度设置和比例设置可以改变填充符号的角度和间距比例。

(5)“原点”面板。“原点”面板用于控制填充图案生成的起始位置。某些图案填充(如砖块图案)需要与图案填充边界上的一点对齐。默认情况下，所有图案填充原点都对应于当前的 UCS 原点。

(6)“选项”面板。关联按钮图标，可以设置填充图案和边界的关联性。特性匹配图标，可以选择和图中原有的填充图案同样的图案对新图形进行填充。

(7) 选择“默认”选项卡→“绘图”面板，点击图案填充图标右侧黑三角，选择，出现“渐变色”选项卡，可以对图形进行渲染，操作方法基本同上，在此略过；选择，

出现“边界创建”对话框，设置边界类型，可以创建封闭对象的边界。

选择“图案填充创建”选项卡→“选项”面板右下角的斜箭头，可以弹出“图案填充和渐变色”对话框，如图 7-37 所示，可以在对话框中对“图案填充”和“渐变色”设置、填充对象，具体内容和前面所述内容相同。

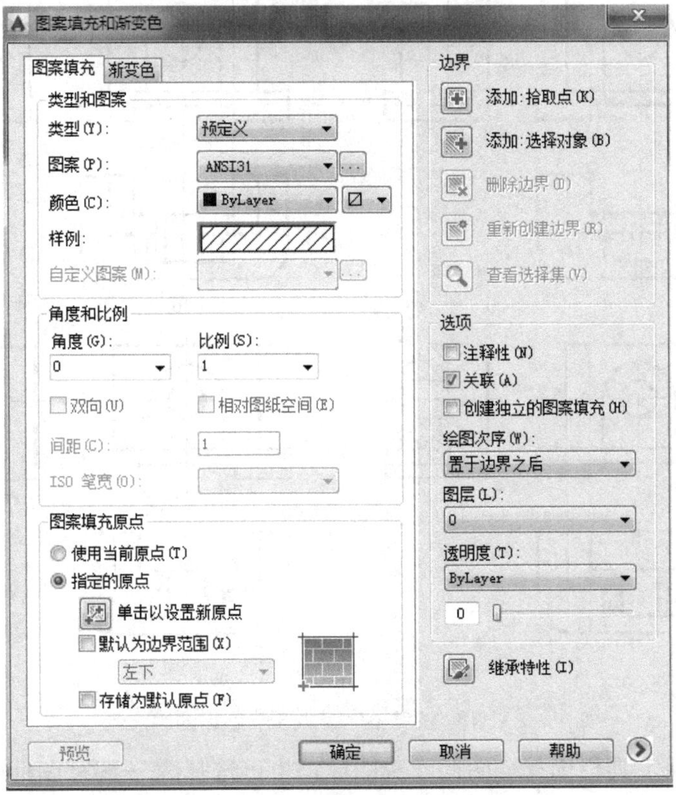

图 7-37　“图案填充和渐变色”对话框

若要编辑绘制好的填充图案，只要单击要编辑的图案，功能区就出现“图案填充编辑器”，即可编辑。

2．运用 AutoCAD 命令绘制剖视图

【例 7-1】绘制图 7-38 所示支架的剖视图。

根据支架的结构特点，选择左视图沿着左右对称平面进行全剖，俯视图沿着水平孔的轴线采取局部剖。推荐步骤如下。

(1)按照第 5 章介绍的 AutoCAD 绘图方法，绘制出支架的三视图，如图 7-38(a)所示。

(2)将 thin 设置为当前层，单击选择“默认”选项卡→“绘图”面板，点击样条曲线拟合图标，绘制俯视图中局部剖视的边界波浪线(波浪线绘制时，起讫位置用“最近点”对象捕捉，保证绘制封闭区域)。

(3)运用“修剪”命令和“删除”命令，消除掉多余的线条。

(4)运用“特性”或“特性匹配”，将俯视图和左视图中虚线改为表示可见的粗实线。如图 7-38(b)所示。

(5)选择“默认”选项卡→“绘图”面板，单击图案填充图标，打开“图案填充创建”选项卡，选择 ANS131 图案。在需要绘制剖面线的区域点击拾取，利用比例设置，选择合适的剖面线间距，最后“关闭”退出。如图 7-38(c)所示。

(6)删除主、俯视图中的虚线，整理图线，完成全图。如图 7-38(d)所示。

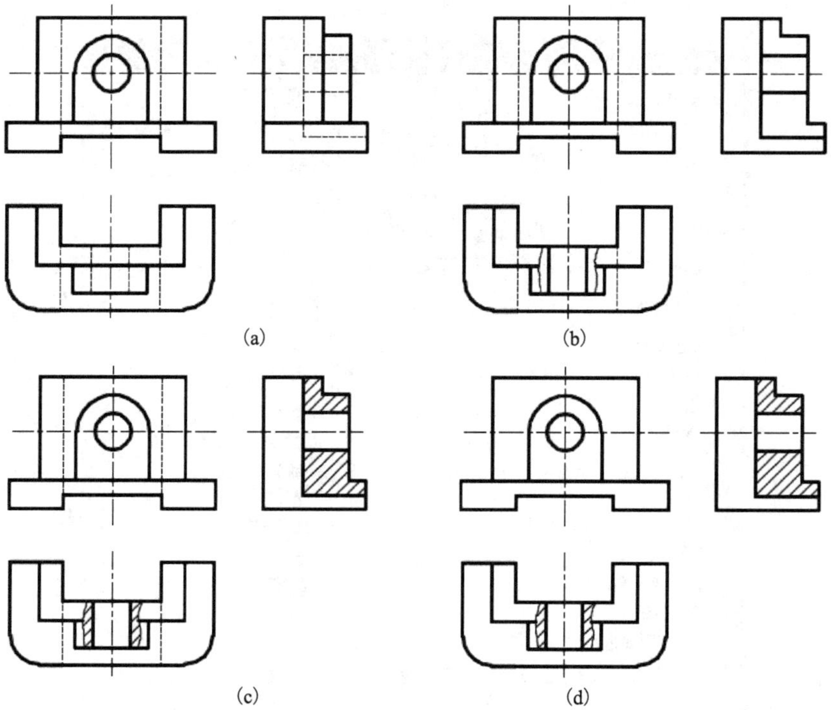

图 7-38　用 AutoCAD 绘制支架剖视图的步骤

(7)在快速访问工具栏选择图标或图标，也可选择→图标或图标来保存图形文件，将图形存盘。

第 8 章　标准件与常用件

学习目标

熟悉螺纹、键、齿轮、轴承等常用件和标准件的规定画法与标记。熟悉掌握螺纹画法的标记、螺纹连接的简化画法、轴承的三种画法和代号，了解齿轮参数的计算公式，掌握直齿圆柱齿轮的画法和齿轮啮合的画法。本章中的螺纹连接、齿轮啮合、键连接等所涉及的知识已不是单独的零件，而是逐渐向部件过渡的典型装配结构，熟悉掌握这些装配结构的规定画法将为下一步学习装配图打下基础。

重点难点

重点： 螺纹连接、键连接、齿轮、轴承等常用件和标准件的规定画法。

难点： 螺纹连接和轴承的规定画法，运用 AutoCAD 绘制连接件图。学习本章时要注意对国家标准的正确理解和一些标准数据的查阅方法。

学习指导

在学习螺纹和螺纹连接画法时，要在理解的基础上记住国家标准规定的画法。对标准齿轮参数，在已知齿数、模数和压力角计算其他参数的公式时，要结合图形理解记忆；各种轴承的规定画法和特征画法要在理解轴承结构与特点的基础上掌握其画法；对螺纹和轴承的标记要结合案例学习。

在机器或部件中，除了一般零件，还广泛使用螺栓、螺母、垫圈、键、销、滚动轴承、齿轮、弹簧等零件。由于这些零件用途广，用量大，为了便于制造和使用，对它们的结构和尺寸都已全部或部分实行了标准化。其中，全部标准化了的零件称为标准件，如螺纹紧固件、键、销、轴承等；部分标准化的零件称为常用件，如齿轮、弹簧等。

为方便绘图，这些零件的结构和形状不必按其真实投影绘制。本章主要介绍国家标准中它们的规定画法、代号及标注方法等。

第 1 节　螺纹及螺纹紧固件

1. 螺纹

螺纹是指在圆柱或圆锥表面上沿着螺旋线所形成的具有相同剖面的连续凸起和沟槽。在外表面上加工的螺纹称为外螺纹，在内表面上加工的螺纹称为内螺纹。

1) 螺纹的形成

螺纹是根据螺旋线原理加工而成的。有多种方法制作螺纹，图 8-1 为在车床上加工内外螺纹。

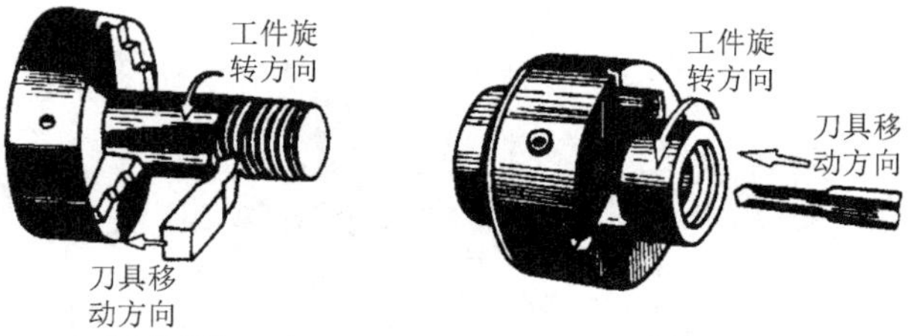

(a) 外螺纹　　(b) 内螺纹

图 8-1　车削螺纹

2) 螺纹要素

(1) 牙型。

在通过螺纹轴线剖切的断面上，螺纹的轮廓形状称为牙型。常见的牙型有三角形、梯形和锯齿形等，参见表 8-1。

表 8-1　常用标准螺纹的种类、代号及标注示例

螺纹种类		牙型	螺纹代号				公差带代号		旋合长度代号	标注示例
			特征代号	公称直径	螺距[导程]	旋向	中径	顶径		
普通螺纹	粗牙普通螺纹	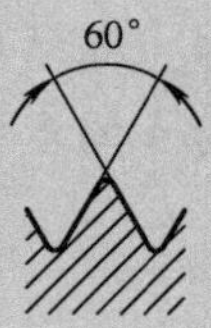	M	20	2.5	右	6g	6g	N	
普通螺纹	细牙普通螺纹		M	20	2	左	6H	6H	S	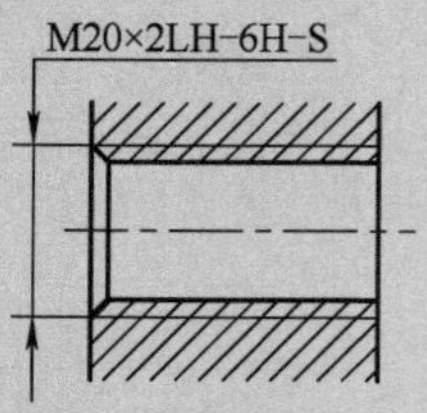
梯形螺纹		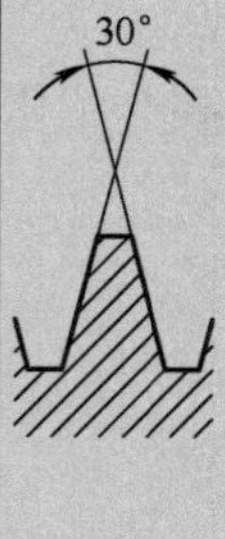	Tr	30	6	左	7e		L	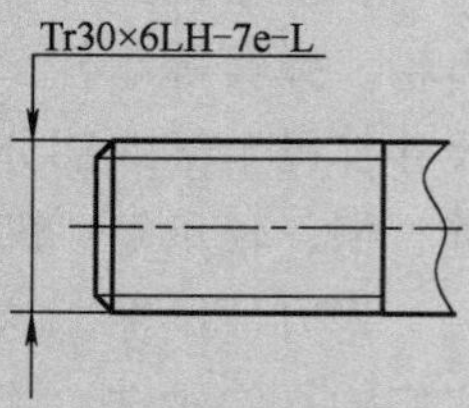
梯形螺纹			Tr	30	6 [12]	右	7H		N	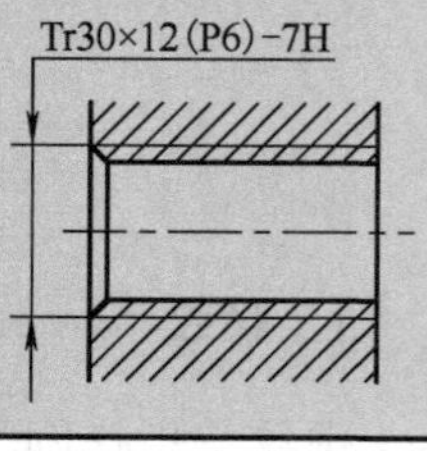

续表

螺纹种类	牙型	螺纹代号				公差带代号		旋合长度代号	标注示例
		特征代号	公称直径	螺距[导程]	旋向	中径	顶径		
非螺纹密封的管螺纹	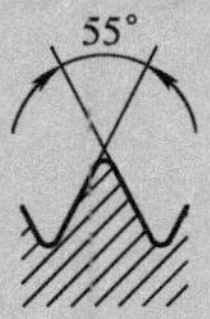	G	尺寸代号			公差等级代号			
			3/4	1.814	右	A			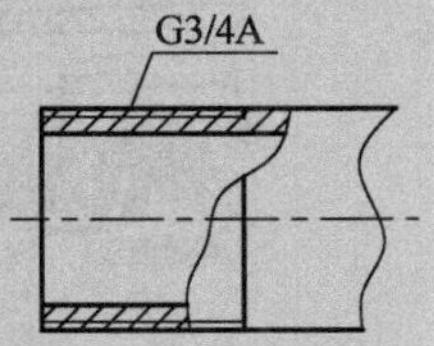
			$1^1/2$	2.309	左				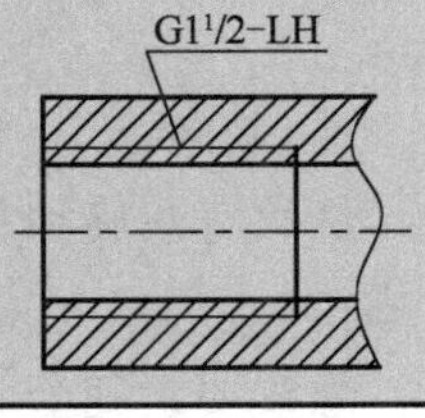

(2) 直径。

大径：与外螺纹牙顶或内螺纹牙底相重合的假想圆柱或圆锥面的直径，如图 8-2 所示。内、外螺纹的大径分别用 D、d 表示。除管螺纹外，螺纹的大径即为公称直径。

小径：与外螺纹牙底或内螺纹牙顶相重合的假想圆柱或圆锥面的直径。内、外螺纹的小径分别用 D_1、d_1 表示。

中径：中径是一个假想圆柱或圆锥的直径，该圆柱或圆锥的母线通过牙型上沟槽和凸起宽度相等的地方。内、外螺纹的中径分别用 D_2、d_2 表示。

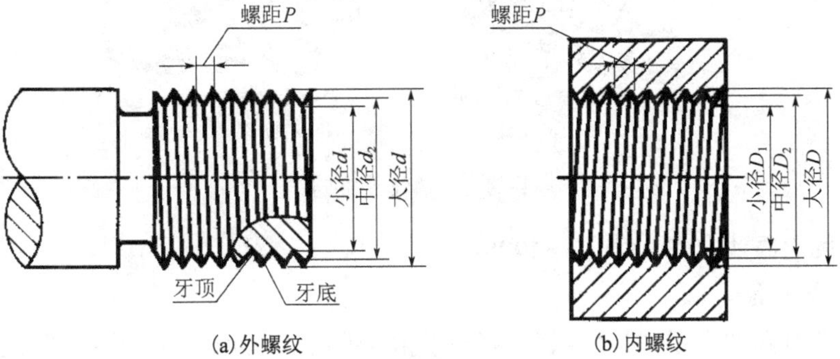

(a) 外螺纹　　(b) 内螺纹

图 8-2　螺纹各部分名称

(3) 线数 (n)。

螺纹有单线与多线之分。沿一条螺旋线所形成的螺纹称为单线螺纹；沿两条或两条以上螺旋线所形成的螺纹称为双线或多线螺纹，如图 8-3 所示。

(4) 螺距 (P) 和导程 (s)。

螺距是指相邻两牙在中径线上对应两点之间的轴向距离。导程是指同一条螺旋线上，相邻两牙在中径线上对应两点之间的轴向距离，如图 8-3 所示。因此有

$$螺距(P)=导程(s)\ /\ 线数(n)$$

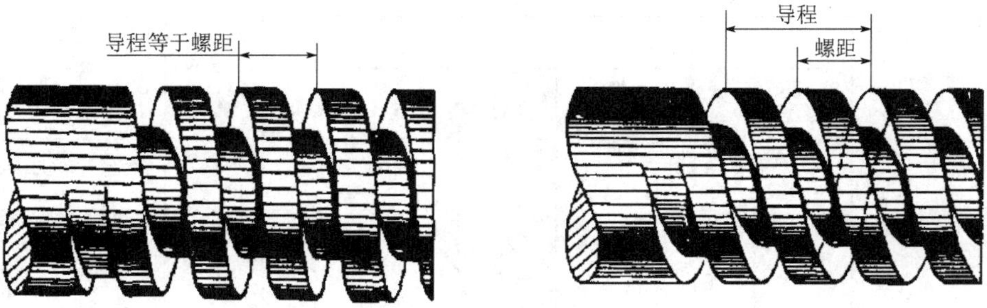

(a)单线螺纹　(b)多线螺纹

图 8-3　螺纹的线数

(5)旋向。

螺纹有左旋和右旋之分，并可按图 8-4 所示的方法判断。生产实际中的螺纹大部分为右旋螺纹。

螺纹要素完全一致的内、外螺纹才能互相旋合，从而实现零件间的连接和传动。

(a)左旋　(b)右旋

图 8-4　螺纹的旋向

3)螺纹的规定画法(GB 4459.1—1995)

(1)外螺纹的画法。

外螺纹一般用视图表示，其牙顶(大径)用粗实线表示，牙底(小径)用细实线表示(通常为大径的 0.85)，并画入倒角或倒圆部分，螺纹终止线用粗实线表示，螺尾一般不画。在投影为圆的视图上，表示牙底的细实线圆只画约 3/4 圈，倒角圆不画，如图 8-5 所示。

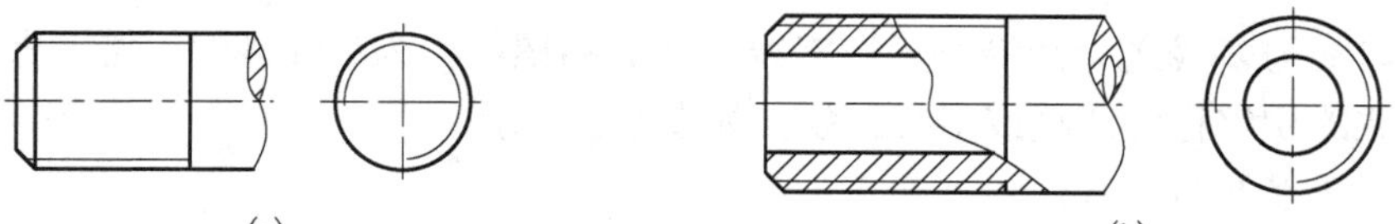

(a)　(b)

图 8-5　外螺纹的画法

(2)内螺纹的画法。

内螺纹一般用剖视图表示，其牙顶(小径)用粗实线表示，牙底(大径)用细实线表示，剖面线必须画到粗实线处。对不通的盲孔螺纹，一般应将钻孔深度和螺孔深度分别画出，螺纹终止线用粗实线表示，底部的锥顶角应画成 120°。在投影为圆的视图上，表示牙底的细实线圆只画约 3/4 圈，孔口倒角圆不画。当内螺纹不剖时，螺纹孔画虚线，如图 8-6 所示。

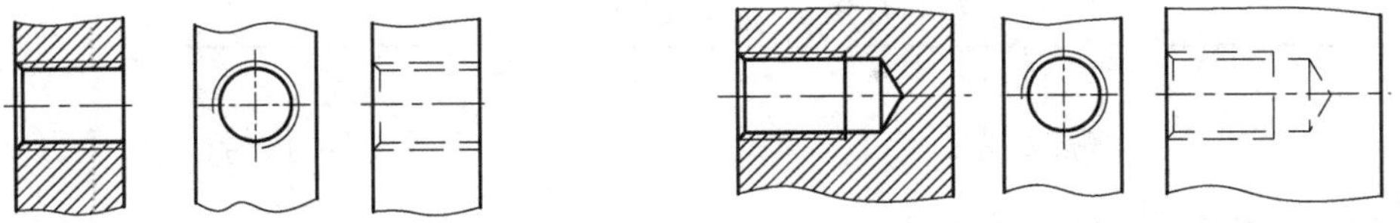

(a) 通孔螺纹　　　　　　　　　　　　　　(b) 盲孔螺纹

图 8-6　内螺纹的画法

(3) 螺纹连接的画法。

内外螺纹连接一般用剖视图表示，其连接部分按外螺纹的画法绘制，其余部分则按各自的规定画法表示，如图 8-7 所示。此时要注意表示螺纹大、小径的粗、细实线应对齐。

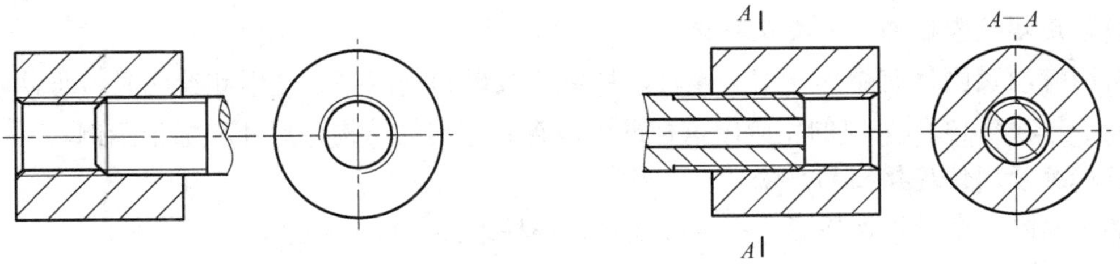

(a)　　　　　　　　　　　　　　　　　　(b)

图 8-7　螺纹连接的画法

4) 螺纹的种类和标注

由于螺纹的规定画法不能表示螺纹的种类和螺纹的各基本要素，因此绘制其图样时还必须按照国家标准规定的格式和相应代号进行标注，如表 8-1 所示。

(1) 普通螺纹的标注。

普通螺纹以尺寸标注的形式注在螺纹的大径上，其标记如下。

螺纹特征代号　公称直径×螺距　旋向－中径、顶径公差带代号－旋合长度代号

螺纹代号　　　　　　　　　　公差带代号

若符合下列情况，可省略有关标注内容：粗牙螺纹不注螺距；左旋螺纹用 L H 表示，右旋螺纹不注旋向；公差带代号由数字(表示公差等级)和字母(表示公差带位置，大写字母表示内螺纹，小写字母表示外螺纹)组成；若中径、顶径公差带代号相同，则只注一次；旋合长度分为短(S)、中(N)、长(L)三种，一般采用中等，其代号 N 省略。

(2) 管螺纹的标注。

管螺纹是以指引线的形式从大径引出进行标注的，其标记如下。

螺纹特征代号　尺寸代号　公差等级代号－旋向

尺寸代号是指管子的通孔直径，而非管螺纹的大径，以寸(1 寸≈0.033m)为单位。公差等级代号对非螺纹密封的管螺纹中的外螺纹分 A、B 两级，对内螺纹则不注；对用螺纹密封的管螺纹(R、Rc、Rp)没有此项内容。左旋螺纹用 LH 表示，右旋不注。

(3)梯形螺纹(Tr)和锯齿形螺纹(B)的标注。

这两种螺纹是以尺寸标注的形式，注在螺纹的大径上的，其标记如下。

螺纹特征代号 公称直径×螺距[单线]/导程(P螺距)[多线] 旋向—中径公差带代号—旋合长度代号

（“螺纹特征代号 公称直径×螺距[单线]/导程(P螺距)[多线] 旋向”为：螺纹代号；“中径公差带代号”为：公差带代号）

(4)特殊螺纹及非标准螺纹的标注。

特殊螺纹在标注时，应在特征代号前加注“特”字，必要时也可注出极限尺寸，如特Tr50×5－d_2 47.445/46.935。对于非标准螺纹，应画出螺纹的牙型，并注出所需的全部尺寸及有关要求。

2. 螺纹紧固件

1)常用螺纹紧固件的种类及标记

常用螺纹紧固件有螺栓、双头螺柱、螺钉、螺母和垫圈等。使用和绘图时，可从附录中的附表5～附表13所列出的相应国家标准中，查到它们的结构、尺寸和标记示例。

2)螺纹紧固件连接图的画法

螺纹紧固件有三种连接形式：螺栓连接、螺柱连接和螺钉连接。

(1)螺栓连接。

当两个零件被紧固处的厚度较小且均可穿孔时，一般采用螺栓连接，此时将螺栓穿过两个零件的光孔，装上垫圈，旋紧螺母。

螺栓连接可采用图8-8所示的简化画法，其有关参数参见附表5。

画连接图时必须遵守下列规定。

① 零件的接触面只画一条线，不接触面必须画两条线。

② 在剖视图中，相邻两零件的剖面线方向应相反；而同一零件在各个剖视图中的剖面线方向和间隔应相同。

③ 当剖切平面通过螺纹紧固件的轴线时，紧固件均按未剖切绘制，即只画外形。

(2)螺柱连接。

当两个零件被紧固处一个厚度较小而另一个较厚或不允许穿孔时，一般采用双头螺柱连接。此时，在较厚的零件上加工出螺孔，在另一零件上加工出通孔，插入、旋紧螺柱，装上垫圈并旋紧螺母。这里一般使用弹簧垫圈，依靠其弹性所产生的摩擦力和斜角防止螺母松动。

双头螺柱两端均加工有螺纹，一端旋入螺孔内，称为旋入端；另一端和螺母旋合，称为紧固端。旋入端的长度 b_m 与被连接件的材料有关：钢、青铜件取 $b_m=d$；铸铁件取 $b_m=1.25d$；材料强度介于铸铁和铝之间时取 $b_m=1.5d$；铝件及非金属件取 $b_m=2d$。旋入端应全部旋入螺孔内，因此螺纹终止线与结合面应平齐。螺柱标准所规定的长度系列值，参见附表6。

对于双头螺柱连接的画法，旋入端相当于内、外螺纹连接，旋入端以上部分与螺栓连接画法相同，如图8-9所示。弹簧垫圈的开口槽与水平线成左斜60°，其标准系列值见附表10。

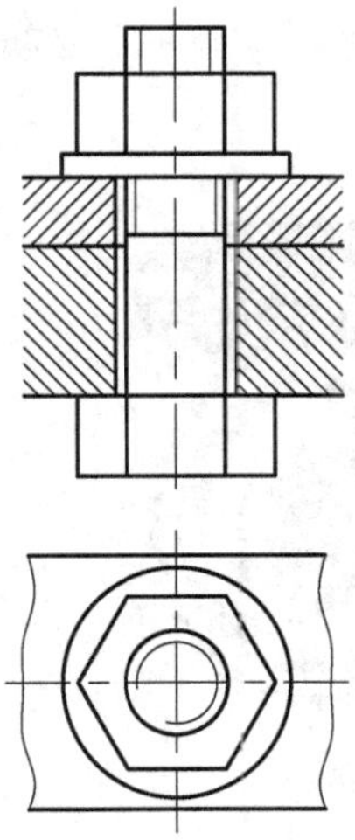

图 8-8　螺栓连接的简化画法

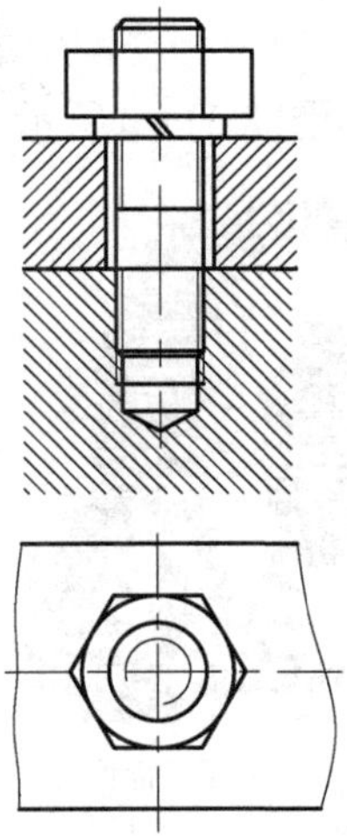

图 8-9　双头螺柱连接的画法

(3) 螺钉连接。

螺钉一般用于受力不大或不需经常拆卸的地方。其连接图除头部外，其他部分与双头螺柱连接画法相似，如图 8-10 所示。

画图时应注意，螺纹终止线不应与结合面平齐，而应在结合面之上。

螺钉头部的起子槽在主视图上应放正，在俯视图中应画成右斜 45°，如图 8-10 所示。

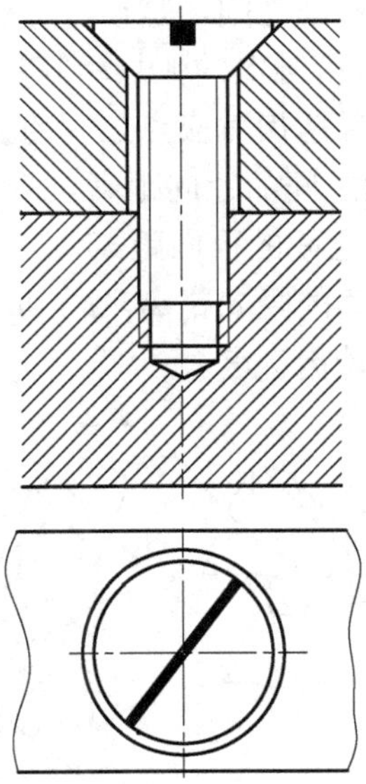

图 8-10　螺钉连接的画法

第 2 节　齿轮

齿轮是一种应用非常广泛的传动零件，它用于轴系间的动力传递、改变旋转速度和方向等。

常用的齿轮有三种类型：①圆柱齿轮——用于平行两轴之间的传动，如图 8-11(a)所示；②圆锥齿轮——用于相交两轴之间的传动，如图 8-11(b)所示；③蜗杆与蜗轮——用于交叉两轴之间的传动，如图 8-11(c)所示。

(a)圆柱齿轮　(b)圆锥齿轮　(c)蜗杆与蜗轮

图 8-11　齿轮传动

齿轮的轮齿有直齿、斜齿、人字齿等，其齿形有渐开线、摆线等形式，本节主要介绍渐开线形标准直齿圆柱齿轮的有关知识和规定画法。

1. 直齿圆柱齿轮各部分名称及代号(图 8-12)

(1)齿顶圆 d_a：通过各轮齿顶端的圆。

(2)齿根圆 d_f：通过各轮齿根部的圆。

(3)分度圆 d：位于齿顶圆和齿根圆之间，是设计、制造齿轮时计算与测量的依据。在标准情况下，齿的厚度 s 与槽宽 e 在分度圆上的弧长相等。

(4)齿距 p：在分度圆周上，相邻两齿对应点之间的弧长，$p = s + e$。

(5)齿顶高 h_a：分度圆到齿顶圆之间的径向距离。

(6)齿根高 h_f：分度圆到齿根圆之间的径向距离。

(7)齿高 h：齿顶圆到齿根圆之间的径向距离，$h = h_a + h_f$。

(8)齿宽 b：沿齿轮轴线方向的轮齿宽度。

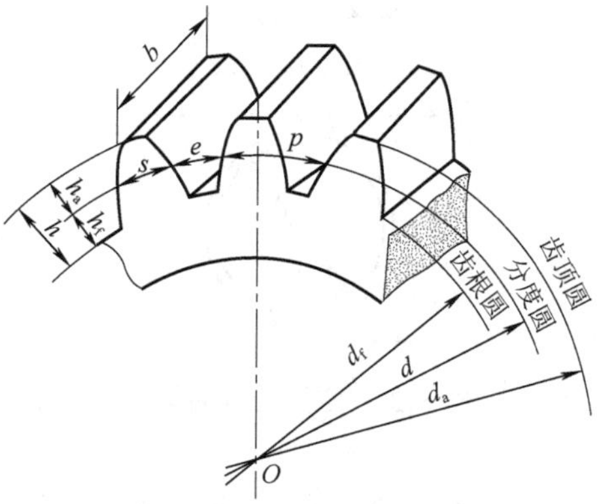

图 8-12　轮齿各部分名称及代号

2. 圆柱齿轮的模数与各部分尺寸计算

(1)模数 m：齿轮的齿数用 z 表示，由于分度圆周长$\pi d=pz$，有 $d=pz/\pi$。式中，π是一个无理数，为了计算方便把 p/π 取成有理数，其值 $m=p/\pi$ 称为模数，因此 $d=mz$、$p=m\pi$。模数 m 是设计和制造齿轮的重要参数，齿数一定时模数越大，轮齿的尺寸越大，承载能力越大。模数的值已经标准化，如表 8-2 所示。

表 8-2　标准模数(GB 1357—1987)

第一系列	1　1.25　2.5　3　4　5　6　8　10　12　16　20　25　32　40　50
第二系列	1.75　2.25　2.75 (3.25) 3.5 (3.75) 4.5　5.5 (6.5) 7　9 (11) 14　18　22 28 (30) 36　45

注：优先选用第一系列，括号内的模数尽可能不用。

(2) 压力角 α：两齿轮啮合时，齿廓曲线接触点的公法线与两节圆的公切线之间所夹的锐角，我国标准齿轮的压力角采用 20°。

直齿圆柱齿轮各部分的尺寸关系计算见表 8-3 所列。

表 8-3　直齿圆柱齿轮各部分的尺寸关系　　(mm)

名称及代号	计算公式	名称及代号	计算公式
齿顶高 h_a	$h_a=m$	齿根圆直径 d_f	$d_f=d-h_f=m(z-1.25)$
齿根高 h_f	$h_f=1.25m$	齿距 p	$p=\pi m$
齿高 h	$h=h_a+h_f=2.25m$	齿厚 s	$s=p/2$
分度圆直径 d	$d=mz$	两齿轮中心距 a	$a=(d_1+d_2)/2$
齿顶圆直径 d_a	$d_a=d+h_a=m(Z+1)$		$=m(Z_1+Z_2)/2$

3. 圆柱齿轮的画法

1) 单个齿轮的画法

单个齿轮通常用两个视图表示，轴线水平放置，如图 8-13(a)所示。也可用一个视图，再用一个局部视图表示孔和键槽形状，如图 8-13(b)所示。

齿轮轮齿部分的画法规定如下。

(1) 齿顶圆和齿顶线用粗实线。

(2) 分度圆和分度线用细点画线。

(3) 齿根圆和齿根线用细实线，也可省略。

(4) 在剖视图中，当剖切平面通过齿轮轴线时，轮齿一律按不剖处理，不画剖面线，齿顶、齿根均画粗实线。

(5) 对于斜齿轮或人字形齿轮，可用三条与齿线方向一致的细实线表示，如图 8-13(b)所示。

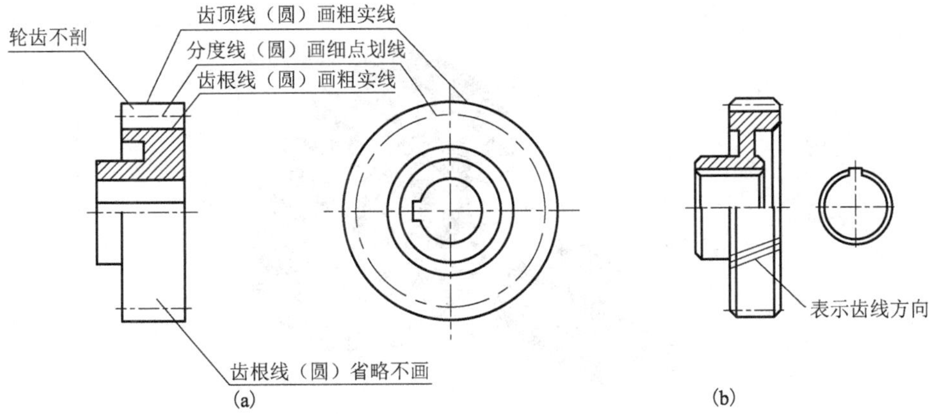

图 8-13　单个齿轮的画法

2) 齿轮啮合的画法

(1) 在投影为圆的视图上，啮合区内两齿轮的节圆相切，齿顶圆均用粗实线绘制，如图 8-14(b) 所示，也可省略不画，如图 8-14(c) 所示。

(2) 在非圆视图上，采用剖视图时，啮合区内两节线重合，用细点画线绘制，两齿根线都为粗实线，两齿顶线一条为粗实线，另一条为虚线或省略不画，如图 8-14(a) 所示。

一个齿轮的齿顶线应与另一个齿轮的齿根线之间有 0.25mm 的间隙，如图 8-14(a) 所示。

不采用剖视图时，节线重合，画成粗实线，如图 8-14(d) 所示。

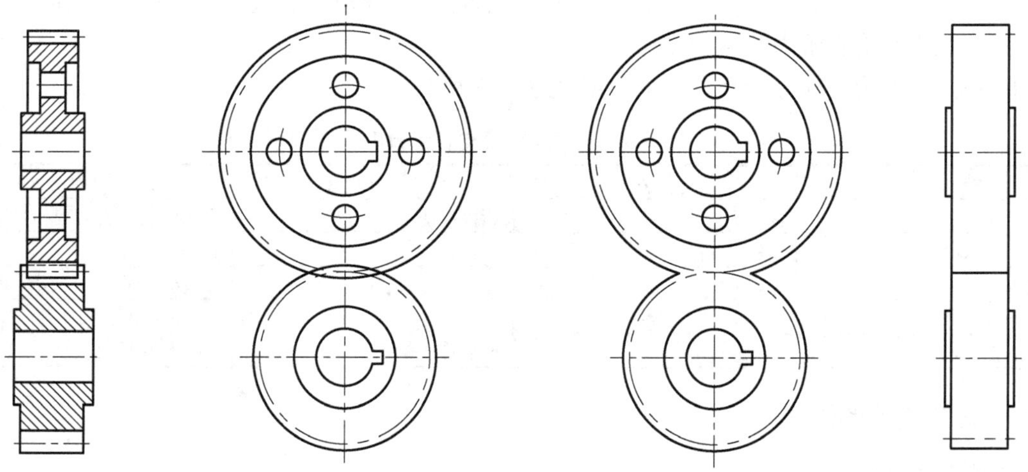

(a)　(b)　(c)　(d)

图 8-14　齿轮啮合的画法

第 3 节　键、销连接

1. 键连接

键主要用于轴和轴上零件(如带轮、齿轮等)之间的连接，用以传递扭矩。通常在轴上和轮毂孔上分别加工出键槽，将键装入轴上的键槽中，再把齿轮等零件装配到位，如图 8-15 所示。当轴转动时，通过键连接使齿轮等一起转动。

图 8-15　键连接

1) 常用键的种类和标记

常用的键有普通平键、半圆键和钩头键等，如图 8-16 所示。

普通平键应用最广，又有 A、B、C 三种形式。键已标准化，其结构形式、尺寸、规定标记和键槽连接尺寸可在附表 15～附表 17 中查出。

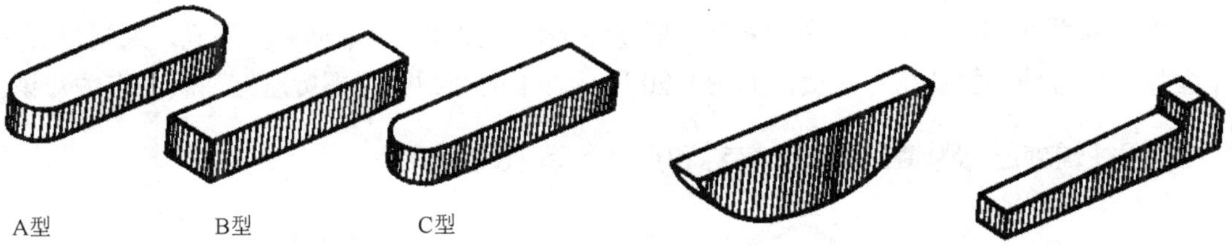

(a) 普通平键　　(b) 半圆键　　(c) 钩头键

图 8-16　几种常用键

2) 键连接的画法

普通平键连接时，键的侧面是工作面，因此键和槽的侧面紧密接触，图上只画一条线。键的顶面是非工作面，与轮毂孔上键槽的顶面应有间隙，必须画两条线，图 8-17 为普通平键连接的画法。半圆键连接与普通平键连接相似，工作面也是侧面，图 8-18 为半圆键连接的画法。

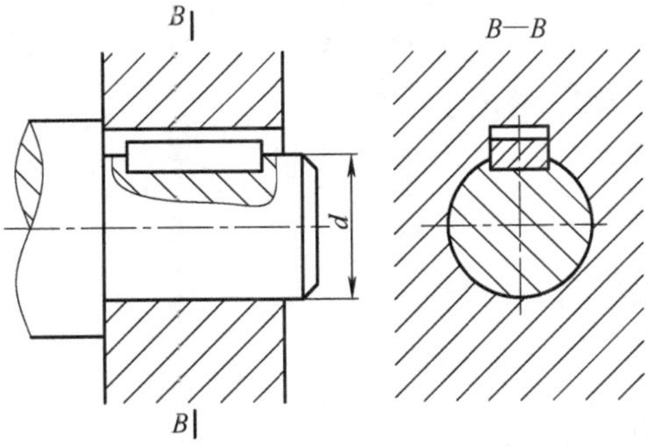

图 8-17　普通平键连接的画法

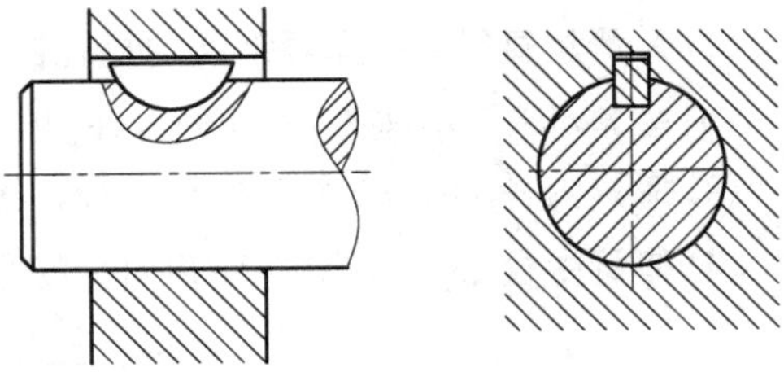

图 8-18　半圆键连接的画法

2. 销连接

销主要用于零件之间的连接和定位，图 8-19 为销连接的画法。常用的有圆柱销、圆锥销和开口销，它们的形式、尺寸和规定标记可从附表 18～附表 20 中查出。

圆柱销及圆锥销连接和定位时，有较高的位置精度要求，因此两个零件上的销孔是在装配时一起加工的，在零件图上应注明“与件×配作”字样。

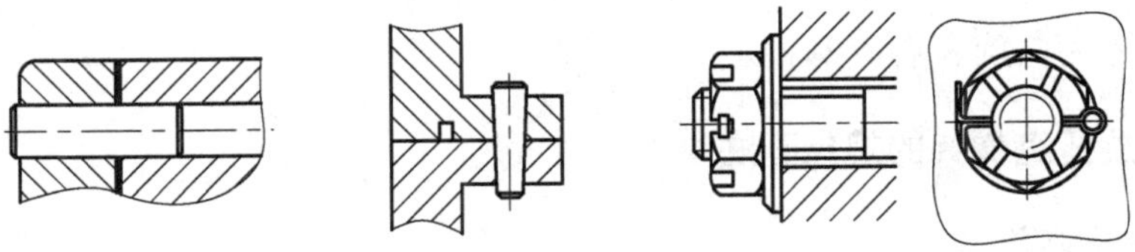

(a) 圆柱销　　(b) 圆锥销　　(c) 开口销

图 8-19　销连接的画法

第 4 节　弹簧

弹簧是一种常用件，它有减震、夹紧、储能和测力等作用。

弹簧的种类很多，常见的有螺旋弹簧、蜗卷弹簧和片弹簧等。根据受力不同，螺旋弹簧又分为压缩弹簧、拉伸弹簧和扭力弹簧，如图 8-20 所示。下面介绍圆柱螺旋压缩弹簧的有关知识。

1. 圆柱螺旋压缩弹簧的各部分名称和尺寸关系(图 8-20)

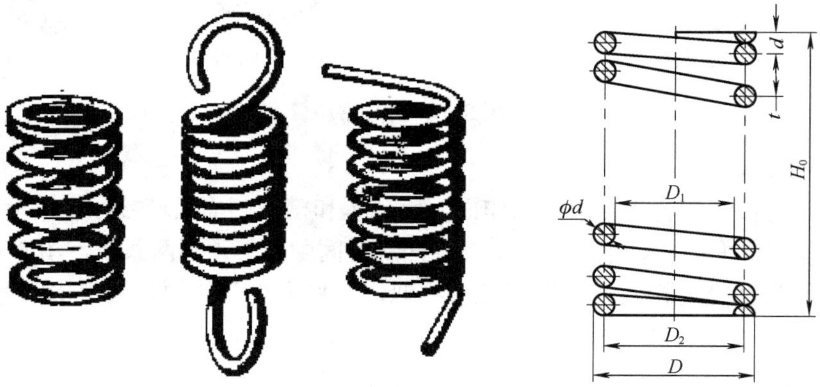

(a) 压缩弹簧　(b) 拉伸弹簧　(c) 扭力弹簧　(d) 压缩弹簧的尺寸

图 8-20　圆柱螺旋弹簧及其各部分尺寸

(1) 弹簧丝直径 d：弹簧钢丝的直径。

(2) 弹簧外径 D：弹簧的最大直径。

(3) 弹簧内径 D_1：弹簧的最小直径，$D_1 = D - 2d$。

(4) 弹簧中径 D_2：弹簧外径和内径的平均值。

$$D_2 = \frac{D + D_1}{2} = D - d = D_1 + d$$

(5) 节距 t：除支承圈外，相邻两圈的轴向距离。

(6) 有效圈数 n、支承圈数 n_0 和总圈数 n_1：为了使弹簧受力均匀，保证轴线垂直于支承端面，制造时将两端并紧且磨平，这部分只起支承作用，所以叫支承圈，支承圈数有 1.5 圈、2 圈、2.5 圈。2.5 圈用得最多，即两端各并紧 1/2 圈、磨平 3/4 圈。除支承圈外，保持相同节距的圈数称为有效圈数，有效圈数 n 与支承圈数 n_0 之和称为总圈数 n_1，即 $n_1=n+n_0$。

(7) 自由高度 H_0：弹簧在不受力时的高度，$H_0 = nt + (n_0 - 0.5)d$。

(8) 弹簧展开长度 L：制造时簧丝的长度，$L = n_1\sqrt{(\pi D_2)^2 + t^2}$。

(9) 旋向：分为左旋和右旋两种。

2. 圆柱螺旋压缩弹簧的规定画法

1) 弹簧的规定画法

圆柱螺旋压缩弹簧可以画成视图、剖视图或示意图，如图 8-21 所示。画图时，应遵循以下几点。

(1) 在平行于弹簧轴线的投影面的视图中，各圈的轮廓线应画成直线，如图 8-21 (a) 所示。

(2) 有效圈数在 4 圈以上时，每端可以只画 1~2 圈 (支承圈除外)，中间各圈省略不画，但点画线应画出。当中间部分省略后，可适当缩短图形的长度。

(3) 螺旋弹簧均可画成右旋，但左旋弹簧不论画成左旋或右旋，必须注上“左”字。

(4) 螺旋压缩弹簧如果要求两端并紧且磨平，则不论支承圈为多少，均可按 2.5 圈绘制。

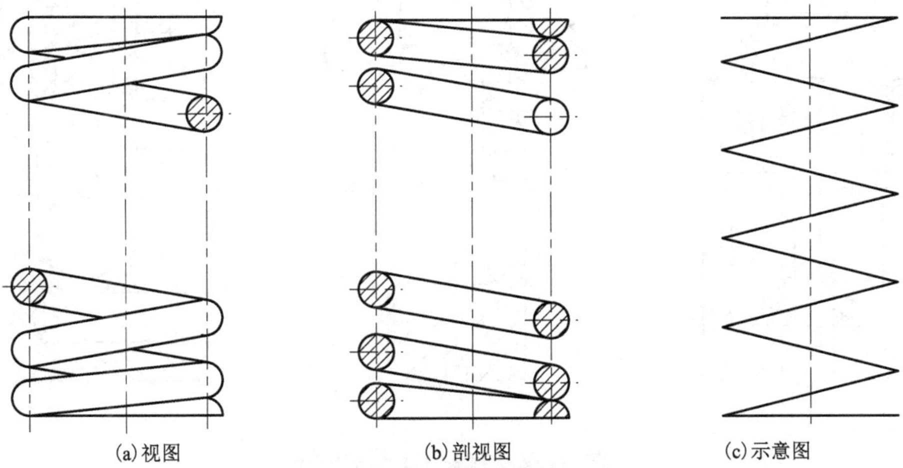

图 8-21　圆柱螺旋压缩弹簧的规定画法

2) 圆柱压缩弹簧的作图步骤

已知簧丝直径 d=5，外径 D=45，节距 t=10，有效圈数 n=10，支承圈数 n_0=2.5，右旋，其作图步骤如下。

(1) 弹簧中径 D_2=D−d=40，自由高度 $H_0 = nt+2d$=110，据此可画出 $ABCD$，如图 8-22 (a) 所示。

(2) 右边先分别以 C、D 为圆心，R=d/2 为半径画半圆；以 R 为半径画与半圆相切的圆 1、4；再以 R 为半径画与 1、4 相距为 t 的圆 2、3，如图 8-22 (b) 和 (c) 所示。

(3) 左边以 R 为半径画与 A、B 相切的圆；左边第二个圆 6、8 其圆心位于右边第二、三个圆心的中垂线上；与 8 圆心相距为 t 画第三个圆，如图 8-22 (b) 和 (c) 所示。

(4) 按右旋作相应圆的公切线，画剖面线，完成全图，如图 8-22 (d) 所示。

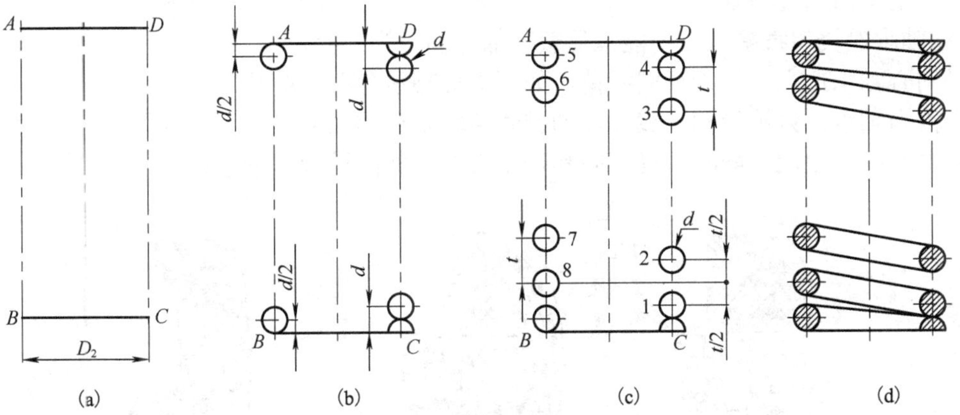

图 8-22　圆柱压缩弹簧的作图步骤

3) 螺旋压缩弹簧在装配图中的画法

(1) 弹簧被看作实心物体，被弹簧挡住的结构一般不画，可见部分应画至弹簧的外轮廓或中径线，如图 8-23 (a) 和 (b) 所示。

(2) 当弹簧被剖切，弹簧丝直径在图形上小于或等于 2mm 时，其剖面可以涂黑表示，如图 8-23(b) 所示，也可采用示意画法，如图 8-23(c) 所示。

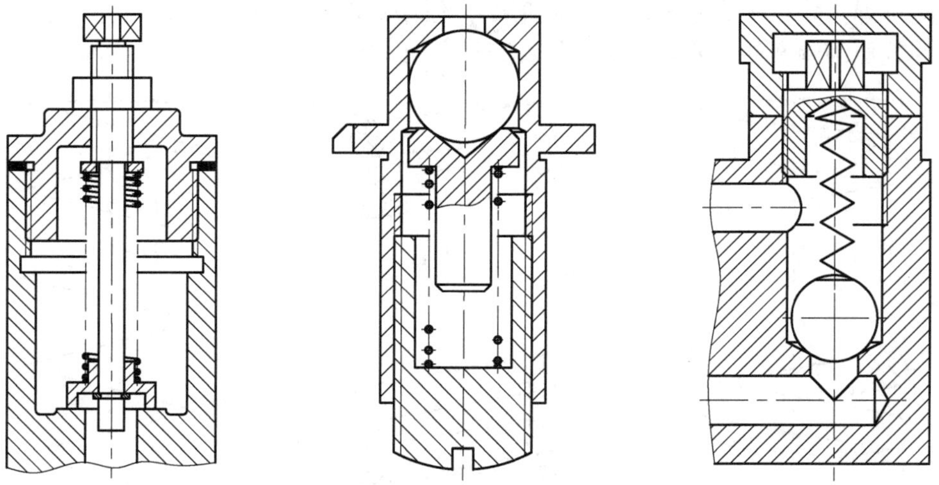

(a)　　(b)　　(c)

图 8-23　装配图中弹簧的画法

第 5 节　滚动轴承

滚动轴承是支承转动轴的一种标准部件，它有结构紧凑及摩擦力小等特点，故在生产中有着广泛应用。

1) 滚动轴承的结构和类型

(1) 滚动轴承的结构。

滚动轴承一般由四部分组成，如图 8-24 所示。①外圈：装在机座内，一般固定不动。②内圈：装在轴上，与轴紧密配合，并与轴一起转动。③滚动体：装在内、外圈之间的滚道中，有滚珠、滚柱、滚锥等形式。④保持架：用来固定和隔离滚动体，防止相互之间的摩擦。

(2) 滚动轴承的类型。

滚动轴承的类型很多，按所能承受载荷的方向分为三类。

① 向心轴承：主要承受径向载荷，如深沟球轴承(图 8-24(a))。

② 推力轴承：只承受轴向载荷，如推力球轴承(图 8-24(b))。

③ 向心推力轴承：同时承受轴向和径向载荷，如圆锥滚子轴承(图 8-24(c))。

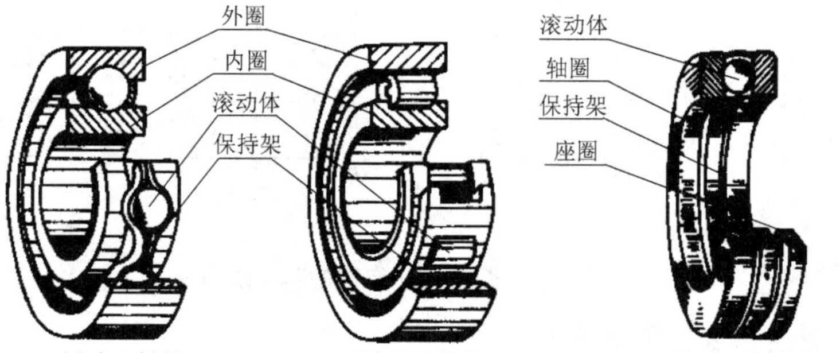

(a) 向心轴承　　(b) 推力轴承　　(c) 向心推力轴承

图 8-24　滚动轴承

2）滚动轴承的画法

国家标准（GB/T 4459.7—1998）对滚动轴承的画法作了规定，分为简化画法和规定画法，简化画法又分为通用画法和特征画法。图 8-25 为规定画法和特征画法示例。

3）滚动轴承的代号

滚动轴承代号是表示轴承的结构、尺寸、公差等级和技术性能等特征的产品符号。具体内容可查阅 GB/T 272—1993，这里只介绍其基本代号。

绘制滚动轴承的常用数据可查阅附表 21～附表 23。

基本代号表示滚动轴承的基本类型、结构和尺寸，是滚动轴承代号的基础，其由图 8-25 所示的三部分组成。

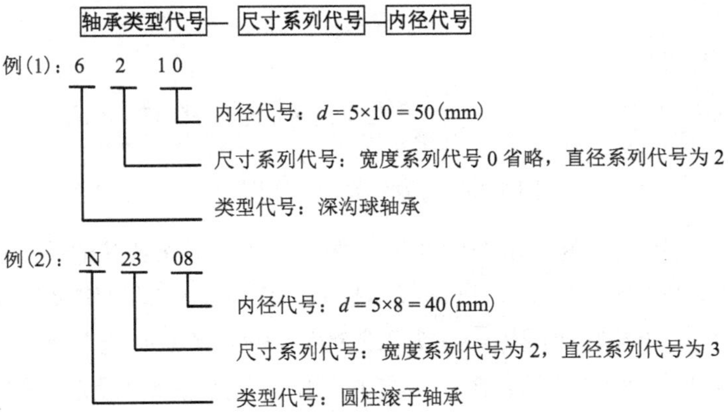

图 8-25　规定画法和特征画法示例

第 6 节　运用 AutoCAD 绘制连接件图

运用 AutoCAD 提供的图块制作和调用功能，可以将一些常用的图形绘制完成之后制作成为一个“固化”的图块，然后根据需要，适时、方便地插入其他的图形中。利用图块插入，还可以减少图形的数据信息，既避免了重复工作，提高了绘图效率，也可节省计算机系统的内存资源，提高其运行的速度。

1．图块的制作和调用

1）定义图块

（1）选择“默认”选项卡→“块”面板，点击创建图标，或选择“插入”选项卡→“块定义”面板，点击创建图标，或命令行输入“block”，激活命令，弹出“块定义”对话框，如图 8-26 所示。在对话框中的“名称”栏目里直接输入设置图块的名称，然后分别点取对话框中“拾取点”和“选择对象”的按钮，在图形中指定图块插入的基准点，并选择组成图块的实体对象，点取“确定”退出。

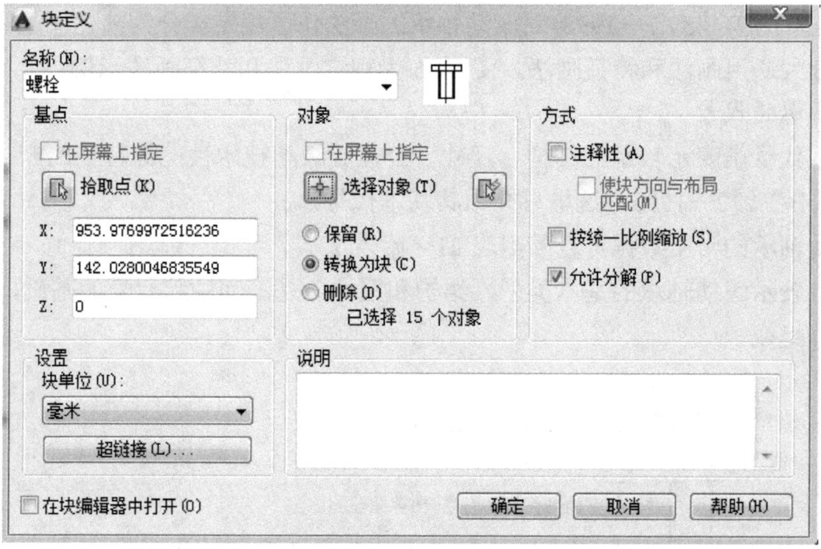

图 8-26　“块定义”对话框

(2) 上述方法定义的图块只能在所在的图形文件中使用，不能被其他图形引用。如果希望定义的图块也可以在其他图形中调用，则选择“插入”选项卡→“块定义”面板，点击创建图标 创建块 下方箭头，选择写块图标 写块，或命令行输入“wblock”命令，此时系统会弹出“写块”的对话框，如图 8-27 所示。在对话框中，用户可以选择已经定义的图块，并在“目标”栏目中指定路径，系统将图块单独以图形文件(*. dwg)的形式存盘。也可选择图形对象或将整个图形制作成块(块制作方法同上)以后再存盘，图 8-27 选择将图 8-28 中已经定义的块“螺栓”保存在“E: \插图”中。点击“确定”，结束操作。

图 8-27　“写块”对话框

2) 插入图块

(1) 选择“默认”选项卡→“块”面板，点击插入图标下方黑箭头，或选择“插入”选项卡→“块”面板，点击插入图标下方黑箭头。可以选择已创建的块，则块随鼠标拖动到绘图区，选取插入点，块插入到图形中；或选择“更多选项...”，弹出“插入”对话框，如图 8-28 所示。在对话框的“名称”下拉列表框中选择在本图形中定义的图块名称，如果需要插入本图形以外的其他图形文件，则单击“浏览...”按钮，选择插入。

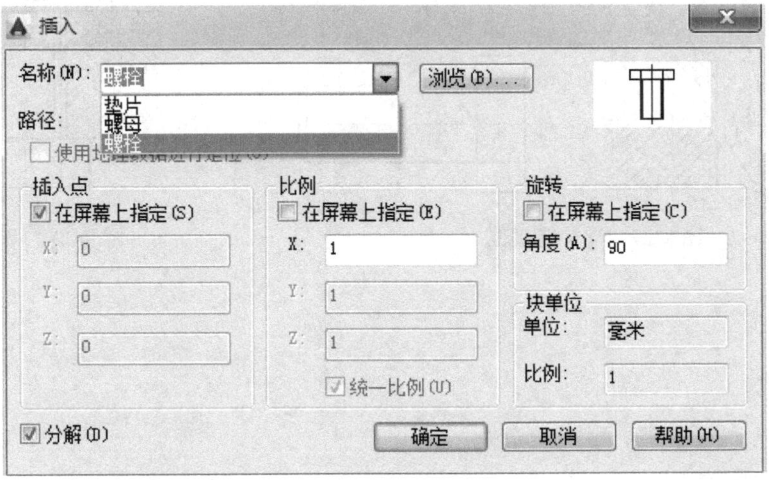

图 8-28　“插入”对话框

(2) 图块的“插入点”和“比例”等可以选择在屏幕上指定，或者在对话框中设置。如果输入的比例是负值，则插入原图块的镜像图形。AutoCAD 将块中的图形对象作为一个整体，插入时选择“分解”选项后，插入的图块被分解为各独立的图形对象，可以进行编辑操作，点击“确定”，结束操作。

2. 运用 AutoCAD 绘制螺栓连接件图

【例 8-1】画螺栓连接图。

(1) 首先按照前面介绍的作图方法画出连接板和各螺栓连接件，如图 8-29 所示。

(2) 选择“默认”选项卡→“块”面板，点击创建图标，或选择“插入”选项卡→“块定义”面板，点击创建图标，按照上述方法分别将螺栓、螺母和垫圈定义成图块，操作中注意捕捉螺栓上“*A*”点为插入基点，捕捉垫圈上“*B*”点为插入基点，捕捉螺母上“*C*”点为插入基点，如图 8-29 中标记的位置。

(3) 选择“默认”选项卡→“块”面板，点击插入图标下方黑箭头，或选择“插入”选项卡→“块”面板，点击插入图标下方黑箭头，选择“更多选项...”，在“插入”对话框中选择“螺栓”，设置比例 1∶1，旋转角度 90°，选择左下角“分解”框，方便插入后修改操作，“螺栓”插入时，注意插入点与连接板上的基准“*A*”点对齐，如图 8-29 所示。

(4) 继续使用块插入命令，在“块插入”对话框中设置比例 1∶1，旋转角度 0°，选择“分解”框，继续插入垫圈和螺母，注意将各插入基点与图形中相应的基准点对应。

(5) 修剪、删除被覆盖的图线，整理后完成图形，如图 8-30 所示。

(6) 在快速访问工具栏选择图标或图标，也可选择→保存图标或另存为图标来保存图形文件，将图形存盘。

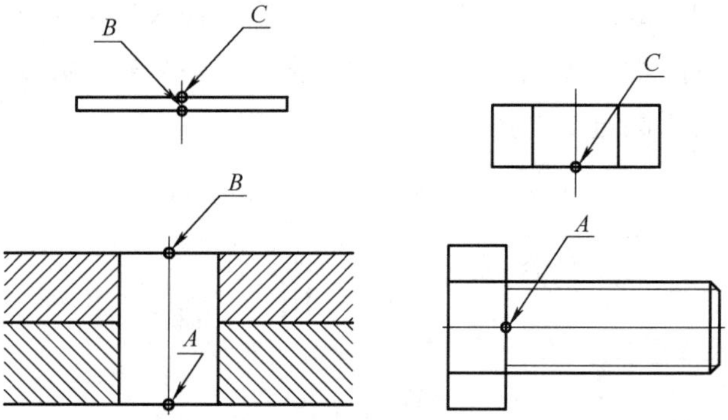

图 8-29　螺栓连接件

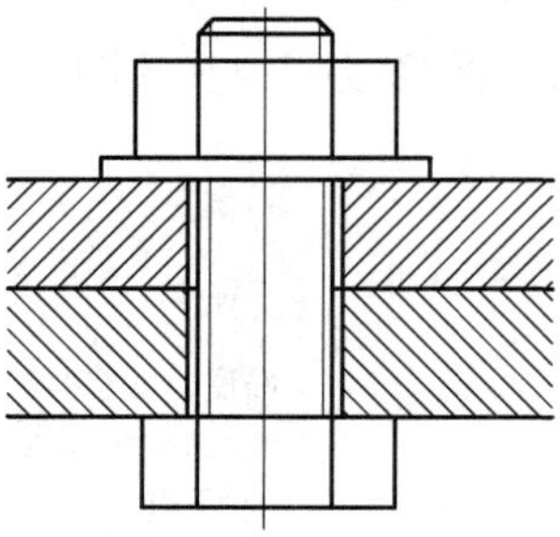

图 8-30　螺栓连接图

第9章　零件图

学习目标

培养阅读和绘制简单零件图的能力，了解零件图的作用和内容，掌握典型零件的表达方式和尺寸标注，以及零件的常用工艺结构，初步掌握零件图上的技术要求(表面粗糙度、尺寸公差及形位公差)，掌握读零件图的方法和步骤。

重点难点

重点：典型零件的表达方式和尺寸标注。

难点：零件图的尺寸标注和技术要求，运用 AutoCAD 绘制零件图。

学习指导

注意结合所学内容，紧密联系生产实际，了解所表达零件的功能和制造工艺过程，认真分析典型零件的表达方法和尺寸标注步骤，结合典型零件案例学习表达方法和尺寸标注；学习技术要求(表面粗糙度、尺寸公差及形位公差)时，要结合生产实际和其他课程学习，了解一些典型加工方法所能达到的技术要求，学会查阅有关的技术标准，这样就能在零件图样上正确标注尺寸公差、形位公差及表面粗糙度等技术要求。

第1节　概述

任何机器或部件都是由若干零件按一定的装配关系和技术要求装配而成的，只有生产出全部合格的零件，才能装配出性能符合设计要求的机器或部件。用来制造和检验零件的图样称为零件图。

1) 零件图的作用

零件图是制造和检验零件的依据，是指导生产机器零件的重要技术文件之一，也是技术交流的重要资料。

2) 零件图的内容

根据零件图所起的作用，零件图必须完整、清晰地表达出零件的全部形状结构、尺寸和技术要求，图 9-1 是一轴类零件图。

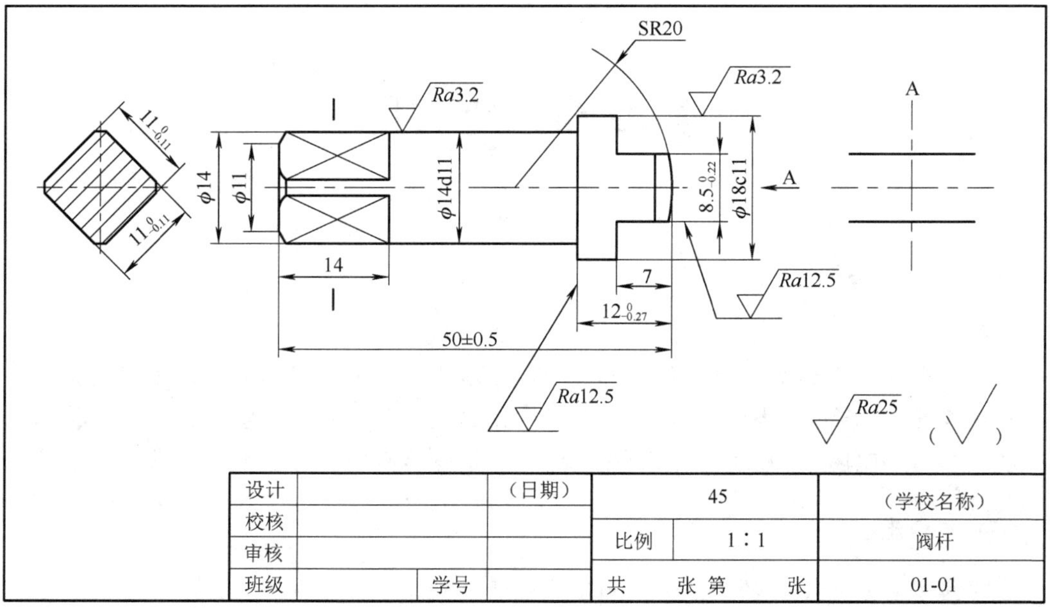

图 9-1　阀杆零件图

一张完整的零件图应具备下列内容。

(1)一组视图。综合运用机件的各种表达方法，完整、清晰地表达出零件的内、外结构形状。

(2)尺寸。标注出制造和检验零件所必需的全部尺寸。

(3)技术要求。制造、检验零件所要达到的技术要求，如表面粗糙度、尺寸公差、形位公差及热处理等要求。

(4)标题栏。图纸的右下角应有标题栏，填写零件的名称、数量、材料、绘图比例、图号及设计、绘图人的姓名、出图日期等内容。

第 2 节　零件的视图选择

1. 视图选择的一般原则

1)主视图的选择

拟定表达方案时，应把选择主视图放在首要地位。因为主视图在表达零件结构的形状、画图和看图中起主导作用，选择主视图应考虑下列原则。

(1)形状特征原则。选择反映零件形状和结构特征以及各形体之间相互关系最明显的方向，作为主视图的投影方向。

(2)加工位置原则。按照零件在主要加工工序中的装夹位置选取主视图。主视图和加工位置一致，有利于加工者图、物对照，便于加工。如轴、套和盘、盖类零件，其主要加工工序是车削，故常按加工位置选择主视图。

(3)工作位置原则。按照零件在机器或部件中工作时的位置选取主视图。主视图与工作位置一致，有利于了解该零件中的工作情况，并和装配图进行直接对照。如支架、箱体类零件一般按该零件的工作位置选择主视图。

2) 其他视图的选择

对于结构形状较复杂的零件，当主视图还不能完全地反映其结构形状时，必须选择其他视图，包括剖视图、局部放大图和简化画法等各种表达方式。选择其他视图的原则是：在完整、清晰地表达零件内、外结构形状的前提下，优先选用基本视图，尽量减少图形个数，以方便画图；此外，应使所选用的每一个视图必须有一个或一个以上的表达重点。

2. 典型零件的表达分析

零件的结构形状千变万化，不同类型的零件有不同的表达方法，即使是同一个零件，其表达方法也不是唯一的，但在分析零件结构形状，确定表达方法时，可对不同类型中具有代表性的典型零件的表达方法进行分析，从中找出规律。

1) 轴、套类零件(图 9-1)

轴、套类零件的结构特点和表达方法如表 9-1 所示。

表 9-1　轴、套类零件的结构特点和表达方法

结构特点	零件各组成部分多为同轴线的回转体，它们常具有轴肩、圆角、倒角、键槽、销孔、螺纹、退刀槽、砂轮越程槽、中心孔等结构，套类零件是中空的。这类零件常见的有各种转轴、衬套、轴套等
加工方法	工件一般用棒料或成形管材，主要在车床上加工
主视图选择	按加工位置将轴线水平放置，并反映零件的形状特征
视图表达方法	一般常用主视图表达零件的主体结构，用断面、局部剖视、局部放大图来表达零件的某些局部结构，对于中空的轴及套类零件，其主视图一般取剖视

2) 轮、盘、盖类零件(图 9-2)

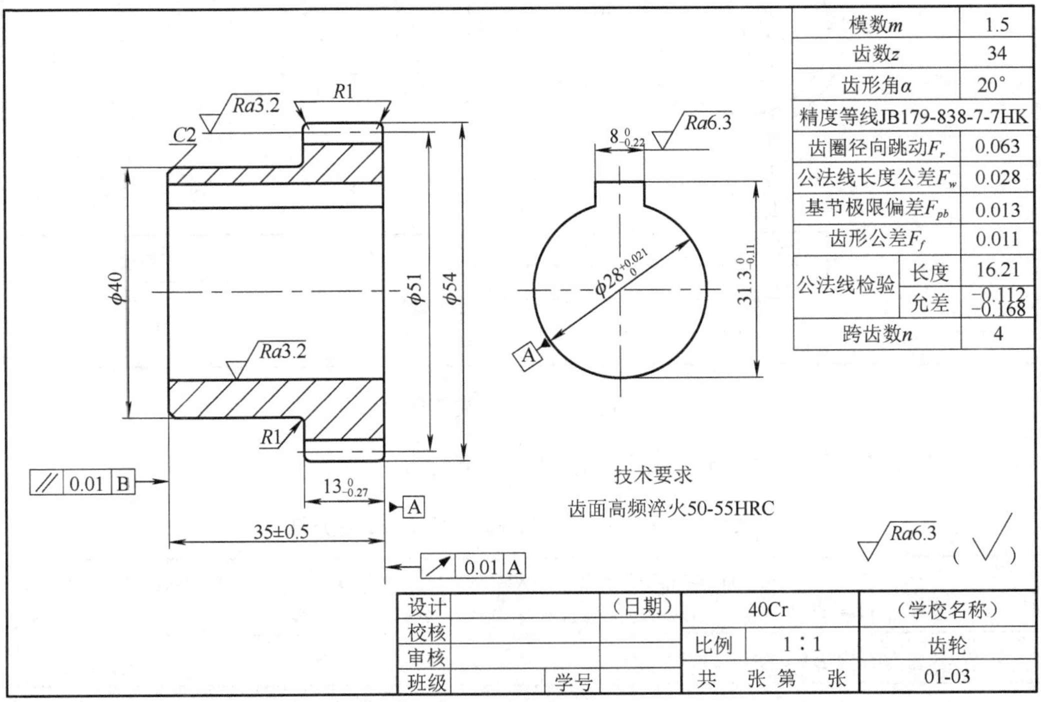

图 9-2　轮、盘、盖类零件

轮、盘、盖类零件的结构特点和加工方法如表 9-2 所示。

表 9-2　轮、盘、盖类零件的结构特点和加工方法

结构特点	零件的主体部分常由回转体组成，其上常有键槽、轮辐、均布孔等结构，往往有一个端面与其他零件接触。这类零件常见的有各种齿轮、带轮、手轮、法兰盘、端盖、压盖等
加工方法	毛坯多为铸件，主要在车床上加工，平盖板类用刨削或铣削加工
主视图选择	以车削加工为主的零件，轴线水平放置；不以车削为主的零件，按工作位置放置
视图表达方法	一般采用两个基本视图来表达，主视图常采用剖视图以表达内部结构；另一个视图则表达外形轮廓和各组成部分，如孔、肋、轮辐等的相对位置，并常采用简化画法

3) 叉、架类零件(图 9-3)

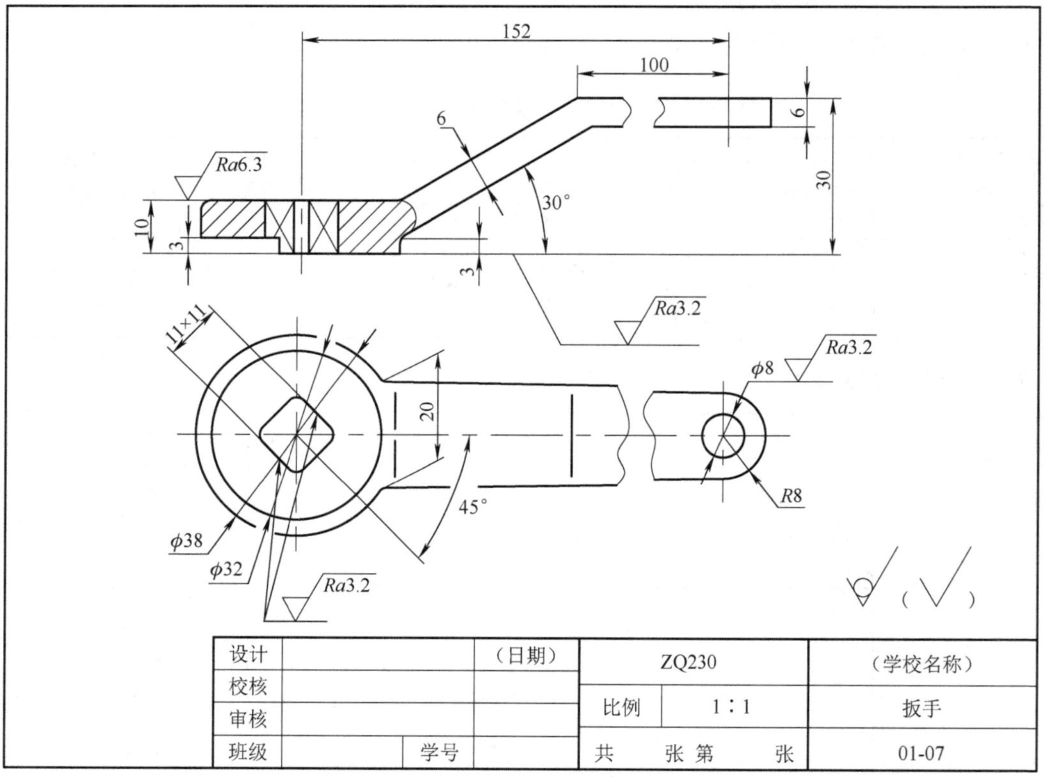

图 9-3　叉、架类零件

叉、架类零件的结构特点和表达方法如表 9-3 所示。

表 9-3　叉、架类零件的结构特点和表达方法

结构特点	叉、架类零件通常由工作部分、支承(或安装)部分及连接部分组成，其上常有光孔、螺纹孔、肋、槽等结构。这类零件常见的有各种拨叉、连杆、支架、支座等
加工方法	毛坯多为铸件或锻件，然后进行多种工序的加工
主视图选择	主要按形状特征及工作位置来选择
视图表达方法	一般需要两个以上的基本视图来表达，零件的倾斜部分用斜视图或斜剖视表达，常采用局部剖视图表达内部结构，薄壁和肋板的断面形状常采用断面图来表达

4) 箱体类零件(图 9-4)

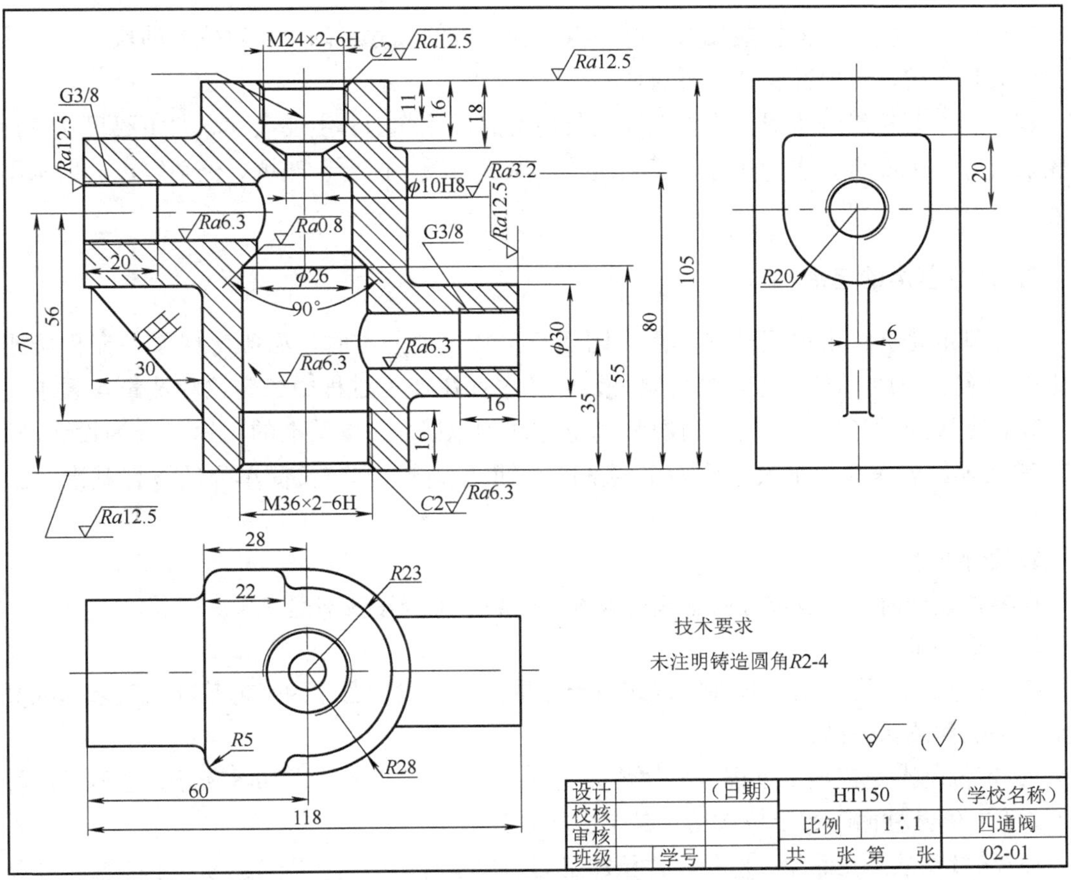

图 9-4　箱体类零件

箱体类零件的结构特点和表达方法如表 9-4 所示。

表 9-4　箱体类零件的结构特点和表达方法

结构特点	箱体类零件主要起包容、支承其他零件的作用，其上常有内腔、轴承孔、凸台、肋板、安装板、光孔、螺纹孔等结构。这类零件常见的有各种箱体、壳体、阀体、泵体等
加工方法	毛坯一般为铸件或焊接件，然后进行各种机械加工
主视图选择	主要按形状特征和工作位置来选择
视图表达方法	一般都需要两个以上的基本视图来表达，采用通过主要支承孔轴线的剖视图来表达其内部形状结构，一些局部结构常用局部视图、局部剖视图、断面图等表达

第 3 节　零件图的尺寸标注

零件的加工、测量和检验，是根据零件图上所标注的尺寸来进行的。尺寸标注是否合理，直接影响零件的加工质量。零件图的尺寸标注除了要符合组合体的尺寸标注要求即正确、完整、清晰，还要做到合理。所谓“合理”，就是指标注尺寸既能满足设计要求，又能符合加工工艺要求，以便于零件的加工和检验。合理标注尺寸，需要有一定的设计、加工制造知识，还要有丰富的实践经验。本节只介绍一些合理标注尺寸的初步知识。

1. 主要尺寸和非主要尺寸

主要尺寸包括零件的性能规格尺寸、有配合要求的尺寸、确定相对位置的尺寸、连接尺寸、安装尺寸等，一般都有公差要求。

零件上不直接影响机器使用性能和安装精度的尺寸称为非主要尺寸。非主要尺寸包括外形轮廓尺寸、无配合要求的尺寸、工艺尺寸，如退刀槽、凸台、凹坑、倒角等，一般都不注公差。

2. 尺寸基准的选择

尺寸基准是标注定位尺寸的起点，因而在选择尺寸基准时，必须考虑零件在机器或部件中的位置、作用、零件之间的装配关系以及零件在加工过程中的定位和测量等要求，因此，基准应根据设计要求、加工情况和测量方法加以确定。按基准的用途可分为设计基准、工艺基准等。按基准的主次可分为主要基准和辅助基准。本节仅简单介绍设计基准和工艺基准。

1)设计基准

在零件设计时，根据零件的结构要求选定的基准称为设计基准。

2)工艺基准

零件在加工过程中用以装夹定位或用于测量的点、线、面称为工艺基准。工艺基准又分为定位基准和测量基准。

(1)定位基准是在加工过程中零件装夹定位时所用的基准。如图 9-5 所示，左侧外圆柱面 *B* 在加工右侧圆柱面时起定位作用，是定位基准。

(2)测量基准是在测量、检验零件已加工面的尺寸时所用的基准。图 9-5 中的轴肩 *A* 是测量右端圆柱轴向尺寸的测量基准。

尺寸基准的选择原则是尽量使设计基准和工艺基准相重合。当不能重合时，首先满足设计要求，即将重要的设计尺寸从设计基准直接标注，次要的尺寸可从工艺基准注起。这样既保证了设计要求，又便于加工和测量。

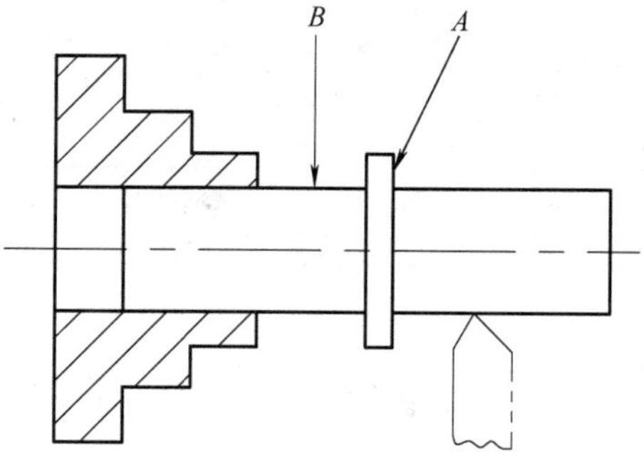

图 9-5　轴类零件的定位基准

3. 尺寸标注形式

尺寸标注形式取决于尺寸基准的选择。由于各零件的设计、工艺要求不同，尺寸基准的选择也不同，零件尺寸标注通常采用坐标式、链状式和综合式，见表 9-5。

表 9-5　尺寸标注形式和特点

标 注 形 式		特　　点
坐标式	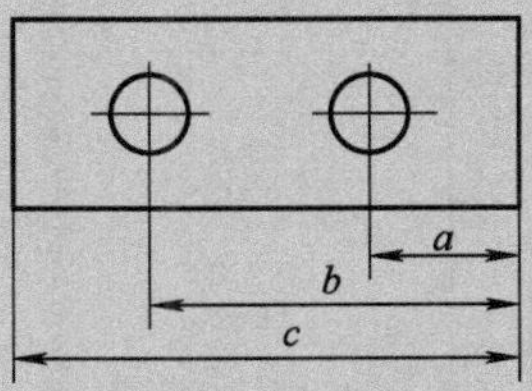	同一方向尺寸从右端同一基准出发标注。加工后的尺寸 *a*、*b*、*c* 的加工误差相互间不受影响，但不能保证两孔距的精度要求。此方式应用在与基准之间尺寸精度要求高的场合
链状式	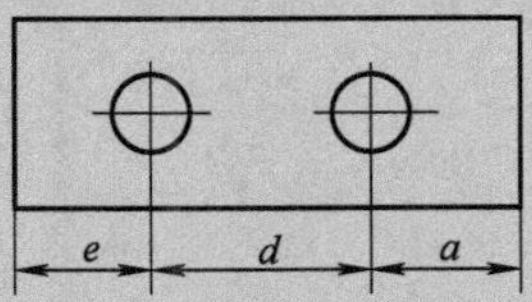	同一方向尺寸逐段连续标注，基准各不相同。加工后的尺寸 *a*、*d*、*c* 的加工误差相互间不受影响，但总体长度误差受到 *a*、*d*、*c* 加工误差影响。此方式常应用在孔距有精度要求的场合
综合式	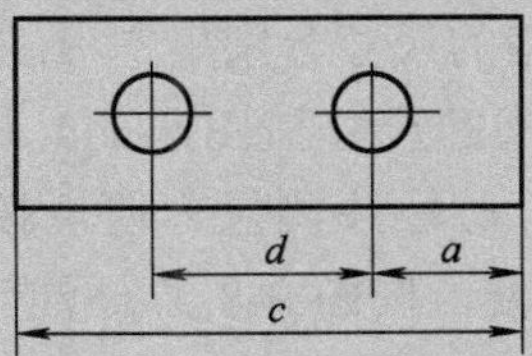	此方式是上述两种形式的综合，最能适应零件的设计和工艺要求，故广泛采用

4．标注尺寸的注意事项

(1) 不允许标注封闭尺寸，如表 9-5 中链状式标注中不能标注总长等。

(2) 互相关联的尺寸不能同时标注。如图 9-6 所示，螺母的尺寸 36 和 30.7 两个尺寸存在函数关系，不能同时标注。如果需要参考，可将其中的一个尺寸用括号括起来。

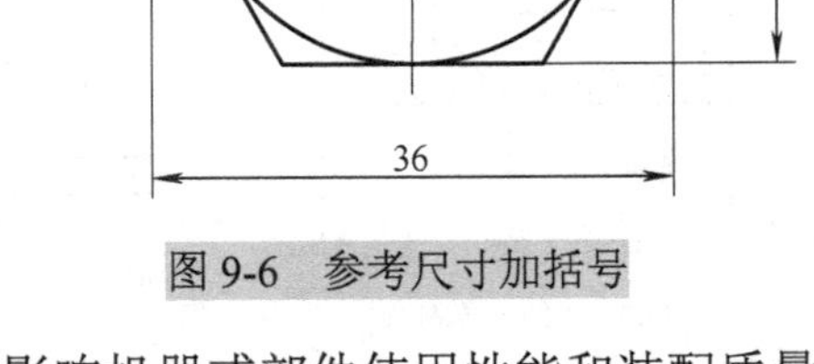

图 9-6　参考尺寸加括号

(3) 重要尺寸直接标注。影响机器或部件使用性能和装配质量的尺寸称为重要尺寸，这些尺寸在设计、加工和检验中均有严格要求，如与其他零件有装配关系的配合尺寸、连接尺寸以及反映其所属机器或部件性能规格的尺寸等，需在图中直接注出。如图 9-7 所示滑动轴承的孔径中 ϕ17H8、该孔的轴线距底面的距离 27 以及底板上两安装孔的中心距 44 均属于重要尺寸，在标注尺寸时直接注出。

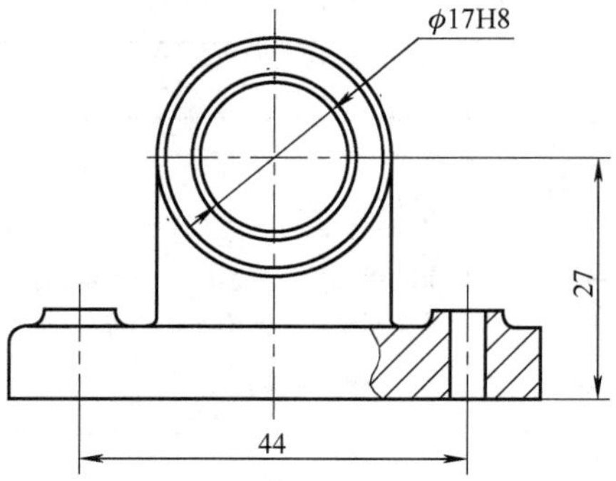

图 9-7　重要尺寸直接注出

(4) 考虑零件加工和测量时的要求。

① 标注尺寸应尽量符合加工顺序。

② 为了加工时看尺寸方便，应尽量将不同加工方法所用的尺寸分别集中标注。

③ 如图 9-8 所示，标注尺寸应考虑测量方便，其中键槽的尺寸按图 9-8(a)标注测量方便，按图 9-8(b)标注测量不方便。台阶孔的尺寸按图 9-8(c)标注测量方便，按图 9-8(d)标注测量不方便。轴衬的尺寸按图 9-8(e)标注直径测量方便，按图 9-8(f)标注半径测量不方便。

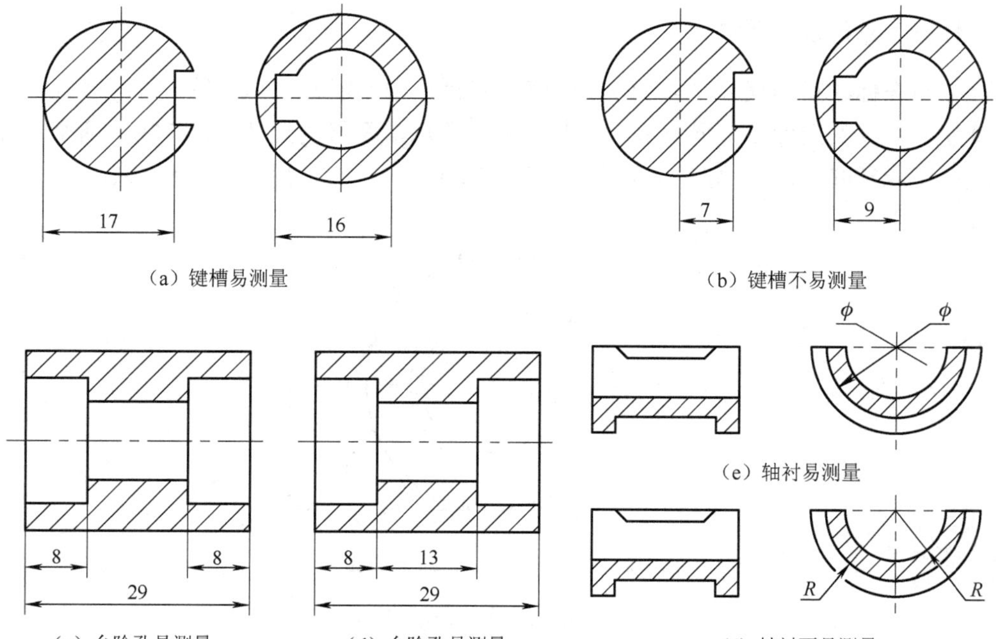

(a) 键槽易测量　(b) 键槽不易测量　(c) 台阶孔易测量　(d) 台阶孔易测量　(e) 轴衬易测量　(f) 轴衬不易测量

图 9-8　标注尺寸应考虑加工和测量方便

5. 常见结构的尺寸标注

零件常见典型结构的尺寸注法如表 9-6 所示。

表 9-6　零件常见典型结构的尺寸注法

类型	示例		
	旁注法		普通注法
螺孔	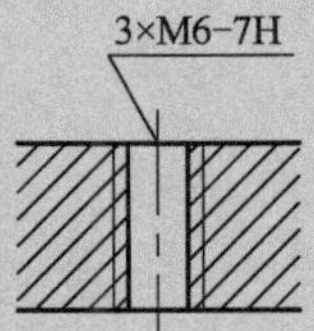	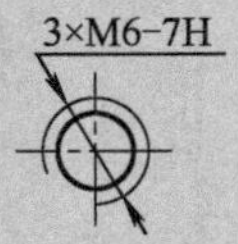	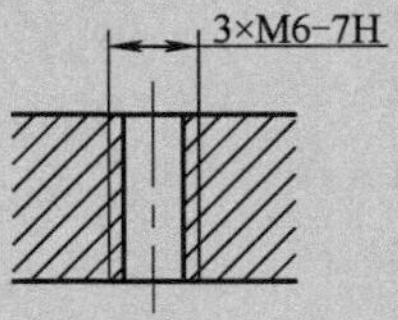
	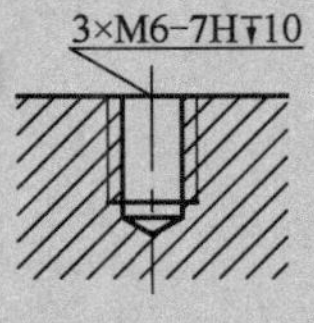		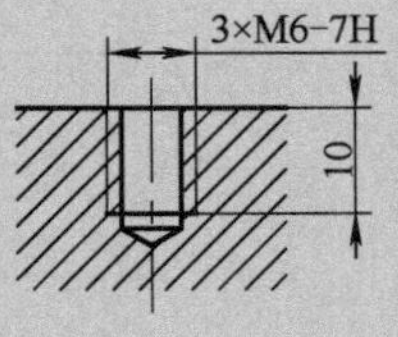
	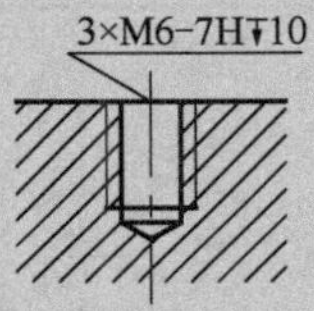	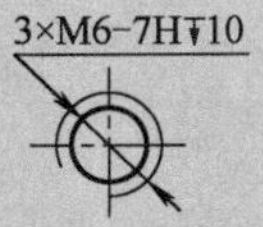	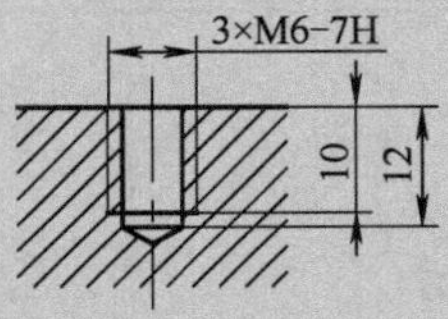
沉孔	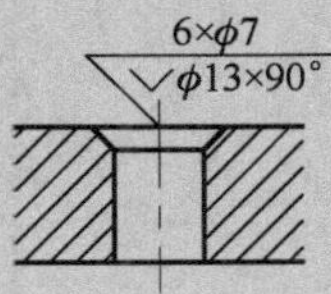	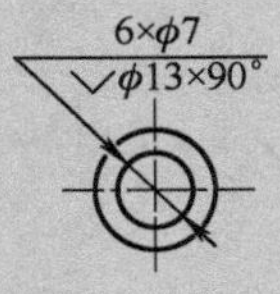	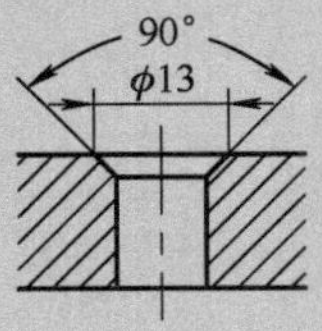
	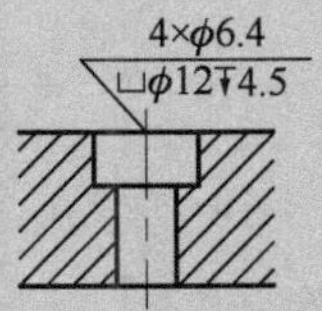	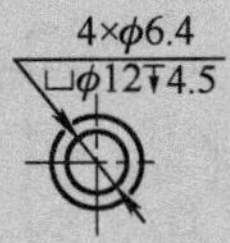	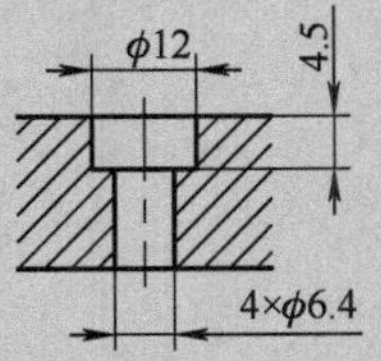
	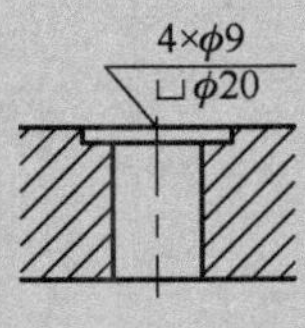	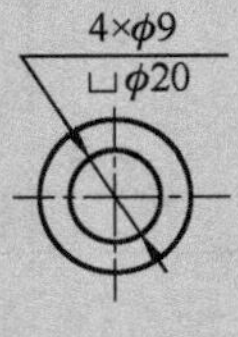	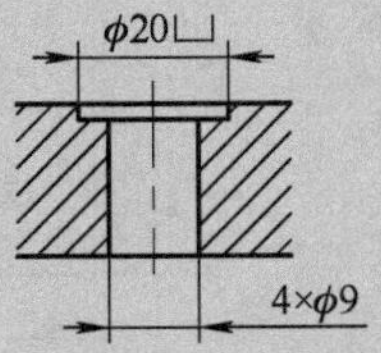
退刀槽	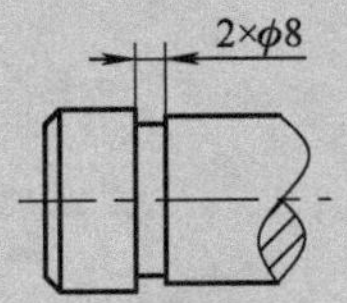 槽宽×直径	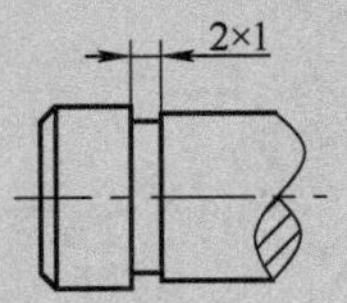	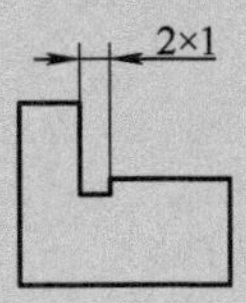 槽宽×槽深

续表

类型	示例
	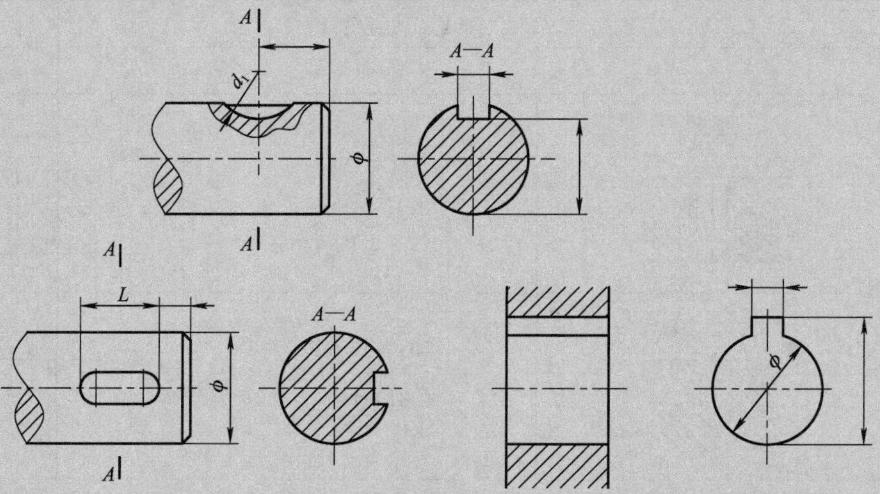
退刀槽	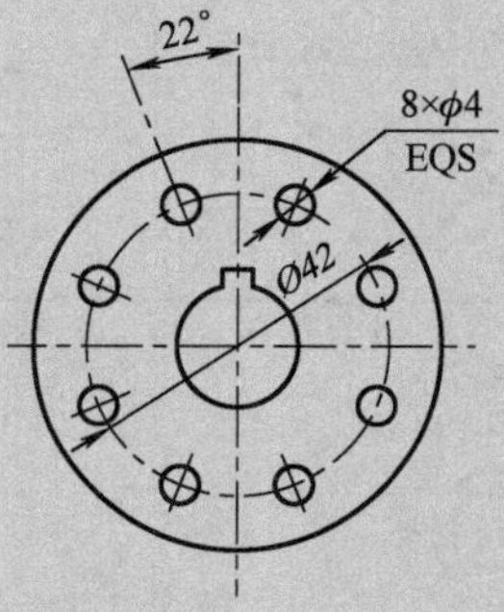 (a)均匀分布孔的尺寸注法 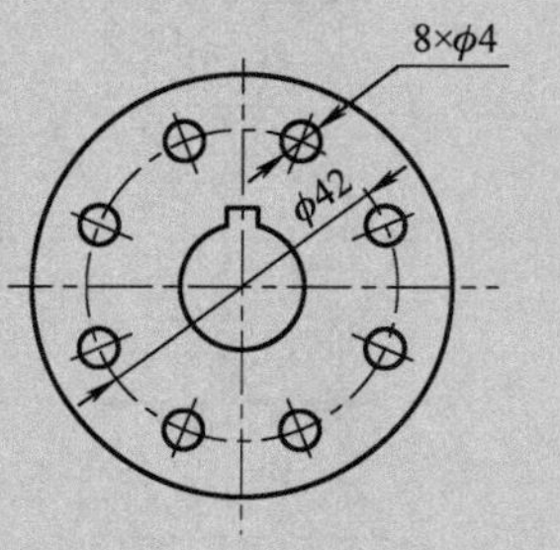 (b)省略“EQS”说明的尺寸注法 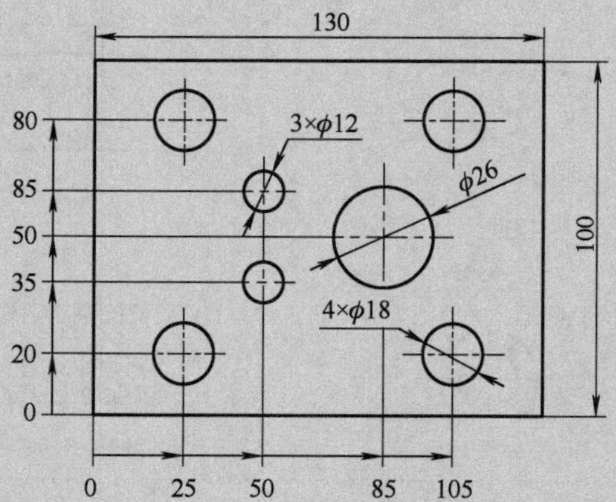 (c)由同一尺寸出发的尺寸注法 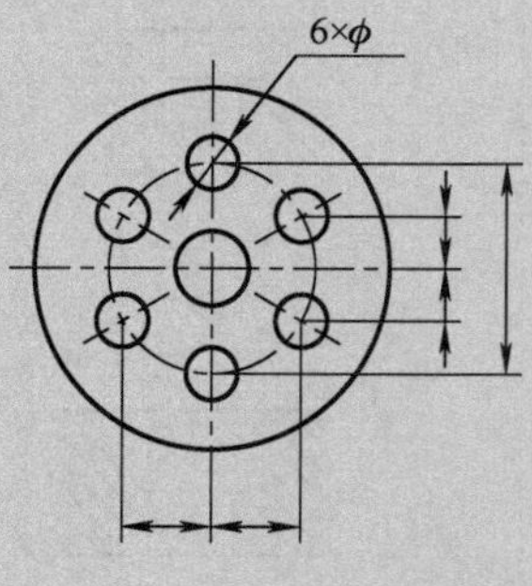 (d)以对称面为基准 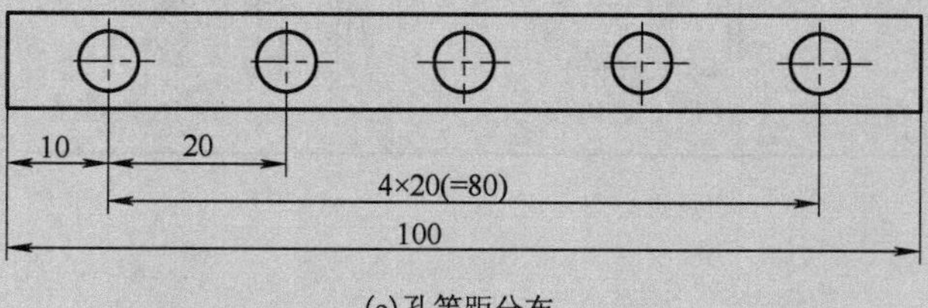 (e)孔等距分布

续表

类型	示例
倒角	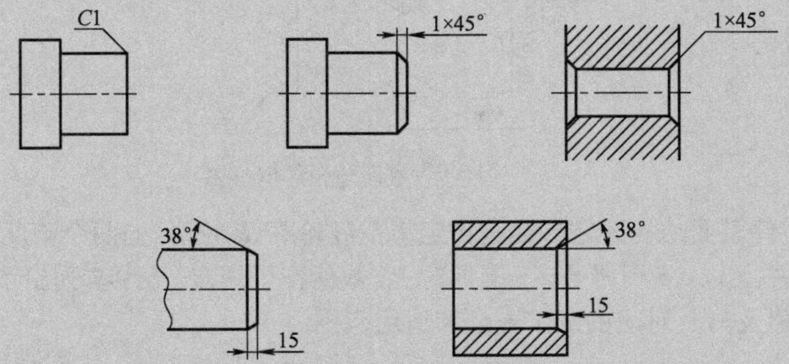
锥度	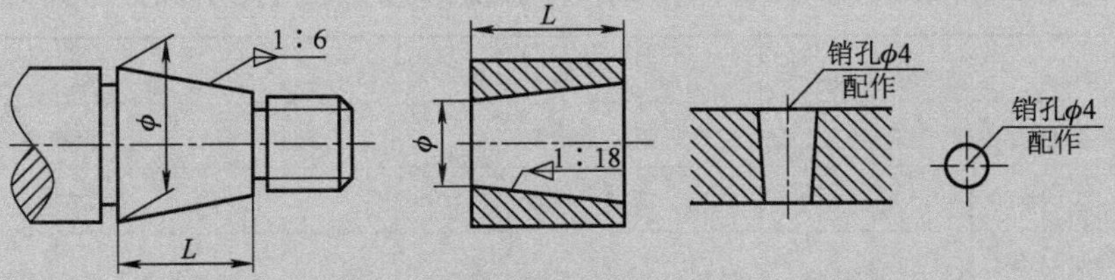
对称结构	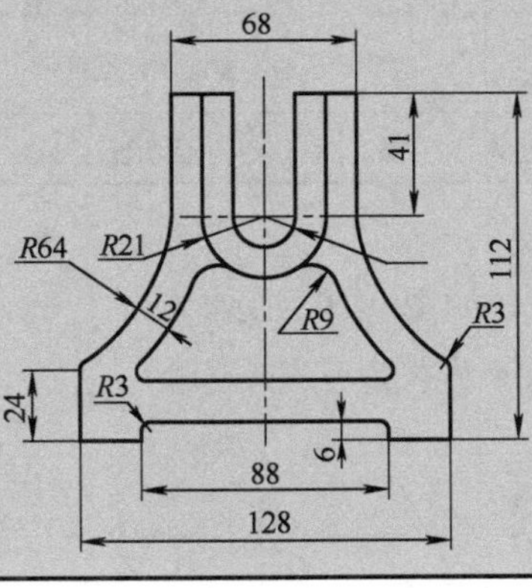

第 4 节　零件的技术要求

1．图样中表面结构的表示法简介(GB/T 131—2006)

1) 表面结构的术语、定义及评定参数

零件各表面在成形加工时，材料切削变形、加工刀具磨损和机床振动等因素的影响，使零件的实际加工表面存在着微观的高低不平。度量这种零件表面的高低不平和峰谷起伏所组成的微观几何形状的参数，称为表面结构参数(图 9-9)。

GB/T 131—2006 适用于对表面结构有要求时的图样表示法，不适用于表面缺陷(如孔、划痕等)的标注方法。

零件表面结构参数是评定零件表面质量的一项技术指标，零件的表面结构要求越高，则其加工成本也越高。因此，应在满足零件表面功能的前提下，合理选用表面结构参数值。

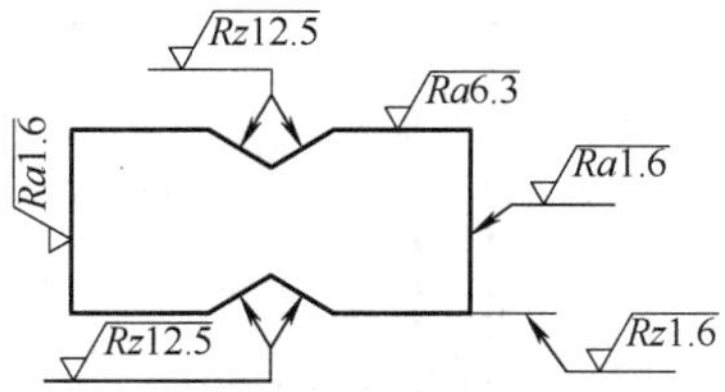

图 9-9 表面结构参数示例

常用的零件表面结构评定参数是评定粗糙度轮廓(*R* 轮廓)的两个高度主参数，分为 *Ra* 和 *Rz*，实际应用中又以 *Ra* 用得最多。国标对 *Ra* 数值作了规定，表 9-7 列出了常用的 *Ra* 轮廓(粗糙度参数)数值及与其对应的加工方法和适用范围。

表 9-7 粗糙度参数 *Ra*(轮廓算术平均偏差)的数值及与其对应的主要加工方法

表面特征		*Ra* 值/μm	主要加工方法	适 用 范 围
加工面	可见加工刀痕	100, 50, 25	粗车、粗刨、粗铣	钻孔、倒角、没有要求的自由表面
	微见加工刀痕	12.5,6.3, 3.2	精车、精刨、精铣、精磨	接触表面，较精确定心的配合面
	微辨加工痕迹方向	1.6, 0.8, 0.4	精车、精磨、研磨、抛光	要求精确定心的、重要的配合面
	有光泽面	0.2,0.1, 0.05 0.025, 0.012	研 磨、超精磨、抛光、镜面磨	高精度、高速运动零件的配合面、重要装饰面
毛 坯 面		—	铸、锻、轧制等经表面清理	无需进行加工的表面

2)表面结构的符号及含义

(1)表面结构符号的画法，如图 9-10 所示。

(2)表面结构符号的含义，见表 9-8。

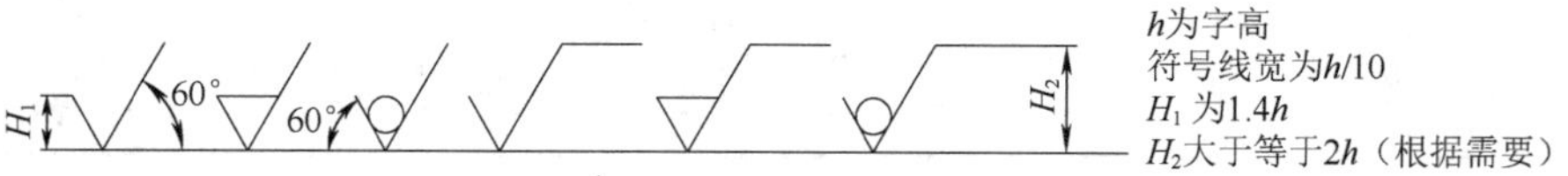

图 9-10 表面结构符号的画法

表 9-8 标注表面结构的图形符号及含义

代 号	含 义	代 号	含 义
	表面结构的基本图形符号(仅用于简化代号标注，没有补充说明时不能单独使用)	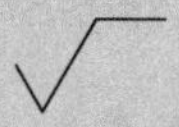	允许任何工艺的完整图形符号
	表示去除材料的扩展图形符号	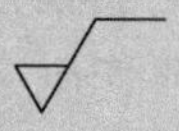	去除材料的完整图形符号
	表示不去除材料的扩展图形符号，或保持上道工序形成的表面	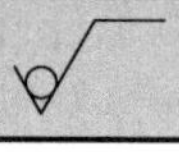	不去除材料的完整图形符号

3)表面结构完整图形符号的组成

为了明确表面结构要求，除了标注表面结构参数和数值，必要时为了保证表面的功能特征，应对表面结构补充标注不同要求的规定参数。在完整符号中，对表面结构的单一要求和补充要求应注写在如图 9-11 所示的指定位置。

在图 9-11 中，位置 a～e 分别注写以下内容。

(1) 位置 a：注写表面结构的单一要求。

(2) 位置 a 和 b：注写两个或多个表面结构要求。

(3) 位置 c：注写加工方法、表面处理、涂层或其他加工工艺要求等，如车、磨、镀等加工表面。

(4) 位置 d：注写所要求的表面纹理和纹理的方向。

(5) 位置 e：注写加工余量，注写所要求的加工余量，以 mm 为单位给出数值。

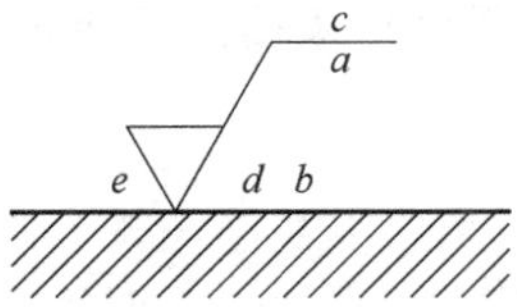

图 9-11　补充要求的注写位置 (a～e)

4) 图样中表面结构要求的标注

表面结构要求对每一表面一般只标注一次，并尽可能注在相应的尺寸及其公差的同一视图上，其注写和读取方向应与尺寸的注写和读取方向一致。具体示例见表 9-9。

表 9-9　表面结构要求的标注形式和特点

标 注 形 式	说　明
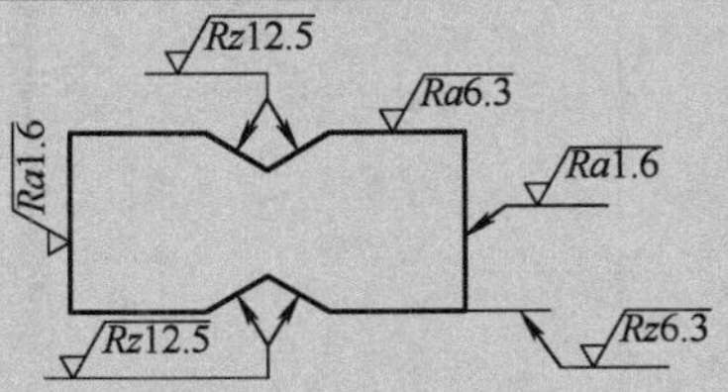	表面结构要求可标注在轮廓线上，其符号应从材料外指向并接触表面
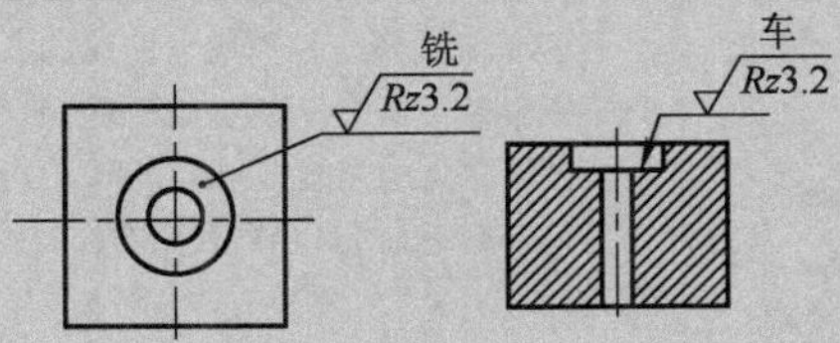	表面结构要求符号可用带箭头或黑点的指引线引出标注
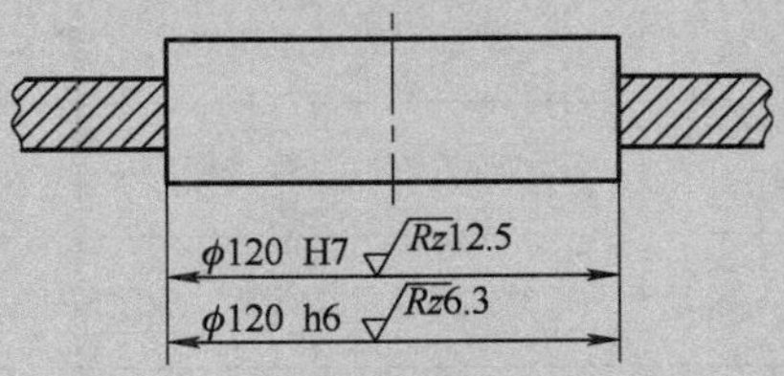	在不致引起误解时，表面结构要求可以标注在给定的尺寸线上
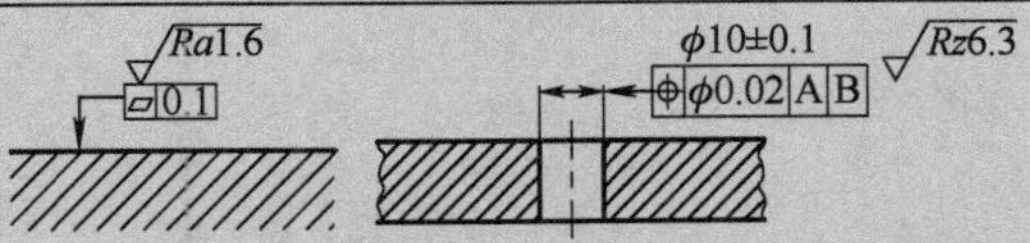	表面结构要求可标注在形位公差的框格上方
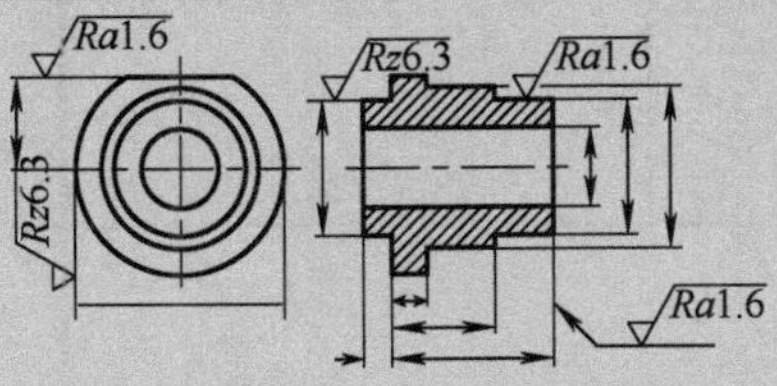	表面结构要求可以直接标注在延长线上，或用带箭头的指引线引出标注
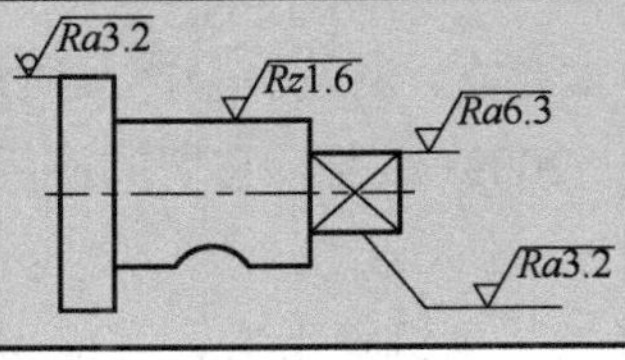	圆柱和棱柱表面结构要求的注法

5)图样中表面结构要求的简化注法(表 9-10)

表 9-10　表面结构要求的简化注法

标 注 形 式	说　　明
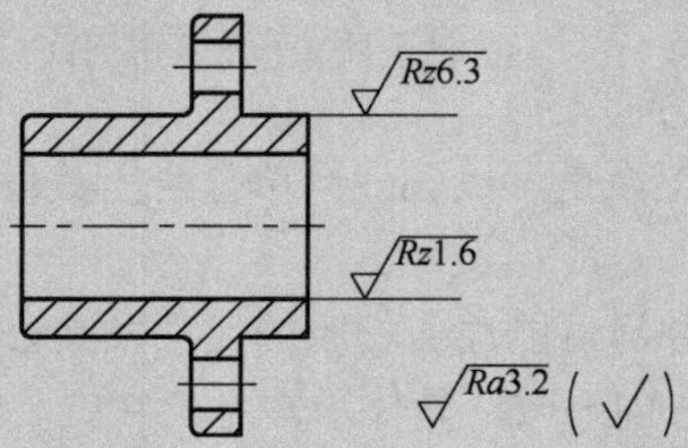	如果工件的多数(包括全部)表面有相同的表面结构要求，则可统一标注在图样的标题栏附近。此时(除全部表面有相同要求外)，表面结构要求的符号后面应有在圆括号内给出无任何其他标注的基本符号
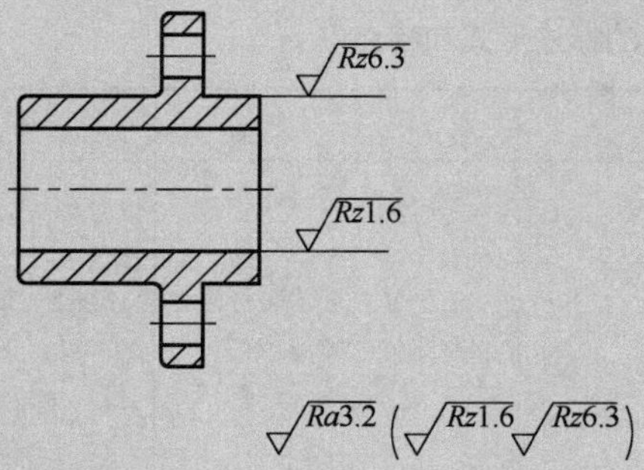	不同的表面结构要求应直接标注在图形中
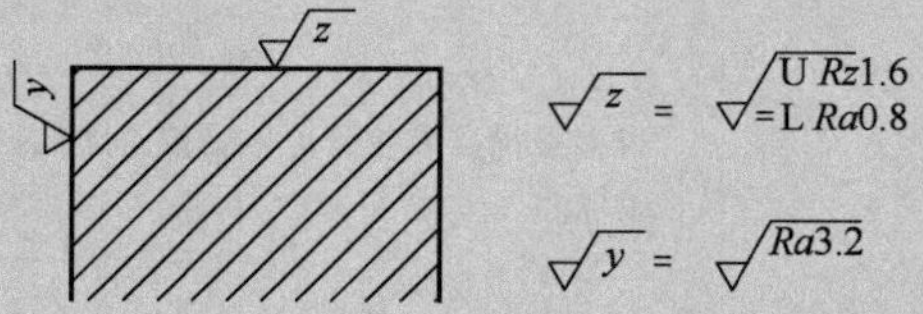	当多个表面具有相同的表面结构要求或图纸空间有限时，可以用带字母的完整符号的简化注法。可用带字母的完整符号，以等式的形式，在图形或标题栏附近，对有相同表面结构要求的表面进行简化标注
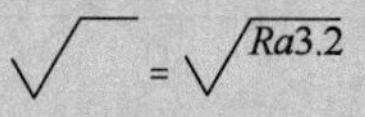	未指定工艺方法的多个表面结构要求
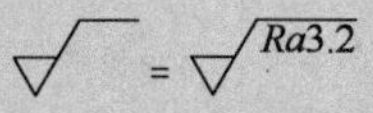	要求去除材料的多个表面结构要求
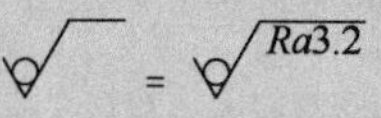	不允许去除材料的多个表面结构要求
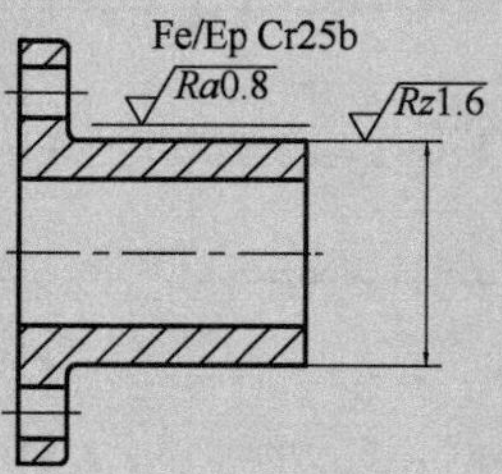	同时给出镀覆前后的表面结构要求

2．极限与配合

极限与配合是零件图和装配图中的一项重要的技术要求，也是检验产品质量的技术指标。国家技术监督局颁布了《极限与配合》(GB/T 1800.2—2009)标准。它们的应用几乎涉及国民经济的各个部门，特别是对机械工业具有重要的作用。

从一批规格相同的零件中任取一件，不经修配就能装到机器上去，并能保证使用要求，零件具有的这种性质称为互换性。现代化机械工业要求机器零件具有互换性，这样，既能满足各生产部门广泛的协作要求，又能进行高效率的专业化生产。

1) 尺寸公差

制造零件时，为了使零件具有互换性，要求零件的尺寸在一个合理范围之内，由此就规定了极限尺寸。加工后的实际尺寸，应在规定的最大极限尺寸和最小极限尺寸范围内，所允许的尺寸变动量称为尺寸公差，简称公差。有关公差的术语，以图 9-12(a) 所示的圆柱孔尺寸 $\phi30\pm0.010$ 为例，说明如下。

(1) 基本尺寸：设计给定的尺寸，如 $\phi30$ 是根据计算和结构上的需要，所确定的尺寸。

(2) 极限尺寸：允许尺寸变动的两个极限值，它是以基本尺寸为基数来确定的。如图 9-12(a) 中孔的最大极限尺寸 $\phi(30+0.01)=\phi30.01$；最小极限尺寸 $\phi(30-0.01)=\phi29.99$。

(3) 偏差：零件某一尺寸减去其基本尺寸所得的代数差。

(4) 极限偏差：即指上偏差和下偏差。零件最大极限尺寸减去其基本尺寸所得的代数差就是上偏差；零件最小极限尺寸减去其基本尺寸所得的代数差就是下偏差。

国标规定偏差代号为：孔的上、下偏差分别用 *ES* 和 *EI* 表示；轴的上、下偏差分别用 *es* 和 *ei* 表示。上偏差：$ES=30.01-30=+0.010$。下偏差：$EI=29.99-30=-0.010$。

(5) 尺寸公差(简称公差)：所允许的尺寸变动量，即最大极限尺寸与最小极限尺寸之差，$30.01-29.99=0.02$；也等于上偏差与下偏差之代数差的绝对值 $|0.01-(-0.01)|=0.02$。

(6) 零线：在公差带图(图 9-12(b))中确定偏差的一条基准直线，即零偏差线。通常以零线表示基本尺寸。

(7) 公差带：在公差带图中，由代表上、下偏差的两条直线所限定的区域，如图 9-12(b) 所示。

(8) 极限制：经标准化的公差与偏差制度。

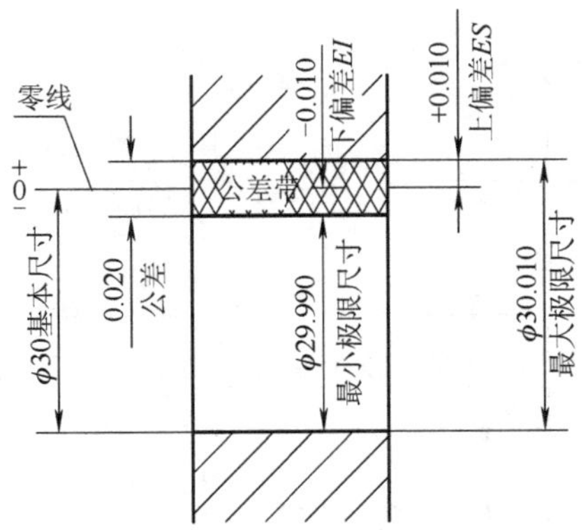

(a) 尺寸公差名词图解

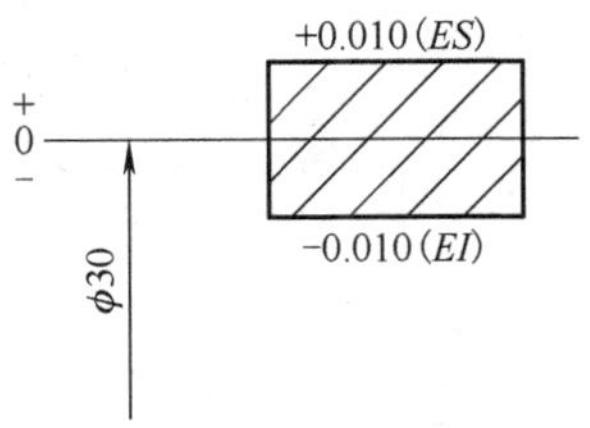

(b) 公差带图

图 9-12　尺寸公差基本概念及公差带图

2) 配合

基本尺寸相同的、相互装配的孔和轴公差带之间的关系，称为配合。根据使用的要求不同，孔和轴之间的配合有松有紧，因而配合分为三类，即间隙配合、过盈配合和过渡配合，如图 9-13 所示。

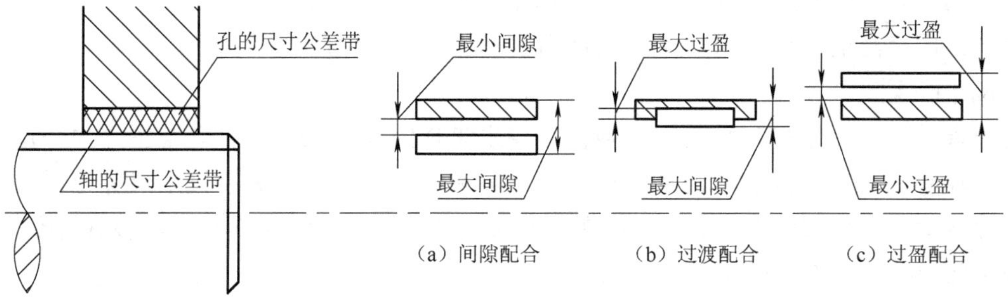

图 9-13　三种常用的配合

(1)间隙配合。孔与轴装配时，有间隙(包括最小间隙等于零)的配合。如图 9-13(a)所示，孔的尺寸公差带在轴的尺寸公差带之上。

(2)过盈配合。孔与轴装配时，有过盈(包括最小过盈等于零)的配合。如图 9-13(c)所示，孔的尺寸公差带在轴的尺寸公差带之下。

(3)过渡配合。孔与轴装配时，可能有间隙或过盈的配合。如图 9-13(b)所示，孔的尺寸公差带与轴的尺寸公差带互相交叠。

3)标准公差与基本偏差

公差带由“公差带大小”和“公差带位置”这两个要素确定。“公差带大小”由标准公差确定，“公差带位置”由基本偏差确定，如图 9-14 所示。

(1)标准公差。标准公差(IT)的数值由基本尺寸和公差等级来确定。其中，公差等级确定尺寸的精确程度，也就影响着加工的难易程度。标准公差分为 20 个等级，即 IT01、IT0、IT1～IT18。IT 表示公差，阿拉伯数字表示公差等级，它是反映尺寸精度的等级。IT01 公差值最小，精度最高；IT18 公差值最大，精度最低。在 20 个标准公差等级中 IT01～IT12 用于配合尺寸，IT12～IT18 用于非配合尺寸，各级标准公差的数值可查阅附表 26。

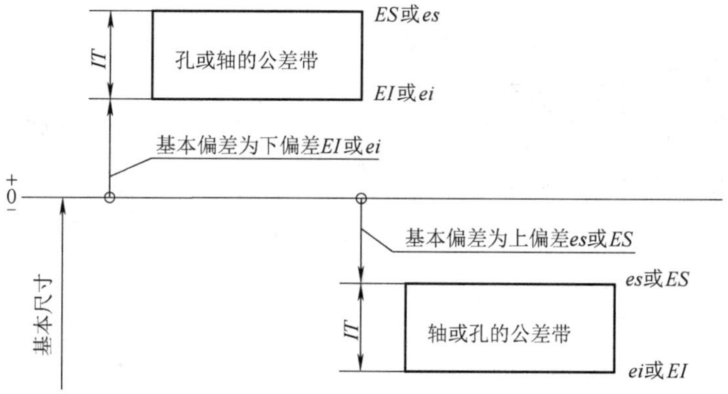

图 9-14　孔、轴的基本偏差

(2)基本偏差。基本偏差是标准所列的用以确定公差带相对于零线位置的上偏差或下偏差，一般指靠近零线的那个偏差。当公差带在零线的上方时，基本偏差为下偏差；反之，则为上偏差。它的代号用拉丁字母表示，大写为孔，小写为轴。

孔和轴的公差带代号由基本偏差代号与公差等级代号组成。例如：

①

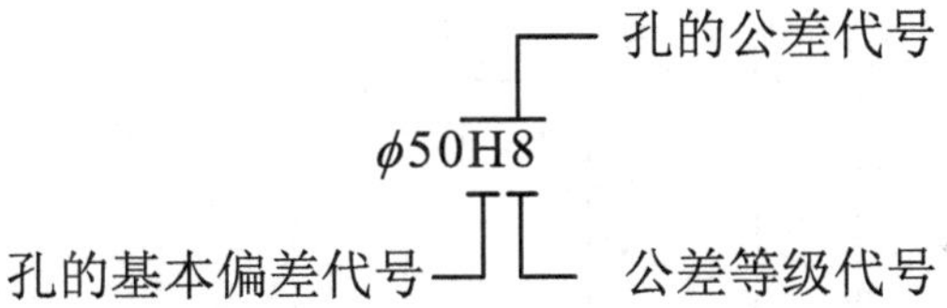

②

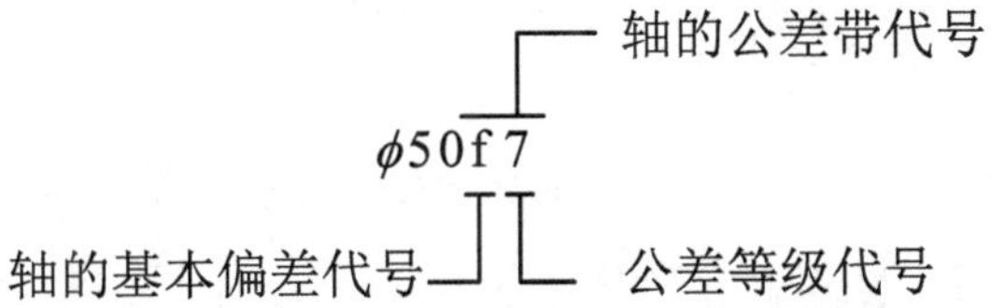

附表 27 和附表 28 分别摘录了 GB/T 1800.2—2009 规定的轴与孔的基本偏差数值。

4) 配合制

在制造相互配合的零件时，使其中一种零件作为基准件，它的基本偏差固定，通过改变另一种零件的基本偏差来获得各种不同性质配合的制度称为配合制。根据生产实际需要，国家标准规定了两种配合制。

(1) 基孔制配合。基本偏差为一定的孔的公差带，与不同基本偏差的轴的公差带形成各种配合的一种制度，如图 9-15 (a) 所示。基准孔的下偏差为零，用代号 H 表示。

(2) 基轴制配合。基本偏差为一定的轴的公差带，与不同基本偏差的孔的公差带形成各种配合的一种制度，如图 9-15 (b) 所示。基准轴的上偏差为零，用代号 h 表示。

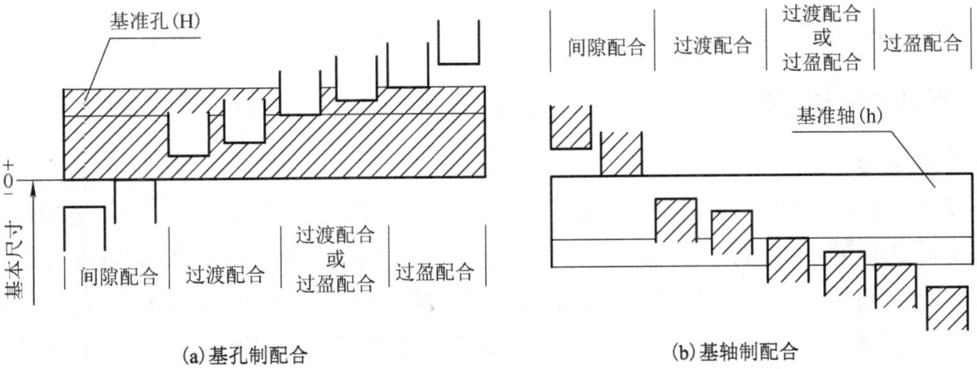

(a) 基孔制配合　　　　　　(b) 基轴制配合

图 9-15　两种常用的配合制

5) 极限与配合的标注及查表

在装配图上标注极限与配合，采用组合式注法，如图 9-16 (a) 所示，它是在基本尺寸 $\phi 18$ 和 $\phi 14$ 后面，分别用一分式表示：分子为孔的公差带代号；分母为轴的公差带代号。通常分子中含 H 的为基孔制配合，分母中含 h 的为基轴制配合。

在零件图上标注公差的形式有三种：只注公差带代号，如图 9-16 (b) 所示；只注极限偏差数值，如图 9-16 (c) 所示；注公差带代号及极限偏差数值，如图 9-16 (d) 所示。

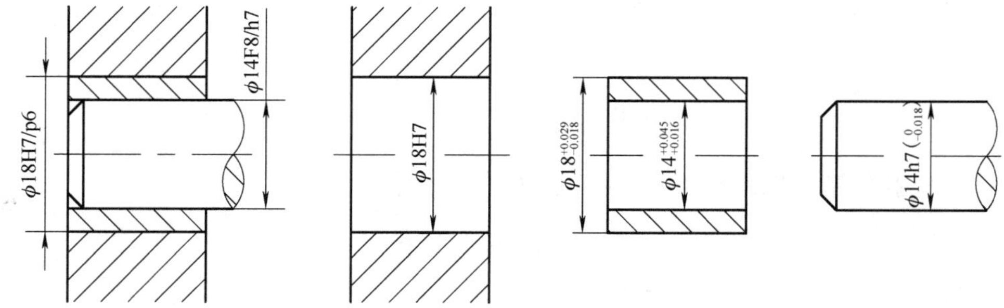

(a)标注配合代号　(b)孔的公差代号标注　(c)孔和轴的极限偏差标注　(d)轴的公差代号及极限偏差标注

图 9-16　极限与配合在图样上的标注

【例 9-1】 查表写出 $\phi 18\dfrac{\text{H8}}{\text{f7}}$ 的极限偏差数据。

解： 对照配合代号可知，$\dfrac{\text{H8}}{\text{f7}}$ 是基孔制配合，其中 H8 是基准孔的公差代号；f7 是配合轴的公差代号。

(1) ϕ18H8 基准孔的极限偏差，可由附表 30 中查得。在表中由基本尺寸从大于 14 至 18 的行和公差带 H8 的列相交处查得 $^{+27}_{0}$ (即 $^{+0.027}_{0}$ mm)，这就是基准孔的上、下偏差，所以 ϕ18H8 可写成 $\varphi 18^{+0.027}_{0}$ 。

(2) ϕ18f7 配合轴的极限偏差，可由附表 29 中查得。在表中由基本尺寸从大于 14 至 18 的行和公差带 f7 的列相交处查得 $^{-16\mu m}_{-34\mu m}$，它是配合轴的上偏差(es)和下偏差(ei)，所以 ϕ18f7 可写成 $\phi 18^{-0.016}_{-0.034}$。

3. 形状和位置公差简介

1) 基本概念

在加工零件时，除了尺寸产生误差，形状和位置也会产生误差。形状误差是指实际形状对理想形状的误差，如直线不直、平面不平等。如图 9-17(a)所示，小轴的轴线在加工时发生弯曲，产生直线度误差，其理想形状如图中粗实线所示，实际形状如图中双点画线所示。位置误差是指被测要素和基准要素的实际位置相对于两者的理想位置所产生的误差，如应该垂直的不垂直，应该平行的不平行。如图 9-17(b)所示，零件的轴线相对于下底面的理想位置是互相垂直的(如图中的粗实线所示)，但两者的实际位置产生误差(如图中的双点画线所示)。

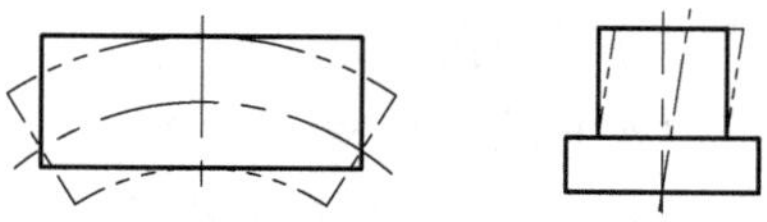

(a)形状误差　(b)位置误差

图 9-17　形状和位置误差概念

如果零件的形状误差和位置误差过大，则会导致装配困难，因此在设计时，应对零件的重要棱线、轴线及表面规定形状误差和位置误差的最大允许值，这个允许值称为形状公差和位置公差，简称形位公差。形位公差的术语、定义、代号及其注法在国家标准《形状和位置公差》（GB/T 1800.2—2009）中有详尽规定，这里只作简要介绍。

2) 形状和位置公差代号

在零件图中，形状和位置公差用代号标注。当无法用代号标注时，允许在技术要求中用文字说明。形位公差的有关项目及代号如表 9-11 所示。

表 9-11　形状和位置公差的代号

分类	项目	代号	分类		项目	代号
形位公差	直线度	—	位置公差	定向	平行度	//
	平面度	▱			垂直度	⊥
	圆度	○			倾斜度	∠
	圆柱度	⌭		定位	同轴度	◎
形状公差或位置公差	线轮廓度	⌒			对称度	⌯
					位置度	⌖
	面轮廓度	⌓		跳动	圆跳动	↗
					全跳动	⌰

形位公差代号包括有关项目的代号、形位公差框格和指引线、形位公差数值以及其他有关符号和基准符号。如图 9-18(a) 所示，框格和指引线用细实线绘制。框格应水平或垂直绘制。框格从左向右填写的内容是：第一格填写形位公差项目代号；第二格填写形位公差数值和有关项目；第三格和以后各格填写基准代号的字母与有关符号。框格内的数字和字母应与图样中尺寸数字的高度相同。框格的高度为字母高度的 2 倍，长度可根据需要加长。

如图 9-18(b) 所示，位置公差中的基准用基准代号表示，基准代号由基准符号、方框、连线和字母组成。方框和连线均用细实线绘制，方框的高度与 (a) 图中框格同高；字母水平书写；基准符号是一个黑色三角形，高度为字高的 1/2，紧贴基准线。

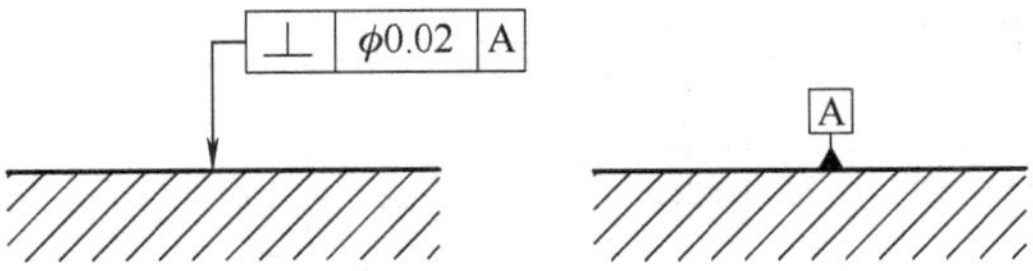

(a) 形位公差框格　　(b) 基准代号

图 9-18　形位公差代号

3) 形位公差的标注

(1) 图 9-19 为被测要素的标注形式。用带箭头的指引线将被测要素与公差框格的一端相连，指引线带箭头的一端指向公差带的宽度方向或直径方向。

(2) 图 9-19 为基准要素的标注形式，基准代号注在基准要素轮廓线或其延长线附近，代号方框与基准符号连线应当与基准要素垂直。

(3) 指引线箭头和被测要素、基准代号和基准要素连接的方法。

① 当被测要素或基准要素为线或表面时，指引线箭头应指向该要素的轮廓线或其引出线上，如图 9-19 所示。基准符号应靠近该要素的轮廓线或其引出线标注，并都应明显地与尺寸线错开。

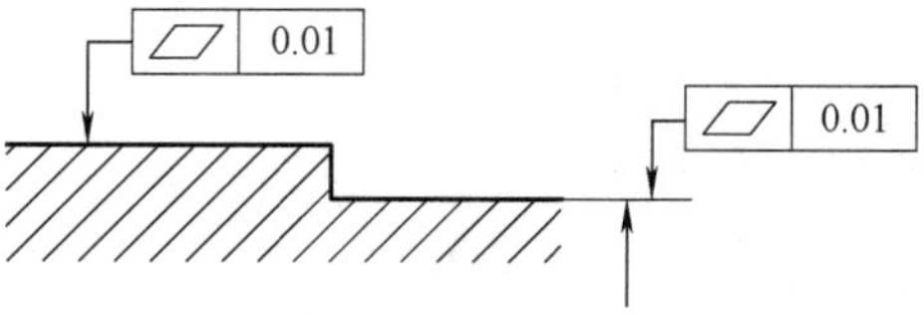

图 9-19　指引线箭头与要素相连的形式

② 如图 9-20 所示，当被测要素或基准要素为轴线、球心或中心平面时，指引线箭头或基准符号应与该要素的尺寸线对齐。

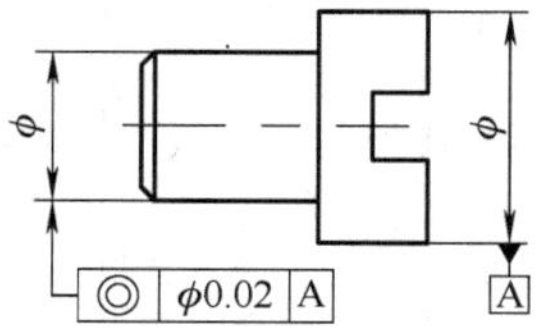

图 9-20　被测要素或基准要素为直线

③ 当被测要素或基准要素为单一要素的轴线或各要素的公共轴线、公共中心平面时，指引线箭头可以直接指在轴线或中心线上，如图 9-21(a)所示；基准符号可以直接靠近公共轴线(或公共中心线)标注，如图 9-21(b)所示。

④ 当指引线箭头与尺寸线箭头重叠时，应如图 9-22(a)所示进行标注；当基准符号与尺寸线箭头重叠，如图 9-22(b)所示，该尺寸线箭头可以省略。图 9-23 为形位公差的综合标注实例。

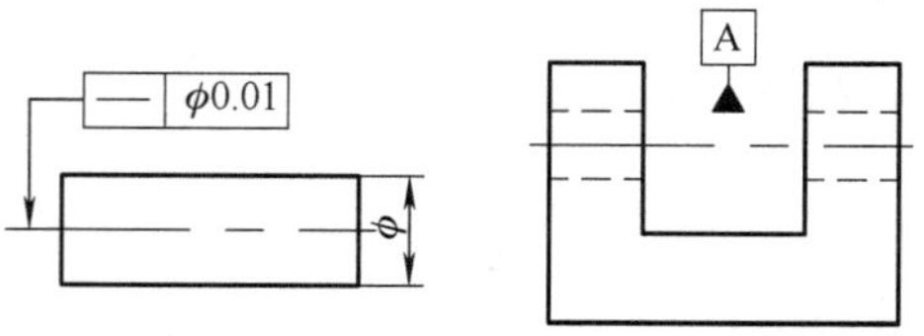

(a) 被测要素为单一要素　(b) 基准要素为公共轴线

图 9-21　被测要素或基准要素为单一要素或公共轴线

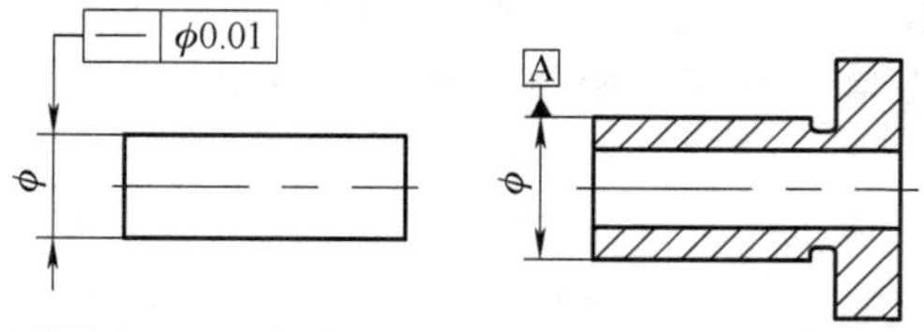

(a) 引线箭头与尺寸线箭头重叠　(b) 基准符号与尺寸线箭头重叠

图 9-22　省略尺寸箭头

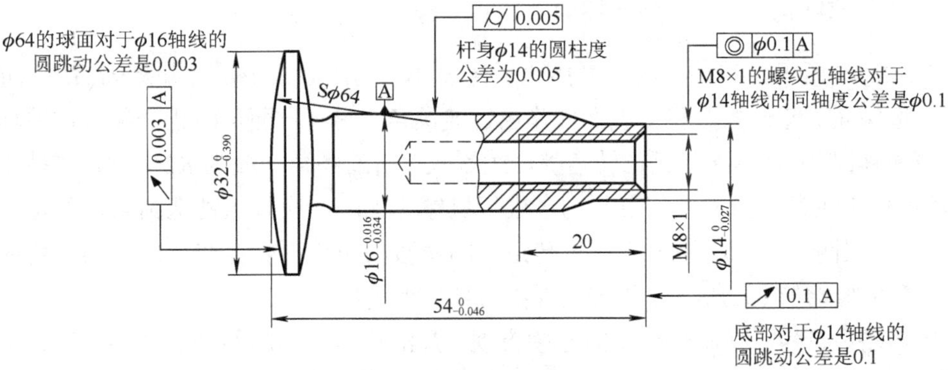

图 9-23　图样标注实例

第 5 节　常见的零件工艺结构

零件的结构是由它在机器或部件中的作用以及它的制造工艺决定的，因此零件的结构除了满足强度和功能上的需要，还要考虑制造工艺的要求。零件的工艺结构有多种，本节介绍常见的工艺结构。

1．机械加工工艺结构

(1) 倒角。为装配方便和操作安全，常在轴的端部和孔口制作出倒角（小圆台）。图 9-24(a) 表示出倒角的画法和尺寸注法，有 45° 和 30° 倒角，其尺寸注法略有不同。倒角是标准结构，在设计中一般根据轴径查表确定。

(2) 退刀槽和砂轮越程槽。如图 9-24(b) 所示，在轴和孔的切削加工中，为了便于退出刀具，保护刀具不受损坏，也为了在装配时能使相关零件的端面紧密接触，在待加工表面的末端预制出退刀槽或砂轮越程槽。退刀槽和砂轮越程槽也是标准结构。

(3) 圆角。为了避免阶梯轴或阶梯孔在轴肩处有尖角而产生应力集中，导致零件在受力时破坏，一般在轴肩处制出圆角，也称倒圆，如图 9-24(c) 所示。

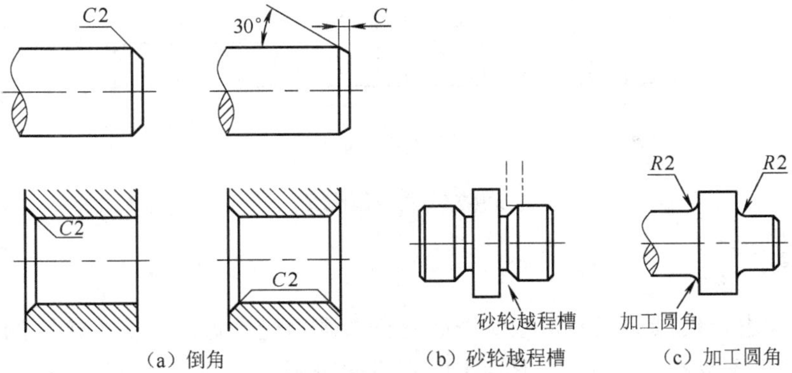

图 9-24　机械加工工艺结构

2．铸件工艺结构

如图 9-25(a)所示，铸件是将金属熔化后浇铸在预制的砂模中，冷却凝固后所得的零件。

(1)铸造圆角。铸件的两相交表面应作出过渡圆角，它一方面可防止金属液体冲坏砂型转角；另一方面可避免金属冷却时在转角处产生裂纹。铸造圆角一般为 *R*2～*R*4，在技术要求中注明。画图时应注意，当两相邻表面均未进行机械加工时，应画出铸造圆角，但是当二相邻表面中的一个或两个进行机械加工后，转角处的铸造圆角就不复存在，而变为尖角或倒角。画图时应将铸造圆角或尖角准确画出，两者不可互相代替。

(2)拔模斜度。为了在制作砂型时起模方便，凡沿拔模方向的不加工表面均应作出拔模斜度，如图 9-25(a)中的圆柱，作出有一点锥度的形状等。拔模斜度的大小一般为：木模 1°～3°；金属模用手工造型时 1°～2°；用机器造型时 0.5°～1°。除了斜度较大时应在图中表示，一般不必画出。

(3)壁厚。为了避免金属液体冷却时速度不匀而产生缩孔或裂纹，影响零件的质量，铸件各部分的厚度应尽量均匀或逐渐过渡，如图 9-25(b)所示。

(4)凸台与凹坑。为了减少机械加工的面积并保证零件表面接触良好，常在铸件表面上铸出凸台或制作出凹坑(铸造或机械加工)，如图 9-25(c)所示。

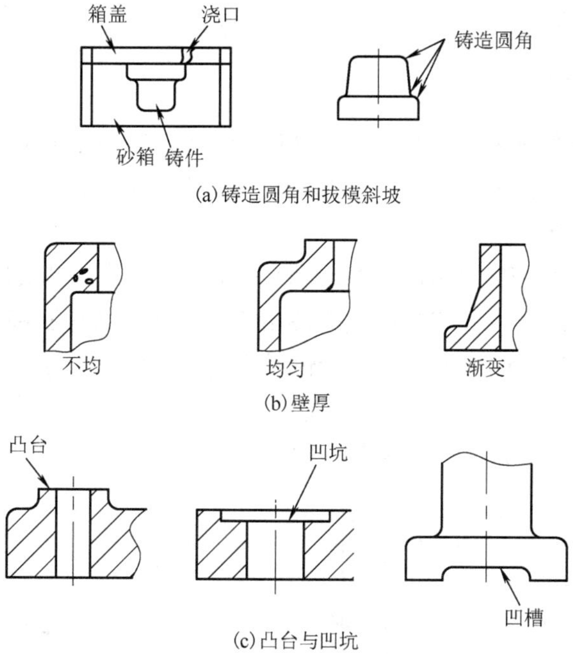

图 9-25　铸件工艺结构

3．过渡线

由于铸件未进行机械加工的两相交表面有铸造圆角光滑过渡，零件表面的交线变得不明显(严格地说已经不存在交线了)。但为了区别不同表面，在画图时仍旧画出交线，这种交线称为过渡线。过渡线的位置及画法与两表面理论上交线的位置及画法基本相同，只是表示时略有差别。常见情况的过渡线画法见图 9-26。

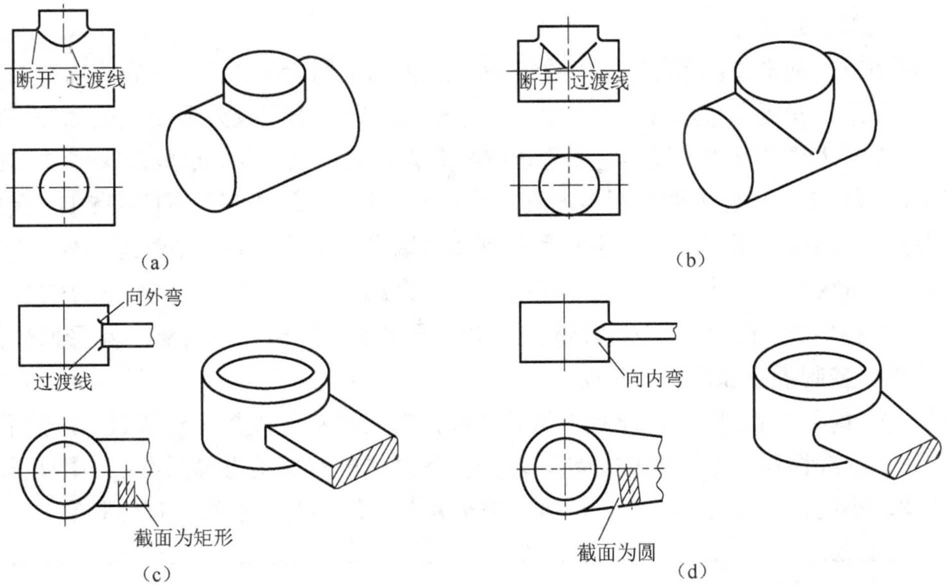

图 9-26　过渡线的画法

第 6 节　看零件图

看零件图，主要是弄清零件的结构形状、尺寸和技术要求等内容，并了解零件在机器中的作用。

1. 看零件图的方法和步骤

1) 概括了解

首先从标题栏中了解零件的名称、材料、数量等，然后通过装配图或其他途径了解零件的作用以及与其他零件的装配关系。

2) 分析视图，想象形状

(1) 弄清各视图之间的投影关系。

(2) 以形体分析法为主，结合零件上的常见结构知识，看懂零件各部分的形状，然后综合想象出整个零件的形状。

3) 分析尺寸

分析尺寸基准，了解零件各部分的定形尺寸、定位尺寸和总体尺寸。

4) 了解技术要求

看懂视图中各项技术要求，如表面粗糙度、极限与配合、形位公差等内容。

2. 看零件图实例

【例 9-2】看零件图。

图 9-27 是球阀阀体的零件图，看图的四个步骤如下。

1) 概括了解

从标题栏可知，零件的名称是阀体，属箱体类零件，材料是铸钢，该零件是铸件。阀体的内、外表面都有一部分要进行切削加工，加工之前必须先进行时效处理。

2)分析视图，想象形状

该阀体用三个基本视图表达它的内外形状。主视图采用全剖视，主要表达内部结构形状；俯视图表达外形；左视图采用 *A—A* 半剖视，补充表达内部形状及方形安装凸缘的结构。

看图时先从主视图开始。阀体左端通过螺柱和螺母与阀盖连接，形成球阀容纳阀芯的ϕ43空腔，左端的ϕ50H11 圆柱形槽与阀盖的圆柱形凸台相配合；阀体空腔右侧ϕ35H11 圆柱形槽，用来放置球阀关闭时不泄露流体的密封圈；阀体右端有用于连接系统中管道的外螺纹 M36×2，内部阶梯孔ϕ28.5、ϕ20 与空腔相通；在阀体上部的ϕ36 圆柱体中，有ϕ26、ϕ22H11、ϕ18H11 的阶梯孔与空腔相通，在阶梯孔内容纳阀杆、填料压紧套；阶梯孔顶端 90° 扇形限位凸块(对照俯视图)用来控制扳手和阀杆的旋转角度。

经过上述分析，对于阀体在球阀中与其他零件之间的装配关系比较清楚了，然后对照阀体的主、俯、左视图综合想象它的形状。球形主体结构的左端是方形凸缘；右端是同轴相交的大圆柱体、小圆柱体和球体；上部的圆柱体分别与左端凸缘和右端的球体相交。

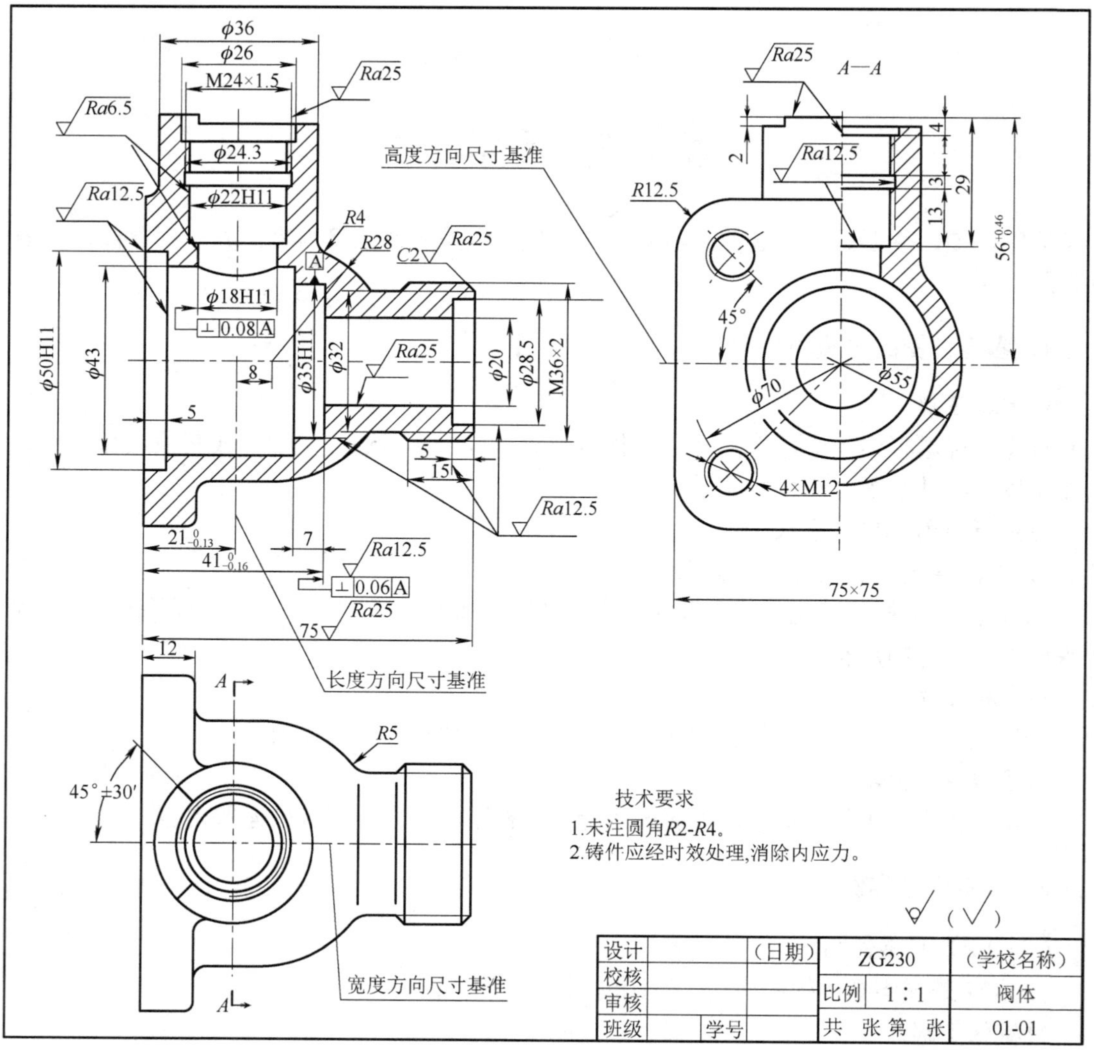

图 9-27　阀体零件图

3) 分析尺寸

阀体的结构形状比较复杂，标注尺寸很多，这里仅分析其中主要尺寸，其余尺寸读者自行分析。

以阀体水平轴线为径向(高度方向)的尺寸基准，注出定形尺寸ϕ50H11、ϕ35H11、ϕ20和 M36×2 等。同时还要注出水平轴线到顶端的定位尺寸$56_{0}^{+0.460}$(在左视图上)。

以阀体垂直孔的轴线为长度方向的尺寸基准，注出阀体上部定形尺寸ϕ36、M24×1.5、ϕ22H11、ϕ18H11 等。同时还要注出铅垂孔轴线与左端面的定位尺寸$21_{-0.130}^{0}$。

以阀体前后对称面为宽度方向的尺寸基准，注出阀体的圆柱体外形尺寸ϕ55、左端面方形凸缘外形尺寸 75×75，以及四个螺孔的定位尺寸ϕ70。同时还要注出扇形限位块的角度定位尺寸 45° ±30′(在俯视图上)。

4) 了解技术要求

经上述尺寸分析可看出，阀体中的一些主要尺寸多数都标注了公差代号或偏差数值，如上部阶梯孔ϕ22H11 与填料压紧套有配合关系、ϕ18H11 与阀杆有配合关系，与此对应的表面粗糙度要求也较高，其 *Ra* 值为 3.2μm。阀体左端和空腔右端的阶梯孔ϕ50H11、ϕ50H11 分别与密封圈有配合关系，因为密封圈的材料是塑料，所以相应的表面粗糙度要求稍低，*Ra* 值为 12.5μm。零件上不太重要的加工表面的表面粗糙度 *Ra* 为 25μm。除去三个端面和左端的外螺纹部分，外表面其他部位的表面粗糙度都保持原来状态。

主视图中对于阀体的形位公差要求是：空腔右端与相对水平轴线的垂直度公差为 0.06mm；ϕ18H11 圆柱孔相对ϕ35H11 圆柱孔的垂直度公差为 0.08mm。

第 7 节　运用 AutoCAD 绘制零件图

前面几章中分别介绍了运用 AutoCAD 绘制图形及制作图块，并进行文字和尺寸标注的方法。运用 AutoCAD 绘制零件图时，还需要标注图样中的表面粗糙度、尺寸公差和几何公差等内容。本节将简要介绍绘制零件图时，对此类技术要求的标注。

1. 零件图中技术要求的标注

1) 几何公差的标注

几何公差标注的一种方法是使用引线“leader”命令或快速引线“qleader”命令创建带引线的几何公差；另一种方法是多重引线“mleader”命令绘制引线和几何公差“tolerance”命令绘制几何公差的框格配合使用。

(1) 使用“leader”命令或“qleader”命令创建带引线的几何公差。

① 命令行输入“qleader”，系统提示如下。

命令: qleader↙

指定第一个引线点或 [设置(S)] <设置>: S(出现“引线设置”对话框，如图 9-28 所示，注释类型选择“公差”，“引线和箭头”选项卡可以设置指引线的形式，以及箭头的样式和尺寸，“确定”退出)

指定第一个引线点或 [设置(S)] <设置>:(输入指引线的起点 A，如图 9-29 所示)

指定下一点:(输入转折点 B)

指定下一点:(输入终点 C，输入完毕后，弹出“形位公差”对话框，如图 9-30 所示)

在“形位公差”对话框中单击“符号”下面的黑色方块，打开“特征符号”选择框，如图 9-31 所示，单击选择需要的符号，系统自动把符号放置在符号框中，如图 9-30 所示。选择右下角的黑色方块为放弃，选择结束后，选择框自行关闭。

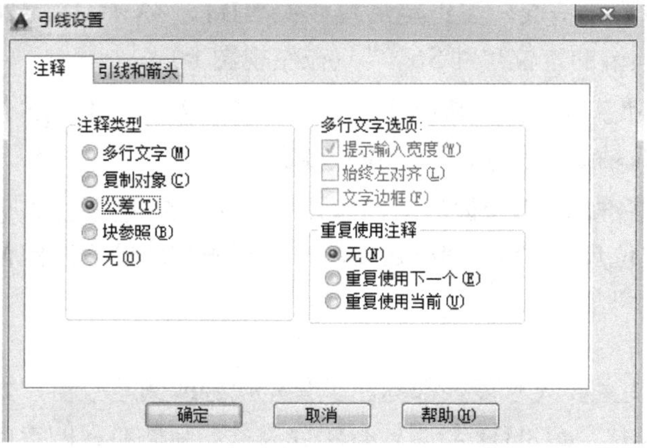

图 9-28　“引线设置”对话框

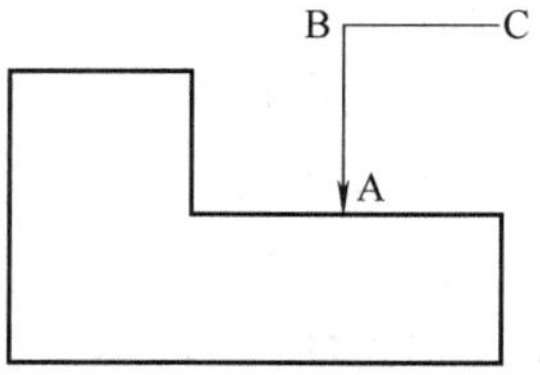

图 9-29　指引线的标注

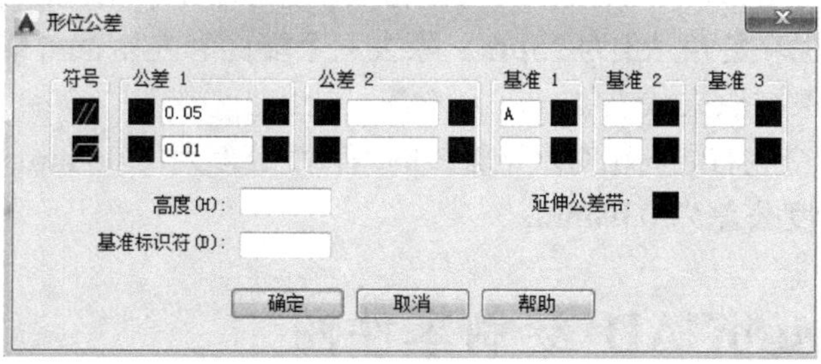

图 9-30　“形位公差”对话框

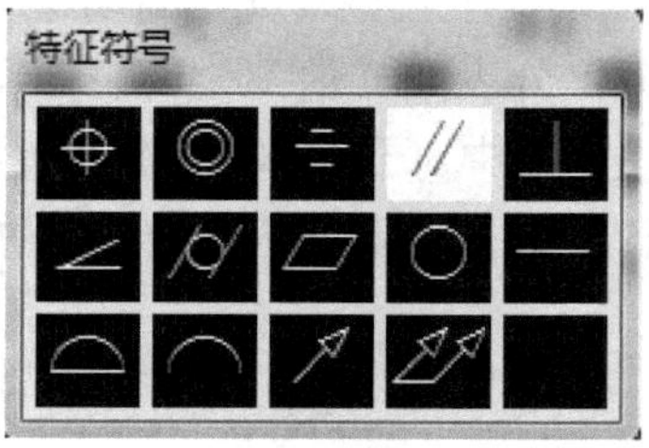

图 9-31　“特征符号”选择框

在“形位公差”对话框的“公差 1”文本框里输入公差数值，如果公差值为直径，单击公差数值文本框左边的黑框，系统自动加注直径符号ϕ。单击文本框右边的黑框，可为公差值填注“附加符号”。系统可以一次标注两个公差值和两项公差内容。单击“确定”退出，结束操作，如图 9-32 所示。

图 9-32 中底部的基准符号，需要另外绘制，可以做成带属性的图块插入图中。

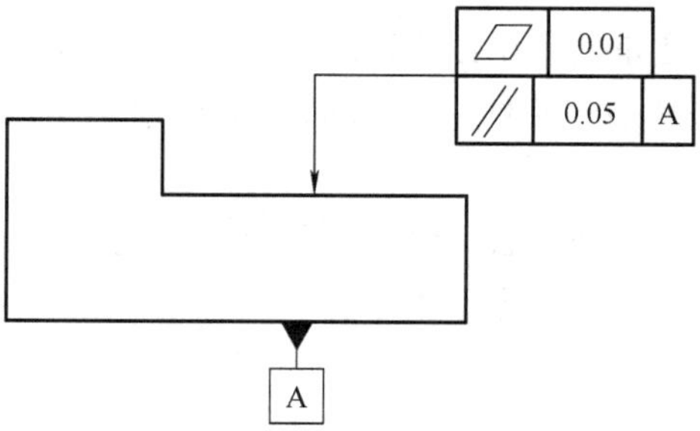

图 9-32　形位公差的标注

② 命令行输入“leader”，系统提示如下。

命令：leader↙

指定引线起点：(输入指引线的起点 A，如图 9-29 所示)

指定下一点：(输入转折点 B)
指定下一点或 [注释(A)/格式(F)/放弃(U)] <注释>：(输入终点 C)
指定下一点或 [注释(A)/格式(F)/放弃(U)] <注释>：A↙
输入注释文字的第一行或 <选项>：↙(在屏幕弹出菜单，如图 9-33 所示，选择“公差”)
输入注释选项 [公差(T)/副本(C)/块(B)/无(N)/多行文字(M)] <多行文字>：T↙(弹出“形位公差”对话框，以后步骤和“qleader”命令相同)

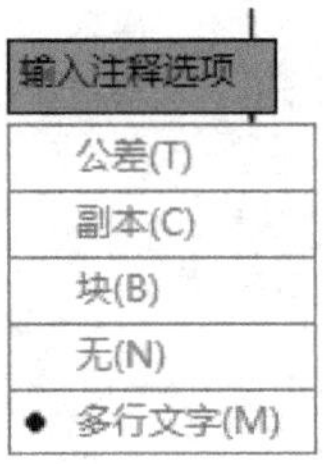

图 9-33　输入注释选项

(2) 多重引线“mleader”命令绘制引线和几何公差“tolerance”命令绘制几何公差的框格配合使用标注几何公差。

选择“注释”选项卡→“引线”面板，点击多重引线图标，命令行提示如下。

命令：_mleader↙
指定引线箭头的位置或 [引线基线优先(L)/内容优先(C)/选项(O)] <选项>：(输入指引线的起点 A，如图 9-29 所示)
指定引线基线的位置：(输入转折点 B，水平线自动生成，关闭在功能区弹出的文本编辑器)

选择“注释”选项卡→“标注”面板右侧黑三角，点击公差图标，激活命令，弹出“形位公差”对话框，如图 9-30 所示，操作与前面相同，绘制几何公差框格。

2) 表面粗糙度的标注与块的属性

零件图中需要标注各处表面粗糙度的符号和不同的数值，利用带属性的块，可以使得标注更加方便快捷。操作方法如下。

(1) 首先绘制出表面粗糙度符号如图 9-34(a) 所示。

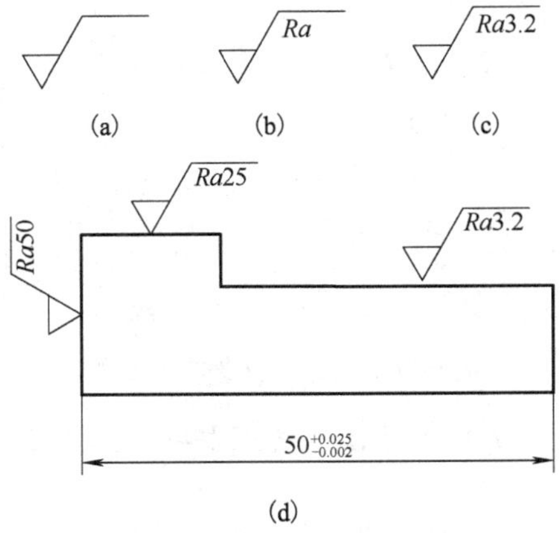

图 9-34　“块属性”的设置和应用

(2) 选择“默认”选项卡→“块”面板右侧黑三角，点击定义属性图标，弹出“属性定义”对话框，如图 9-35 所示。

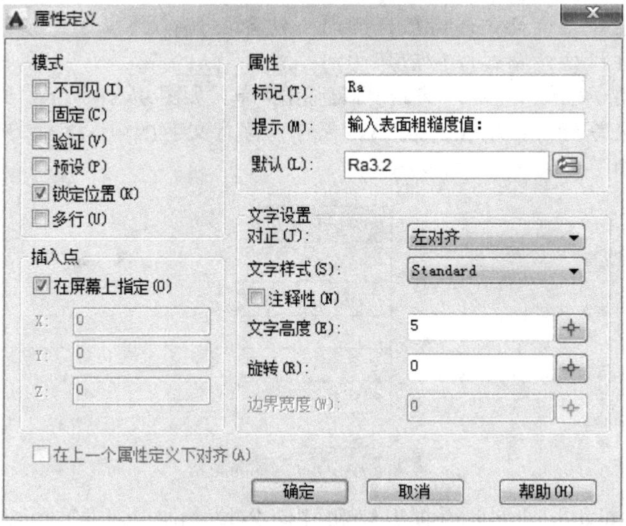

图 9-35　“属性定义”对话框

(3)在“属性定义”对话框的“属性”栏中，可以注写标记和提示话语，以及设置常用的数据(也可以不设)。在“文字设置”栏中，设置属性的字体、尺寸和样式，如图 9-34 所示。设置完成后点击“确定”退出，系统提示在图形上指定属性插入的位置，指定位置后，操作自行结束，显示如图 9-36(b)所示。

(4)按照前述方法，将表面粗糙度符号和设置的属性一起创建成图块，创建结束时，系统出现图 9-36 所示的“编辑属性”对话框，“确定”退出，完成操作，显示如图 9-34(c)所示。

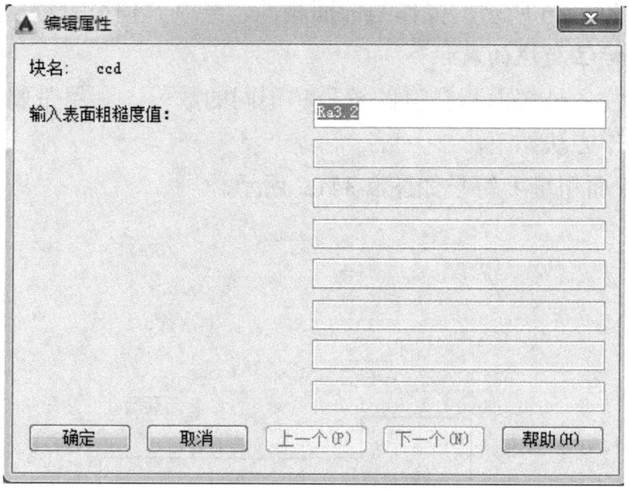

图 9-36　“编辑属性”对话框

(5)调用“块插入”命令，选择“默认”选项卡→“块”面板，点击插入块图标，激活命令。

```
命令: _INSERT↙
指定插入点或 [基点(B)/比例(S)/X/Y/Z/旋转(R)]: _nea 到(指定在图形中的插入位置)
输入 X 比例因子，指定对角点，或 [角点(C)/xyz(XYZ)] <1>:(输入 X 比例因子)
输入 Y 比例因子或 <使用 X 比例因子>:(输入 Y 比例因子)
```

指定旋转角度 <0>:(输入旋转角度，输完弹出“编辑属性”对话框，如图 9-36 所示 ，设置属性)

操作结果如图 9-34(d)所示。

3)尺寸公差的标注

在零件图中标注具有公差的尺寸时，利用“特性管理器”注写是一种常用的便捷方法。

(1)首先调用“线性标注”命令，标注出指定的尺寸，如图 9-34 中的尺寸 50。

(2)双击尺寸，系统则弹出该尺寸的“特性管理”对话框，如图 9-37 所示。在其中的“公差”栏中选择“显示公差”，并在列表中指定公差的形式。然后注写各项偏差值、设置小数点位数和偏差值字体与尺寸数据的比例。图 9-37 中设置上、下偏差数值分别为 0.025 和 0.002，系统默认上偏差为正，下偏差为负，如果符号不同，数值前需要注写“-”号。设置小数点后保留三位数，偏差数值的高度为尺寸数值的 0.7，标注显示如图 9-34 所示。

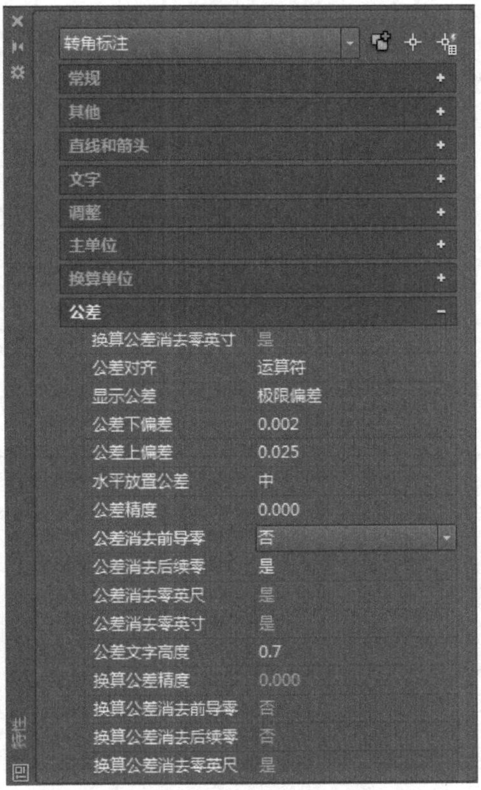

图 9-37　偏差尺寸的标注

2. AutoCAD 绘制零件图的方法

【例 9-3】现以图 9-38 所示的轴承座零件为例，介绍绘制零件图的方法和步骤。

1)设置绘图环境

根据轴承座的尺寸，设置绘图界限为 297×210 单位精度为米制，无小数位。图层分为六层，main 层为黄色，Continue 线，线宽 0.4，用于画轮廓线。center 层为红色，CENTER 线，线宽 0.18，用于画对称线和点画线。dim 层为蓝色，Continue 线，线宽 0.18，用于标注尺寸。hatch 层为绿色，Continue 线，线宽 0.18，用于画剖面线。text 层为青色，Continue 线，线宽 0.18，用于文本标注等。0 层为原有层，保持不变备用，命令与操作方法同前。

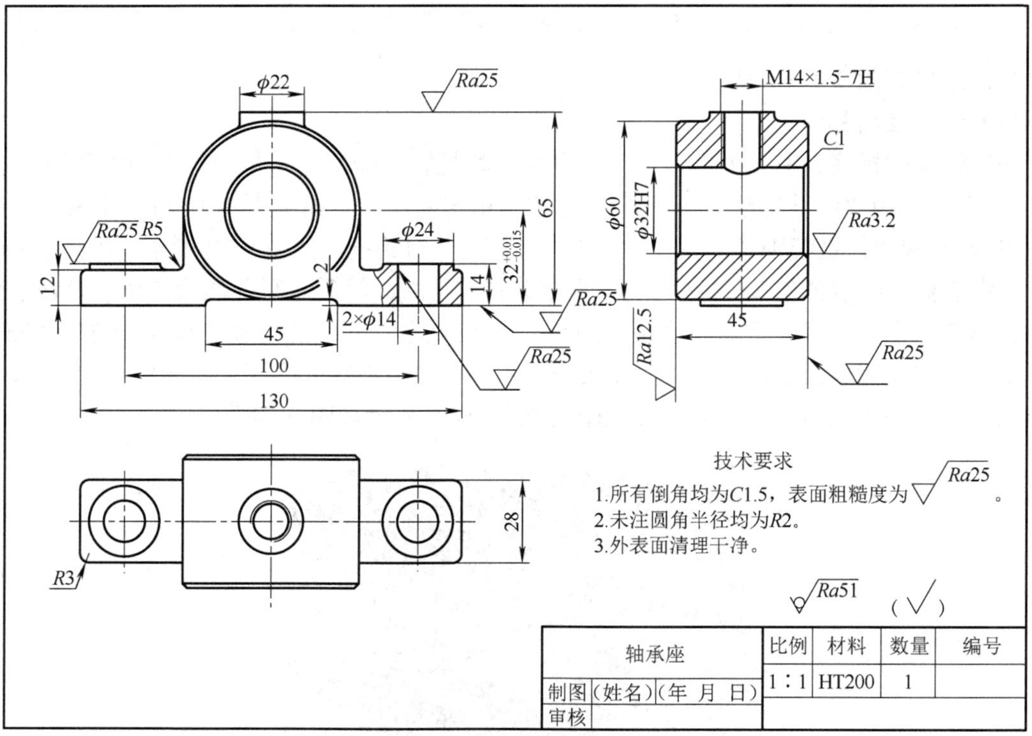

图 9-38　轴承座零件图

2) 绘制零件图

(1) 调用 center 层为当前层，使用“直线”命令和“偏移”命令，在合适的位置画对称线、点画线 和边框线、标题栏，如图 9-39 所示。

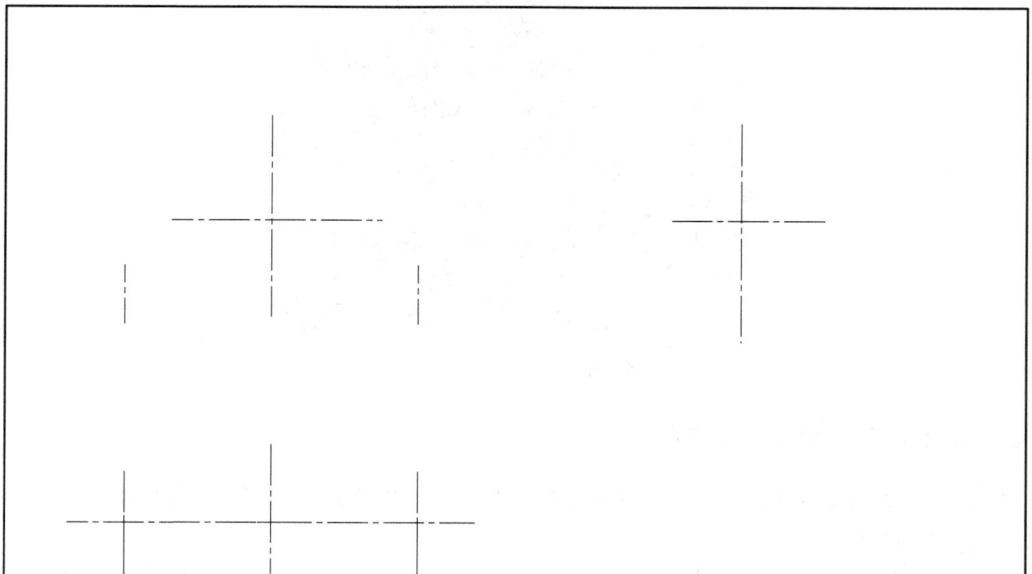

图 9-39　画对称线、点画线

(2) 调用 main 层为当前层，用“直线”和“圆”命令画主要轮廓线，用“偏移”“圆角”“修剪”等编辑命令进行修改，见图 9-40。

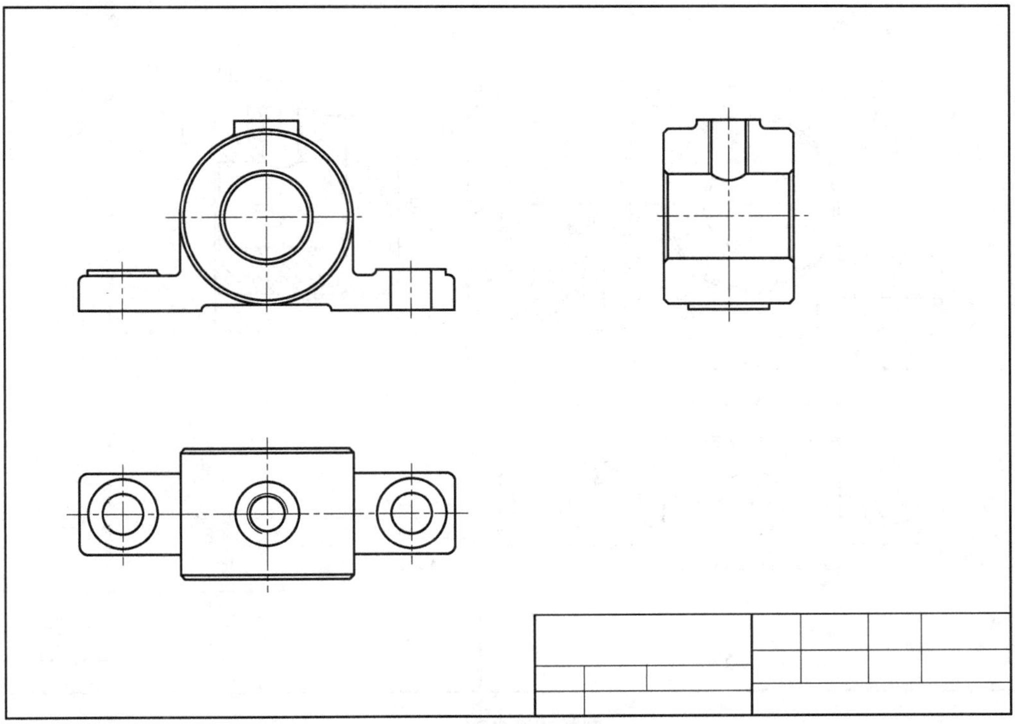

图 9-40　画轮廓线

(3) 调用 hatch 层为当前层，用“图案填充”命令绘制剖面线，见图 9-41。

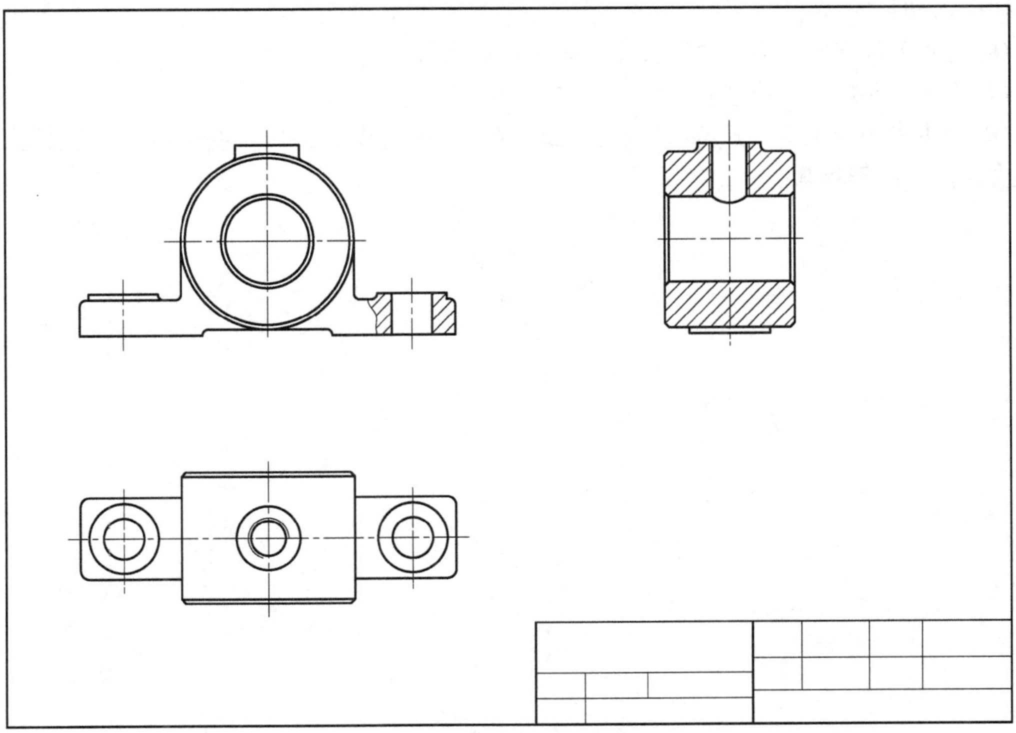

图 9-41　绘制剖面线

(4) 调用 dim 层为当前层，标注相应的尺寸、尺寸公差及形位公差，如图 9-42 所示。

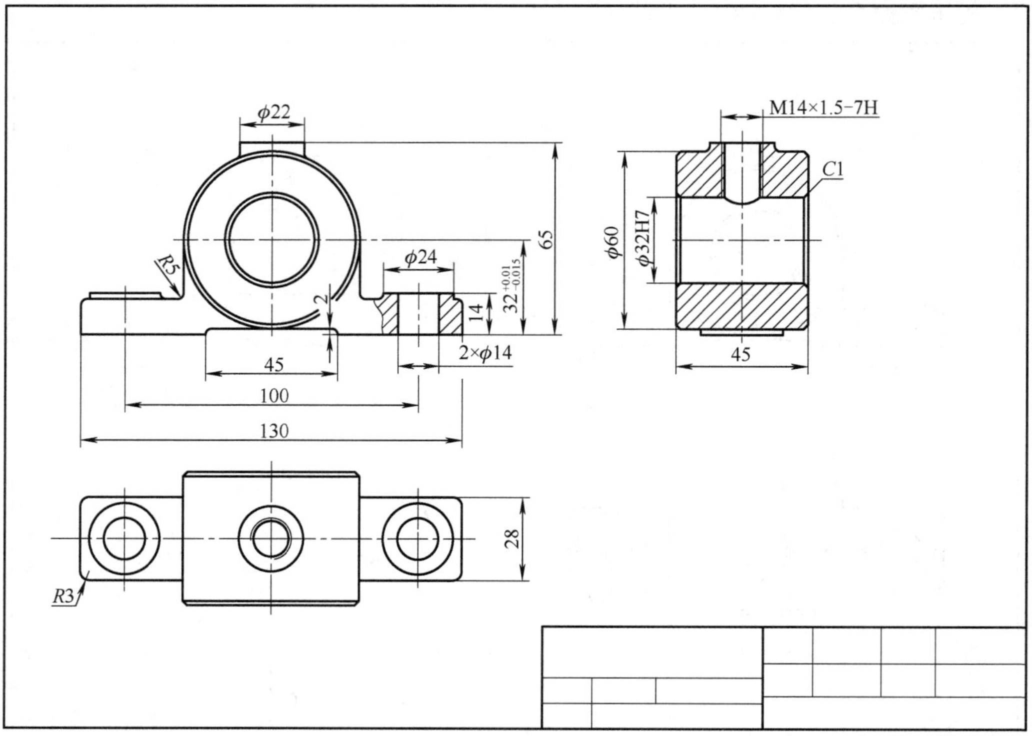

图 9-42　标注尺寸

(5) 调用 text 层为当前层，按照上面的方法，绘制表面粗糙度符号，设置属性并将其制作成图块插入图形中。

(6) 用“多行文本”命令填写技术要求及标题栏等。

(7) 检查、整理，完成全图，如图 9-38 所示。

(8) 在快速访问工具栏选择图标或图标，也可选择→保存图标或另存为图标来保存图形文件，将图形存盘。

第 10 章　装配图

学习目标

培养学生阅读和绘制装配图的能力，了解装配图的作用和内容，掌握装配图的视图表达方法和尺寸标注，了解装配图上零件的编号法则和常见装配工艺结构等基本知识。

重点难点

重点：绘制和阅读装配图，非机械类专业以阅读装配图为重点。

难点：从装配图中拆画零件图以及运用 AutoCAD 绘制装配图。

学习指导

在学习本章过程中，要结合所学内容，紧密联系生产实际，了解典型部件的用途和作用，掌握典型部件的装配结构，视图表达方法。结合典型部件案例学习绘制和阅读装配图是非常有效的学习方法。从装配图中拆画零件图时，对零件精度要求的确定要结合第 9 章的表面粗糙度、尺寸偏差和形位公差来学习，要结合生产实际和其他课程来学习。

第 1 节　装配图的内容及其表达方法

1. 装配图的作用和内容

装配图是表达机器、部件或组件的结构形状、装配关系、工作原理和技术要求的图样。在产品的设计过程中，一般先绘制出装配图，然后根据装配图画出零件图，在产品的装配、检验、使用和维修中，也要以装配图提供的技术资料为依据。可以说，装配图在产品设计及生产使用的整个过程中起着非常重要的作用。

图 10-1 是球心阀的装配轴测图，图 10-2 是它的装配图。由图 10-2 可以看出，一张完整的装配图应具有下列基本内容。

(1) 一组图形。用以表达机器或部件的工作原理、结构特征、各零件间的相对位置、装配和连接关系等。

(2) 必要的尺寸。用以表达机器或部件的规格、特性以及装配、检验、安装时所需要的一些尺寸。

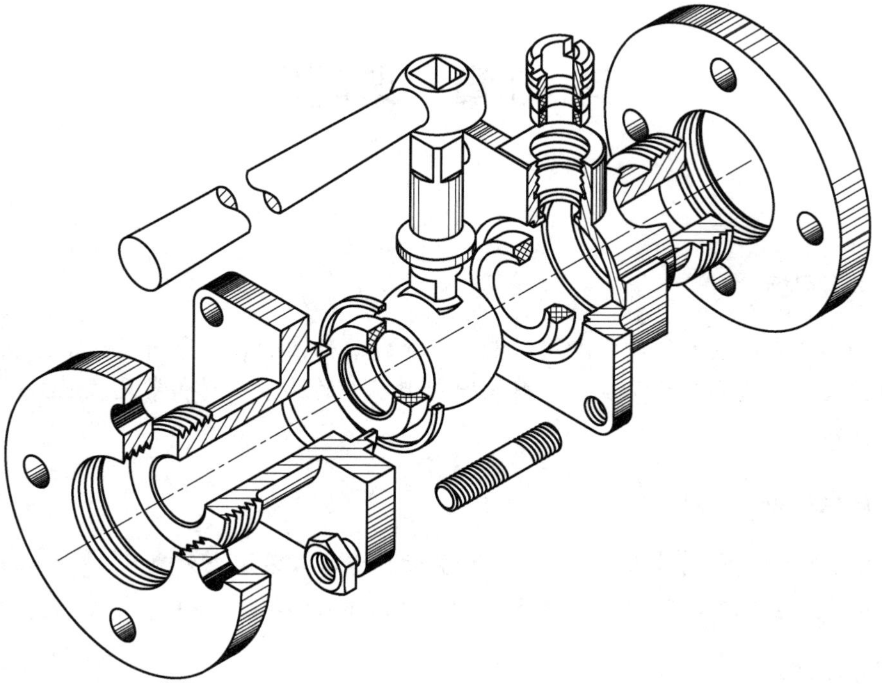

图 10-1　球心阀的组成

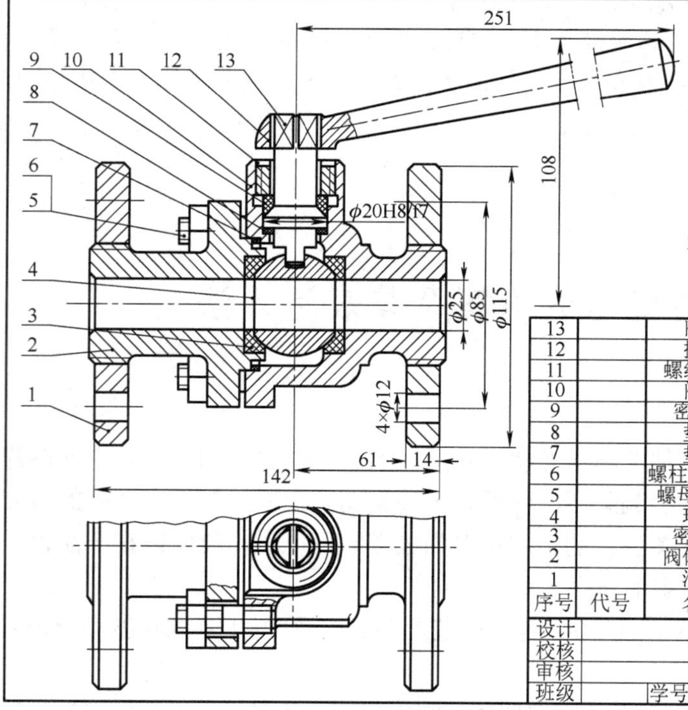

性能规范

公称压力 *Pg* 4MPa
密封压力 *P* 4MPa
实验压力 *Ps* 6MPa
适用介质 醋酸、盐酸、浓硫酸
适用温度 *t*≤ 100℃

技术要求

1. 制造与验收技术条件应符合国标的规定。
2. 不锈钢材料进厂后需做化学分析和腐蚀性实验，合格后方可投产。

序号	代号	名称	数量	材料	备注
13		阀杆	1	40Cr	
12		搬手	1	0235-A	
11		螺纹压环	1	35	
10		阀体	1	ZG25Cr14	
9		密封环	1	聚四氢乙烯	
8		垫圈	1	聚四氢乙烯	
7		垫片	1	聚四氢乙烯	
6		螺柱M12×25	4		GB/T898—1988
5		螺母BM12	4		GB/T6170—2015
4		球心	1	40Cr	
3		密封圈	2	聚四氢乙烯	
2		阀体接头	1	ZG25Cr14	
1		法兰	2	25	

设计		(日期)		单位名称
校核				
审核			比例 1∶2	球心阀
班级	学号		共　张 第　张	(图样代号)

图 10-2　球心阀装配图

(3) 技术要求。用符号或文字说明机器或部件在装配、调试、检验、安装及维修、使用等方面的要求。

(4)零件序号、明细栏和标题栏。说明机器或部件及其所包含的零件的名称、代号、材料、数量、图号、比例及设计、审核者的签名等。

由于装配图侧重于表达机器和部件的功用及装配关系，所以在视图表达方法、尺寸标注、技术要求等方面和零件图存在着较大的区别，在学习中，应注意了解这两种图样的异同之处。

2．装配图的表达方法

第 7 章中介绍的各种视图、剖视和局部放大、简化画法等表达方法，都适用于装配图的表达。在装配图中，各种剖视应用得非常广泛。在部件中经常会有多个零件围绕着一条或几条轴线装配，这些轴线称为装配干线。为了表达装配干线上零件间的装配关系，通常采用剖视画法。如在图 10-2 中，主视图采取了全剖，剖切平面包含了阀杆轴线，以及阀体、阀体接头、密封圈等零件的轴线。

因为装配图主要用来表达机器或部件的工作原理和装配、连接关系，所以除了前面所述的各种表达方法，国家标准《机械制图》还对装配图提出了一些规定画法和特殊的表达方法。

1)装配图的规定画法

(1)零件间接触面和配合面的画法。

装配图中，零件间的接触面和两零件的配合面(如轴与轴承孔的配合面等)都只画一条线。不接触或不配合的表面(如相互不配合的螺钉与光孔等)，即使间隙再小，也应画成两条线，如图 10-3 所示。

(2)剖面符号的画法。

① 为了区别不同零件，在装配图中，相邻两金属零件的剖面线倾斜方向应相反。当三个零件相邻时，其中有两个零件的剖面线倾斜一致，但间隔不应相等，或使剖面线相互错开，如图 10-3 所示。

② 在整张装配图中，同一零件的剖面线倾斜方向和间隔应一致。

③ 在图样中，对于宽度小于或等于 2mm 的狭小面积的剖面，允许将剖面涂黑来代替剖面线，如图 10-3 中垫片的画法。

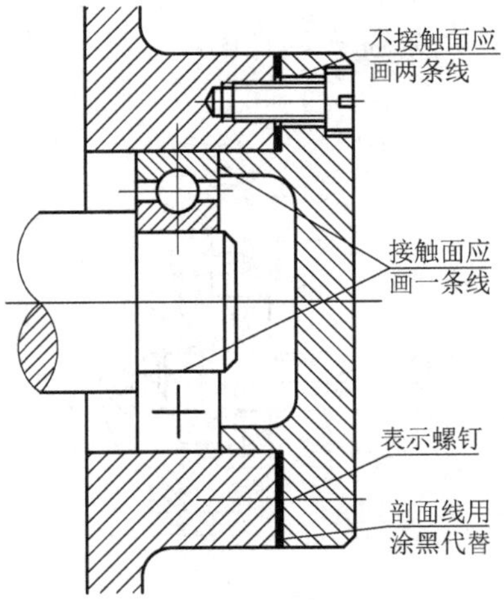

图 10-3　规定画法和简化画法

(3)剖视图中紧固件和实心零件的画法。

在装配图中，对于紧固件和实心的轴、连杆、拉杆、球、钩子、键等零件，若按纵向剖切，且剖切平面通过其对称中心线或轴线，这些零件按不剖绘制，如图 10-3 中的轴；若为需要特别说明零件的构造，如凹槽、键槽、销孔等，用局部剖视表示；如果剖切平面垂直于上述零件的轴线，则应在这些零件的断面上画剖面符号。

2)装配图的特殊表达方法

(1)沿结合面剖切和拆卸画法。

为了清楚地表达部件的内部结构，可假想沿某些零件的结合面剖切，此时，零件的结合面不画剖面线，但被剖切的其他零件应画剖面线。如图 10-4 中 A–A 剖视图，就是沿着转子油泵泵体和泵盖的结合面剖切的，被剖切的螺栓和销应按规定画出剖面线。

当需要表达部件中被遮盖部分的结构时，可假想拆去某一个或几个零件后再画图，在图 10-2 的俯视图中即拆去了扳手，此为只拆不剖，不存在剖视问题。以上两种表达方法称为拆卸剖视和拆卸画法，拆卸画法中往往标注“拆去××等”。

(2)简化画法。

① 在装配图中，若干个相同的零件或零件组，如螺栓连接等，可详细地画出一处，其余的仅用细点画线表示其装配位置即可，如图 10-3 中的螺钉连接。

② 在装配图中，滚动轴承可以按简化画法或示意画法绘制，对油杯等标准产品，可以按不剖绘制。

③ 在装配图中，零件的工艺结构，如拔模斜度、倒角、圆角等可以不画。

3)夸大画法

装配图中的细小间隙、薄片等允许不按比例而适当地夸大画出，以明显表达这些结构。如图 10-3 中垫片的厚度、螺栓与螺栓孔之间的间隙，都采用了夸大画法。

4)单独表示某个零件的视图

当某个零件的结构形状未表达清楚，且对理解装配关系有影响时，可单独画出该零件的视图，但必须在视图上方注明该零件的名称或件号，在相应的视图附近用箭头指明投影方向，并注上同样的字母，如图 10-4 中的泵盖 B 向视图。

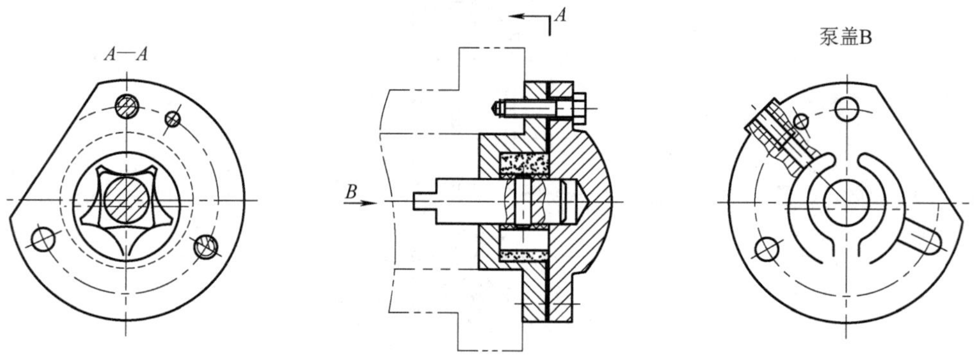

图 10-4　转子油泵

5) 假想画法

为了表达部件或机器的安装方法以及与其有装配关系的相邻零件，可将其相邻零部件的部分轮廓用双点画线画出，如图 10-4 所示，此时假想轮廓的剖面部分不画剖面线。对于部件或机器上的运动零件，在表达其运动范围或运动极限位置时，可用双点画线画出其另一极限位置的轮廓，如图 10-5 所示。

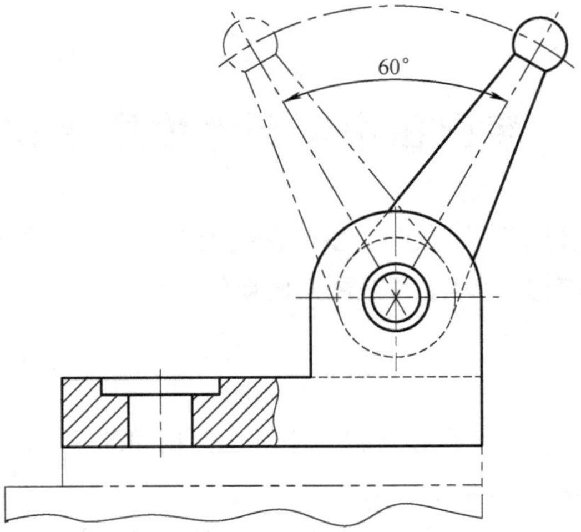

图 10-5　运动零件的极限位置

第 2 节　装配图的尺寸和技术要求

由于装配图不作为制造零件的直接依据，故在尺寸标注方面也不同于零件图，在装配图中不需要标注出零件的全部尺寸，只需标注下列几种必要的尺寸。

1) 性能尺寸

说明机器或部件的性能或规格的尺寸，它是设计和选用产品的依据，如图 10-2 中阀孔的直径$\phi 25$。

2) 装配尺寸

表明机器或部件内部零件间装配关系的尺寸，主要包括配合尺寸、重要的相对位置尺寸、装配时需加工的尺寸等。如图 10-2 中的$\phi 20H8/f7$、61、108 等。

3) 安装尺寸

将机器或部件安装到基础上或其他工作位置时所需的尺寸，如图 10-2 中安装孔的孔径 $4\times\phi 12$ 及安装孔定位尺寸$\phi 85$ 和 14 等。

4) 外形尺寸

机器或部件的外形轮廓尺寸即总长、总宽和总高，其为产品在包装、运输和安装过程中所占据的空间大小提供了依据，如图 10-2 中 250、142、$\phi 115$ 等。

此外还有设计时经过计算确定的尺寸、运动零件的极限位置尺寸、主要零件的重要尺寸等。应该指出的是，不一定每一张装配图都具有上述尺寸，有时同一尺寸可能具有多种作用，例如，球阀中的尺寸ϕ115，它既是外形尺寸，又与安装有关。因此，在实践中要根据具体情况进行分析，做到合理标注。

装配图中，对机器或部件在装配、检验、使用及维护等方面的技术要求，大多以文字的形式加以说明，注写在明细栏的上方或者左面。如图 10-2 中的“性能规范”和“技术要求”。

第 3 节　装配图中零部件的序号和明细栏

为了便于看图以及图样管理和生产准备，在装配图中必须对每种零件或部件统一编写序号，并将其序号、名称等有关内容填写在图中的明细栏内。

1)零部件序号

(1)一般规定

① 装配图中所有的零、部件都必须编写序号，但相同的零、部件只编写一个序号，且只标注一次，其数量在明细栏内注明。

② 装配图中零、部件的序号应与明细栏中的序号一致。

(2)零部件序号的编排方法(图 10-6)

① 装配图中零、部件的序号由圆点、指引线、水平线或圆以及数字组成，其指引线、水平线和圆均用细实线绘制，表示序号的数字写在水平线上方或小圆内，其字高应比图中尺寸数字的高度大一号。

② 指引线应从所指零部件的可见轮廓内引出，并在其末端画一圆点，当所指部分不宜画出圆点时，可在指引线末端画出箭头，以代替圆点，如图 10-6 所示。

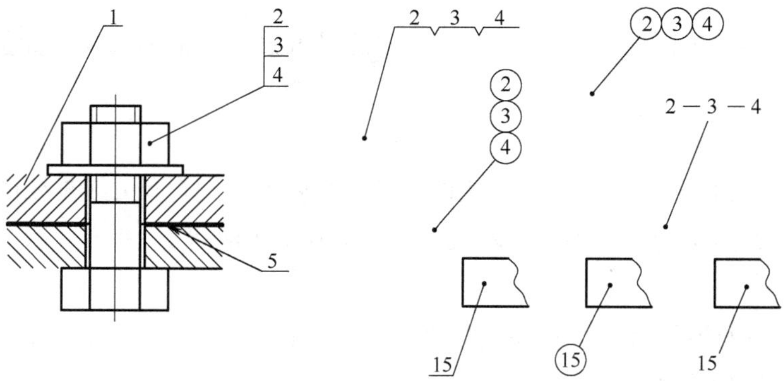

图 10-6　序号的编注形式

③ 指引线应尽量均匀分布，相互之间不允许相交，且应避免和图中轮廓线或剖面线等图线重合或者平行，必要时可弯折一次。

④ 对于一组紧固件以及装配关系清楚的组件，允许采用公共指引线，如图 10-6 所示。

⑤ 图样中零部件的序号应按水平或垂直方向排列整齐，并按照顺时针方向或逆时针方向沿图形的外围顺次编号。

2) 明细栏

明细栏是机器或部件中全部零件的详细目录，应紧接在标题栏上方并对齐，顺序地由下向上填写。当位置不够时，可在标题栏左方继续列表。当零件过多，在图中列不下明细栏时，也可另外用纸填写。制图作业中标题栏及明细栏的内容与格式见图 10-7。

对于标准件，应将其名称连同规格尺寸填写在名称栏内，在备注栏中写明标准代号，对于常用件应注明主要数据(如齿轮的模数、齿数等)。

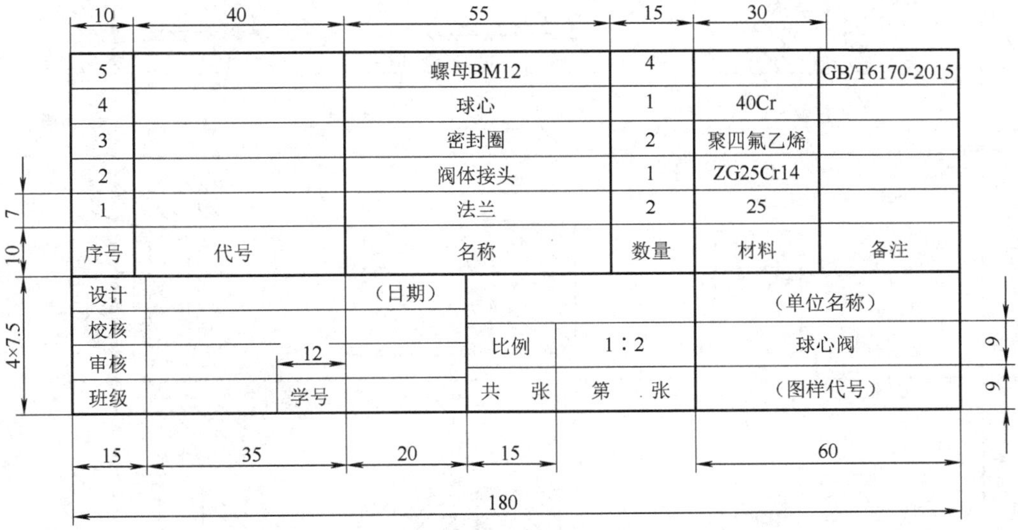

图 10-7　标题栏和明细栏

第 4 节　装配结构的合理性简介

在设计和绘制装配图的过程中，应该考虑到装配结构的合理性，以保证机器和部件的性能，并给零件的加工和装拆带来方便，如表 10-1 所示。

(1) 当轴和孔配合时，要保证轴肩与孔的端面接触良好，应在孔的接触端面上制成倒角，或在轴肩根部切槽。

(2) 当两零件接触时，在同一方向上的接触面，最好只有一个，这样既可满足装配要求，制造也较方便。

(3) 必须考虑到零件装拆的方便与可能，如表 10-1 中销与滚动轴承的拆卸及螺钉的旋入。

表 10-1　常见装配结构的合理性

错误	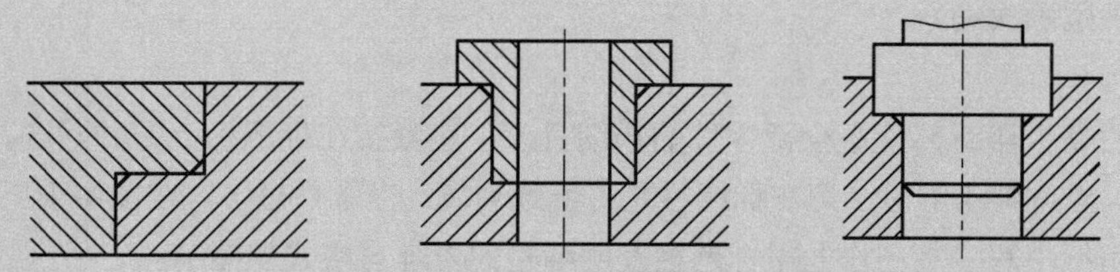
正确	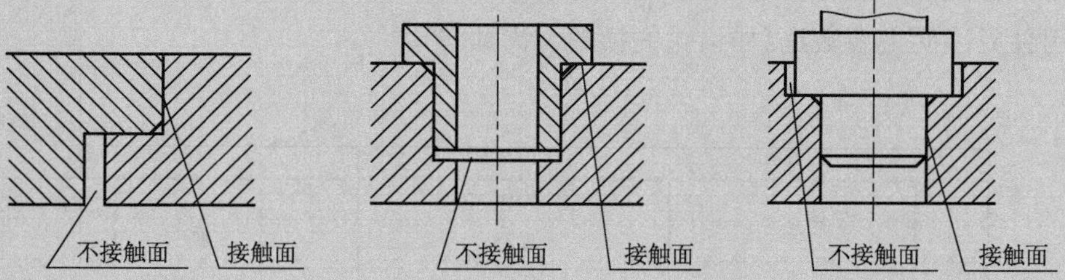
错误	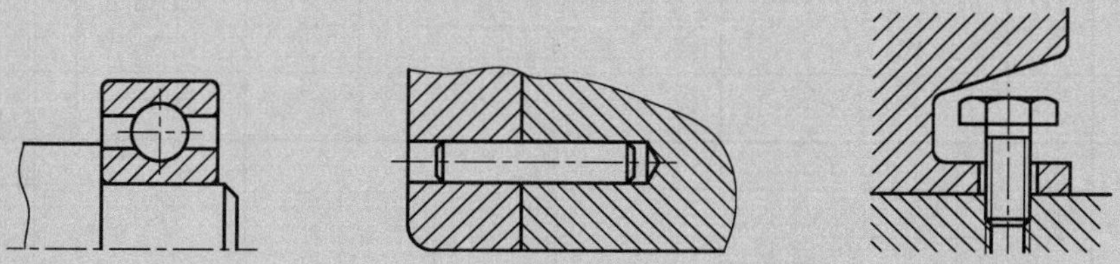
正确	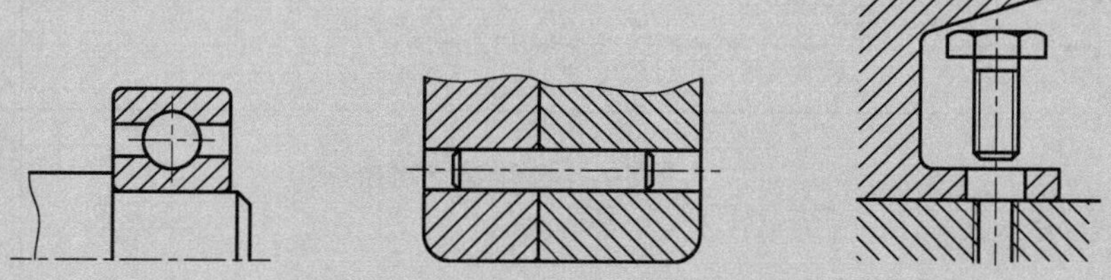

错误	正确	正确
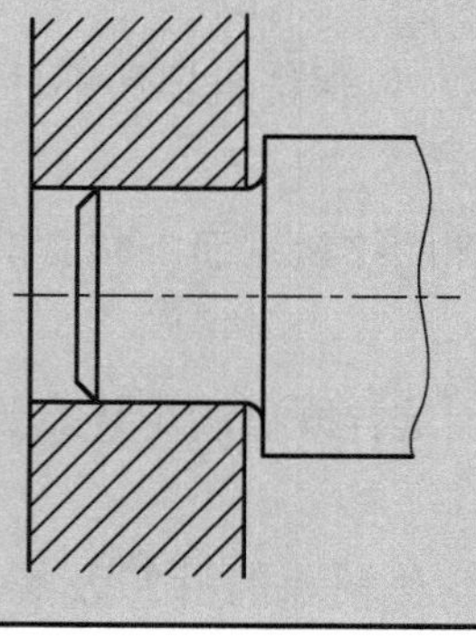	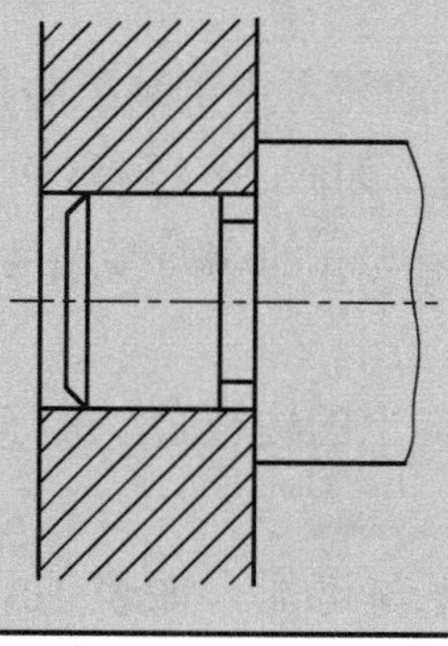	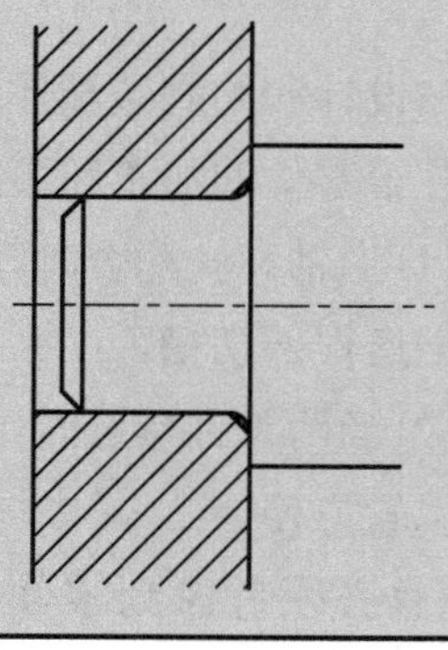

第 5 节　装配图的画法

根据装配图在工程实际中的作用，其应以尽可能少的视图，完整、清晰地表达出机器或部件的工作原理、传动路线和各零件间的装配连接关系，对于机器或部件中一些主要零件的结构形状也要表达出来。现结合图 10-1 所示球心阀的装配轴测图，分析其装配图的画法和步骤。

1) 了解部件的装配关系和工作原理

由图 10-1 和图 10-2 可以看出，该球心阀的主要零件有阀体、阀体接头、阀芯、阀杆、扳手、法兰等。其装配关系如下。阀体 10 和阀体接头 2 用四个螺柱 6 和四个螺母 5 在其方形的凸缘部分连接起来，球心 4 通过两个密封圈 3 定位于阀体内，垫片 7 用以调节球形阀芯与密封圈之间的松紧。阀杆 13 上部的四棱柱穿入扳手 12 的方孔内，其下部的凸块榫接球形阀芯的凹槽中，阀体上部旋入螺纹压环 11，可紧固密封环 9 和阀杆。阀内各结合面间均配有密封件，用以防止阀内的流体外漏。阀的两端有螺纹连接的法兰，以便接入管路。通过阅读有关技术资料可知，该球心阀适用于耐酸化工管路，工作时操作者转动扳手 12，通过阀杆 13 带动球心 4 旋转，当扳手处于图示位置时，阀门全部开启，管道畅通；当扳手旋转 90° 时，阀门全部关闭，管路被切断。操作者通过转动扳手，在系统中启闭和调节流体的流量。

2) 视图选择

(1) 主视图的选择。

装配图中的机器或部件应以工作位置安放，主视图应清楚地反映出主要装配关系和重要的装配干线，并尽可能反映其工作原理。因此，该主视图采用全剖视图，阀杆按不剖绘制，扳手画成局部剖视，以清晰地表明球心阀的工作原理和装配关系。

(2) 其他视图的选择。

当主视图确定以后，应根据机器或部件的工作情况，对主视图中没有表达清楚的工作原理、装配关系及主要结构加以分析，有目的地配置其他视图。在此选择俯视图进一步表达部件的外形结构，拆去扳手可清楚地表示出阀体上部凸台的形状和螺纹压环的拆装方法，阀体与阀体接头间的螺柱连接用局部剖示。考虑到图幅的限制，俯视图采取省略画法。

3) 画装配图的步骤

(1) 布图。根据已确定的表达方案，选择绘图比例，确定图幅。注意留出注写零件序号、尺寸、标题栏、明细栏、技术要求的位置。

(2) 画图框、标题栏、明细栏。首先画出各视图的主要轴线(装配干线)、对称中心线和图形定位基准线；然后画出主要零件阀体的基本轮廓线，画图时注意要将几个视图联系起来画，如图 10-8 所示。

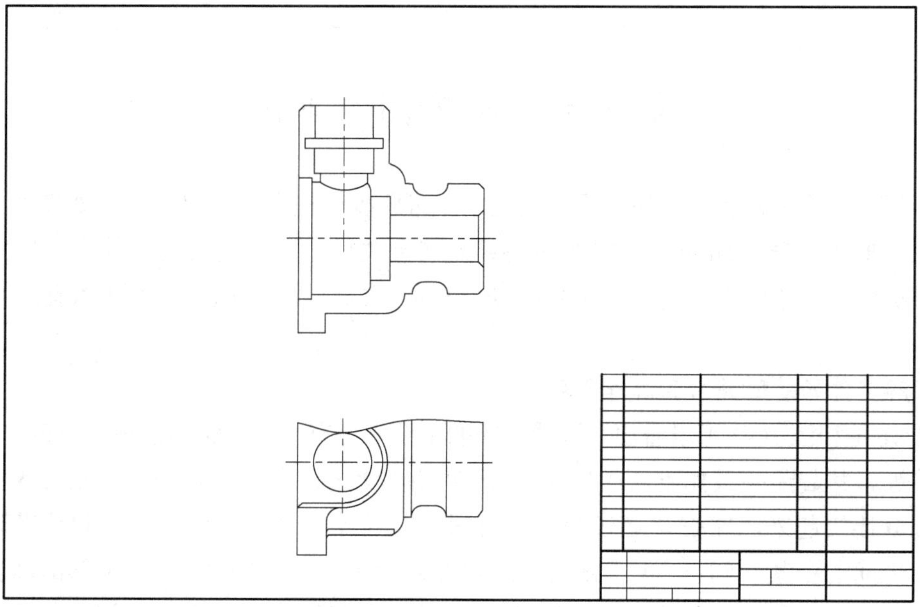

图 10-8　画球心阀装配图步骤(一)

(3)绘制其他主要零件的轮廓线底稿。由主视图入手，配合其他视图，按照连接关系、装配干线，从阀体开始，逐个画出阀体接头、法兰及螺纹连接件等，完成这些主要零件的基本轮廓线。如图 10-9 所示。

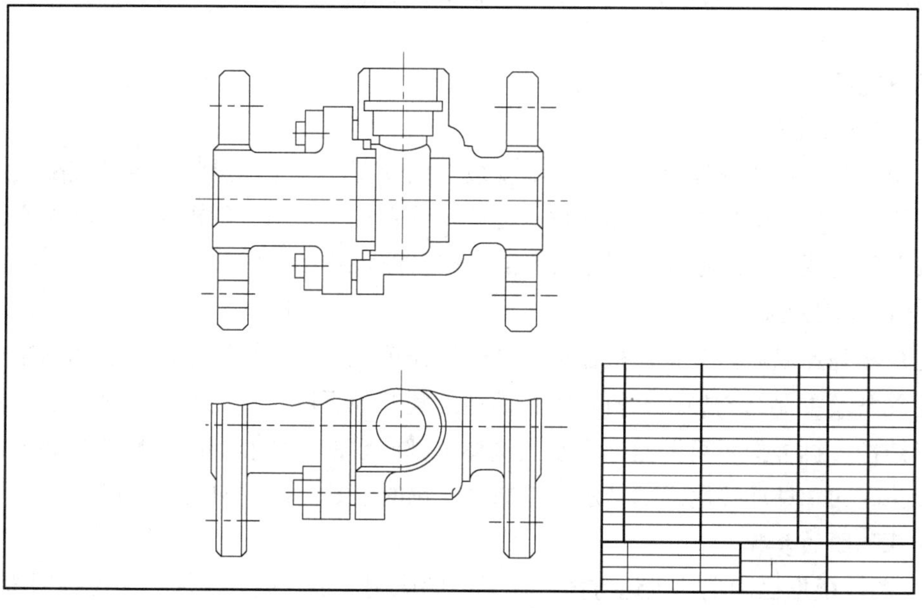

图 10-9　画球心阀装配图步骤(二)

(4)由里向外(也可由外向里)绘制其他所有零件及细节结构，如球心、阀杆、螺纹压环、垫圈、垫片、密封环、扳手及螺纹等。完成图形底稿，如图 10-10 所示。

(5)校核底稿，擦去多余线条，对图线进行加深，画剖面线，标注尺寸，给零件编序号。填写标题栏、明细栏和技术要求，最后完成装配图。如图 10-2 所示。

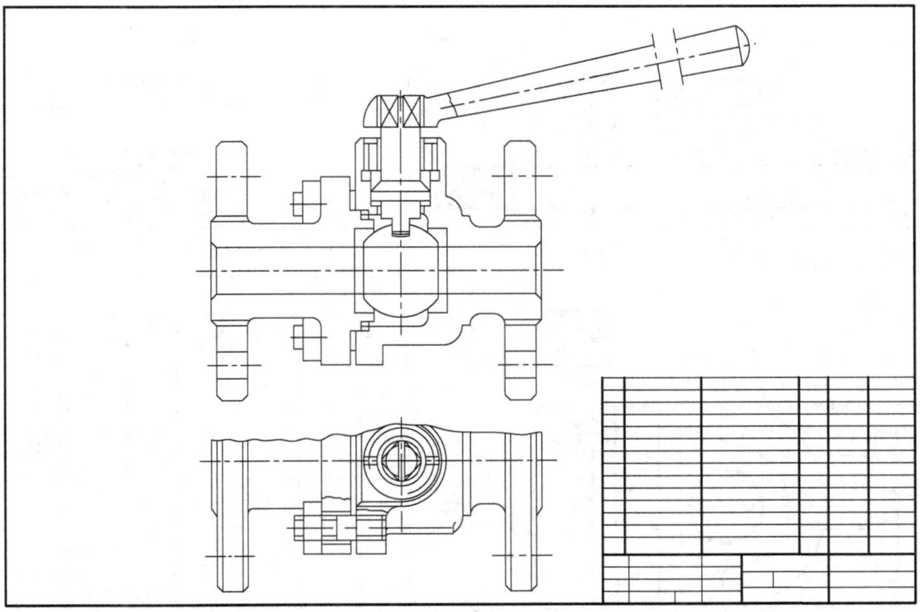

图 10-10　画球心阀装配图步骤(三)

第 6 节　看装配图

装配图在机器设备的装配、安装、使用和维修等生产过程中起着指导的作用，因此工程技术人员必须掌握看装配图的方法。看装配图的目的可归纳如下。

(1) 了解部件的名称、用途、性能和工作原理。

(2) 了解零件间的相对位置、装配关系及装拆顺序和方法。

(3) 弄清每个零件的名称、数量、材料、作用和主要结构形状。

【例 10-1】 阅读图 10-11 所示的机用虎钳装配图。

1) 概括了解

首先要看装配图中的标题栏、明细栏和附加的产品说明书等有关技术资料，了解装配体的名称、用途和比例等。然后从视图中先大致了解装配体的形状、尺寸和技术要求，对装配体有一个基本的感性认识。如图 10-11 所示的机用虎钳装配图，它是机床上夹持工件的一种部件，是由 11 种共 15 个零件装配而成的。

2) 分析表达方案

在概括了解的基础上对图形进行进一步分析。弄清有几个视图，各视图的名称、相互间的关系、所采用的表达方法，采用了哪些剖视、断面，根据标记找到剖切位置和范围，以及图中有什么表达方法等。

从图 10-11 中可看出，机用虎钳装配图采用了三个基本视图和一个局部视图、一个局部放大图及一个移出断面。

主视图是全剖视图，剖切平面通过了虎钳装配干线(螺杆轴线)。主要反映出各零件间的相对位置、装配关系和工作原理。

左视图 *B*-*B* 是半剖视，从另一个方向反映出固定钳身 1、活动钳身 4、螺母 9、圆螺钉 3 之间的连接配合方式，以及主要零件螺母 9 的结构形状。

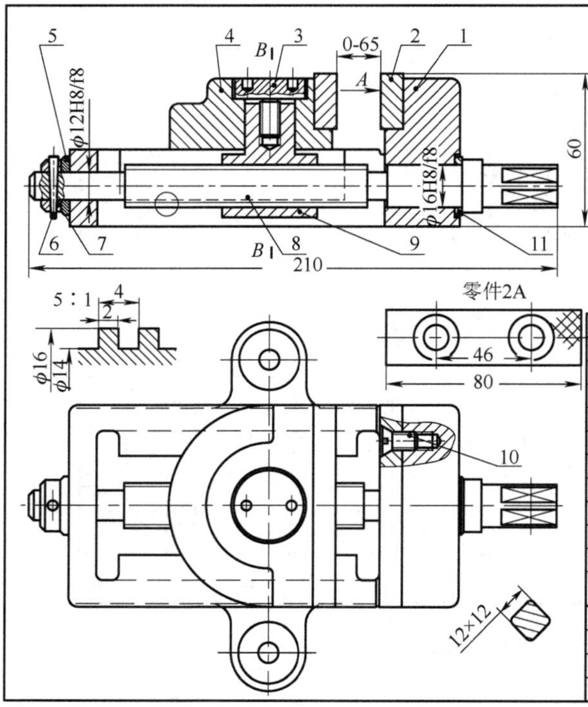

序号	代号	名称	数量	材料	备注
11		垫圈	1	35	
10		螺钉M8×16	4		GB/T68-2000
9		螺母	1	35	
8		螺杆	1	45	
7		环	1	35	
6		销4×20	1	35	GB/T117-2000
5		垫圈	1	35	
4		活动钳身	1	HT150	
3		圆螺钉	1	35	
2		钳口板	2	45	
1		固定钳身	1	HT150	

设计	(日期)			(单位名称)
校核				
审核			比例	1：2	机用虎钳
班级	学号		共　张　第　张	(图样代号)

图 10-11　机用虎钳装配图

俯视图则重点表达出主要零件固定钳身和活动钳身的外形，其中的局部剖视图表达了钳口板 2 和钳身 1、4 的连接关系。

局部放大图和移出断面用以表达螺杆的牙型和其右端的结构形状。

A 向视图表达了钳口板的形状和装配尺寸。

3) 分析尺寸

分析装配图上的尺寸，有助于弄清部件的规格、零件间的配合性质和外形大小等。图 10-11 所注“0−65”及钳口板宽度 80 为规格尺寸，210、148、60 是外形尺寸。固定钳身底部的孔 2×ϕ10 及中心距 116 是安装尺寸。另外，ϕ22H8/f8、ϕ16H8/f8、ϕ12H8/f8 都是配合尺寸。

4) 分析装配关系、传动路线和工作原理

对照视图，从分析传动入手，仔细研究部件的装配关系和工作原理等，是阅读装配图的重要阶段。通过对各条装配干线的分析，并根据图中的配合尺寸等，搞清楚各零件之间的相互配合要求和运动零件与非运动零件的相对运动关系，尤其是传动方式、传动路线、工作原理以及零件的支承、定位、调整、连接、密封等结构形式。

机用虎钳上螺杆的轴线是装配的主要干线。螺杆 8 旋入螺母 9 内，螺杆两端的圆柱面与固定钳身上两轴孔分别为基孔制的间隙配合ϕ16H8/f8 和ϕ12H8/f8，螺杆右端的轴肩通过垫圈 11 在固定钳身的右端起到轴向定位的作用，其左端用销 6 和环 7 连接，使它只能在固定钳身的轴孔内转动，而不能沿轴向移动，如图 10-11 所示。

螺母 9 的上端由下而上垂直穿入活动钳身 4 的孔内，ϕ22H8/f8 表示它们之间是基孔制的间隙配合，圆螺钉 3 将活动钳身和螺母连接在一起。活动钳身的底面平放在固定钳身左端的台面上。两块钳口板则分别用两个沉头螺钉连接在固定钳身和活动钳身上。

机用虎钳的工作原理是：当操作者转动螺杆 8 顺时针旋入螺母 9 时，螺母沿着固定钳身底部长方槽内的平面滑动，带动活动钳身右移，钳口闭合夹紧工件；向旋转时，钳口松开卸下工件。

5）分析零件的作用和结构形状

通过阅读装配图，应该看懂主要零件的基本结构形状。对于一些标准件、常用件，其形状已很清楚，不必细看。对于一些较复杂的主要零件，要以主视图为中心，结合其他视图，对照明细栏和图中编号，先分清大致范围，再利用“三等”规律和规定画法以及剖面线方向与间距的不同，在各视图上找到各零件的相应投影，并将零件分离出来进行分析。当零件在装配图中表达不完整时，可结合其作用，并在对有关的其他零件仔细观察和分析后，再进行结构构思分析，从而确定该零件的结构形状。

机用虎钳的主要零件有活动钳身、固定钳身、螺母、丝杆等，其中大部分零件的结构形状通过前面的看图分析可基本清楚，在此重点分析一下固定钳身的结构形状。固定钳身的基本形体是由带圆角的四棱柱体切割而成的，其左端切割出一个低凹的台阶面为活动钳身的滑行轨道，台阶面上前后对称地垂直穿有上部形状为工字形、下部形状为四边形的通槽，旋转螺杆时螺母在此槽内水平移动。台阶面右端细小的凹槽应为加工台阶面所需的退刀槽结构。固定钳身的右部还切割有一窄小的台阶面，用以安放钳口板及定位。在固定钳身底部的中间，前后对称地分布了两个半圆头形的凸台，凸台上的台阶孔用于穿螺纹紧固件，以便固定机用虎钳。由此可分析想象出固定钳身的结构形状，如图 10-12 所示。

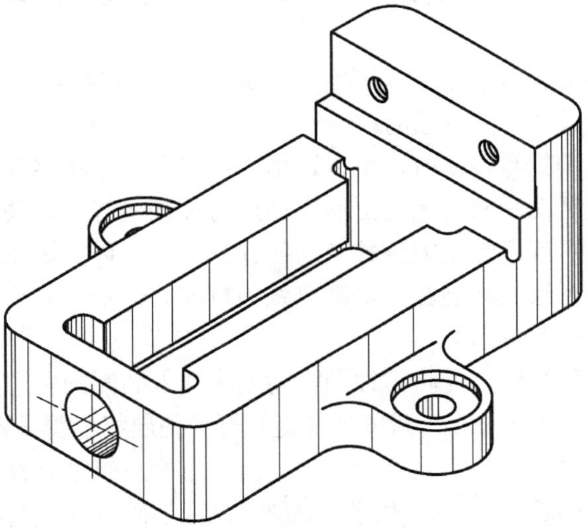

图 10-12　固定钳身的立体图

6）归纳总结

综合对装配体视图、尺寸等内容的分析，进一步搞清工作原理、装拆顺序、视图表达特点、所注尺寸的意义等，以加深对整个装配体的全面认识。

机用虎钳的装配顺序如下。先将两块钳口板 2 分别用沉头螺钉固定在两个钳身上，将活动钳身 4 放在固定钳身 1 上，将螺母 9 从固定钳身下方穿入活动钳身 4 的孔内，旋上圆螺钉 3。再把垫圈 11 套在螺杆 8 上，将螺杆自右端穿入固定钳身的轴孔并旋入螺母 9。然后穿过固定钳身左端轴孔，套上垫圈 5 和环 7，插入销 6 加以连接。最后检查调整。其拆卸顺序与安装顺序正好相反。

通过如上分析，加以综合、想象，从而可以获得一个完整的装配体形象，图 10-13 为机用虎钳的立体图。

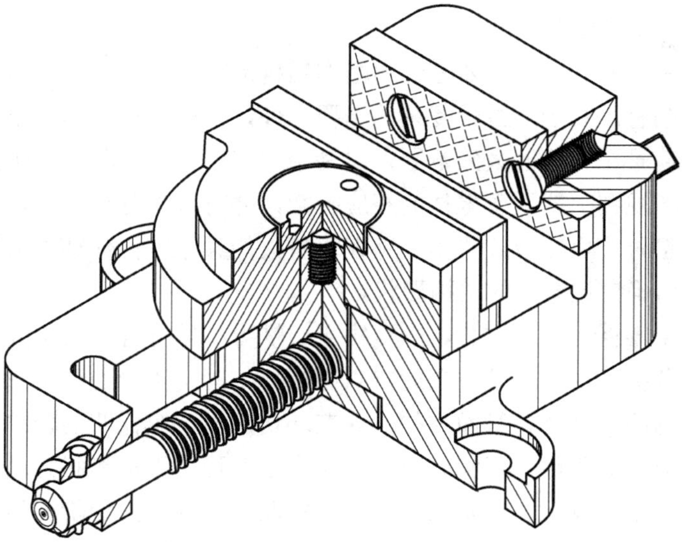

图 10-13　机用虎钳的立体图

第 7 节　运用 AutoCAD 绘制装配图

运用 AutoCAD 绘制装配图，通常采用绘图及编辑命令直接绘制，或者利用已经绘制好的零件图进行“拼制”的方法，其作图的精确性好、效率高。

在绘制适用于装配图的零件图时，可以运用“图层”命令将零件图上在装配图中不需要的部分及其有关内容设置在独立的图层上面，通过对该图层打开、关闭或者解冻、冻结等管理操作，系统既可以显示或者输出完整独立的零件图，又可以显示或者输出适用于拼绘装配图的图形，以实现零件图绘制和装配图拼制兼顾的目的。但是，对于复杂的图形，最好将零件图独立绘制，以提高绘图效率。

用零件图“拼制”装配图，是将零件图作为图块插入装配图中适当的位置。为了清除零件图上在装配图中不需要的部分，一般的作法是打开“图层特性管理器”，首先将不需要清理的有关图层冻结，再利用“默认”选项卡→“修改”面板上的“分解”命令，将需要修改的图块分解，然后用“删除”和“修剪”命令清除图面上与装配图无关的内容，最后打开、解冻所有的图层，对装配图进行编辑，修剪掉零件图中被遮挡部分的线条，增添装配图中缺少的图线。审核无误后，再对装配图标注尺寸、编注零件序号，填写技术要求、明细栏等，上述内容也可利用现有的文件资料，采用“图块”插入再编辑的方法操作。

【例 10-2】将图 10-14 所示的滑动轴承的一组零件图，利用制作图块“拼制”成滑动轴承装配图，推荐步骤如下。

(1) 首先利用 AutoCAD 绘制出轴承座、油杯体、油杯盖、轴衬的零件图，并制作成图块备用。绘制时注意将不同的实体设置在不同的图层上，各零件图的图层设置应该一致，在“拼制”装配图后便于管理。

(2) 建立新图，根据装配图的大小设置图幅，绘制图框，并命名存盘。

(3) 执行“插入块”命令，将轴承座零件图作为图块调入。先利用“分解”命令将图块打散，然后冻结图中粗实线、中心线、剖面线等装配 z 图中需要的实体层，将尺寸、文字、技术要求、图框等内容删除后，再将各图层解冻，如图 10-15 所示。

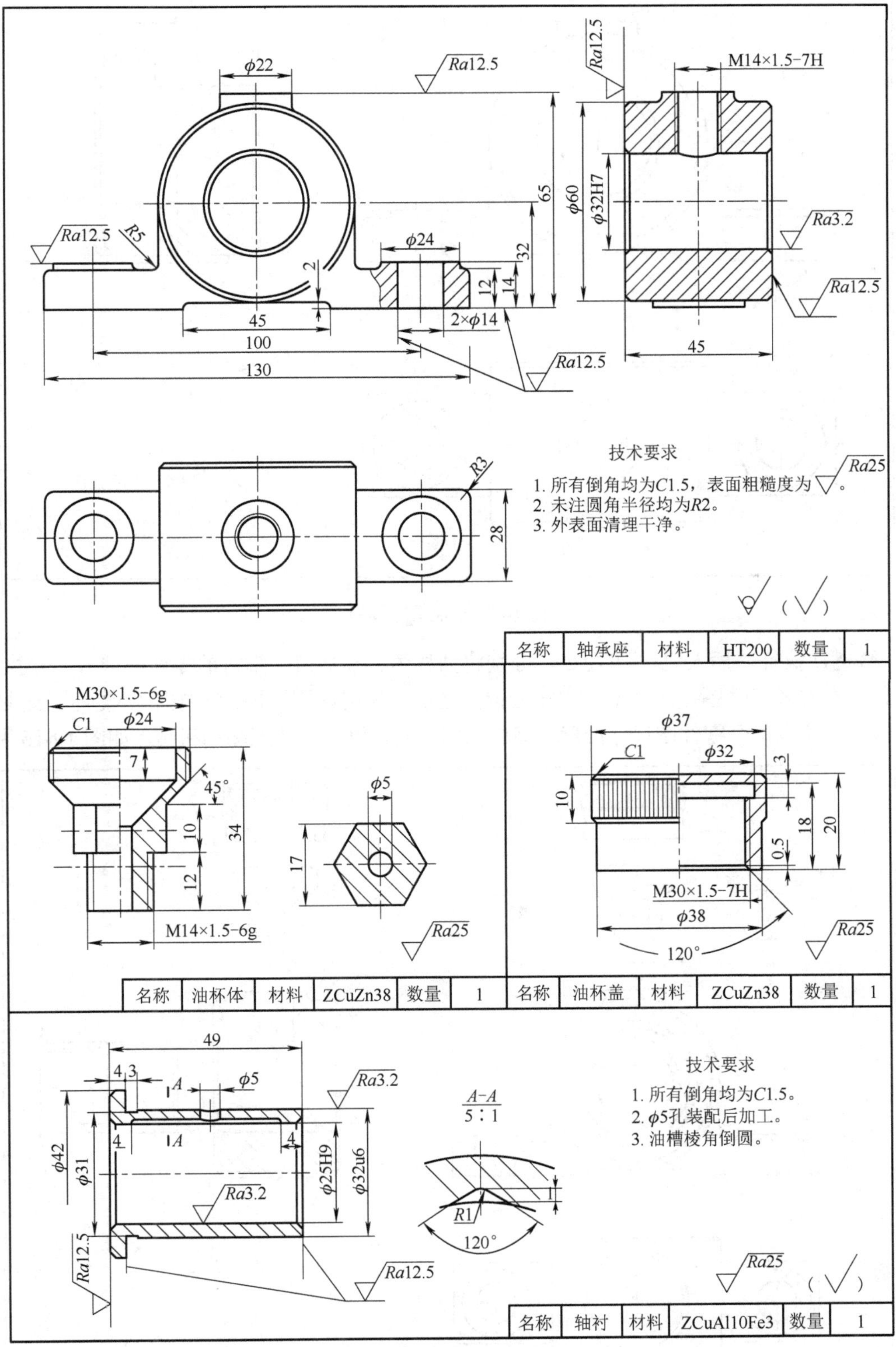

图 10-14　滑动轴承零件图

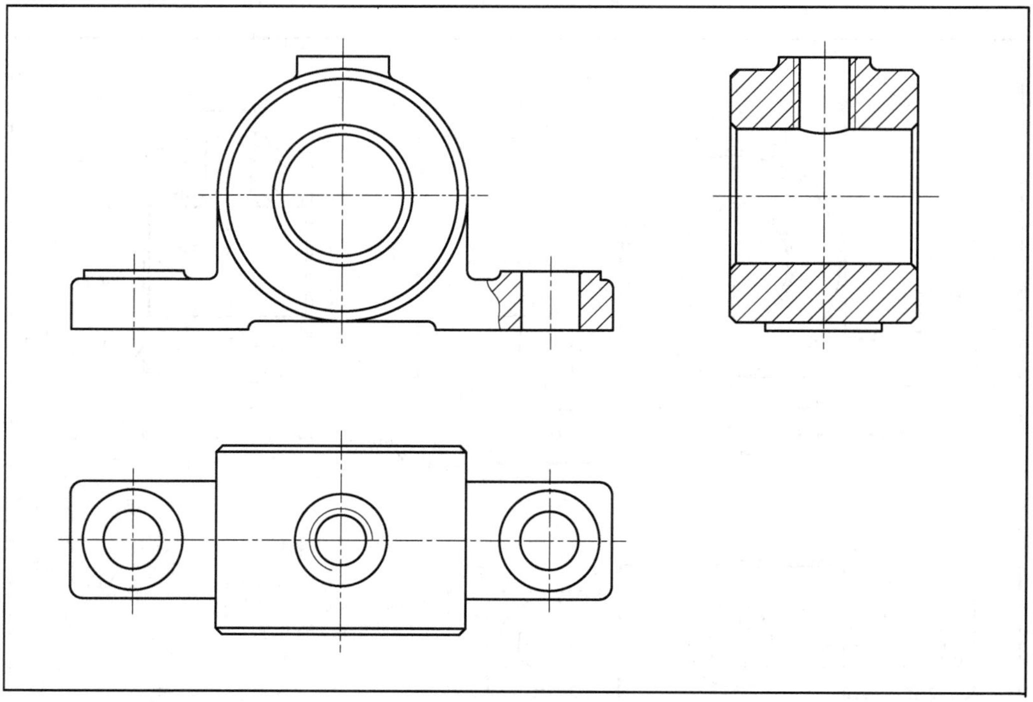

图 10-15　轴承座零件

(4)逐次执行“插入块”命令，分别将油杯体、油杯盖、轴衬的零件图调入，并执行上述操作。在将各零件图插入装配图中相应位置之前，先将各图块按拆装顺序分散插入公共对称中心线上，注意每个零件图尺寸准确，缩放比例相同，以便于装配图的拼装。如图 10-16 所示。

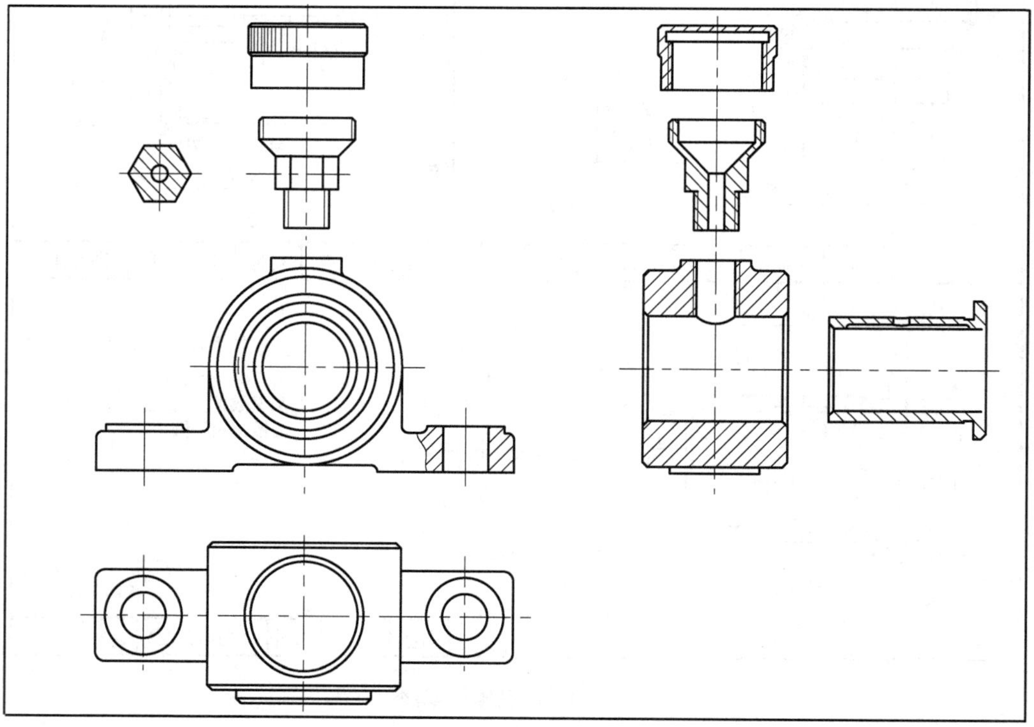

图 10-16　插入油杯体、油杯盖轴衬零件

(5) 使用“移动” 移动 命令逐一移动各零件的图形至装配图中准确的位置，在插入以后对零件图进行必要的编辑，擦除、修剪掉被遮挡住的线条，以及延伸或者增绘所缺少的图线等。

(6) 标注装配图中必要的尺寸，编写零件序号，插入图 10-7 所示的标题栏和明细栏，注写技术要求和标题栏、明细栏等，绘制完成的滑动轴承装配图如图 10-17 所示。

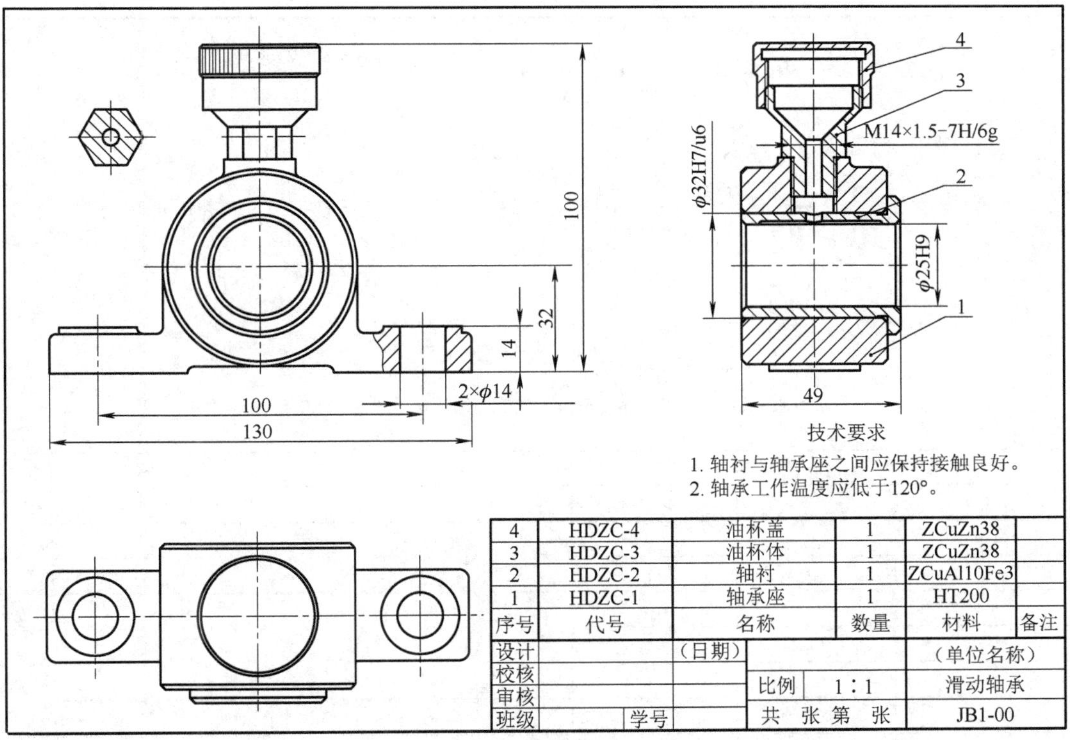

4	HDZC-4	油杯盖	1	ZCuZn38	
3	HDZC-3	油杯体	1	ZCuZn38	
2	HDZC-2	轴衬	1	ZCuAl10Fe3	
1	HDZC-1	轴承座	1	HT200	
序号	代号	名称	数量	材料	备注
设计		（日期）		（单位名称）	
校核			比例 1∶1	滑动轴承	
审核					
班级	学号		共　张 第　张	JB1-00	

图 10-17　滑动轴承装配图

附　　录

附表 1　普通螺纹直径与螺距系列(GB/T 193—2003)、基本尺寸(GB/T 196—2003)

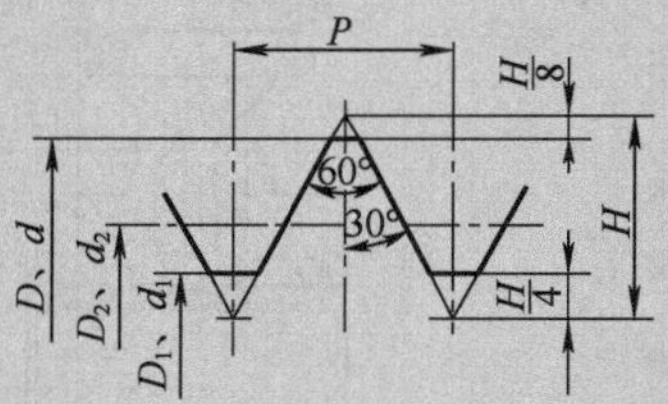

$$D_2 = D - 2\times\frac{3}{8}H$$

$$d_2 = d - 2\times\frac{3}{8}H$$

$$D_1 = D - 2\times\frac{5}{8}H \qquad d_1 = d - 2\times\frac{5}{8}H$$

$$H = \frac{\sqrt{3}}{2}P = 0.866P$$

标 记 示 例

公称直径 24mm、螺距为 1.5mm、右旋的细牙普通螺纹：M24×1.5

(mm)

公称直径 D、d		螺距 P		粗牙小径 D_1、d_1
第一系列	第二系列	粗牙	细　牙	
3		0.5	0.35	2.459
	3.5	(0.6)		2.850
4		0.7	0.5	3.242
	4.5	(0.75)		3.688
5		0.8		4.134
6		1	0.75, (0.5)	4.917
8		1.25	1, 0.75, (0.5)	6.647
10		1.5	1.25, 1, 0.75, (0.5)	8.376
12		1.75	1.5, 1.25, 1, (0.75), (0.5)	10.106
	14	2	1.5, (1.25)*, 1, (0.75), (0.5)	11.835
16		2	1.5, 1, (0.75), (0.5)	13.835
	18	2.5	2, 1.5, 1, (0.75), (0.5)	15.294
20		2.5	2, 1.5, (0.75), (0.5)	17.294
	22	2.5	2, 1.5, 1, (0.75), (0.5)	19.294
24		3	2, 1.5, 1, (0.75)	20.752
	27	3	2, 1.5, 1, (0.75)	23.752
30		3.5	(3), 2, 1.5, 1, (0.75)	26.211
	33	3.5	(3), 2, 1.5, (1), (0.75)	29.211
36		4	3, 2, 1.5, (1),	31.670
	39	4	3, 2, 1.5, (1),	34.670
42		4.5	(4), (3), 2, 1.5, (1)	37.129
	45	4.5		40.129
48		5		42.587
	52	5		46.587

注：(1)优先选用第一系列，括号内尺寸尽可能不用；(2)公称直径 D、d 第三系列未列入；

(3)*M14×1.25 仅用于火花塞；(4)中径 D_2、d_2 未列入。

附表 2　梯形螺纹直径与螺距系列(GB/T 5796.2—2005)、基本尺寸(GB/T 5796.3—2005)

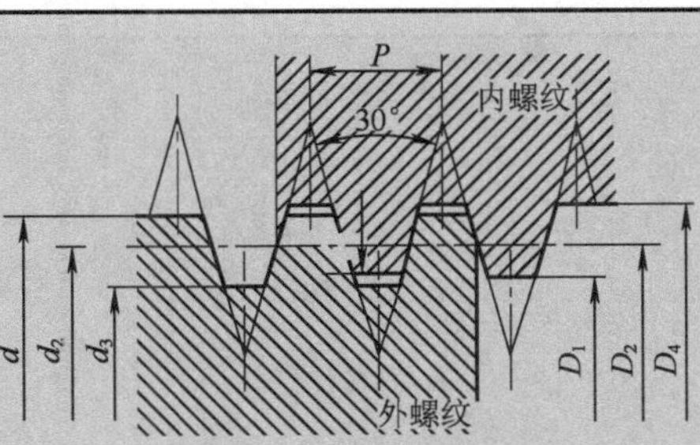

标 记 示 例

公称直径 40mm、导程 14mm、螺距为 7mm 的双线左旋梯形螺纹：

Tr40×14(P7)LH

(mm)

公称直径 d 第一系列	公称直径 d 第二系列	螺距 P	中径 $d_2=D_2$	大径 D_4	小径 d_3	小径 D_1
8		1.5	7.25	8.30	6.20	6.50
	9	1.5	8.25	9.30	7.20	7.50
		2	8.00	9.50	6.50	7.00
10		1.5	9.25	10.30	8.20	8.50
		2	9.00	10.50	7.50	8.00
	11	2	10.00	11.50	8.50	9.00
		3	9.50	11.50	7.50	8.00
12		2	11.00	12.50	9.50	10.00
		3	10.50	12.50	8.50	9.00
	14	2	13.00	14.50	11.50	12.00
		3	12.50	14.50	10.50	11.00
16		2	15.00	16.50	13.50	14.00
		4	14.00	16.50	11.50	12.00
	18	2	17.00	18.50	15.50	16.00
		4	16.00	18.50	13.50	14.00
20		2	19.00	20.50	17.50	18.00
		4	18.00	20.50	15.50	16.00
	22	3	20.50	22.50	18.50	19.00
		5	19.50	22.50	16.50	17.00
		8	18.00	23.00	13.00	14.00
24		3	22.50	24.50	20.50	21.00
		5	21.50	24.50	18.50	19.00
		8	20.00	25.00	15.00	16.00

公称直径 d 第一系列	公称直径 d 第二系列	螺距 P	中径 $d_2=D_2$	大径 D_4	小径 d_3	小径 D_1
	26	3	24.50	26.50	22.50	23.00
		5	23.50	26.50	20.50	21.00
		8	22.00	27.00	17.00	18.00
28		3	26.50	28.50	24.50	25.00
		5	25.50	28.50	22.50	23.00
		8	24.00	29.00	19.00	20.00
	30	3	28.50	30.50	26.50	29.00
		6	27.00	31.00	23.00	24.00
		10	25.00	31.00	19.00	20.00
32		3	30.50	32.50	28.50	29.00
		6	29.00	33.00	25.00	26.00
		10	27.00	33.00	21.00	22.00
	34	3	32.50	34.50	30.50	31.00
		6	31.00	35.00	27.00	28.00
		10	29.00	35.00	23.00	24.00
36		3	34.50	36.50	32.50	33.00
		6	33.00	37.00	29.00	30.00
		10	31.00	37.00	25.00	26.00
	38	3	36.50	38.50	34.50	35.00
		7	34.50	39.00	30.00	31.00
		10	33.00	39.00	27.00	28.00
40		3	38.50	40.50	36.50	37.00
		7	36.50	41.00	32.00	33.00
		10	35.00	41.00	29.00	30.00

附表 3　非螺纹密封的管螺纹(GB/T 7307—2001)

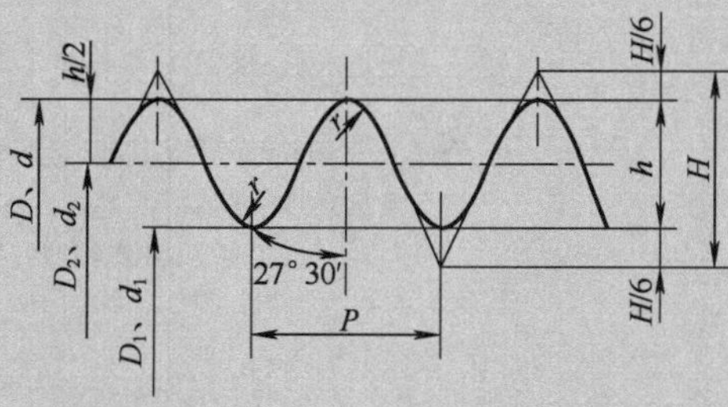

$P=\frac{25.4}{n}$　　$H=0.960491P$

标 记 示 例

内螺纹 G $1\frac{1}{2}$

A 级外螺纹 G $1\frac{1}{2}$ A

B 级外螺纹 G $1\frac{1}{2}$ B

左旋 G $1\frac{1}{2}$ B-LH

(mm)

尺寸代号	每 25.4mm 内的牙数 n	螺 距 P	牙 高 h	圆弧半径 r	基 本 直 径		
					大 径 $d=D$	中 径 $d_2=D_2$	小 径 $d_1=D_1$
1/16	28	0.907	0.581	0.125	7.723	7.142	6.561
1/8	28	0.907	0.581	0.125	9.728	9.147	8.566
1/4	19	1.337	0.856	0.184	13.157	12.301	11.445
3/8	19	1.337	0.856	0.184	16.662	15.806	14.950
1/2	14	1.814	1.162	0.249	20.955	19.793	8.631
5/8	14	1.814	1.162	0.249	22.911	21.749	20.587
3/4	14	1.814	1.162	0.249	26.441	25.279	24.117
7/8	14	1.814	1.162	0.249	30.201	29.039	27.877
1	11	2.309	1.479	0.317	33.249	31.770	30.291
1 1/8	11	2.309	1.479	0.317	37.897	36.418	34.939
1 1/4	11	2.309	1.479	0.317	41.910	40.431	38.952
1 1/2	11	2.309	1.479	0.317	47.803	46.324	44.845
1 3/4	11	2.309	1.479	0.317	53.746	52.267	50.788
2	11	2.309	1.479	0.317	59.614	58.135	56.656
2 1/4	11	2.309	1.479	0.317	65.710	64.231	62.752
2 1/2	11	2.309	1.479	0.317	75.184	73.705	72.226
2 3/4	11	2.309	1.479	0.317	81.534	80.055	78.576
3	11	2.309	1.479	0.317	87.884	86.405	84.926
3 1/2	11	2.309	1.479	0.317	100.330	98.851	97.372
4	11	2.309	1.479	0.317	113.030	111.551	110.072
4 1/2	11	2.309	1.479	0.317	125.730	124.251	122.772
5	11	2.309	1.479	0.317	138.430	136.951	135.472
5 1/2	11	2.309	1.479	0.317	151.130	149.651	148.172
6	11	2.309	1.479	0.317	163.830	162.351	160.872

附表 4 用螺纹密封的管螺纹(GB/T 7306—2000)

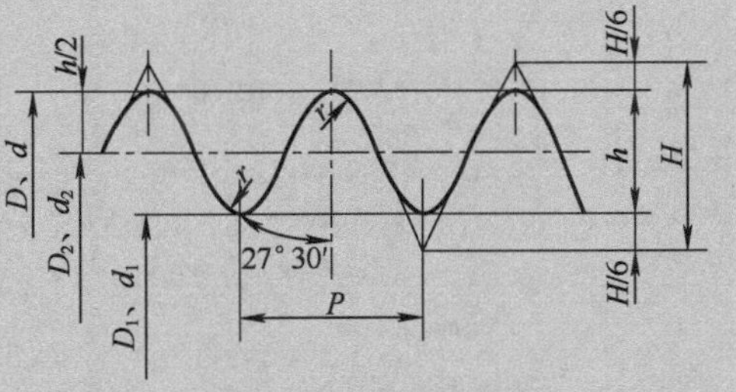

(a) 圆柱螺纹

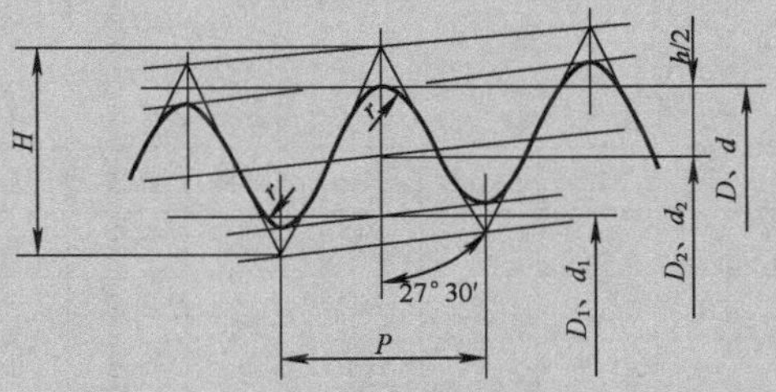

(b) 圆锥螺纹

$P=\dfrac{25.4}{n}$ $H=0.960237P$

标 记 示 例

圆锥内螺纹 $Rc1\dfrac{1}{2}$

圆锥外螺纹 $R1\dfrac{1}{2}$

左旋时 $R_p1\dfrac{1}{2}-LH$

(mm)

尺寸代号	每 25.4mm 内的牙数 n	螺 距 P	牙 高 h	圆弧半径 r	基 本 直 径		
					大 径(基准直径) $d=D$	中 径 $d_2=D_2$	小 径 $d_1=D_1$
1/16	28	0.907	0.581	0.125	7.723	7.142	6.651
1/8	28	0.907	0.581	0.125	9.728	9.147	8.566
1/4	19	1.337	0.856	0.184	13.157	12.301	11.445
3/8	19	1.337	0.856	0.184	16.662	15.806	14.950
1/2	14	1.814	1.162	0.249	20.955	19.793	18.631
3/4	14	1.814	1.162	0.249	26.441	25.279	24.117
1	11	2.309	1.479	0.317	33.249	31.770	30.291
1 1/4	11	2.309	1.479	0.317	41.910	40.431	38.952
1 1/2	11	2.309	1.479	0.317	47.803	46.324	44.845
2	11	2.309	1.479	0.317	59.614	58.135	56.656
2 2/2	11	2.309	1.479	0.317	75.184	73.705	72.226
3	11	2.309	1.479	0.317	87.884	86.405	84.926
3 1/2	11	2.309	1.479	0.317	100.330	98.851	97.372
4	11	2.309	1.479	0.317	113.030	111.551	110.072
5	11	2.309	1.479	0.317	138.430	136.951	135.472
6	11	2.309	1.479	0.317	163.830	162.351	160.872

附表 5　六角头螺栓—A 和 B 级(GB/T 5782—2000)

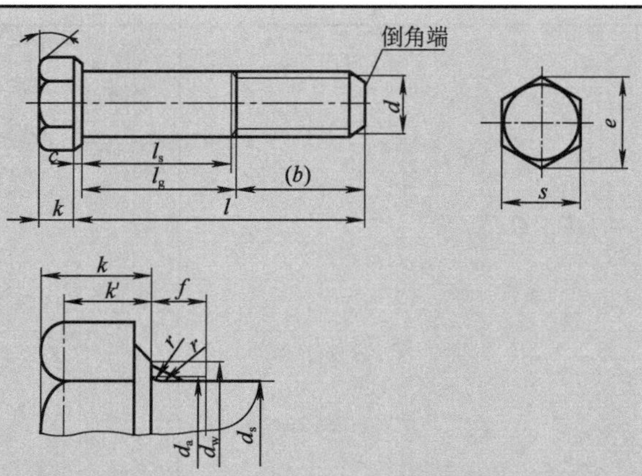

标 记 示 例

螺纹规格 d=M12、公称长度 l=80mm、性能等级为 8.8 级、表面氧化、A 级的六角头螺栓：

螺栓　GB/T 5782－1986-M12×80

$l_{g\,max}=l_{公称}-b_{参考}$

$l_{s\,min}=l_{g\,max}-5P$

P——螺距

(mm)

螺纹规格 d				M3	M4	M5	M6	M8	M10	M12	M16	M20	M24	M30	M36
$b_{参考}$	$l\leqslant125$			12	14	16	18	22	26	30	38	46	54	66	78
	$125<l\leqslant200$			—	—	—	—	28	32	36	44	52	60	72	84
	$l>200$			—	—	—	—	—	—	—	57	65	73	85	97
C	min			0.15	0.15	0.15	0.15	0.15	0.15	0.15	0.2	0.2	0.2	0.2	0.2
	max			0.4	0.4	0.5	0.5	0.6	0.6	0.6	0.8	0.8	0.8	0.8	0.8
d_a　max				3.6	4.7	5.7	6.8	9.2	11.2	13.7	17.7	22.4	26.4	33.4	39.4
d_s	Max			3	4	5	6	8	10	12	16	20	24	30	36
	min	产品等级	A	2.86	3.82	4.82	5.82	7.78	9.78	11.73	15.73	19.67	23.67	—	—
			B	—	—	4.70	5.70	7.64	9.64	11.57	15.57	19.48	23.48	29.48	35.38
d_w	min	产品等级	A	4.6	5.9	6.9	8.9	11.6	14.6	16.6	22.5	28.2	33.6	—	—
			B	—	—	6.7	8.7	11.4	14.4	16.4	22	27.7	33.2	42.7	51.1
e	min	产品等级	A	6.07	7.66	8.79	11.05	14.38	17.77	20.03	26.75	33.53	39.98	—	—
			B	—	—	8.63	10.89	14.20	17.59	19.85	26.17	32.95	39.55	50.85	60.79
f　max				1	1.2	1.2	1.4	2	2	3	3	4	4	6	6
k	公称			2	2.8	3.5	4	5.3	6.4	7.5	10	12.5	15	18.7	22.5
	产品等级	A	min	1.88	2.68	3.35	3.85	5.15	6.22	7.32	9.82	12.28	14.78	—	—
			max	2.12	2.92	3.65	4.15	5.45	6.58	7.68	10.18	12.72	15.22	—	—
		B	min	—	—	3.26	3.76	5.06	6.11	7.21	9.71	12.15	14.65	18.28	22.08
			max	—	—	3.74	4.24	5.54	6.69	7.79	10.29	12.85	15.35	19.12	22.92
k'	min	产品等级	A	1.3	1.9	2.3	2.7	3.6	4.4	5.1	6.9	8.6	10.3	—	—
			B	—	—	2.3	2.6	3.5	4.3	5	6.8	8.5	10.2	12.8	15.5
r　min				0.1	0.2	0.2	0.25	0.4	0.4	0.6	0.6	0.8	0.8	1	1
s	max=公称			5.5	7	8	10	13	16	18	24	30	36	46	55
	min	产品等级	A	5.32	6.78	7.78	9.78	12.73	15.73	17.73	23.67	29.67	35.38	—	—
			B	—	—	7.64	9.64	12.57	15.57	17.57	23.16	29.16	35	45	53.8
l(商品规格范围及通用规格)				20~30	25~40	25~50	30~60	35~80	40~100	45~120	55~160	65~200	80~240	90~300	110~360
l 系列				20，25，30，35，40，45，50，(55)，60，(65)，70，80，90，100，110，120，130，140，150，160，180，200，220，240，260，280，300，320，340，360，380，400											

注：尽可能不采用括号内的规格。

附表 6　双头螺柱（b_m=1d GB/T 897—1988, b_m=1.25d GB/T 898—1988, b_m=1.5d GB/T 899—1988, b_m=2d GB/T 900—1988）

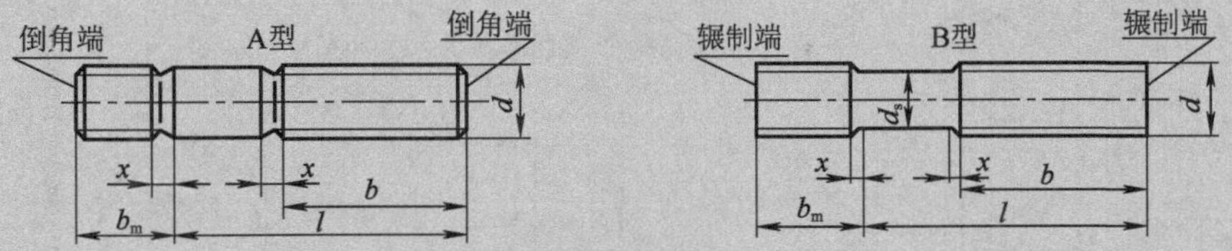

末端按 GB/T 2－2001 规定　　d_s≈螺纹中径

标 记 示 例

两端均为粗牙普通螺纹，d=10mm，l=50mm，性能等级为 4.8 级，不经表面处理，B 型，b_m=1d 的双头螺柱：

螺柱 GB/T 897　－1988-M10×50

旋入机体一端为粗牙普通螺纹，旋螺母一端为螺距 P=1mm 的细牙普通螺纹，d=10mm，l=50mm，性能等级为 4.8 级，不经表面处理，A 型，b_m=1.25d 的双头螺柱：

螺柱 GB/T 898－1988-AM10　M10×1×50

(mm)

螺纹规格 d		M5	M6	M8	M10	M12	M16	M20	M24	M30	M36
b_m（公称）	=1d	5	6	8	10	12	16	20	24	30	36
	=1.25d	6	8	10	12	15	20	25	30	28	45
x		1.5P（粗牙螺距）									
情况（一）	l	16~22	20~22	20~22	25~28	25~30	30~38	35~40	45~50	60~65	65~75
	b	10	10	12	14	16	20	25	30	40	45
情况（二）	l	26~50	25~30	25~30	30~38	32~40	40~55	45~65	55~75	70~90	80~11
	b	16	14	16	16	20	30	35	45	50	60
情况（三）	l		32~75	32~90	40~120	45~120	60~120	70~120	80~120	90~120	120
	b		18	22	26	30	38	46	54	66	78
情况（四）	l				130	130~180	130~200	130~200	130~200	130~200	130~200
	b				32	36	44	52	60	72	84

注：(1) 长度 l 的系列为：16、(18)、20、(22)、25、(28)、30、(32)、36、(38)、40、45、60~100(5 进位、尾数为 5 的尽可能不采用)、110~200(10 进位)，尽可能不采用括号内的规格；

(2) 当 b-b_m≤5mm 时，旋螺母一端应制成倒圆端；

(3) 尽可能不采用 M24、M30 的 b_m=1d 双头螺栓。

附表 7　1 型六角螺母—A 和 B 级(GB/T 6170—2015)

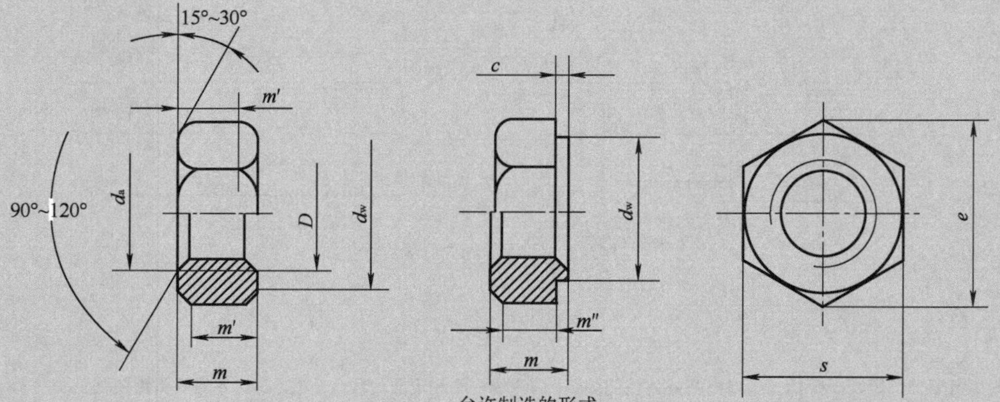

允许制造的形式

标 记 示 例

螺纹规格 D=M12、性能等级为 10 级、不经表面处理、A 级的 1 型六角螺母：

螺母 GB/T 6170　M12

(mm)

螺纹规格 D		M4	M5	M6	M8	M10	M12	M16	M20	M24	M30	M36
c	max	0.4	0.5	0.5	0.6	0.6	0.6	0.8	0.8	0.8	0.8	0.8
d_a	max	4.6	5.75	6.75	8.75	10.8	13	17.3	21.6	25.9	32.4	38.9
	min	4	5	6	8	10	12	16	20	24	30	36
d_w	min	5.9	6.9	8.9	11.6	14.6	16.6	22.5	27.7	33.2	42.7	51.1
e	min	7.66	8.79	11.05	14.38	17.77	20.03	26.75	32.95	39.55	50.85	60.79
m	max	3.2	4.7	5.2	6.8	8.4	10.8	14.8	18	21.5	25.6	31
	min	2.9	4.4	4.9	6.44	8.04	10.37	14.1	16.9	20.2	24.3	29.4
m'	min	2.3	3.5	3.9	5.1	6.4	8.3	11.3	13.5	16.2	19.4	23.5
m''	min	2	3.1	3.4	4.5	5.6	7.3	9.9	11.8	14.1	17	20.6
s	max	7	8	10	13	16	18	24	30	36	46	55
	min	6.78	7.78	9.78	12.73	15.73	17.73	23.67	29.16	35	45	53.8

注：(1) A 级用于 $D\leqslant 16$ 的螺母，B 级用于 $D>16$ 的螺母。本表仅按商品规格和通用规格列出；

(2) 螺纹规格为 M8~M64、细牙、A 级和 B 级的 1 型六角螺母，请查阅 GB/T 6171－1986。

附表 8　1 型六角开槽螺母—A 和 B 级(GB 6178—1986)

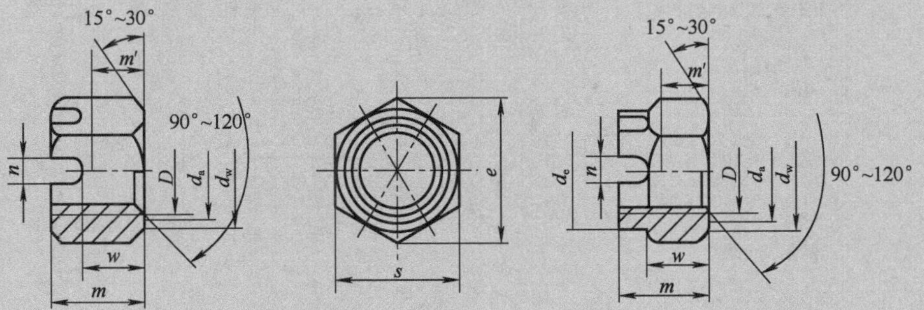

标 记 示 例

螺纹规格 D=M5、性能等级为 8 级、不经表面处理、A 级的 1 型六角开槽螺母：

螺母 GB 6178　M5

(mm)

螺纹规格 D		M4	M5	M6	M8	M10	M12	M16	M20	M24	M30	M36
d_a	max	4.6	5.75	6.75	8.75	10.8	13	17.3	21.6	25.9	32.4	38.9
	min	4	5	6	8	10	12	16	20	24	30	36
d_e	max	—	—	—	—	—	—	—	28	34	42	50
	min	—	—	—	—	—	—	—	27.16	33	41	49
d_w	min	5.9	6.9	8.9	11.6	14.6	16.6	22.5	27.7	33.2	42.7	51.1
e	min	7.66	8.79	11.05	14.38	17.77	20.03	26.75	32.95	39.55	50.85	60.79
m	max	5	6.7	7.7	9.8	12.4	15.8	20.8	24	29.5	34.6	40
	min	4.7	6.4	7.34	9.44	11.97	15.37	20.28	23.16	28.66	33.6	39
m'	min	2.32	3.52	3.92	5.15	6.43	8.3	11.28	13.52	16.16	19.44	23.52
n	min	1.2	1.4	2	2.5	2.8	3.5	4.5	4.5	5.5	7	7
	max	1.8	2	2.6	3.1	3.4	4.25	5.7	5.7	6.7	8.5	8.5
s	max	7	8	10	13	16	18	24	30	36	46	55
	min	6.78	7.78	9.78	12.73	15.73	17.73	23.67	29.16	35	45	53.8
w	max	3.2	4.7	5.2	6.8	8.4	10.8	14.8	18	21.5	25.6	31
	min	2.9	4.4	4.9	6.44	8.04	10.37	14.37	17.37	20.88	24.98	30.38
开口销		1×10	1.2×12	1.6×14	2×16	2.5×20	3.2×22	4×28	4×36	5×40	6.3×50	6.3×63

注：A 级用于 $D\leqslant 16$ 的螺母；B 级用于 $D>16$ 的螺母。螺纹规格 $D=14$ 的螺母尽可能不采用，本表未列入。

附表 9　平垫圈

小垫圈(GB/T 848—2002)　平垫圈—倒角型(GB/T 97.2—2002)　平垫圈(GB/T 97.1—2002)

大垫圈(A 级产品)(GB/T 96.1—2002)

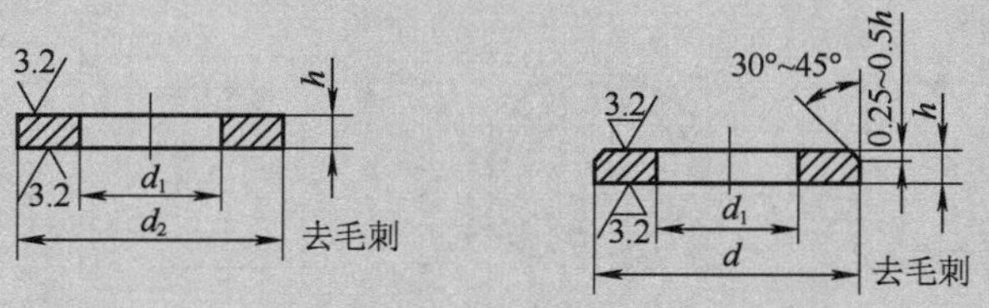

标 记 示 例

标准系列、公称尺寸 d=8mm、性能等级为 140HV 级、不经表面处理的平垫圈：

垫圈 GB/T 97.1—2002-8-140HV

(mm)

公称尺寸(螺纹规格) d		2	2.5	3	4	5	6	8	10	12	14	16	20	24	30	36
d_1 内径	max	2.34	2.84	3.38	4.48	5.48	6.62	8.62	10.77	13.27	15.27	17.27	21.33	25.33	31.33	37.62
		—	—	—	—										31.39	
		—	—	3.38	3.48								22.52	26.84	34	40
	公称(min)	2.2	2.7	3.2	4.3	5.3	6.4	8.4	10.5	13	15	17	21	25	31	37
		—	—	—	—											
		—	—	3.2	4.3								22	26	33	39
d_2 内径	公称(max)	4.5	5	6	8	9	11	15	18	20	24	28	34	39	50	60
		5	6	7	9	10	12	16	20	24	28	30	37	44	56	66
		—	—	—	—											
		—	—	9	12	15	18	24	30	37	44	50	60	72	92	110
	min	4.2	4.7	5.7	7.64	8.64	10.57	14.57	17.57	19.48	23.48	27.48	33.38	38.38	49.38	58.8
		4.7	5.7	6.64	8.64	9.64	11.57	15.57	19.48	23.48	27.48	29.48	36.38	43.38	55.26	64.8
		—	—	—	—											
		—	—	8.64	11.57	14.57	17.57	23.48	29.48	36.38	43.38	49.38	58.1	70.1	89.8	107.8
h 厚度	公称	0.3	0.5	0.5	0.5	1	1.6	1.6	1.6	2	2.5	2.5	3	4	4	5
					0.8				2	2.5		3				
		—	—	—	—											
		—	—	0.8	1	1.2	1.6	2	2.5	3	3	3	4	5	6	8
	max	0.35	0.55	0.55	0.55	1.1	1.8	1.8	1.8	2.2	2.7	2.7	3.3	4.3	4.3	5.6
					0.9				2.2	2.7		3.3				
		—	—	—	—											
		—	—	0.9	1.1	1.4	1.8	.2	2.7	3.3	3.3	3.3	4.6	6	7	9.2
	min	0.25	0.45	0.45	0.45	0.9	1.4	1.4	1.4	1.8	2.3	2.3	2.7	3.7	3.7	4.4
					0.7				1.8	2.3		2.7				
		—	—	—	—											
		—	—	0.7	0.9	1.0	1.4	1.8	2.3	2.7	2.7	2.7	3.4	4	5	6.8

附表 10　标准型弹簧垫圈(GB 93—1987)

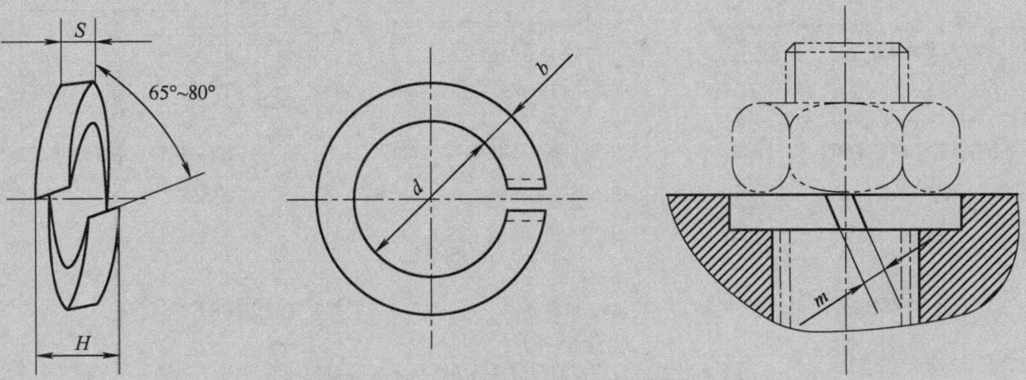

标记示例

规格 16mm、材料 65Mn、表面氧化的标准型弹簧垫圈：

垫圈 GB 93－1987　16

(mm)

规格(螺纹大径)		4	5	6	8	10	12	16	20	24	30
d	min	4.1	5.1	6.1	8.1	10.2	12.2	16.2	20.2	24.5	30.5
	max	4.4	5.4	6.68	8.68	10.9	12.9	16.9	21.04	25.5	31.5
$S(b)$	公称	1.1	1.3	1.6	2.1	2.6	3.1	4.1	5	6	7.5
	min	1	1.2	1.5	2	2.45	2.95	3.9	4.8	5.8	7.2
	max	1.2	1.4	1.7	2.2	2.75	3.25	4.3	5.2	6.2	7.8
H	min	2.2	2.6	3.2	4.2	5.2	6.2	8.2	10	12	15
	max	2.75	3.25	4	5.25	6.5	7.75	10.25	12.5	15	18.75
$m \leqslant$		0.55	0.65	0.8	1.05	1.3	1.55	2.5	2.5	3	3.75

附表 11　螺钉

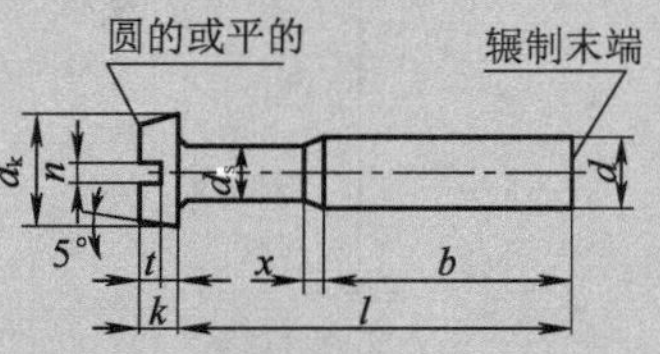

开槽圆柱头螺钉 GB/T 65－2000

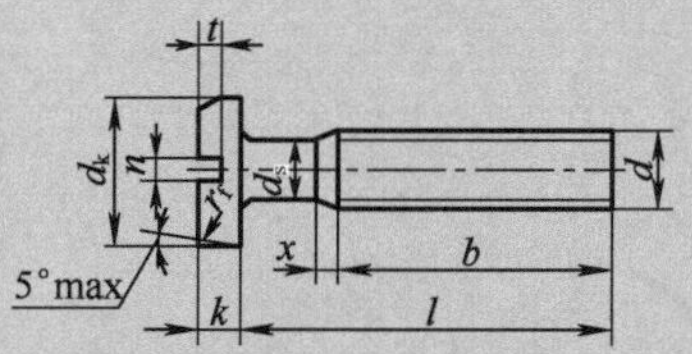

开槽盘头螺钉 GB/T 67－2008

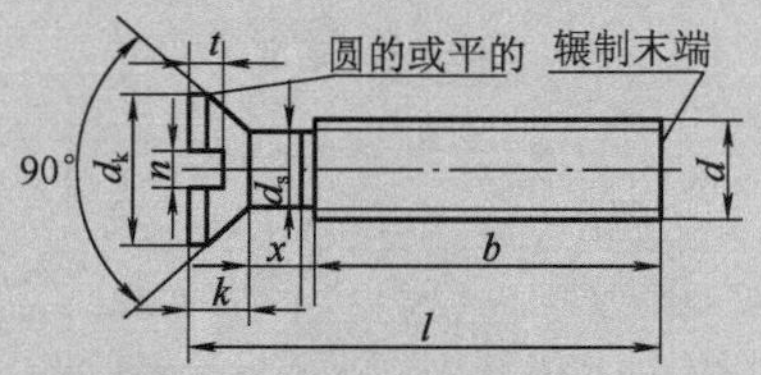

开槽沉头螺钉 GB/T 68－2016

d_s 等于螺纹中径或等于螺纹大径

标 记 示 例

螺纹规格 d=M5、公称长度 l=20mm、性能等级为 4.8 级、不经表面处理的开槽圆柱头螺钉：

螺钉 GB/T65　M5×20

条件和上述完全相同的开槽盘头螺钉及开槽沉头螺钉：

螺钉 GB/T67　M5×20　　　螺钉 GB/T68　M5×20

(mm)

螺纹规格 d		M3	M4	M5	M6	M8	M10
d_k (max)		—	7	8.5	10	13	16
		5.6	8	9.5	12	16	20
		6.3	9.4	10.4	12.6	17.3	20
k (max)		—	2.6	3.3	3.9	5	6
		1.8	2.4	3	3.6	4.8	6
		1.65	2.7	2.7	3.3	4.65	5
n(公称)		0.8	1.2	1.2	1.6	2	2.5
t (max)		—	1.1	1.3	1.6	2	2.4
		0.7	1	1.2	1.4	1.0	2.4
		0.6	1	1.1	1.2	1.8	2
r_f(参考) GB/T67－1985		0.0	1.2	1.5	1.8	2.4	3
x(max)		1.25	1.75	2	2.5	3.2	3.8
l (公称)		—	5~40	6~50	8~60	10~80	12~80
		4~30	5~40	6~50	8~60	10~80	12~80
		5~30	6~40	8~50	8~60	10~80	12~80
b (min)	l≤40	全 螺 纹					
	l>40	25	38				
	l≤45	全 螺 纹					
	l>45	25	38				

注：长度 l 的系列为：4、5、6、8、10、12、(14)、16、20~50(5 进位)、55~80(5 进位、数为 5 尽可能不采用)。

附表 12　内六角圆柱头螺钉（GB/T 70.1—2008）

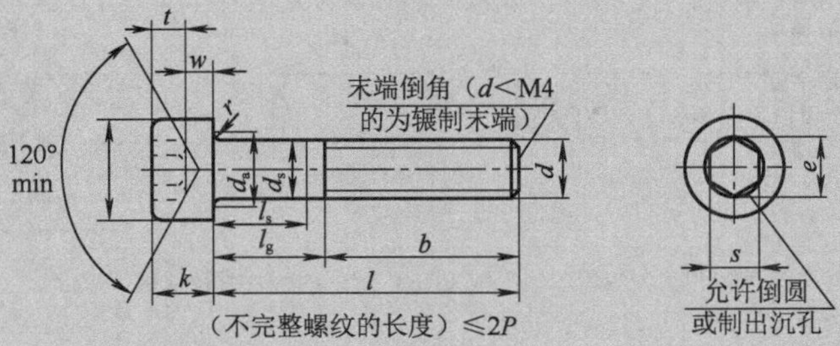

标记示例

螺纹规格 d=M5、公称长度 l=20mm、性能等级为 12.9 级、表面氧化的内六角圆柱头螺钉：

螺钉 GB/T70　M5×20-12.9

(mm)

螺纹规格 d		M4	M5	M6	M8	M10	M12	M16	M20
P		0.7	0.8	1	1.25	1.5	1.75	2	2.5
b 参考		20	22	24	28	32	36	44	52
d_k	max	7	8.5	10	13	16	18	24	30
	min	6.78	8.28	9.78	12.73	15.73	17.73	23.67	29.67
d_a max		4.7	5.7	6.8	9.2	11.2	13.7	17.7	22.4
d_s	max	4	5	6	8	10	12	16	20
	min	3.82	4.82	5.82	7.78	9.78	11.73	15.73	19.67
e min		3.44	4.58	5.72	6.86	9.15	11.43	16.00	19.44
k	max	4	5	6	8	10	12	16	20
	min	3.82	4.82	5.70	7.64	9.64	11.57	15.57	19.48
r min		0.2	0.2	0.25	0.4	0.4	0.6	0.6	0.8
s	公称	3	4	5	6	8	10	14	17
	min	3.02	4.02	5.02	6.02	8.025	10.025	14.032	17.05
	max	3.08	4.095	5.095	6.095	8.115	10.115	14.142	17.23
t min		2	2.5	3	4	5	6	8	10
w min		1.4	1.9	2.3	3.3	4	4.8	6.8	8.6
l（商品规格范围公称长度）		6~40	8~50	10~60	12~80	16~100	20~120	25~160	30~200
l ≤表中数值时，制出全螺纹		25	25	30	35	40	45	55	65
l（系列）		5，6，8，10，12，(14)，16，20，25，30，35，40，45，50，(55)，60，70，80，90，100，110，120，130，140，150，160，180，200							

注：(1) P 为螺距；

(2) l_{gmax}（夹紧长度）= $l_{公称}-b_{参考}$；l_{smin}（无螺纹杆部长）=$l_{gmax}-5P$；

(3) 尽可能不采用括号内的规格。GB/T 70－2008 包括 d=M1.6~M36，本表只摘录了其中一部分。

附表 13　开槽锥端紧定螺钉(GB/T 71—1985)、开槽平端紧定螺钉(GB/T 73—1985)

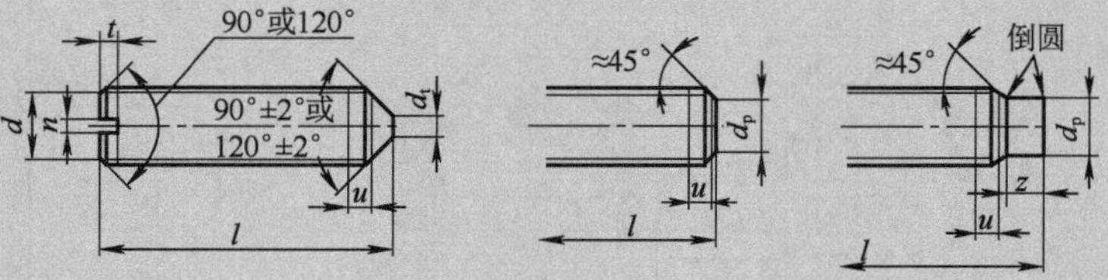

公称长度为短螺钉时，应制成 120°，不完整螺纹的长度 $u \leqslant 2P$

标 记 示 例

螺纹规格 d=M5、公称长度 l=12mm、性能等级为 14H、表面氧化的开槽平端紧定螺钉：

螺钉 GB/T73　M5×12-14H

(mm)

螺纹规格		M3	M4	M5	M6	M8	M10	M12
P		0.5	0.7	0.8	1	1.25	1.5	1.75
d_t	min	—	—	—	—	—	—	—
	max	0.3	0.4	0.5	1.5	2	2.5	3
d_p	min	1.75	2.25	3.2	3.7	5.2	6.64	8.14
	max	2	2.5	3.5	4	5.5	7	8.5
n	公称	0.4	0.6	0.8	1	1.2	1.6	2
	min	0.46	0.66	0.86	1.06	1.26	1.66	2.06
	max	0.6	0.8	1	1.2	1.51	1.91	2.31
t	min	0.8	1.12	1.28	1.6	2	2.4	2.8
	max	1.05	1.42	1.63	2	2.5	3	3.6
z	min	1.5	2	2.5	3	4	5	6
	max	1.75	2.25	2.75	3.25	4.3	5.3	6.3
GB/T71－1985	l(公称长度)	4~16	6~20	8~25	8~30	10~40	12~50	14~60
	l(短螺钉)	2~3	2~4	2~5	2~6	2~8	2~10	2~12
GB/T73－1985	l(公称长度)	3~16	4~20	5~25	6~30	8~4	10~50	12~60
	l(短螺钉)	2~3	2~4	2~5	2~6	2~8	2~8	2~10
l 系列		2, 2.5 ,3, 4, 5, 6, 8, 10, 12, (14), 16, 20, 25, 30, 35, 40, 45, 50, (55) ,60						

注：(1)公称长度为商品规格尺寸；

(2)尽可能不采用括号内的规格。

附表 14　紧固件通孔及沉孔尺寸

(mm)

螺栓或螺钉直径 d			3	4	5	6	8	10	12	14	16	18	20	222	24	27	30	36
通孔直径	精装配		3.2	4.3	5.3	6.4	8.4	10.5	13	15	17	19	21	23	25	28	31	37
	中等装配		3.4	4.5	5.5	6.6	9	11	13.5	15.5	17.5	20	22	24	26	30	33	39
	粗装配		3.6	4.8	5.8	7	10	12	14.5	16.5	18.5	21	24	26	28	32	35	42
六角头螺栓和六角螺母用沉孔	GB/T152.4—1988	d_2	9	10	11	13	18	22	26	30	33	36	40	43	48	53	61	71
		d_3	—	—	—	—	—	—	16	18	20	22	24	26	28	33	36	42
		d_1	3.4	4.5	5.5	6.6	9.1	11.0	13.5	15.5	17.5	20.0	22.0	24	26	30	33	39
沉头用沉孔	GB/T152.2—1988	d_2	6.4	9.6	10.6	12.8	17.6	20.3	24.4	28.4	32.4	—	40.4	—	—	—	—	—
		$t\approx$	1.6	2.7	2.7	3.3	4.6	5.0	6.0	7.0	8.0	—	10.0	—	—	—	—	—
		d_1	3.4	4.5	5.5	6.6	9	11	13.5	15.5	17.5	—	22	—	—	—	—	—
		α	$90^{\circ}{}^{-2^{\circ}}_{-4^{\circ}}$															
圆柱头用沉孔	GB/T152.3—1998	d_2	6.0	8.0	10.0	11.0	15.0	18.0	20.0	24.0	26.0	—	33.0	—	40.0	—	48.0	适用于内六角圆柱头螺钉
		t	3.4	4.6	5.7	6.8	9.0	11.0	13.0	15.0	17.5	—	21.5	—	25.5	—	32.0	
		d_3	—	—	—	—	—	—	16	18	20	—		—	28	—	36	
		d_1	3.4	4.5	5.5	6.6	9.0	11.0	13.5	15.5	17.5	—	22.0	—	26.0	—	33.0	
		d_2	—	8	10	11	15	18	20	24	26	—	33	—	—	—	—	适用于开槽圆柱头螺钉
		t	—	3.2	4.0	4.7	6.0	7.0	8.0	9.0	10.5	—	12.5	—	—	—	—	
		d_3	—	—	—	—	—	—	16	18	20	—	24	—	—	—	—	
		d_1	—	4.5	4.5	6.6	9.0	11.0	13.5	15.5	17.5	—	22.0	—	—	—	—	

注：螺栓和螺母用沉孔的尺寸只要能制出与通孔轴线垂直的圆平面即可。

附表 15　平键：键和键槽的剖面尺寸(GB/T 1095—2003)　(mm)

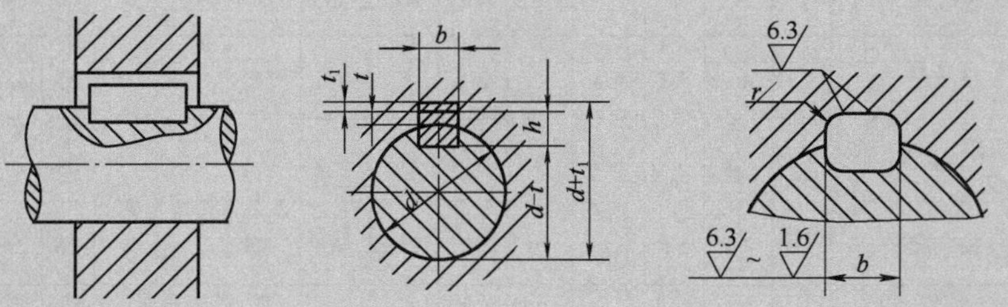

轴	键	键槽											
公称直径 d	公称尺寸 b×h	宽度 b						深度				半径 r	
		公称尺寸 b	偏差					轴 t		毂 t_1			
			较松键连接		一般键连接		较紧键连接						
			轴 H9	毂 D10	轴 N9	毂 IS9	轴和毂 P9	公称	偏差	公称	偏差	最小	最大
自 6~8	2×2	2	+0.025 0	+0.060 +0.020	-0.004 -0.029	±0.0125	-0.006 -0.031	1.2	+0.1 0	1	+0.1 0	0.08	0.16
>8~10	3×3	3						1.8		1.4			
>10~12	4×4	4	+0.030 0	+0.078 +0.030	0 -0.030	±0.015	-0.012 -0.042	2.5		1.8			
>12~17	5×5	5						3.0		2.3		0.16	0.25
>17~22	6×6	6						3.5		2.8			
>22~30	8×7	8	+0.036 0	+0.098 +0.040	0 -0.036	±0.018	-0.015 -0.051	4.0	+0.2 0	3.3	+0.2 0		
>30~38	10×8	10						5.0		3.3		0.25	0.40
>38~44	12×8	12	+0.043 0	+0.120 +0.050	0 -0.043	±0.0215	-0.018 -0.061	5.0		3.3			
>44~50	14×9	14						5.5		3.8			
>50~58	16×10	16						6.0		4.3			
>58~65	18×11	18						7.0		4.4			
>65~75	20×12	20	+0.052 0	+0.149 +0.065	0 -0.052	±0.026	-0.022 -0.074	7.5		4.9		0.40	0.60
>75~85	22×14	22						9.0		5.4			
>85~95	25×14	25						9.0		5.4			
>95~110	28×16	28						10.0		6.4			

注：在工作图中，轴槽深用 t(或 d-t)、轮毂槽深用 $(d+t_1)$ 标注；平键轴槽的长度公差用 H14。

附表 16　普通平键的形式尺寸（GB/T1096—2003）

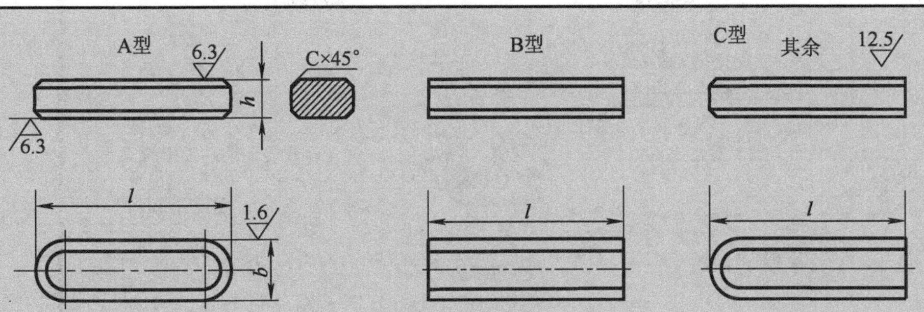

标 记 示 例

圆头普通平键（A 型）b=16mm、h=10mm、l=100mm　　键 GB/T1096　16×10×100

平头普通平键（B 型）b=16mm、h=10mm、l=100mm　　键 GB/T1096　B16×10×100

单圆头普通平键（C 型）b=16mm、h=10mm、l=100mm　　键 GB/T1096　C16×10×100

（mm）

轴	键								
公称直径 d	b		h			C 或 r	公称尺寸	键长 l 的极限偏差	
	公称尺寸	极限偏差 h9	公称尺寸	极限偏差 h11				公称尺寸	极限偏差 h14
自 6~8	2	0 −0.025	2	0 −0.06	(0 −0.025)	0.16~ 0.25	6~20	6～10	0 −0.36
>8~10	3		3				6~36		
>10~12	4	0 −0.030	4	0 −0.075	(0 −0.030)		8~45	12~18	0 −0.43
>12~17	5		5			0.025~ 0.40	10~56		
>17~22	6		6				14~70	20~28	0 −0.52
>22~30	8	0 −0.036	7	0 −0.090			18~90		
>30~38	10		8			0.40~ 0.60	22~110	32~50	0 −0.62
>38~44	12	0 −0.043	8				28~140		
>44~50	14		9				36~160	56~80	0 −0.74
>50~58	16		10				45~180		
>58~65	18		11	0 −0.110		0.60~ 0.80	50~200	90~110	0 −0.87
>65~75	20	0 −0.052	12				56~220		
>75~85	22		14				63~250	125~180	0 −1.0
>85~95	25		14				70~280		
>95~110	28		16				80~320	200~250	0 −1.15
>110~130	32	0 −0.062	18				90~360		
>130~150	36		20	0 −0.130		1.0~ 1.2	100~400	280	0 −1.30
>150~170	40		22				100~400		
>170~200	45		25				110~450	320~400	0 −1.40

注：(1)（$d-t$）和（$d+t_1$）两组组合尺寸的极限偏差按相应的 t 和 t_1 的极限偏差选取，但（$d-t$）极限偏差应取负号（−）；

(2) l 系列：6、8、10、12、14、16、18、20、22、25、28、32、36、40、45、50、56、63、70、80、90、100、110、125、140、160、180、200、220、250、280、320、360、400、450；

(3) 括号内的数值为 h9，适用于 B 型键。

附表 17　半圆键：键和键槽的剖面尺寸(GB/T 1098—2003)、半圆键的形式尺寸(GB/T 1099.1—2003)

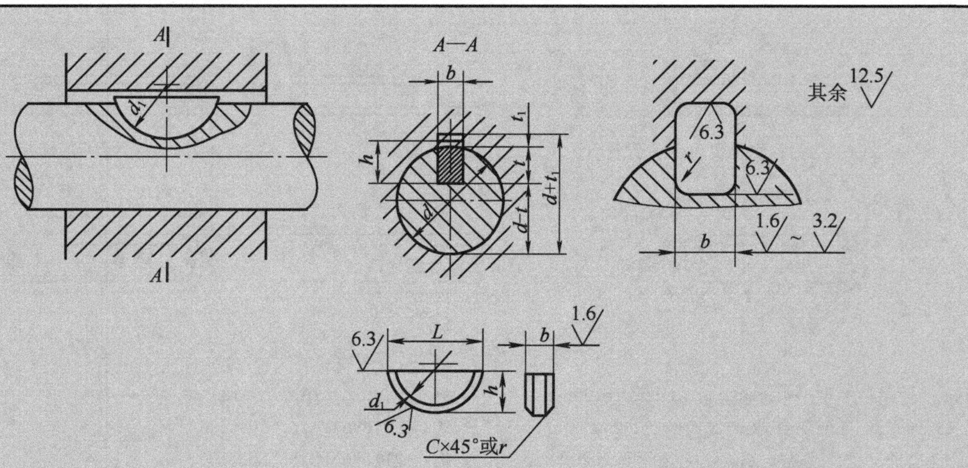

标 记 示 例

半圆键 b=6mm、h=10mm、d_1=25mm 标记为：GB/T 1099.1　键 6×10×25

(mm)

轴径 d		键			键槽							
键传递转矩用	键定位用	公称尺寸 $b\times h\times d_1$	长度 $L\approx$	倒角 C	槽宽 b(同键宽 b) 一般键连结 轴 N9	一般键连结 毂 JS9	较紧键连结 轴和毂 P9	轴 t 公称	轴 t 偏差	毂 t_1 公称	毂 t_1 偏差	半径 r
自 3~4	自 3~4	1.0×1.4×4	3.9	0.16~0.25	−0.004 −0.029	±0.012	−0.006 −0.031	1.0	+0.1 0	0.6	+0.1 0	0.08~0.16
>4~5	>4~6	1.5×2.6×7	6.8					2.0		0.8		
>5~6	>6~8	2.0×2.6×7	6.8					1.8		1.0		
>6~7	>8~10	2.0×3.7×10	9.7					2.9		1.0		
>7~8	>10~12	2.5×3.7×10	9.7					2.7		1.2		
>8~10	>12~15	3.0×5.0×13	12.7					3.8	+0.2 0	1.4		
>10~12	>15~18	3.0×6.5×16	15.7					5.3		1.4		0.16~0.25
>12~14	>18~20	4.0×6.5×16	15.7	0.25~0.40	0 −0.030	±0.015	−0.012 −0.042	5.0		1.8		
>14~16	>20~22	4.0×7.5×19	18.6					6.0		1.8		
>16~18	>22~25	5.0×6.5×16	15.7					4.5		2.3		
>18~20	>25~28	5.0×7.5×19	18.6					5.5		2.3		
>20~22	>28~32	5.0×9.0×22	21.6					7.0		2.3		
>22~25	>32~36	6.0×9.0×22	21.6					6.5	+0.3 0	2.8		
>25~28	>36~40	6.0×10.0×25	24.5					7.5		2.8		
>28~32	40	8.00×11.0×28	27.4	0.40~0.60	0 −0.036	±0.018	−0.015 −0.051	8.0		3.3	+0.2 0	0.25~0.40
>32~38		10.0×13.0×32	31.4					10.0		3.3		

注：$(d-t)$ 和 $(d+t_1)$ 两组组合尺寸的极限偏差按相应的 t 和 t_1 的极限偏差选取，但 $(d-t)$ 的极限偏差值应取负号(−)。

附表 18　圆柱销(GB/T 119.1—2000)

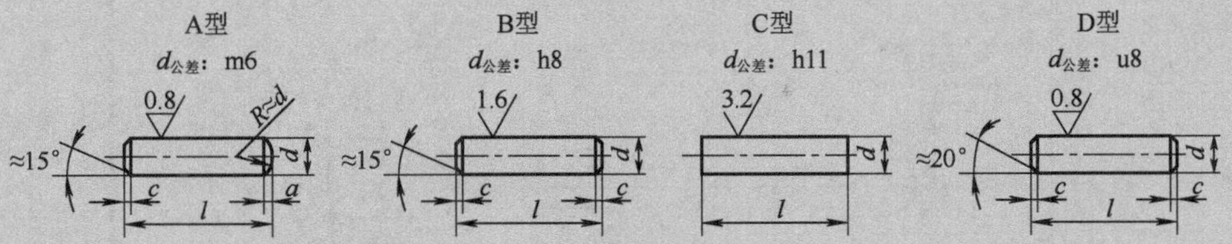

标 记 示 例

公称直径 d=6mm、公差 m6、公称长度 l=30mm、材料为钢、不经淬火、不经表面处理的圆柱销：

销 GB/T 119.1　6m6×30

(mm)

d(公称)	3	4	5	6	8	10	12	16	20	25	30
a≈	0.40	0.50	0.63	0.80	1.0	1.2	1.6	2.0	2.5	3.0	4.0
c=	0.50	0.63	0.80	1.2	1.6	2.0	2.5	3.0	3.5	4.0	5.0
l(商品规格范围公称长度)	8~30	8~40	10~50	12~60	14~80	18~95	22~140	26~180	35~200	50~200	60~200
l(系列)	2,3,4,5,6,8,10,12,14,16,18,20,22,24,26,28,30,32,35,40,45,50,55,60,65,70,75,80,85,90,95,100,120,140,160,180,200										

附表 19　圆锥销(GB/T 117—2000)

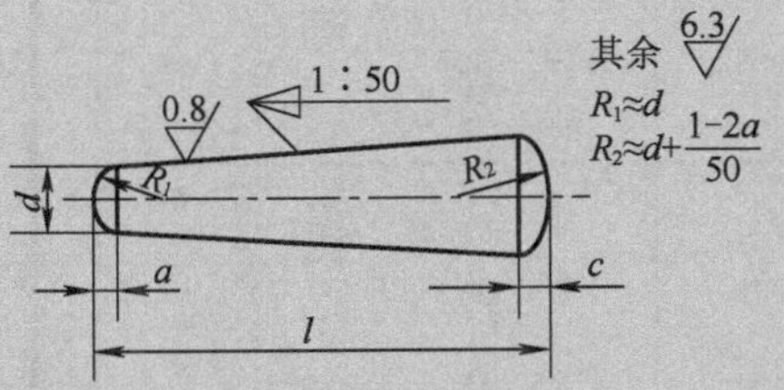

标 记 示 例

公称直径 d=10mm、长度 l=60mm、材料为 35 钢、热处理硬度 28~38HRC、表面氧化处理的 A 型圆锥销：

销 GB/T 117　10×60

(mm)

d(公称)	3	4	5	6	8	10	12	16	20	25	30
a≈	0.4	0.5	0.63	0.80	1	1.2	1.6	2	2.5	3	4
l(商品规格范围公称长度)	12~45	14~55	18~60	22~90	22~120	26~160	32~180	40~200	45~200	50~200	55~200
l(系列)	2,3,4,5,6,8,10,12,14,16,18,20,22,24,26,28,30,32,35,40,45,50,55,60,65,70,75,80,85,90,95,100,120,140,160,180,200										

附表 20 开口销(GB/T 91—2000)

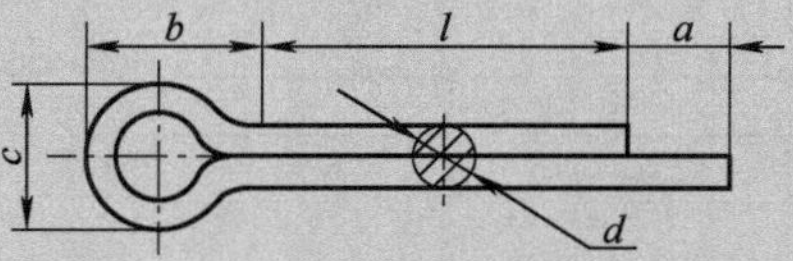

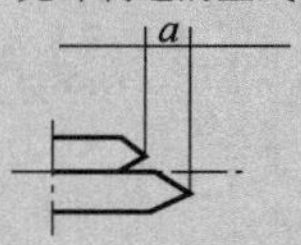

标 记 示 例

公称直径 d=5mm、长度 l=50mm、材料为低碳钢、不经表面处理的开口销：

销 GB/T 91 5×50

(mm)

d(公称)		2	2.5	3.2	4	5	6.3	8	10	12
c	max	3.6	4.6	5.8	7.4	9.2	11.8	15	19	24.8
	min	3.2	4	5.1	6.5	8	10.3	13.1	16.6	21.7
b≈		4	5	6.4	8	10	12.6	16	20	26
a_{max}		2.5	2.5	3.2	4	4	4	4	6.3	6.3
l(商品规格范围公称长度)		10~40	12~50	14~65	18~80	22~100	30~120	40~160	45~200	70~200
l(系列)		4, 5, 6, 8, 10, 12, 14, 16, 18, 20, 22, 24, 26, 28, 30, 32, 36, 40, 45, 50, 55, 60, 65, 70, 75, 80, 85, 90, 95, 100, 120, 140, 160, 180, 200								

注：销孔的公称直径等于 $d_{公称}$；d_{max}、d_{min} 可查阅 GB/T 91—2000，都小于 $d_{公称}$。

附表 21　深沟球轴承(GB/T 276—2013)

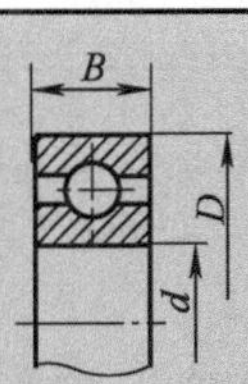

6000 型

轴承代号	尺寸/mm		
	d	*D*	*B*
10 系列			
606	6	17	6
607	7	19	6
608	8	22	7
609	9	24	7
6000	10	26	8
6001	12	28	8
6002	15	32	9
6003	17	35	10
6004	20	42	12
60/22	22	44	12
6005	25	47	12
60/28	28	52	12
6006	30	55	13
60/32	32	58	13
6007	35	62	14
6008	40	68	15
6009	45	75	16
6010	50	80	16
6011	55	90	18
6012	60	95	18
02 系列			
623	3	10	4
624	4	13	5
625	5	16	5
626	6	19	6
627	7	22	7
628	8	24	8
629	9	26	8
6200	10	30	9
6201	12	32	10
6202	15	35	11
6203	17	40	12
6204	20	47	14
62/22	22	50	14
6205	25	52	15
62/28	28	58	16
6206	30	62	16
62/32	32	65	17
6207	35	72	17
6208	40	80	18
6209	45	85	19
6210	50	90	20
6211	55	100	21
6212	60	110	22

轴承代号	尺寸/mm		
	d	*D*	*B*
03 系列			
633	3	13	5
634	4	16	5
635	5	19	6
6300	10	35	11
6301	12	37	12
6302	15	42	13
6303	17	47	14
6304	20	52	15
63/22	22	56	16
6305	25	62	17
63/28	28	68	18
6306	30	72	19
63/32	32	75	20
6307	35	80	21
6308	40	90	23
6309	45	100	25
6310	50	110	27
6311	55	120	29
6312	60	130	31
6313	65	140	33
6314	70	150	35
6315	75	160	37
6316	80	170	39
6317	85	180	41
6318	90	190	43
04 系列			
6403	17	62	17
6404	20	72	19
6405	25	80	21
6406	30	90	23
6407	35	100	25
6408	40	110	27
6409	45	120	29
6410	50	130	31
6411	55	140	33
6412	60	150	35
6413	65	160	37
6414	70	180	42
6415	75	190	45
6416	80	200	48
6417	85	210	52
6418	90	225	54
6419	95	240	55
6420	100	250	58
6422	110	280	65

附表 22　圆锥滚子轴承(GB/T 297—2015)

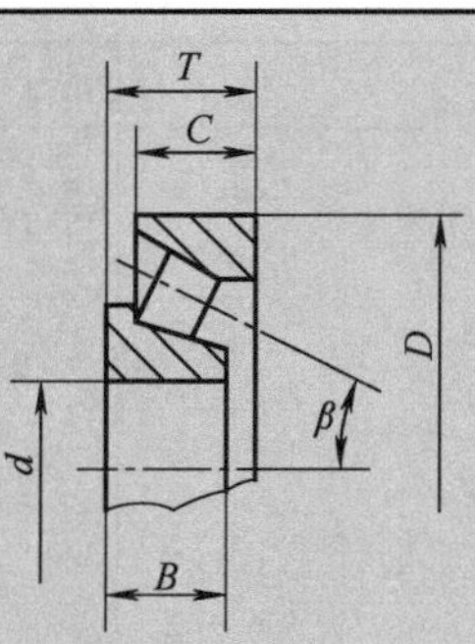

3000 型

轴承代号	尺寸/mm				
	d	D	T	B	C
02 系列					
30202	15	35	11.75	11	10
30203	17	40	13.25	12	11
30204	20	47	15.25	14	12
30205	25	52	16.25	15	13
30206	30	62	17.25	16	14
302/32	32	65	18.25	17	15
30207	35	72	18.25	17	15
30208	40	80	19.75	18	16
30209	45	85	20.75	19	16
30210	50	90	21.75	30	17
30211	55	100	22.75	21	18
30212	60	110	23.75	22	19
30213	65	120	24.75	23	20
30214	70	125	26.25	24	21
30215	75	130	27.25	25	22
03 系列					
30302	15	42	14.25	13	11
30303	17	47	15.25	14	12
30304	20	52	16.25	15	13
30305	25	62	18.25	17	15
30306	30	72	20.75	19	16
30307	35	80	22.75	21	18
30308	40	90	25.75	23	20
30309	45	100	27.25	25	22
30310	50	110	29.25	27	23
30311	55	120	31.5	29	25
30312	60	130	33.5	31	26
30313	65	140	36	33	28
30314	70	150	38	35	30
30315	75	160	40	37	31

轴承代号	尺寸/mm				
	d	D	T	B	C
13 系列					
31305	25	62	18.25	17	13
31306	30	72	20.75	19	14
31307	35	80	22.75	21	15
31308	40	90	25.25	23	17
31309	45	100	27.25	25	18
31310	50	110	29.25	27	19
31311	55	120	31.5	29	21
31312	60	130	33.5	31	22
31313	65	140	36	33	23
31314	70	150	38	35	25
31315	75	160	40	37	26
20 系列					
32004	20	42	15	15	12
320/22	22	44	15	15	11.5
32005	25	47	15	15	11.5
320/28	28	52	16	16	12
32006	30	55	17	17	13
320/32	32	58	17	17	13
32007	35	62	18	18	14
32008	40	68	19	19	14.5
32009	45	75	20	20	15.5
32010	50	80	20	20	15.5
32011	55	90	23	23	17.5
32012	60	95	23	23	17.5
32013	65	100	23	23	17.5
32014	70	110	25	25	19
32015	75	115	25	25	19
22 系列					
32203	17	40	17.25	16	14
32204	20	47	19.25	16	15
32205	25	52	19.25	18	16
32206	30	62	21.25	20	17
32207	35	72	24.25	23	19
32208	40	80	24.75	23	19
32209	45	85	24.75	23	19
32210	50	90	24.75	23	19
32211	55	100	26.75	25	21
32212	60	110	26.75	28	24
32213	65	120	29.75	31	27
32214	70	125	33.25	31	27
32215	75	130	33.25	31	27

续表

轴承代号	尺寸/mm				
	d	D	T	B	C
23 系列					
32303	17	47	20.25	19	16
32304	20	52	22.25	21	18
32305	25	62	25.25	24	20
32306	30	72	28.75	27	23
32307	35	80	32.75	31	25
32308	40	90	35.25	33	27
32309	45	100	38.25	36	30
32310	50	110	42.25	40	33
32311	55	120	45.5	43	35
32312	60	130	48.5	46	37
32313	65	140	51	48	39
32314	70	150	54	51	42
32315	75	160	58	55	45
29 系列					
32904	20	37	12	12	9
329/22	22	40	12	12	9
32905	25	42	12	12	9
329/28	28	45	12	12	9
32906	30	47	12	12	9
7329/32	32	52	14	14	10
32907	35	55	14	14	11.5
32908	40	62	15	15	12
32909	45	68	15	15	12
32910	50	72	15	15	12
32911	55	80	17	17	14
32912	60	85	17	17	14
32913	65	90	17	17	14
32914	70	100	20	20	16
32915	75	105	20	20	16
30 系列					
33005	25	47	17	17	14
33006	30	55	20	20	16
33007	35	62	21	21	17
33008	40	68	22	22	18
33009	45	75	24	24	19

轴承代号	尺寸/mm				
	d	D	T	B	C
30 系列					
33010	50	85	24	24	19
33011	55	90	24	24	21
33012	60	95	27	27	21
33013	65	100	27	27	21
33014	70	110	31	31	25.5
33015	75	115	31	31	25.5
31 系列					
33108	40	75	26	26	20.5
33109	45	80	26	26	20.5
33110	50	85	26	26	20
33111	55	95	30	30	23
33112	60	100	30	30	23
33113	65	110	34	34	26.5
33114	70	120	37	37	29
33115	75	125	37	37	29
32 系列					
33205	25	52	22	22	18
332/28	28	58	24	24	19
33206	30	62	25	25	19.5
332/32	32	65	26	26	20.5
33207	35	72	28	28	22
33208	40	80	32	32	25
33209	45	85	32	32	25
33210	50	90	32	32	24.5
33211	55	100	35	35	27
33212	60	110	38	38	29
33213	65	120	41	41	32
33214	70	125	41	41	32
33215	75	130	41	41	31

附表 23　推力球轴承(GB/T 301—1995)

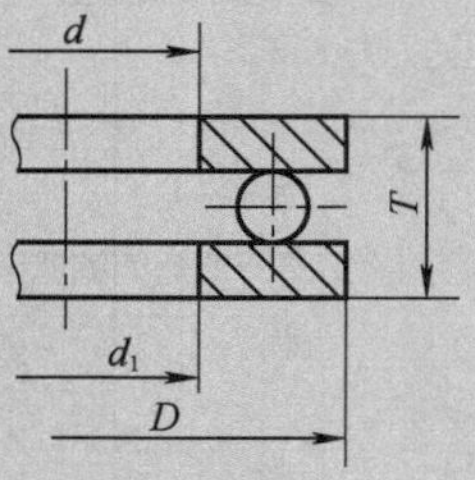

51000 型

轴承代号	尺寸/mm			
	d	$d_{1\min}$	D	T
11 系列				
51100	10	11	24	9
51101	12	13	26	9
51102	15	16	28	9
51103	17	18	30	9
51104	20	21	35	10
51105	25	26	42	11
51106	30	32	47	11
51107	35	37	52	12
51108	40	42	60	13
51109	45	47	65	14
51110	50	52	70	14
51111	55	57	78	16
51112	60	62	85	17
51113	65	67	90	18
51114	70	72	95	18
51115	75	77	100	19
51116	80	82	105	19
51117	85	87	110	19
51118	90	92	120	22
51120	100	102	135	25
12 系列				
51200	10	12	26	11
51201	12	14	28	11
51202	15	17	32	12
51203	17	19	35	12
51204	20	22	40	14
51205	25	27	47	15
51206	30	32	52	16
51207	35	37	62	18
51208	40	42	68	19
51209	45	47	73	20
51210	50	52	78	22
51211	55	57	90	25
51212	60	62	95	26
51213	65	67	100	27
51214	70	72	105	27
51215	75	77	110	27
51216	80	82	115	28
51217	85	88	125	31
51218	90	93	135	35
51220	100	103	150	38
13 系列				
51304	20	22	47	18
51305	25	27	52	18
51306	30	32	60	21
51307	35	37	68	24
51308	40	42	78	26
51309	45	47	85	28
51310	50	52	95	31
51311	55	57	105	35
51312	60	62	110	35
51313	65	67	115	36
51314	70	72	125	40
51315	75	77	135	44
51316	80	82	140	44
51317	85	88	150	49
51318	90	93	155	50
51320	100	103	170	55
14 系列				
51405	25	27	60	24
51406	30	32	70	28
51407	35	37	80	32
51408	40	42	90	36
51409	45	47	100	39
51410	50	52	110	43
51411	55	57	120	48
51412	60	62	130	51
51413	65	67	140	56
51414	70	72	150	60
51415	75	77	160	65
51416	80	82	170	68
51417	85	88	180	72
51418	90	93	190	77
51420	100	103	210	85

附表 24　基孔制优先、常用配合

（摘自 GB/T 1801—2009）

基准孔	轴																				
	a	b	c	d	e	f	g	h	js	k	m	n	p	R	s	t	u	v	x	y	z
	间隙配合								过渡配合			过盈配合									
H6						$\frac{H6}{f5}$	$\frac{H6}{g5}$	$\frac{H6}{h5}$	$\frac{H6}{js5}$	$\frac{H6}{k5}$	$\frac{H6}{m5}$	$\frac{H6}{n5}$	$\frac{H6}{p5}$	$\frac{H6}{r5}$	$\frac{H6}{s5}$	$\frac{H6}{t5}$					
H7						$\frac{H7}{f6}$	* $\frac{H7}{g6}$	* $\frac{H7}{h6}$	$\frac{H7}{js6}$	* $\frac{H7}{k6}$	$\frac{H7}{m6}$	* $\frac{H7}{n6}$	* $\frac{H7}{p6}$	$\frac{H7}{r6}$	* $\frac{H7}{s6}$	$\frac{H7}{t6}$	* $\frac{H7}{u6}$	$\frac{H7}{v6}$	$\frac{H7}{x6}$	$\frac{H7}{y6}$	$\frac{H7}{z6}$
H8					$\frac{H8}{e7}$	* $\frac{H8}{f7}$	$\frac{H8}{g7}$	* $\frac{H8}{h7}$	$\frac{H8}{js7}$	$\frac{H8}{k7}$	$\frac{H8}{m7}$	$\frac{H8}{n7}$	$\frac{H8}{p7}$	$\frac{H8}{r7}$	$\frac{H8}{s7}$	$\frac{H8}{t7}$	$\frac{H8}{u7}$				
				$\frac{H8}{d8}$	$\frac{H8}{e8}$	$\frac{H8}{f8}$		$\frac{H8}{h8}$													
H9			$\frac{H9}{c9}$	* $\frac{H9}{d9}$	$\frac{H9}{e9}$	$\frac{H9}{f9}$		* $\frac{H9}{h9}$													
H10			$\frac{H10}{c10}$	$\frac{H10}{d10}$				$\frac{H10}{h10}$													
H11	$\frac{H11}{a11}$	$\frac{H11}{b11}$	* $\frac{H11}{c11}$	$\frac{H11}{d11}$				* $\frac{H11}{h11}$													
H12		$\frac{H12}{b12}$						$\frac{H12}{h12}$													

注：(1) $\frac{H6}{n5}$、$\frac{H7}{p6}$ 在基本尺寸小于或等于 3mm 和 $\frac{H8}{r7}$ 在小于或等于 100mm 时，为过渡配合；

(2) 标注*的配合为优先配合。

附表 25　基轴制优先、常用配合

（摘自 GB/T 1801—2009）

基准轴	孔																				
	A	B	C	D	E	F	G	H	JS	K	M	N	P	R	S	T	U	v	x	y	z
	间隙配合								过渡配合			过盈配合									
h5						F6/h5	G6/h5	H6/h5	JS6/h5	K6/h5	M6/h5	N6/h5	P6/h5	R6/h5	S6/h5	T6/h5					
h6						F7/h6	* G7/h6	* H7/h6	JS7/h6	* K7/h6	M7/h6	* N7/h6	* P7/h6	R7/h6	* S7/h6	T7/h6	* U7/h6				
h7					E8/h7	* F8/h7		* H8/h7	JS8/h7	K8/h7	M8/h7	N8/h7									
h8				D8/h8	E8/h8	F8/h8		H8/h8													
h9				* D9/h9	E9/h9	F9/h9		* H9/h9													
h10				D10/h10				H10/h10													
h11	A11/h11	B11/h11	* C11/h11	D11/h11				* H11/h11													
h12		B12/h12						H12/h12													

注：标注*的配合为优先配合。

附表 26　基本尺寸 3～500mm 的标准公差

(GB/T 1800.3—2009)

（μm）

基本尺寸/mm		公差等级								
大于	至	IT1	IT2	IT3	IT4	IT5	IT6	IT7	IT8	IT9
	3	0.8	1.2	2	3	4	6	10	14	25
3	6	1	1.5	2.5	4	5	8	12	18	30
6	10	1	1.5	2.5	4	6	9	15	22	36
10	18	1.2	2	3	5	8	11	18	27	43
18	30	1.5	2.5	4	6	9	13	21	33	52
30	50	1.5	2.5	4	7	11	16	25	39	62
50	80	2	3	5	8	13	19	30	46	74
80	120	2.5	4	6	10	15	22	35	54	87
120	180	3.5	5	8	12	18	25	40	63	100
180	250	4.5	7	10	14	20	29	46	72	115
250	315	6	8	12	16	23	32	52	81	130
315	400	7	9	13	18	25	36	57	89	140
400	500	8	10	15	20	27	40	63	97	155
基本尺寸/mm		公差等级								
大于	至	IT10	IT11	IT12	IT13	IT14	IT15	IT16	IT17	IT18
	3	40	60	100	140	250	400	600	1000	1400
3	6	48	75	120	180	300	480	750	1200	1800
6	10	58	90	150	220	360	580	900	1500	2200
10	18	70	110	180	270	430	700	1100	1800	2700
18	30	84	130	210	330	520	840	1300	2100	3300
30	50	100	160	250	390	620	1000	1600	2500	3900
50	80	120	190	300	460	740	1200	1900	3000	4600
80	120	140	220	350	540	870	1400	2200	3500	5400
120	180	160	250	400	630	1000	1600	2500	4000	6300
180	250	185	290	460	720	1150	1850	2900	4600	7200
250	315	210	320	520	810	1300	2100	3200	5200	8100
315	400	230	360	570	890	1400	2300	3600	5700	8900
400	500	250	400	630	970	1550	2500	4000	6300	9700

注：IT01 和 IT0 的标准公差未列入。

附表 27　轴的基本偏差

数值(GB/T 1800.3—2009)

(μm)

基本偏差		上偏差(*es*)												下偏差(*ei*)		
		a	b	c	cd	d	e	ef	f	fg	g	h	Js	j		
基本尺寸/mm		公差等级														
大于	至	所有等级												5、6	7	8
—	3	-270	-140	-60	-34	-20	-14	-10	-6	-4	-2	0	偏差 $=\pm\frac{IT}{2}$	-2	-4	-6
3	6	-270	-140	-70	-46	-30	-20	-14	-10	-6	-4	0		-2	-4	—
6	10	-280	-150	-80	-56	-40	-25	-18	-13	-8	-5	0		-2	-5	—
10	14	-290	-150	-95	—	-50	-32	—	-16	—	-6	0		-3	-6	—
14	18															
18	24	-300	-160	-110	—	-65	-40	—	-20	—	-7	0		-4	-8	—
24	30															
30	40	-310	-170	-120	—	-80	-50	—	-25	—	-9	0		-5	-10	—
40	50	-320	-180	-130												
50	65	-340	-190	-140	—	-100	-60	—	-30	—	-10	0		-7	-12	—
65	80	-360	-200	-150												
80	100	-380	-220	-170	—	-120	-72	—	-36	—	-12	0		-9	-15	—
100	120	-410	-240	-180												
120	140	-460	-260	-200	—	-145	-85	—	-43	—	-14	0		-11	-18	—
140	160	-520	-280	-210												
160	180	-580	-310	-230												
180	200	-660	-340	-240	—	-170	-100	—	-50	—	-15	0		-13	-21	—
200	225	-740	-380	-260												
225	250	-820	-420	-280												
250	280	-920	-480	-300	—	-190	-110	—	-56	—	-17	0		-16	-26	—
280	315	-1050	-540	-330												
315	355	-1200	-600	-360	—	-210	-125	—	-62	—	-18	0		-18	-28	—
355	400	-1350	-680	-400												
400	450	-1500	-760	-440	—	-230	-135	—	-68	—	20	0		-20	-32	—
450	500	-1650	840	-480												

注：基本尺寸<1mm 时，各级的 a 和 b 均不采用。

续表

基本偏差		下偏差(*ei*)															
		k		m	n	p	r	s	T	u	v	x	y	z	za	zb	ze
基本尺寸/mm		公差等级															
大于	至	4至7	≤3 >7	所有等级													
—	3	0	0	+2	+4	+6	+10	+14	—	+18	—	+20	—	+26	+32	+40	+60
3	6	+1	0	+4	+8	+12	+15	+19	—	+23	—	+28	—	+35	+42	+50	+80
6	10	+1	0	+6	+10	+15	+19	+23	—	+28	—	+34	—	+42	+52	+67	+97
10	14	+1	0	+7	+12	+18	+23	+28	—	+33	—	+40	—	+50	+64	+90	+130
14	18										+39	+45	—	+60	+77	+108	+150
18	24	+2	0	+8	+15	+22	+28	+35	—	+41	+47	+54	+63	+73	+98	+136	+180
24	30								+41	+48	+55	+64	+75	+88	+118	+160	+218
30	40	+2	0	+9	+17	+26	+34	+43	+48	+60	+68	+80	+94	+112	+148	+200	+274
40	50								+54	+70	+81	+97	+114	+136	+180	+242	+325
50	65	+2	0	+11	+20	+32	+41	+53	+66	+87	+102	+122	+144	+172	+226	+300	+405
65	80						+43	+59	+75	+102	+120	+146	+174	+210	+274	+360	+480
80	100	+3	0	+13	+23	+37	+51	+71	+91	+124	+146	+178	+214	+258	+335	+445	+585
100	120						+54	+79	+104	+144	+172	+210	+254	+310	+400	+525	+690
120	140	+3	0	+15	+27	+43	+63	+92	+122	+170	+202	+248	+300	+365	+470	+620	+800
140	160						+65	+100	+134	+190	+228	+280	+340	+415	+535	+700	+900
160	180						+68	+108	+146	+210	+252	+310	+380	+465	+600	+780	+1000
180	200	+4	0	+17	+31	+50	+77	+122	+166	+236	+284	+350	+425	+520	+670	+880	+1150
200	225						+80	+130	+180	+258	+310	+385	+470	+575	+740	+960	+1250
225	250						+84	+140	+196	+284	+340	+425	+520	+640	+820	+1050	+1350
250	280	+4	0	+20	+34	+56	+94	+158	+218	+315	+385	+475	+580	+710	+920	+1200	+1550
280	315						+98	+170	+240	+350	+425	+525	+650	+790	+1000	+1300	+1700
315	355	+4	0	+21	+37	+62	+108	+190	+268	+390	+475	+590	+700	+900	+1150	+1500	+1900
355	400						+114	+208	+294	+435	+530	+660	+820	+1000	+1300	+1650	+2100
400	450	+5	0	+23	+40	+68	+126	+232	+330	+490	+595	+740	+920	+1100	+1450	+1850	+2400
450	500						+132	+252	+360	+540	+660	+820	+1000	+1250	+1600	+2100	+2600

附表 28　孔的基本偏差数值

（GB/T 1800.3—2009）

(μm)

基本偏差		下偏差(*EI*)												上偏差(*ES*)								
		A	B	C	CD	D	E	EF	F	FG	G	H	JS	J			K		M		N	
基本尺寸/mm		公差等级																				
大于	至	所有等级												6	7	8	≤8	>8	≤8	>8	≤8	>8
—	3	+270	+140	+60	+34	+20	+14	+10	+6	+4	+2	0	偏差 = $\pm\frac{IT}{2}$	+2	+4	+6	0	0	−2	−2	−4	4
3	6	+270	+140	+70	+46	+30	+20	+14	+10	+6	+4	0		+5	+6	+10	−1 + Δ	—	−4 + Δ	−4	−8 + Δ	0
6	10	+280	+150	+80	+56	+40	+25	+18	+13	+8	+5	0		+5	+8	+12	−1 + Δ	—	−6 + Δ	−6	−10 + Δ	0
10	14	+290	+150	+95	—	+50	+32	—	+16	—	+6	0		+6	+10	+15	−1 + Δ	—	−7 + Δ	−7	−12 + Δ	0
14	18																					
18	24	+300	+160	+110	—	+65	+40	—	+20	—	+7	0		+8	+12	+20	−2 + Δ	—	−8 + Δ	−8	−15 + Δ	0
24	30																					
30	40	+310	+170	+120	—	+80	+50	—	+25	—	+9	0		+10	+14	+24	−2 + Δ	—	−9 + Δ	−9	−17 + Δ	0
40	50	+320	+180	+130																		
50	65	+340	+190	+140	—	+100	+60	—	+30	—	+10	0		+13	+18	+28	−2 + Δ	—	−11 + Δ	−11	−20 + Δ	0
65	80	+360	+200	+150																		
80	100	+380	+220	+170	—	+120	+72	—	+36	—	+12	0		+16	+22	+34	−3 + Δ	—	−13 + Δ	−13	−23 + Δ	0
100	120	+410	+240	+180																		
120	140	+460	+260	+200	—	+145	+85	—	+43	—	+14	0		+18	+26	+41	−3 + Δ	—	−15 + Δ	−15	−27 + Δ	0
140	160	+520	+280	+210																		
160	180	+580	+310	+230																		
180	200	+660	+340	+240	—	+170	+100	—	+50	—	+15	0		+22	+30	+47	−4 + Δ	—	−17 + Δ	−17	−31 + Δ	0
200	225	+740	+380	+260																		
225	250	+820	+420	+280																		
250	280	+920	+480	+300	—	+190	+110	—	+56	—	+17	0		+25	+36	+55	−4 + Δ	—	−20 + Δ	−20	−34 + Δ	0
280	315	+1050	+540	+330																		
315	355	+1200	+600	+360	—	+210	+125	—	+62	—	+18	0		+29	+39	+60	−4 + Δ	—	−21 + Δ	−21	−37 + Δ	0
355	400	+1350	+680	+400																		
400	450	+1500	+760	+440	—	+230	+135	—	+68	—	+20	0		+33	+43	+66	−5 + Δ	—	−23 + Δ	−23	−40 + Δ	0
450	500	+1650	+840	+480																		

续表

基本偏差		上偏差(*ES*)													*Δ*					
		P～ZC	P	R	S	T	U	V	X	Y	Z	ZA	ZB	ZC						
基本尺寸/mm		公差等级																		
大于	至	≤7	>7												3	4	5	6	7	8
—	3	在>7级的相应数值上增加一个*Δ*值	-6	-10	-14	—	-18	—	-20	—	-26	-32	-40	-60	0					
3	6		-12	-15	-19	—	-23	—	-28	—	-35	-42	-50	-80	1	1.5	1	3	4	6
6	10		-15	-19	-23	—	-28	—	-34	—	-42	-52	-67	-97	1	1.5	2	3	6	7
10	14		-18	-23	-28	—	-33	—	-40	—	-50	-64	-90	-130	1	2	3	3	7	9
14	18							-39	-45	—	-60	-77	-108	-150						
18	24		-22	-28	-35	—	-41	-47	-54	-63	-73	-98	-136	-188	1.5	2	3	4	8	12
24	30					-41	-48	-55	-64	-75	-88	-118	-160	-218						
30	40		-26	-34	-43	-48	-60	-68	-80	-94	-112	-148	-200	-274	1.5	3	4	5	9	14
40	50					-54	-70	-81	-97	-114	-136	-180	-242	-325						
50	65		-32	-41	-53	-66	-87	-102	-122	-144	-172	-226	-300	-405	2	3	5	6	11	16
65	80			-43	-59	-75	-102	-120	-146	-174	-210	-274	-360	-480						
80	100		-37	-51	-71	-91	-124	-146	-178	-214	-258	-335	-445	-585	2	4	5	7	13	19
100	120			-54	-79	-104	-144	-172	-210	-254	-310	-400	-525	-690						
120	140		-43	-63	-92	-122	-170	-202	-248	-300	-365	-470	-620	-800	3	4	6	7	15	23
140	160			-65	-100	-134	-190	-228	-280	-340	-415	-535	-700	-900						
160	180			-68	-108	-146	-210	-252	-310	-380	-465	-600	-780	-1000						
180	200		-50	-77	-122	-166	-236	-284	-350	-425	-520	-670	-880	-1150	3	4	6	9	17	26
200	225			-80	-130	-180	-258	-310	-385	-470	-575	-740	-960	-1250						
225	250			-84	-140	-196	-284	-340	-425	-520	-640	-820	-1050	-1350						
250	280		-56	-94	-158	-218	-315	-385	-475	-580	-710	-920	-1200	-1550	4	4	7	9	20	29
280	315			-98	-170	-240	-350	-425	-525	-650	-790	-1000	-1300	-1700						
315	355		-62	-108	-190	-268	-390	-475	-590	-730	-900	-1150	-1500	-1900	4	5	7	11	21	32
355	400			-114	-208	-294	-435	-530	-660	-820	-1000	-1300	-1650	-2100						
400	450		-68	-126	-232	-330	-490	-595	-740	-920	-1100	-1450	-1850	-2400	5	5	7	13	23	34
450	500			-132	-252	-360	-540	-660	-820	-1000	-1250	-1600	-2100	-2600						

注：(1)基本尺寸<1mm 时，各级的 A 和 B 及>8 级的 N 均不采用；

(2)一个特殊情况：当基本尺寸>(250～315)mm 时，M6 的 ES=-9(不等于-11)。

附表 29　优先配合中轴的极限偏差(摘自 GB/T 1801—2009)

(μm)

基本尺寸/mm		公差带												
		c	d	f	g	h				k	n	p	s	u
大于	至	11	9	7	6	6	7	9	11	6	6	6	6	6
—	3	-60 -120	-20 -45	-6 -16	-2 -8	0 -6	0 -10	0 -25	0 -60	+6 0	+10 +4	+12 +6	+20 +14	+24 +18
3	6	-70 -145	-30 -60	-10 -22	-4 -12	0 -8	0 -12	0 -30	0 -75	+9 +1	+16 +8	+20 +12	+27 +19	+31 +23
6	10	-80 -170	-40 -76	-13 -28	-5 -14	0 -9	0 -15	0 -36	0 -90	+10 +1	+19 +10	+24 +15	+32 +23	+37 +28
10	14	-95 -205	-50 -93	-16 -34	-6 -17	0 -11	0 -18	0 -43	0 -110	+12 +1	+23 +12	+29 +18	+39 +28	+44 +33
14	18													
18	24	-110 -240	-65 -117	-20 -41	-7 -20	0 -13	0 -21	0 -52	0 -130	+15 +2	+28 +15	+35 +22	+48 +35	+54 +41
24	30													+61 +48
30	40	-120 -280	-80 -142	-25 -50	-9 -25	0 -16	0 -25	0 -62	0 -160	+18 +2	+33 +17	+42 +26	+59 +43	+76 +60
40	50	-130 -290												+86 +70
50	65	-140 -330	-100 -174	-30 -60	-10 -29	0 -19	0 -30	0 -74	0 -190	+21 +2	+39 +20	+51 +32	+72 +53	+106+87
65	80	-150 -340											+78 +59	+121 +102
80	100	-170 -390	-120 -207	-36 -71	-12 -34	0 -22	0 -35	0 -87	0 -220	+25 +3	+45 +23	+59 +37	+93 +71	+146 +124
100	120	-180 -400											101 +79	+166 +144
120	140	-200 -450	-145 -245	-43 -83	-14 -39	0 -25	0 -40	0 -100	0 -250	+28 +3	+52 +27	+68 +43	+117 +92	+195 +170
140	160	-210 -460											+125 +100	+215 +190
160	180	-230 -480											+133 +108	+235 +210
180	200	-240 -530	-170 -285	-50 -96	-15 -44	0 -29	0 -46	0 -115	0 -290	+33 +4	+60 +31	+79 +50	+151 +122	+265 +236
200	225	-260 -550											+159 +130	+287 +258
225	250	-280 -570											+169 +140	+313 +284
250	280	-300 -620	-190 -320	-56 -108	-17 -49	0 -32	0 -52	0 -130	0 -320	+36 +4	+66 +34	+88 +56	+190 +158	+347 +315
280	315	-330 -650											+202 +170	+382 +350
315	355	-360 -720	-210 -350	-62 -119	-18 -54	0 -36	0 -57	0 -140	0 -360	+40 +4	+73 +37	+98 +62	+226 +190	+426 +390
355	400	-400 -760											+244 +208	+471 +435
400	450	-440 -840	-230 -385	-68 -131	-20 -60	0 -40	0 -63	0 -155	0 -400	+45 +5	+80 +40	+108 +68	+272 +232	+530 +490
450	500	-480 -880											+292 +252	+580 +540

附表 30　优先配合中孔的极限偏差(GB/T 1801—2009)

(μm)

基本尺寸/mm		公差带												
		C	D	F	G	H				K	N	P	S	U
大于	至	11	9	8	7	7	8	9	11	7	7	7	7	7
—	3	+120 +60	+45 +20	+20 +6	+12 +2	+10 0	+14 0	+25 0	+60 0	0 -10	-4 -14	-6 -16	-14 -24	-18 -28
3	6	+145 +70	+60 +30	+28 +10	+16 +4	+12 0	+18 0	+30 0	+75 0	+3 9	-4 -16	-8 -20	-15 -27	-19 -31
6	10	+170 +80	+76 +40	+35 +13	+20 +5	+15 0	+22 0	+36 0	+90 0	+5 -10	-4 -19	-9 -24	-17 -32	-22 -37
10	14	+205 +95	+93 +50	+43 +16	+24 +6	+18 0	+27 0	+43 0	+110 0	+6 -12	-5 -23	-11 -29	-21 -39	-26 -44
14	18													
18	24	+240 +110	+117 +65	+53 +20	+28 +7	+21 0	+33 0	+52 0	+130 0	+6 -15	-7 -28	-14 -35	-27 -48	-33 -54
24	30													-40 -61
30	40	+280 +120	+142 +80	+64 +25	+34 +9	+25 0	+39 0	+62 0	+160 0	+7 -18	-8 -33	-17 -42	-34 -59	-51 -76
40	50	+290 +130												-61 -86
50	65	+330 140	+174 +100	+76 +30	+40 +10	+30 0	+46 0	+74 0	+190 0	+9 -21	-9 -39	-21 -51	-42 -72	-76 -106
65	80	+340 +150											-48 -78	-91 -121
80	100	+390 +170	+207 +120	+90 +36	+47 +12	+35 0	+54 0	+87 0	+220 0	+10 -25	-10 -45	-24 -59	-58 -93	-111 -146
100	120	+400 +180											-66 -101	-131 -166
120	140	+450 +200	+245 +145	+106 +43	+54 +14	+40 0	+63 0	+100 0	+250 0	+12 -28	-12 -52	-28 -68	-77 -117	-155 -195
140	160	+460 +210											-85 -125	-175 -215
160	180	+480 +230											-93 -133	-195 -235
180	200	+530 +240	+285 +170	+122 +50	+61 +15	+46 0	+72 0	+115 0	+290 0	+13 -33	-14 -60	-33 -79	-105 -151	-219 -265
200	225	+550 +260											-113 -159	-241 -287
225	250	+570 +280											-123 -169	-267 -313
250	280	+620 +300	+320 +190	+137 +56	+69 +17	+52 0	+81 0	+130 0	+320 0	+16 -36	-14 -66	-36 -88	-138 -190	-295 -347
280	315	+650 +330											-150 -202	-330 -382
315	355	+720 +360	+350 +210	+151 +62	+75 +18	+57 0	+89 0	+140 0	+360 0	+17 -40	-16 -73	-41 -98	-169 -226	-369 -426
355	400	+760 +400											-187 -244	-414 -471
400	450	+840 +440	+385 +230	+165 +68	+83 +20	+63 0	+97 0	+155 0	+400 0	+18 -45	-17 -80	-45 -108	-209 -272	-467 -530
450	500	+880 +480											-229 -292	-517 -580

参 考 文 献

林晓新．2010．工程制图习题解．北京：机械工业出版社．

刘力，等．2010．机械制图习题集．北京：高等教育出版社．

王冰．2015．工程制图习题集．北京：高等教育出版社．

王兰美，等．2004．机械制图习题解答．北京：高等教育出版社．

王巍．2012．机械工程图学学习辅导系统．北京：机械工业出版社．

杨利明．2013．工程制图．西安：西安电子科技大学出版社．

叶时勇．2009．机械制图习题解答．天津：天津大学出版社．

左晓明．2016．工程制图习题解答．北京：机械工业出版社．